INTERNATIONAL MATHEMATICAL OLYMPIADS

1995~1999　　第8卷

- 主　编　佩　捷
- 副主编　冯贝叶

多解　推广　加强

哈尔滨工业大学出版社
HARBIN INSTITUTE OF TECHNOLOGY PRESS

内 容 简 介

本书汇集了第 36 届至第 40 届国际数学奥林匹克竞赛试题及解答.本书广泛搜集了每道试题的多种解法,且注重初等数学与高等数学的联系,更有出自数学名家之手的推广与加强.本书可归结出以下四个特点,即收集全、解法多、观点高、结论强.

本书适合于数学奥林匹克竞赛选手和教练员、高等院校相关专业研究人员及数学爱好者使用.

图书在版编目(CIP)数据

IMO 50 年.第 8 卷,1995~1999/佩捷主编.—哈尔滨:哈尔滨工业大学出版社,2016.6(2022.3 重印)
ISBN 978-7-5603-5982-3

Ⅰ.①I… Ⅱ.①佩… Ⅲ.①中学数学课—题解
Ⅳ.①G634.605

中国版本图书馆 CIP 数据核字(2016)第 089000 号

策划编辑	刘培杰 张永芹
责任编辑	张永芹 杜莹雪
封面设计	孙茵艾
出版发行	哈尔滨工业大学出版社
社　　址	哈尔滨市南岗区复华四道街 10 号　邮编 150006
传　　真	0451-86414749
网　　址	http://hitpress.hit.edu.cn
印　　刷	哈尔滨博奇印刷有限公司
开　　本	787mm×1092mm　1/16　印张 18.25　字数 445 千字
版　　次	2016 年 6 月第 1 版　2022 年 3 月第 2 次印刷
书　　号	ISBN 978-7-5603-5982-3
定　　价	38.00 元

(如因印装质量问题影响阅读,我社负责调换)

前言 | Foreword

法国教师于盖特·昂雅勒朗·普拉内斯在与法国科学家、教育家阿尔贝·雅卡尔的交谈中表明了这样一种观点："若一个人不'精通数学',他就比别人笨吗?"

"数学是最容易理解的.除非有严重的精神疾病,不然的话,大家都应该是'精通数学'的.可是,由于大概只有心理学家才可能解释清楚的原因,某些年轻人认定自己数学不行.我认为其中主要的责任在于教授数学的方式."

"我们自然不可能对任何东西都感兴趣,但数学更是一种思维的锻炼,不进行这项锻炼是很可惜的.不过,对诗歌或哲学,我们似乎也可以说同样的话."

"不管怎样,根据学生数学上的能力来选拔'优等生'的不当做法对数学这门学科的教授是非常有害的."(阿尔贝·雅卡尔、于盖特·昂雅勒朗·普拉内斯.《献给非哲学家的小哲学》.周冉,译.广西师范大学出版社,2001:96)

这套题集不是为老师选拔"优等生"而准备的,而是为那些对 IMO 感兴趣,对近年来中国数学工作者在 IMO 研究中所取得的成果感兴趣的读者准备的资料库.展示原味真题,提供海量解法(最多一题提供 20 余种不同解法,如第 3 届 IMO 第 2 题),给出加强形式,尽显推广空间,是我国新中国成立以来有关 IMO 试题方面规模最大、收集最全的一套题集.从现在看,以"观止"称之并不为过.

前中国国家射击队的总教练张恒是用"系统论"研究射击训练的专家,他曾说:"世界上的很多新东西,其实不是'全新'的,就像美国的航天飞机,总共用了 2 万个已有的专利技术,真正的创造是它在总体设计上的新意."(胡廷楣.《境界——关于围棋文化的思考》.上海人民出版社,1999:463)本书的编写又何尝不是如此呢,将近 100 位专家学者给出的多种不同解答放到一起也是一种创造.

如果说这套题集可比作一条美丽的珍珠项链的话,那么编者所做的不过是将那些藏于深海的珍珠打捞起来并穿附在一条红线之上,形式归于红线,价值归于珍珠.

首先要感谢江仁俊先生,他可能是国内最早编写国际数学奥林匹克题解的先行者(1979 年,笔者初中毕业,同学姜三勇(现为哈工大教授)作为临别纪念送给笔者的一本书就是江仁俊先生编的《国际中学生数学竞赛题解》(定价仅 0.29 元),并用当时叶剑英元帅的诗词做赠言:"科学有险阻,苦战能过关."35 年过去仍记忆犹新).所以特引用了江先生的一些解法.江苏师范学院(今年刚刚去世的华东师范大学的肖刚教授曾在该校外语专业就读过)是我国最早介入 IMO 的高校之一,毛振璇、唐起汉、唐复苏三位老先生亲自主持从德文及俄文翻译 1~20 届题解.令人惊奇的是,我们发现当时的插图绘制者居然是我国的微分动力学专家"文化大革命"后北大的第一位博士张筑生教授,可惜天妒英才,张筑生教授英年早逝,令人扼腕(山东大学的杜锡录教授同样令人惋惜,他也是当年数学奥林匹克研究的主力之一).本书的插图中有几幅就是出自张筑生教授之手[22].另外中国科技大学是那时数学奥林匹克研究的重镇,可以说 20 世纪 80 年代初中国科技大学之于现代数学竞赛的研究就像哥廷根 20 世纪初之于现代数学的研究.常庚哲教授、单墫教授、苏淳教授、李尚志教授、余红兵教授、严镇军教授当年都是数学奥林匹克研究领域的旗帜性人物.本书中许多好的解法均出自他们[4,13,19,20,50].目前许多题解中给出的解法中规中矩,语言四平八稳,大有八股遗风,仿佛出自机器一般,而这几位专家的解答各有特色,颇具个性.记得早些年笔者看过一篇报道说常庚哲先生当年去南京特招单墫与李克正去中国科技大学读研究生,考试时由于单墫基础扎实,毕业后一直在南京女子中学任教,所以按部就班,从前往后答,而李克正当时是南京市的一名工人,自学成才,答题是从后往前答,先答最难的一题,风格迥然不同,所给出的奥数题解也是个性化十足.另外,现在流行的 IMO 题解,历经多人之手已变成了雕刻后的最佳形式,用于展示很好,但用于教学或自学却不适合.有许多学生问这么巧妙的技巧是怎么想到的,我怎么想不到,容易产生挫败感,就像数学史家评价高斯一样,说他每次都是将脚手架拆去之后再将他建筑的宏伟大厦展示给其他人.使人觉得突兀,景仰之后,备受挫折.高斯这种追求完美的做法大大延误了数学的发展,使人们很难跟上他的脚步,这一点从潘承彪教授、沈永欢教授合译的《算术探讨》中可见一斑.所以我们提倡,讲思路,讲想法,表现思考过程,甚至绕点弯子,都是好的,因为它自然,贴近读者.

中国数学竞赛活动的开展、普及与中国革命的农村包围城市,星星之火可以燎原的方式迥然不同,是先在中心城市取得成功后再向全国蔓延.而这种方式全赖强势人物推进,从华罗庚先生到王寿仁先生再到裘宗沪先生,以他们的威望与影响振臂一呼,应者云集,数学奥林匹克在中国终成燎原之势.他们主持编写的参考书在业内被奉为圭臬,我们必须以此为标准,所以引用会时有发生,在此表示感谢.

中国数学奥林匹克能在世界上有今天的地位,各大学的名家们起了重要的理论支持作用.北京大学的王杰教授、复旦大学的舒五昌教授、首都师范大学的梅向明教授、华东师范大学的熊斌教授、中国科学院的许以超研究员、南开大学的李成章教授、合肥工业大学的苏化明教授、杭州师范学院的赵小云教授、陕西师范大学的罗增儒教授等,他们的文章所表现的高瞻周览、探赜索隐的识力,已达到炉火纯青的地步,堪称中国 IMO 研究的标志.如果说多样性是生物赖以生存的法则,那么百花齐放,则是数学竞赛赖以发展的基础.我们既希望看到像格罗登迪克那样为解决一批具体问题而建造大型联合机械式的宏大构思型解法,也盼望有像爱尔特希那样运用最少的工具以娴熟的技能做庖丁解牛式剖析型解法出现.为此本书广为引证,也向各位提供原创解法的专家学者致以谢意.

编者为图"文无遗珠"的效果,大量参考了多家书刊杂志中发表的解法,也向他们表示谢意.

特别要感谢湖南理工大学的周持中教授、长沙铁道学院的肖果能教授、广州大学的吴伟朝教授以及顾可敬先生.他们四位的长篇推广文章读之,使笔者不能不三叹而三致意,收入本书使之增色不少.

最后要说的是由于编者先天不备,后天不足,斗胆尝试,徒见笑于方家.

哲学家休谟在写自传的时候,曾有一句话讲得颇好:"一个人写自己的生平时,如果说得太多,总是免不了虚荣的."这句话同样也适合于本书的前言,写多了难免自夸,就此打住是明智之举.

刘培杰
2014 年 10 月

目录 | Contest

第一编　第 36 届国际数学奥林匹克 ……………………………………… 1

第 36 届国际数学奥林匹克题解 ……………………………………………… 3
第 36 届国际数学奥林匹克英文原题 ………………………………………… 19
第 36 届国际数学奥林匹克各国成绩表 ……………………………………… 21
第 36 届国际数学奥林匹克预选题 …………………………………………… 23

第二编　第 37 届国际数学奥林匹克 ……………………………………… 45

第 37 届国际数学奥林匹克题解 ……………………………………………… 47
第 37 届国际数学奥林匹克英文原题 ………………………………………… 57
第 37 届国际数学奥林匹克各国成绩表 ……………………………………… 59
第 37 届国际数学奥林匹克预选题 …………………………………………… 61

第三编　第 38 届国际数学奥林匹克 ……………………………………… 93

第 38 届国际数学奥林匹克题解 ……………………………………………… 95
第 38 届国际数学奥林匹克英文原题 ………………………………………… 109
第 38 届国际数学奥林匹克各国成绩表 ……………………………………… 111
第 38 届国际数学奥林匹克预选题 …………………………………………… 114

第四编　第 39 届国际数学奥林匹克 ……………………………………… 143

第 39 届国际数学奥林匹克题解 ……………………………………………… 145
第 39 届国际数学奥林匹克英文原题 ………………………………………… 167
第 39 届国际数学奥林匹克各国成绩表 ……………………………………… 169
第 39 届国际数学奥林匹克预选题 …………………………………………… 171

第五编　第 40 届国际数学奥林匹克 ……………………………………… 193

第 40 届国际数学奥林匹克题解 ……………………………………………… 195
第 40 届国际数学奥林匹克英文原题 ………………………………………… 203
第 40 届国际数学奥林匹克各国成绩表 ……………………………………… 205
第 40 届国际数学奥林匹克预选题 …………………………………………… 208

附录　IMO 背景介绍　　　　233

第 1 章　引言 …………………………………………………………… 235
第 1 节　国际数学奥林匹克 ………………………………………… 235
第 2 节　IMO 竞赛 …………………………………………………… 236
第 2 章　基本概念和事实 ……………………………………………… 237
第 1 节　代数 ………………………………………………………… 237
第 2 节　分析 ………………………………………………………… 241
第 3 节　几何 ………………………………………………………… 242
第 4 节　数论 ………………………………………………………… 248
第 5 节　组合 ………………………………………………………… 251

参考文献　　　　254

后记　　　　262

第一编
第36届国际数学奥林匹克

第36届国际数学奥林匹克题解

加拿大,1995

❶ 设在一直线上依次给定 A,B,C 及 D 四点. 分别以 AC 和 BD 为直径的两圆交于点 X 和 Y. 直线 XY 和 BC 交于点 Z. 设 P 是直线 XY 上异于 Z 的一点,直线 CP 和以 AC 为直径的圆交于 C 和 M,以及直线 BP 和以 BD 为直径的圆交于 B 和 N. 证明:直线 AM,DN 和 XY 交于一点.

保加利亚命题

证明 先讨论点 P 在 Z 和 X 之间的情形. 如图 36.1,设 Q 是 AM 和 XY 的交点,Q' 是 DN 和 XY 的交点. 要证点 Q 和 Q' 重合.

由条件易证:$\text{Rt}\triangle CPZ \backsim \text{Rt}\triangle CAM \backsim \text{Rt}\triangle QAZ$. 所以
$$ZC/ZQ = ZP/AZ$$
由条件知 XZ 是 $\text{Rt}\triangle AXC$ 的斜边上的高,故有
$$XZ^2 = AZ \cdot ZC$$
由以上两式得
$$ZQ = XZ^2/ZP$$

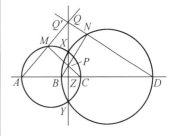

图 36.1

同样,由条件可得
$$\text{Rt}\triangle BPZ \backsim \text{Rt}\triangle BDN \backsim \text{Rt}\triangle Q'DZ$$
所以
$$ZB/ZQ' = ZP/DZ$$
由条件知 XZ 也是 $\text{Rt}\triangle BXD$ 的斜边上的高,故有
$$XZ^2 = BZ \cdot ZD$$
因而
$$ZQ' = XZ^2/ZP$$
所以,$ZQ = ZQ'$,即 Q 和 Q' 为同一点.

点 P 在 Z 和 Y 之间时,证明完全相同,其图形是上述情形的图形对直线 AD 的对称图形. 当点 P 在线段 XY 之外时,如图 36.2 所示,证明方法也完全一样,留给读者.

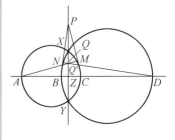

图 36.2

❷ 设 a,b 及 c 是正实数,满足 $abc=1$. 证明
$$\frac{1}{a^3(b+c)} + \frac{1}{b^3(c+a)} + \frac{1}{c^3(a+b)} \geq \frac{3}{2}$$

俄罗斯命题

证法 1 以 I 记所要证的不等式的左边的和式,设 $S = 1/a +$

$1/b+1/c$. 由条件 $abc=1$ 可得
$$\frac{1}{a^3(b+c)}=1/a\cdot\frac{1/a}{1/b+1/c}=1/a\left(\frac{S}{1/b+1/c}-1\right)=$$
$$S\left(\frac{1/a}{1/b+1/c}\right)-1/a=S\left(\frac{S}{1/b+1/c}-1\right)-1/a$$

类似可得
$$\frac{1}{b^3(c+a)}=S\left(\frac{S}{1/c+1/a}-1\right)-1/b$$
$$\frac{1}{c^3(a+b)}=S\left(\frac{S}{1/a+1/b}-1\right)-1/c$$

由以上三式推出
$$I=S^2\left(\frac{1}{1/b+1/c}+\frac{1}{1/c+1/a}+\frac{1}{1/a+1/b}\right)-4S \quad ①$$

这就算出了 I 的主要部分,即上式中的第一项.

利用正数的算术平均值不小于其调和平均值,即
$$\frac{x+y+z}{3}\geqslant\left(\frac{x^{-1}+y^{-1}+z^{-1}}{3}\right)^{-1}, x,y,z>0 \quad ②$$

可得(取 $x=(1/b+1/c)^{-1}, y=(1/c+1/a)^{-1}, z=(1/a+1/b)^{-1}$)
$$\frac{1}{3}\left(\frac{1}{1/b+1/c}+\frac{1}{1/c+1/a}+\frac{1}{1/a+1/b}\right)\geqslant\frac{3}{2S} \quad ③$$

再利用正数的算术平均值不小于其几何平均值,即
$$\frac{1}{3}(x+y+z)\geqslant\sqrt[3]{xyz}, x,y,z>0 \quad ④$$

可得(取 $x=1/a, y=1/b, z=1/c$)
$$S=1/a+1/b+1/c\geqslant 3\sqrt[3]{(1/a)\cdot(1/b)\cdot(1/c)}=3 \quad ⑤$$

最后一步利用了条件 $abc=1$. 由式 ①,③ 及 ⑤ 推出
$$I\geqslant\frac{9}{2}S-4S=\frac{1}{2}S\geqslant\frac{3}{2}$$

这就证明了所要结论. 本题的困难在于不能直接对 I 应用不等式 ② 和 ④, 必须先求出 I 的精确表达式 ①.

证法 2 巧妙地利用柯西不等式,即
$$(x_1y_1+x_2y_2+x_3y_3)^2\leqslant(x_1^2+x_2^2+x_3^2)(y_1^2+y_2^2+y_3^2) \quad ⑥$$

其中, x_i, y_i 为实数. 取
$$x_1=\sqrt{ab+ac}, x_2=\sqrt{bc+ba}, x_3=\sqrt{ca+cb}$$
$$y_1=(ax_1)^{-1}, y_2=(bx_2)^{-1}, y_3=(cx_3)^{-1}$$

利用不等式 ⑥ 及 $abc=1$, 我们有
$$I=(y_1^2+y_2^2+y_3^2)\geqslant(x_1^2+x_2^2+x_3^2)^{-1}(x_1y_1+x_2y_2+x_3y_3)^2=$$
$$(2ab+2bc+2ca)^{-1}(1/a+1/b+1/c)^2=$$
$$\frac{1}{2}(1/a+1/b+1/c)$$

由此及式 ⑤ 即得 $I\geqslant 3/2$.

证法 3 利用柯西不等式
$$(\sum_{i=1}^{n}(a_ib_i))^2 \leqslant (\sum_{i=1}^{n}a_i^2)(\sum_{i=1}^{n}b_i^2)$$
的推论
$$(\sum_{i=1}^{n}(a_ib_i))^2 \leqslant (\sum_{i=1}^{n}a_i)(\sum_{i=1}^{n}(a_ib_i^2)), a_i \in \mathbf{R}^+, i=1,2,\cdots,n$$
得
$$(a(b+c)+b(c+a)+c(a+b)) \cdot$$
$$\left(\frac{1}{a^3(b+c)}+\frac{1}{b^3(c+a)}+\frac{1}{c^3(a+b)}\right) \geqslant$$
$$(1/a+1/b+1/c)^2 = (ab+bc+ca)^2$$
于是
$$\frac{1}{a^3(b+c)}+\frac{1}{b^3(c+a)}+\frac{1}{c^3(a+b)} \geqslant$$
$$\frac{(ab+bc+ca)^2}{2(ab+bc+ca)} = \frac{1}{2}(ab+bc+ca) \geqslant$$
$$\frac{1}{2} \cdot 3\sqrt[3]{a^2b^2c^2} = \frac{3}{2}$$

证法 4 利用柯西不等式的推论
$$\sum_{i=1}^{n}\frac{a_i^2}{b_i} \geqslant \frac{(\sum_{i=1}^{n}a_i)^2}{\sum_{i=1}^{n}b_i}, b_i \in \mathbf{R}^+, i=1,2,\cdots,n$$
得
$$\frac{1}{a^3(b+c)}+\frac{1}{b^3(c+a)}+\frac{1}{c^3(a+b)} =$$
$$\frac{(1/a)^2}{1/b+1/c}+\frac{(1/b)^2}{1/c+1/a}+\frac{(1/c)^2}{1/a+1/b} \geqslant$$
$$\frac{(1/a+1/b+1/c)^2}{2(1/a+1/b+1/c)} = \frac{1}{2}(1/a+1/b+1/c) \geqslant$$
$$\frac{1}{2} \cdot 3\sqrt[3]{\frac{1}{abc}} = \frac{3}{2}$$

证法 5 利用权方和不等式
$$\sum_{i=1}^{n}\frac{a_i^{q+1}}{b_i^q} \geqslant \frac{(\sum_{i=1}^{n}a_i)^{q+1}}{\sum_{i=1}^{n}b_i^q}$$
的推论
$$\sum_{i=1}^{n}\frac{a_i^p}{b_i^q} \geqslant n^{1-p+q} \cdot \frac{(\sum_{i=1}^{n}a_i)^p}{(\sum_{i=1}^{n}b_i)^q}, a_i>0, b_i>0, i=1,2,\cdots,n$$

得
$$\frac{1}{a^3(b+c)}+\frac{1}{b^3(c+a)}+\frac{1}{c^3(a+b)}=$$
$$\frac{(1/a)^2}{1/b+1/c}+\frac{(1/b)^2}{1/c+1/a}+\frac{(1/c)^2}{1/a+1/b}\geqslant$$
$$3^{1-2+1}\cdot\frac{(1/a+1/b+1/c)^2}{2(1/a+1/b+1/c)}=$$
$$\frac{1}{2}(1/a+1/b+1/c)\geqslant\frac{1}{2}\cdot 3\sqrt[3]{\frac{1}{abc}}=\frac{3}{2}$$

证法 6 利用均值不等式
$$\frac{1}{n}\sum_{i=1}^n a_i^r \geqslant \left(\frac{1}{n}\sum_{i=1}^n a_i\right)^r \geqslant \sqrt[n]{(a_1 a_2 \cdots a_n)^r}$$
$$a_i \in \mathbf{R}^+, i=1,2,\cdots,n$$

的推论
$$\sum_{i=1}^n \frac{a_i^m}{\lambda S_n - a_i} \geqslant \frac{n}{\lambda n - 1}\left(\frac{1}{n}\sum_{i=1}^n a_i\right)^{m-1}$$

其中
$$a_i \in \mathbf{R}^+, S_n = \sum_{i=1}^n a_i, m \geqslant 1$$
$$\lambda > \max\left\{\frac{a_1}{S_n}, \frac{a_2}{S_n}, \cdots, \frac{a_n}{S_n}, \frac{1}{n}\right\}$$

令
$$S_3 = 1/a + 1/b + 1/c, \lambda = 1, m = 2$$

则
$$\lambda = 1 > \max\left\{\frac{1/a}{S_3}, \frac{1/b}{S_3}, \frac{1/c}{S_3}, \frac{1}{3}\right\}$$

得
$$\frac{1}{a^3(b+c)}+\frac{1}{b^3(c+a)}+\frac{1}{c^3(a+b)}=$$
$$\frac{(1/a)^2}{S_3 - 1/a}+\frac{(1/b)^2}{S_3 - 1/b}+\frac{(1/c)^2}{S_3 - 1/c}\geqslant$$
$$\frac{3}{2}\cdot\frac{1/a+1/b+1/c}{3}\geqslant\frac{1}{2}\cdot 3\sqrt[3]{\frac{1}{abc}}=\frac{3}{2}$$

证法 7 利用著名的切比雪夫不等式：若
$$a_1 \geqslant a_2 \geqslant \cdots \geqslant a_n > 0, 0 < b_1 \leqslant b_2 \leqslant \cdots \leqslant b_n$$

或
$$0 < a_1 \leqslant a_2 \leqslant \cdots \leqslant a_n, b_1 \geqslant b_2 \geqslant \cdots \geqslant b_n > 0$$

则
$$\sum_{i=1}^n \frac{a_i}{b_i} \geqslant \frac{n\left(\sum_{i=1}^n a_i\right)}{\sum_{i=1}^n b_i}$$

不妨设 $a \geqslant b \geqslant c$，则有
$$a^{-2} \leqslant b^{-2} \leqslant c^{-2}, b^{-1}+c^{-1} \geqslant c^{-1}+a^{-1} \geqslant a^{-1}+b^{-1}$$

于是
$$\frac{1}{a^3(b+c)}+\frac{1}{b^3(c+a)}+\frac{1}{c^3(a+b)}=$$
$$\frac{a^{-2}}{b^{-1}+c^{-1}}+\frac{b^{-2}}{c^{-1}+a^{-1}}+\frac{c^{-2}}{a^{-1}+b^{-1}}\geqslant$$

$$\frac{3(a^{-2}+b^{-2}+c^{-2})}{2(a^{-1}+b^{-1}+c^{-1})} \geq \frac{(a^{-1}+b^{-1}+c^{-1})^2}{2(a^{-1}+b^{-1}+c^{-1})} =$$

$$\frac{1}{2}(1/a+1/b+1/c) \geq \frac{1}{2} \cdot 3\sqrt[3]{\frac{1}{abc}} = \frac{3}{2}$$

证法 8 构造二项平方和函数 $f(x) = \sum_{i=1}^{n}(a_i x - b_i)^2$，由 $f(x) \geq 0$ 得 $\Delta \leq 0$ 解决.

构造
$$f(x) = \left(\frac{bc}{\sqrt{ab+ac}}x - \sqrt{ab+ac}\right)^2 + \left(\frac{ac}{\sqrt{bc+ab}}x - \sqrt{bc+ab}\right)^2 +$$
$$\left(\frac{ab}{\sqrt{ac+bc}}x - \sqrt{ac+bc}\right)^2 = \left(\frac{b^2c^2}{ab+ac} + \frac{c^2a^2}{bc+ab} + \frac{a^2b^2}{ac+bc}\right)x^2 - 2(ab+bc+ac)x + 2(ab+bc+ac)$$

因为 $f(x) \geq 0$，所以 $\Delta \leq 0$，即
$$4(ab+bc+ac)^2 - 8\left(\frac{b^2c^2}{ab+ac} + \frac{c^2a^2}{bc+ab} + \frac{a^2b^2}{ac+bc}\right) \cdot$$
$$(ab+bc+ac) \leq 0$$

于是 $\dfrac{b^2c^2}{ab+ac} + \dfrac{c^2a^2}{bc+ab} + \dfrac{a^2b^2}{ac+bc} \geq \dfrac{1}{2}(ab+bc+ac) \geq$
$$\frac{1}{2} \cdot 3\sqrt[3]{a^2b^2c^2} = \frac{3}{2}$$

即
$$\frac{1}{a^3(b+c)} + \frac{1}{b^3(c+a)} + \frac{1}{c^3(a+b)} \geq \frac{3}{2}$$

证法 9 从对称不等式等号成立出发证明，原不等式等价于
$$\frac{b^2c^2}{a(b+c)} + \frac{c^2a^2}{b(c+a)} + \frac{a^2b^2}{c(a+b)} \geq \frac{3}{2}$$

注意到当且仅当 $a=b=c=1$ 时不等式取等号，此时
$$\frac{b^2c^2}{a(b+c)} = \frac{1}{2} = \frac{a(b+c)}{4}$$

得
$$\frac{b^2c^2}{a(b+c)} + \frac{a(b+c)}{4} \geq bc$$

同理
$$\frac{c^2a^2}{b(c+a)} + \frac{b(c+a)}{4} \geq ca, \frac{a^2b^2}{c(a+b)} + \frac{c(a+b)}{4} \geq ab$$

三式相加得
$$\frac{b^2c^2}{a(b+c)} + \frac{c^2a^2}{b(c+a)} + \frac{a^2b^2}{c(a+b)} \geq \frac{1}{2}(ab+bc+ac) \geq$$
$$\frac{1}{2} \cdot 3\sqrt[3]{a^2b^2c^2} = \frac{3}{2}$$

证法 10 由对称性引入正参数 t，由于

$$\frac{1}{a^3(b+c)} + ta(b+c) \geqslant \frac{2\sqrt{t}}{a}$$

$$\frac{1}{b^3(c+a)} + tb(c+a) \geqslant \frac{2\sqrt{t}}{b}$$

$$\frac{1}{c^3(a+b)} + tc(a+b) \geqslant \frac{2\sqrt{t}}{c}$$

三式相加得

$$\frac{1}{a^3(b+c)} + \frac{1}{b^3(c+a)} + \frac{1}{c^3(a+b)} + 2t(ab+bc+ca) \geqslant 2\sqrt{t}(ab+bc+ca)$$

用 $abc=1$ 与前三个不等式取等号的条件联立解得 $t=\dfrac{1}{4}$，把它代入上式得

$$\frac{1}{a^3(b+c)} + \frac{1}{b^3(c+a)} + \frac{1}{c^3(a+b)} \geqslant \frac{1}{2}(ab+bc+ac) \geqslant \frac{1}{2} \cdot 3\sqrt[3]{a^2b^2c^2} = \frac{3}{2}$$

证法 11 构造向量的内积证明，设

$$\overrightarrow{OA} = (\sqrt{a(b+c)}, \sqrt{b(c+a)}, \sqrt{c(a+b)})$$

$$\overrightarrow{OB} = \left(\frac{bc}{\sqrt{a(b+c)}}, \frac{ca}{\sqrt{b(c+a)}}, \frac{ab}{\sqrt{c(a+b)}}\right)$$

向量 $\overrightarrow{OA}$ 与 $\overrightarrow{OB}$ 的夹角为 $\theta(0 \leqslant \theta \leqslant \pi)$.

因为

$$|\overrightarrow{OA}| = \sqrt{2(ab+bc+ca)}$$

$$|\overrightarrow{OB}| = \sqrt{\frac{b^2c^2}{a(b+c)} + \frac{c^2a^2}{b(c+a)} + \frac{a^2b^2}{c(a+b)}}$$

所以 $\overrightarrow{OA} \cdot \overrightarrow{OB} = |\overrightarrow{OA}||\overrightarrow{OB}|\cos\theta = \sqrt{2(ab+bc+ca)} \cdot$

$$\sqrt{\frac{b^2c^2}{a(b+c)} + \frac{c^2a^2}{b(c+a)} + \frac{a^2b^2}{c(a+b)}} \cos\theta = ab+bc+ca$$

而 $|\cos\theta| \leqslant 1$，故有

$$\frac{b^2c^2}{a(b+c)} + \frac{c^2a^2}{b(c+a)} + \frac{a^2b^2}{c(a+b)} \geqslant \frac{1}{2}(ab+bc+ac) \geqslant \frac{1}{2} \cdot 3\sqrt[3]{a^2b^2c^2} = \frac{3}{2}$$

因此

$$\frac{1}{a^3(b+c)} + \frac{1}{b^3(c+a)} + \frac{1}{c^3(a+b)} \geqslant \frac{3}{2}$$

以上 9 种证法属于魏亚清

❸ 确定所有这样的大于3的整数 n：在平面上存在 n 个点 $A_1, A_2, \cdots, A_n$，及实数 $r_1, r_2, \cdots, r_n$，使得：

(1) $A_1, A_2, \cdots, A_n$ 中的任意三点不在同一直线上；

(2) 对任意三个整数 $i, j, k (1 \leqslant i < j < k \leqslant n)$，$\triangle A_i A_j A_k$ 的面积等于 $r_i + r_j + r_k$。

日本命题

解 先讨论 $n = 4$ 的情形。平面上任意四点，在满足条件(1)时，其位置关系必为以下两种情况*。

ⅰ 有一点在其他三点构成的三角形内部，如图 36.3 所示；

ⅱ 四点构成一个凸四边形，如图 36.4 所示。

以 S_{ijk} 记 $\triangle A_i A_j A_k$ 的面积。如果存在满足条件(2)的实数 r_1, r_2, r_3, r_4，那么，在情况 ⅰ 有

$$S_{123} = S_{124} + S_{234} + S_{314}$$

即满足

$$r_4 = -\frac{1}{3}(r_1 + r_2 + r_3) \qquad ①$$

在情况 ⅱ 有

$$S_{123} + S_{341} = S_{124} + S_{234}$$

即满足

$$r_1 + r_3 = r_2 + r_4 \qquad ②$$

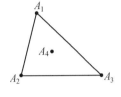

图 36.3

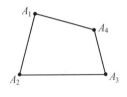

图 36.4

下面来给出具体例子，说明 $n = 4$ 是满足要求的整数。在情况 ⅰ，取 $\triangle A_1 A_2 A_3$ 是边长为 2 的等边三角形，A_4 为其中心，不难验证，这时取

$$r_1 = r_2 = r_3 = \sqrt{3}/3, \quad r_4 = -\sqrt{3}/3$$

就满足要求。在情况 ⅱ，取 $A_1 A_2 A_3 A_4$ 是边长为 1 的正方形。不难验证，这时取

$$r_1 = r_2 = r_3 = r_4 = 1/6$$

就满足要求。应该指出，对任意给定满足条件(1)的四点 A_1, A_2, A_3, A_4，无论哪种情形，都一定存在唯一的一组实数 r_1, r_2, r_3, r_4，满足条件(2)。证明留给读者。

下面来证明：当 $n \geqslant 5$ 时，一定不存在满足条件(1)和(2)的点与实数。显见，只要证明 $n = 5$ 时不存在即可。先来讨论平面上满足条件(1)的任意五点的位置关系。这时可能出现如下三种情形。

ⅰ 存在三点使得其他两点均在这三点构成的三角形内部；

ⅱ 不出现情形 ⅰ，但存在三点使其构成的三角形内部有另外

---

* 参看本题答案的最后一段。

的一点；

ⅲ 任意三点所构成的三角形内均不含有另外的点.

我们来证明在这三种情形下,均不可能取到满足条件(2)的实数 r_1,r_2,r_3,r_4,r_5. 用反证法. 假设能取到这样的 $r_1,\cdots,r_5$.

在情形 ⅰ,如图 36.5 所示,由式 ① 知,$r_4=r_5$. 因此
$$S_{124}=S_{125},S_{234}=S_{235}$$
由于点 A_4,A_5 在直线 A_1A_2 的同侧,所以 $A_4A_5 \parallel A_1A_2$. 同理有 $A_4A_5 \parallel A_2A_3$. 这不可能,矛盾.

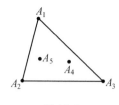

图 36.5

在情形 ⅱ,如图 36.6 所示. 设 A_4 在 $\triangle A_1A_2A_3$ 内. 由于不能出现情形 ⅰ,这时 A_1,A_2,A_3,A_5 必构成一个凸四边形. 由式 ① 得
$$r_4=-\frac{1}{3}(r_1+r_2+r_3)$$
这时点 A_4 必在 $\triangle A_1A_2A_5$ 或 $\triangle A_2A_3A_5$ 内,不妨设前者成立. 则由式 ① 推出
$$r_4=-\frac{1}{3}(r_1+r_2+r_5)$$
所以,$r_3=r_5$. 因此
$$S_{123}=S_{125},S_{143}=S_{145}$$
由于点 A_3,A_5 在直线 A_1A_2 同侧,所以,$A_3A_5 \parallel A_1A_2$. 同理有 $A_3A_5 \parallel A_1A_4$. 这不可能,矛盾.

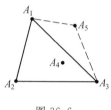

图 36.6

在情形 ⅲ,如图 36.7 所示. 这时任意四点均构成凸四边形. 考虑 $A_1A_2A_3A_4$ 及 $A_1A_2A_3A_5$ 这两个凸四边形. 由式 ② 知
$$r_1+r_3=r_2+r_4,r_1+r_3=r_2+r_5$$
所以 $r_4=r_5$. 因而有
$$S_{124}=S_{125},S_{234}=S_{235}$$
同前讨论一样,推出 $A_4A_5 \parallel A_1A_2$,$A_4A_5 \parallel A_2A_3$. 这不可能,矛盾. 证毕.

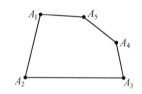

图 36.7

应该指出,证明本题的关键是基于这样一个事实,如图 36.8,对满足条件(1)的四个点 A_1,A_2,A_3,A_4,当且仅当 A_4 属于区域 D_1,D_2,D_3 内时,$A_1A_2A_3A_4$ 构成一个凸四边形；而在其他情形,则必有一点在其他三点构成的三角形之内. 此外,任给满足条件(1)的五个点,至少有四个点构成一个凸四边形. 更精确地说,在情形 ⅰ 恰有一个凸四边形,在情形 ⅱ 恰有三个凸四边形,在情形 ⅲ 恰有五个凸四边形,即任意四点均构成一个凸四边形. 请读者自己证明这些结论. 更一般地,可讨论满足条件(1)的 n 个点所构成的凸四边形,或凸多边形问题. 在几何学中,要讨论位置关系的问题,一般都是比较困难的.

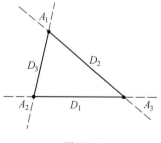

图 36.8

4 设正实数序列 $x_0, x_1, x_2, \cdots, x_{1995}$ 满足条件：

(1) $x_0 = x_{1995}$；

(2) 对 $i = 1, 2, \cdots, 1995$，有
$$x_{i-1} + \frac{2}{x_{i-1}} = 2x_i + \frac{1}{x_i}$$

求 x_0 的最大值.

波兰命题

解 当 x_i 均等于 1 时满足条件，所以若存在所要求的最大值 x_0，则必大于或等于 1. 当取定 $x_{i-1}(i \geqslant 1)$ 后，由条件(2)知，x_i 所能取的值必满足二次方程

$$2x^2 - \left(x_{i-1} + \frac{2}{x_{i-1}}\right)x + 1 = (2x - x_{i-1})\left(x - \frac{1}{x_{i-1}}\right) = 0$$

所以必有

$$x_i = \frac{1}{2}x_{i-1} \text{ 或 } x_i = \frac{1}{x_{i-1}} \qquad ①$$

显见，这两个值均满足条件(2). 因此，从初始值 x_0 开始，所能取的序列中的数必为以下形式，即

$$2^k x_0, 2^k x_0^{-1}, k \in \mathbf{Z}$$

由于 $x_0 \geqslant 1$，所以，为使(1)成立，x_{1995} 可能取值的形式是

$$x_0(2^k x_0 \text{ 中 } k = 0) \text{ 或 } 2^k x_0^{-1}, k \in \mathbf{Z}$$

下面来证明：x_{1995} 仅可能取 $2^k x_0^{-1}$ 的形式，且最大可能取 $k = 1994$. 因此，本题所求的最大值为 $x_0 = 2^{997}$.

我们先来分析满足条件(2)的序列所可能取值的途径. 我们用图来表示. x_0 取定后，x_1 可能取的值由图 36.9 "→" 所示.

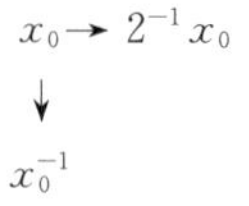

若取 $x_1 = x_0^{-1}$，则 x_2 可能取的值如图 36.10 所示.

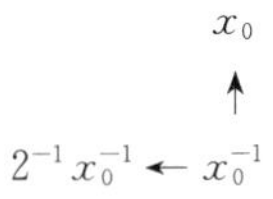

若取 $x_1 = 2^{-1}x_0$，则 x_2 可能取的值如图 36.11 所示.

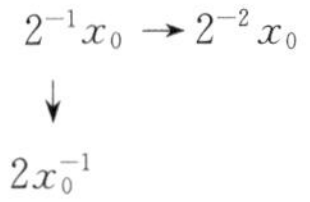

把这三个图合起来得到图 36.12.

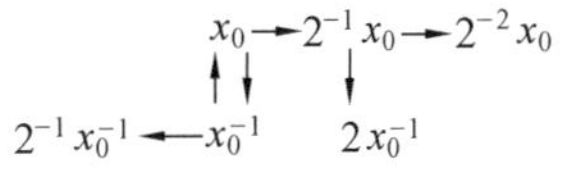

所以，序列 x_0, x_1, x_2 所可能取的值，只要在图 36.12 中，从 x_0 出发，依次沿 "→" 所指方向来取值 x_1, x_2，共有四种可能. 按此道理，可以用这样的图示方式来表示序列 $x_0, x_1, \cdots, x_n$ 所有可能取值的途径：从图 36.13 中的 x_0 出发，依次按 "→" 所指方向来取下一个值，直到取 x_n. 显然共有 2^n 种可能的途径. 如

$$x_0, 2^{-1}x_0, 2^{-1}x_0^{-1}, x_0^{-1}, x_0, 2^{-1}x_0, 2^{-2}x_0, 2^2 x_0$$
$$x_0, x_0^{-1}, 2^{-1}x_0^{-1}, 2^{-2}x_0^{-1}, 2^2 x_0, 2x_0, x_0$$

$x_0 \to 2^{-1}x_0$
$\downarrow$
x_0^{-1}

图 36.9

x_0
$\uparrow$
$2^{-1}x_0^{-1} \leftarrow x_0^{-1}$

图 36.10

$2^{-1}x_0 \to 2^{-2}x_0$
$\downarrow$
$2x_0^{-1}$

图 36.11

$x_0 \to 2^{-1}x_0 \to 2^{-2}x_0$
$\uparrow \downarrow \qquad \downarrow$
$2^{-1}x_0^{-1} \leftarrow x_0^{-1} \qquad 2x_0^{-1}$

图 36.12

分别给出了 $n=7, n=6$ 的两种序列的取值途径.

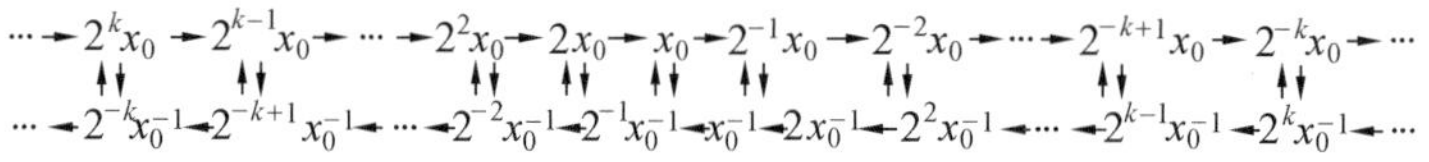

$$\cdots \to 2^k x_0 \to 2^{k-1} x_0 \to \cdots \to 2^2 x_0 \to 2 x_0 \to x_0 \to 2^{-1} x_0 \to 2^{-2} x_0 \to \cdots \to 2^{-k+1} x_0 \to 2^{-k} x_0 \to \cdots$$
$$\cdots \to 2^{-k} x_0^{-1} \to 2^{-k+1} x_0^{-1} \to \cdots \to 2^{-2} x_0^{-1} \to 2^{-1} x_0^{-1} \to x_0^{-1} \to 2 x_0^{-1} \to 2^2 x_0^{-1} \to \cdots \to 2^{k-1} x_0^{-1} \to 2^k x_0^{-1} \to \cdots$$

图 36.13

由图 36.12 的结构容易看出:若序列 $x_0, x_1, \cdots, x_n$ 的某一取值途径,使 x_n 确实回到图中的 x_0,那么,这个序列的取值图必是由一个封闭的圈路(可重复)表示,注意到 $x_n = x_0$,所以,在第一行取值的个数必比第二行取值的个数多 1. 因此,n 必为偶数. 现在 $n = 1\,995$,所以这种情形不可能出现. 因此,仅可能是

$$x_0 = x_n = 2^k x_0^{-1}$$

显见,k 愈大,x_0 愈大. 由图可知最大可取 $k = 1\,994$. 这个序列仅可能是

$$\begin{cases} x_i = 2^{-i} x_0, 0 \leqslant i \leqslant 1\,994 \\ x_{1\,995} = 2^{1\,994} x_0^{-1} \end{cases}$$

即 $x_0 = 2^{997}$. 证毕.

> **❺** 设 $ABCDEF$ 是凸六边形,满足
> $$AB = BC = CD, DE = EF = FA$$
> 及
> $$\angle BCD = \angle EFA = 60°$$
> 再设 G, H 是这个六边形的两个内点,使得 $\angle AGB = \angle DHE = 120°$,证明
> $$AG + GB + GH + DH + HE \geqslant CF$$

新西兰命题

证明 如图 36.14 所示,由条件知 $\triangle BCD$ 和 $\triangle EFA$ 均是等边三角形,所以 $AB = BD, AE = ED$,因而 BE 是四边形 $ABDE$ 的对称轴. 设 G', H' 分别是 G, H 关于轴 BE 的对称点. 显然有 $GH = G'H'$,及

$\triangle ABG \cong \triangle DBG', AG = DG', BG = BG', \angle DG'B = 120°$
$\triangle DEH \cong \triangle AEH', DH = AH', EH = EH', \angle AH'E = 120°$

由于 $CG' + G'H' + H'F \geqslant CF$,由以上各式知,若能证明

$$CG' = BG' + DG' \qquad ①$$
$$FH' = AH' + EH' \qquad ②$$

则立即推出所要结论. 下面来证式 ②,式 ① 可同理推出.

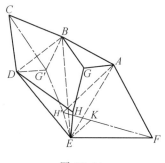

图 36.14

由点 F 分别作 $H'A, H'E$ 的垂线 FP, FQ,如图 36.15 所示. 显然有 $\angle PFQ = 60°$,及 $\angle AFP = \angle EFQ$.因而 $\mathrm{Rt}\triangle AFP \cong \triangle EFQ, AP = EQ$.所以 $H'F$ 是 $\angle EH'A$ 的角平分线,$\angle AH'F = \angle EH'F = 60°$.

作 $EK \parallel H'A$,交 $H'F$ 于 K.显见,$\triangle H'EK$ 为等边三角形.所以
$$H'E = EK = KH' \qquad ③$$
而由 $\angle H'EK = \angle AEF = 60°$,推出 $\angle H'EA = \angle KEF$.注意到 $AE = EF$,就得 $\triangle AEH' \cong \triangle FEK$,由此及式 ③ 就推出式 ②.证毕.

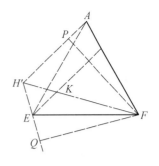

图 36.15

❻ 设 p 是奇素数,求集合 $\{1,2,\cdots,2p\}$ 的所有满足以下条件的子集 A 的个数:

(1) A 恰好有 p 个元素;

(2) A 中所有元素之和被 p 整除.

波兰命题

解法 1 这种子集的个数就是同余方程
$$\begin{cases} x_1 + x_2 + \cdots + x_p \equiv 0 \pmod{p} \\ 1 \leqslant x_1 < x_2 < \cdots < x_p \leqslant 2p \end{cases} \qquad ①$$
的解数 N.下面利用组合及数论知识来解.我们要证明
$$N = 1 + \frac{1}{p}\sum_{r=1}^{p-1}\binom{p}{p-r}\binom{p}{r} + 1 \qquad ②$$
由此可推出
$$N = \frac{1}{p}\left(\binom{2p}{p} - 2\right) + 2 \qquad ③$$

我们先来证明由式 ② 可推出式 ③.$\binom{2p}{p}$ 就是在 $2p$ 个元素中任取 p 个元素的组合数.而这相当于把这 $2p$ 个元素分为 A, B 两组,每组 p 个元素,对 $r = 0, 1, 2, \cdots, p$,在 A 组任意取定 r 个元素,然后再在 B 组任取 $p - r$ 个元素.而这样的取法共有
$$\sum_{r=0}^{p}\binom{p}{r}\binom{p}{p-r} = 2 + \sum_{r=1}^{p-1}\binom{p}{r}\binom{p}{p-r}$$
个,由于它等于 $\binom{2p}{p}$,由此及式 ② 就推出式 ③.

下面来证式 ②.对同余方程 ① 的每一组解
$$x_1, x_2, \cdots, x_p \qquad ④$$
必有唯一的 $r, 0 \leqslant r \leqslant p$,使这组解分为两部分,即

$$1 \leqslant x_1 < x_2 < \cdots < x_r \leqslant p < x_{r+1} < \cdots < x_p \leqslant 2p \qquad ⑤$$

显见,当 $r=0$ 时不存在前一部分,而后一部分仅可能取

$$x_i = p+i, 1 \leqslant i \leqslant p$$

这的确是 ① 的解.当 $r=p$ 时不存在后一部分,而前一部分仅可能取

$$x_i = i, 1 \leqslant i \leqslant p$$

这的确也是 ① 的解.现来讨论 $1 \leqslant r \leqslant p-1$ 的情形.

对取定的 $r, 0 \leqslant r \leqslant p$,以 N_r 表示同余方程 ① 满足条件 ⑤ 的解数.因此(利用 $N_0 = N_p = 1$)

$$N = \sum_{r=0}^{p} N_r = 1 + \sum_{r=1}^{p-1} N_r + 1 \qquad ⑥$$

我们来证明

$$N_r = \frac{1}{p} \binom{p}{p-r} \binom{p}{r}, 1 \leqslant r \leqslant p-1 \qquad ⑦$$

由以上两式就推出式 ②.

对取定的 $r, 1 \leqslant r \leqslant p-1$,满足条件 ⑤ 的全部解可以这样来得到:先在 $p+1, p+2, \cdots, 2p$ 中任意取定 $p-r$ 个变数 $x_{r+1}, x_{r+2}, \cdots, x_p$ 的值,这共有 $\binom{p}{p-r}$ 种取法.对这样任意取定的 $x_{r+1}, x_{r+2}, \cdots, x_p$,设

$$x_{r+1} + \cdots + x_p \equiv -c \pmod{p}$$

那么原解的前一部分 $x_1, x_2, \cdots, x_r$ 可能取的值就是满足同余方程

$$\begin{cases} x_1 + x_2 + \cdots + x_r \equiv c \pmod{p} \\ 1 \leqslant x_1 < x_2 < \cdots < x_r \leqslant p \end{cases} \qquad ⑧$$

的全部解,设其解数为 $N_r(c)$.我们来证明对任意的 $c, N_r(c)$ 均相等.由于满足 $1 \leqslant x_1 < x_2 < \cdots < x_r \leqslant p$ 的数组(不一定是 ⑧ 的解) $\{x_1, x_2, \cdots, x_r\}$ 共有 $\binom{p}{r}$ 种取法,所以,由此及 $N_r(c)$ 均相等就推出

$$N_r(c) = \frac{1}{p} \binom{p}{r} \qquad ⑨$$

因此,式 ⑦ 成立.对取定的 $r(1 \leqslant r \leqslant p-1)$,为证对任意的 c,$N_r(c)$ 均相等,只要证对任意的 c 有

$$N_r(c+1) = N_r(c) \qquad ⑩$$

即同余方程 ⑧ 与同余方程

$$\begin{cases} y_1 + y_2 + \cdots + y_r \equiv c+1 \pmod{p} \\ 1 \leqslant y_1 < y_2 < \cdots < y_r \leqslant p \end{cases} \qquad ⑪$$

的解数相同.为此,我们来建立这两个同余方程的解之间的一一

对应关系. 设 $x_1, x_2, \cdots, x_r$ 是 ⑧ 的一组解, 记
$$x_{i+1} - x_i \equiv l_i \pmod{p}, 1 \leqslant l_i \leqslant p, 1 \leqslant i \leqslant r$$
当 $i = r$ 时, 取 $x_{r+1} = x_1$ (这不是同余方程 ① 中的 x_{r+1}). 显然有
$$l_1 + l_2 + \cdots + l_r = p$$
由于 $r \leqslant p - 1$, 所以必有某些 i, 使 $l_i \geqslant 2$. 设 i_0 是使 $l_i \geqslant 2$ 的最小的 i, 即
$$i_0 = \min\{i \mid 1 \leqslant i \leqslant r, l_i \geqslant 2\}$$
现取
$$\begin{cases} y_i = x_i, i \neq i_0, 1 \leqslant i \leqslant r \\ y_{i_0} \equiv x_{i_0} + 1 \pmod{p}, 1 \leqslant y_{i_0} \leqslant p \end{cases} \quad ⑫$$
容易验证, 这样得到的 $y_1, y_2, \cdots, y_r$ 确是同余方程 ⑪ 的解, 且 ⑧ 的不同的解由此对应的 ⑪ 的解也不同 (留给读者). 所以, $N_r(c) \leqslant N_r(c+1)$. 反之, 对取定的 ⑪ 的一组解 $y_1, y_2, \cdots, y_r$, 记
$$y_i - y_{i-1} \equiv h_i \pmod{p}, 1 \leqslant h_i \leqslant p, 1 \leqslant i \leqslant r$$
当 $i = 0$ 时, 取 $y_{-1} = y_r$. 显然有
$$h_1 + h_2 + \cdots + h_r = p$$
由于 $r \leqslant p - 1$, 故必有某些 i, 使 $h_i \geqslant 2$. 设 i_1 是使 $h_i \geqslant 2$ 的最小的 i, 即
$$i_1 = \min\{i \mid 1 \leqslant i \leqslant r, h_i \geqslant 2\}$$
取
$$\begin{cases} x_i = y_i, i \neq i_1, 1 \leqslant i \leqslant r \\ x_{i_1} \equiv y_{i_1} - 1 \pmod{p}, 1 \leqslant x_{i_1} \leqslant p, i = i_1 \end{cases} \quad ⑬$$
容易验证, 这样得到的 $x_1, x_2, \cdots, x_r$ 确是同余方程 ⑧ 的解, 且 ⑪ 的不同的解由此对应 ⑧ 的解也不同. 所以, $N_r(c+1) \leqslant N_r(c)$. 这就证明了式 ⑩, 且建立了同余方程 ⑧ 和 ⑪ 的解之间的一个一一对应关系. 证毕.

本题的提出者波兰的 Marcin Kuczma 给出了一个非常漂亮简洁的解法. 现介绍如下.

集合 $\{1, 2, \cdots, 2p\}$ 的每个子集 $\{x_1, x_2, \cdots, x_p\}$ (依 $x_1 < x_2 < \cdots < x_p$ 排列), 必存在唯一的 $r(0 \leqslant r \leqslant p)$, 把这个子集分为满足式 ⑤ 的两部分
$$\{x_1, \cdots, x_r\}, \{x_{r+1}, \cdots, x_p\}$$
对应于 $r = 0$ 和 $r = p$ 的子集是唯一的, 分别为
$$x_1 = p+1, x_2 = p+2, \cdots, x_p = 2p$$
和
$$x_1 = 1, x_2 = 2, \cdots, x_p = p$$
显见, 这两个子集均满足条件 (2). 由于 p 个元素的子集共有 $\binom{2p}{p}$ 个, 所以, 相应于 $1 \leqslant r \leqslant p - 1$ 的所有 p 个元素的子集个数

为 $\binom{2p}{p} - 2$. 这样, 问题就转化为确定这些子集中满足条件(2)的子集的个数.

现把这些子集按下述方法来分类: 子集 $\{x_1, x_2, \cdots, x_p\}$ 和 $\{x'_1, x'_2, \cdots, x'_p\}$ 称为是属于同一类的, 如果:

ⅰ 它们对应的 r 相等;

ⅱ $x'_i = x_i, r+1 \leqslant i \leqslant p$;

ⅲ 存在 $m(0 \leqslant m < p)$ 使得
$$x'_i \equiv x_i + m (\bmod p), 1 \leqslant i \leqslant r \qquad ⑭$$
即 $\{x'_1, x'_2, \cdots, x'_r\}$ 是 $\{x_1, x_2, \cdots, x_p\}$ 的一个"模 p 平移", "平移距离" 为 m. 容易验证(留给读者): 由这样来确定分类的关系是一个等价关系. 这样就把相应于 $1 \leqslant r \leqslant p-1$ 的全部子集分成了两两不相交的等价类.

我们来证明: 每个等价类中的子集个数等于 p. 任意取定一个子集 $\{x_1, x_2, \cdots, x_p\}$, 依次取 $m=0,1,2,\cdots,p-1$, 由条件 ⅱ 和条件 ⅲ 就确定 p 个子集(当 $m=0$ 时, 即 $\{x_1, x_2, \cdots, x_p\}$ 本身), 容易证明(留给读者), 由此确定的这 p 个子集是两两不同的. 此外, 对应同一个 m 的两个子集一定是相同的. 这就证明了所要结论. 由此推出等价类的个数是

$$\frac{1}{p}\left(\binom{2p}{p} - 2\right) \qquad ⑮$$

下面来确定每一等价类中, 满足条件(2)的子集个数, 考虑子集 $\{x_1, x_2, \cdots, x_p\}$ 所属的等价类. 由前面讨论知, 这个等价类中每个子集 $\{x'_1, x'_2, \cdots, x'_p\}$ 必对应于唯一的 $m(0 \leqslant m < p)$ 满足式 ⑭. 因而

$$x'_1 + x'_2 + \cdots + x'_p \equiv c + mr (\bmod p)$$

其中, $c = x_1 + x_2 + \cdots + x_p$. 由于对取定的 $c, r(1 \leqslant r \leqslant p-1)$ 有
$$c + mr \equiv 0 (\bmod p)$$
m 有且仅有一解, 即这一等价类中仅有一个子集的元素之和被 p 整除. 所以, 在相应于 $1 \leqslant r \leqslant p-1$ 的全部子集中满足条件的子集的个数即是等价类的个数, 即由式 ⑮ 给出, 它加上相应于 $r=0$ 和 p 的两个子集就证明了满足题意的子集个数由式 ③ 给出. 证毕.

解法 2 我们将给出该问题最一般的推广形式的两个解. 令 $\sigma(A)$ 表示 A 的所有元素的和. 推广问题是, 求使得 $|A|=p$, $\sigma(A) \equiv 0 (\bmod p)$ 的 $[mp]$ 的子集 A 的个数. 令
$$C_m = \{A \subseteq [mp] \mid |A|=p, \sigma(A) \equiv 0 (\bmod p)\}$$
用多截公式我们要证明

$$|C_m| = \frac{1}{p}\left(\binom{mp}{p} + m(p-1)\right)$$

考虑多项式
$$F(x,y) = (1+xy)(1+xy^2)\cdots(1+xy^{mp})$$
乘积中对 $x^k y^\sigma$ 的每一份贡献都对应一个子集(可能空)$A = \{i_1, i_2, \cdots, i_k\} \subseteq [mp]$,其中 $|A| = k, \sigma(A) = \sigma$. 所以
$$|C_m| = \sum_{\sigma \equiv 0 (\bmod p)} [x^p y^\sigma] F(x,y)$$
余下来的就是代数问题. 由多截公式
$$|C_m| = [x^p] \frac{1}{p} \sum_{j=0}^{p-1} F(x, \omega^j)$$
其中,$\omega = e^{2\pi i/p}$. 因此
$$|C_m| = [x^p] \frac{1}{p} \sum_{j=0}^{p-1} (1+x\omega^j)(1+x\omega^{2j})\cdots(1+x\omega^{mpj}) =$$
$$[x^p] \frac{1}{p} \sum_{j=0}^{p-1} ((1+x)(1+x\omega^j)\cdots(1+x\omega^{(p-1)j}))^m$$
其中,最后一步用到 $\omega^{kj} = \omega^{(k+p)j}$. 对 $j=0$,被加数是 $(1+x)^{mp}$,对 j 的其他 $p-1$ 个值,被加数是 $(1+x^p)^m$. 为证明这一点,注意 $(1, \omega^j, \omega^{2j}, \cdots, \omega^{(p-1)j})$ 是 $(1, \omega, \omega^2, \cdots, \omega^{(p-1)})$ 的一个排列,而且
$$(1+x)(1+\omega x)(1+\omega^2 x)\cdots(1+\omega^{p-1}x) = 1+x^p$$
所以 $|C_m| = [x^p] \frac{1}{p}((1+x)^{mp} + (p-1)(1+x^p)^m) =$
$$\frac{1}{p}\left(\binom{mp}{p} + m(p-1)\right)$$
令 $m=2$,我们就得到原问题的答案,即
$$|C_2| = \frac{1}{p}\left(\binom{2p}{p} + 2(p-1)\right)$$

注 一位美国学生雅可比·罗瑞(Jacob Lurie)利用多截公式发现了一个当素数 p 用任意正整数 n 代替后仍然成立的公式. 此公式涉及欧拉 ϕ 函数.

第二种方法要用到更常规的组合方法. 设 p 是个奇素数,对 $0 \leq k \leq p$, $0 \leq r \leq p-1$,令
$$F_{k,r} = \{A \subseteq [p] \mid |A| = k, \sigma(A) \equiv r (\bmod p)\}$$
首先我们证明,对 $1 \leq k \leq p-1$ 有
$$|F_{k,0}| = |F_{k,1}| = \cdots = |F_{k,p-1}| = \frac{1}{p}\binom{p}{k}$$
因为 $\sum_{r=0}^{p-1} |F_{k,r}| = \binom{p}{k}$,所以只要证明对 $0 \leq r, s \leq p-1$,存在双射 $\phi: F_{k,r} \to F_{k,s}$ 即可. 对 $A \in F_{k,r}$,令
$$\phi(A) = \{x + k^{-1}(s-r) \mid x \in A\}$$

其中，$x+k^{-1}(s-r)$ 的计算是在 $\mathbf{Z}_p$ 里进行的. 显然由 $\sigma(A) \equiv r(\bmod p)$ 可推出 $\sigma(\phi(A)) \equiv s(\bmod p)$，所以 $\phi: F_{k,r} \to F_{k,s}$. 容易验证 ϕ 是双射，逆映射是
$$\phi^{-1}(B) = \{y + k^{-1}(r-s) \mid y \in B\}$$

正如前面一样，令
$$C_m = \{A \subseteq [mp] \mid |A| = p, \sigma(A) \equiv 0(\bmod p)\}$$

我们通过建立递归关系找出 $|C_m|$ 的公式. 假设 $m > 1$，对 $A \in C_m$ 令 $X = A \cap [p], Y = A - X$. 我们将 $|C_m|$ 的组成分为三种情况.

ⅰ $X = A = [p]$，这对计算 C_m 的所有集合的贡献是 1.

ⅱ $X = \varnothing$，那么 $A \subseteq \{p+1, p+2, \cdots, mp\}$，而且容易计算这种情况下 A 的个数是 $|C_{m-1}|$.

ⅲ 如果 $|X| = k, 1 \leqslant k \leqslant p-1, Y$ 的选择有 $\binom{(m-1)p}{p-k}$ 种，一旦选定，$\sigma(X)$ 的模 p 剩余类由下式确定，即
$$\sigma(A) = \sigma(X) + \sigma(Y) \equiv 0(\bmod p)$$

由前面的结果，X 有 $\binom{p}{k} \Big/ p$ 种选择. 总而言之，我们有
$$|C_m| = 1 + |C_{m-1}| + \frac{1}{p}\sum_{k=1}^{p-1}\binom{(m-1)p}{p-k}\binom{p}{k}$$

为了计算这个和，我们应用范德蒙恒等式
$$\sum_{k=0}^{n}\binom{a}{k}\binom{b}{n-k} = \binom{a+b}{n}$$

因此我们得到
$$\sum_{k=1}^{p-1}\binom{(m-1)p}{p-k}\binom{p}{k} = \binom{mp}{p} - \binom{(m-1)p}{p} - 1$$

进而 $\quad |C_m| - |C_{m-1}| = \frac{1}{p}\left(\binom{mp}{p} - \binom{(m-1)p}{p} + (p-1)\right)$

显然 $|C_1| = 1$，如果令 $C_0 = \varnothing$，上面的关系对 $m = 1$ 也成立，所以我们迭代求和得
$$|C_m| = \frac{1}{p}\left(\binom{mp}{p} + m(p-1)\right)$$

将 $m = 2$ 带入就得到原问题的解.

第 36 届国际数学奥林匹克英文原题

The thirty-sixth International Mathematical Olympiads held from July 13th to July 25th 1995 in Toronto and Waterloo, Canada.

❶ Let A, B, C and D be four distinct points on a line, in that order. The circles with diameters AC and BD intersect at the points X and Y. The line XY meets BC at the point Z. Let P be a point on the line XY different from Z. The line CP intersects the circle with diameter AC at the points C and M, and the line BP intersects the circle with diameter BD at the points B and N.

Prove that the lines AM, DN and XY are concurrent. (Bulgaria)

❷ Let a, b and c be positive real numbers such that $abc = 1$. Prove that
$$\frac{1}{a^3(b+c)} + \frac{1}{b^3(c+a)} + \frac{1}{c^3(a+b)} \geq \frac{3}{2}$$
(Russia)

❸ Determine all integers $n > 3$ for which there exist n points $A_1, A_2, \cdots, A_n$ in the plane, and real numbers $r_1, r_2, \cdots, r_n$ satisfying the following two conditions:

(1) no three of the points $A_1, A_2, \cdots, A_n$ lie on a line;

(2) for each triple $i, j, k (1 \leq i < j < k \leq n)$ the triangle $A_i A_j A_k$ has area equal to $r_i + r_j + r_k$. (Japan)

❹ Find the maximum value of x_0 for which there exists a sequence of positive real numbers $x_0, x_1, \cdots, x_{1995}$ satisfying the two conditions:

(1) $x_0 = x_{1995}$;

(2) $x_{i-1} + \dfrac{2}{x_{i-1}} = 2x_i + \dfrac{1}{x_i}$ for each $i = 1, 2, \cdots, 1995$. (Poland)

5 Let $ABCDEF$ be a convex hexagon with
$$AB=BC=CD$$
$$DE=EF=FA$$
and $$\angle BCD=\angle EFA=60°$$

Let G and H be two points in the interior of the hexagon such that $\angle AGB=\angle DHE=120°$. Prove that
$$AG+GB+GH+DH+HE \geqslant CF$$

(New Zealand)

6 Let p be an odd prime number. Find the number of subsets A of the set $\{1,2,\cdots,2p\}$ such that:

(i) A has exactly p elements;

(ii) the sum of all the elements in A is divisible by p.

(Poland)

第36届国际数学奥林匹克各国成绩表

1995,加拿大

名次	国家或地区	分数（满分252）	奖牌			参赛队
			金牌	银牌	铜牌	人数
1.	中国	236	4	2	—	6
2.	罗马尼亚	230	4	2	—	6
3.	俄罗斯	227	4	2	—	6
4.	越南	220	2	4	1	6
5.	匈牙利	210	3	1	2	6
6.	保加利亚	207	1	4	1	6
7.	韩国	203	2	3	1	6
8.	伊朗	202	2	3	1	6
9.	日本	183	1	3	2	6
10.	英国	180	2	1	3	6
11.	美国	178	—	3	3	6
12.	中国台湾	176	—	4	1	6
13.	以色列	171	1	2	2	6
14.	印度	165	—	3	3	6
15.	德国	162	1	3	1	6
16.	波兰	161	—	1	5	6
17.	捷克	154	—	1	5	6
18.	南斯拉夫	154	—	2	3	6
19.	加拿大	153	—	2	3	6
20.	中国香港	151	—	2	3	6
21.	澳大利亚	145	—	1	4	6
22.	斯洛伐克	145	—	—	—	6
23.	乌克兰	140	1	1	1	6
24.	摩洛哥	138	—	1	4	6
25.	土耳其	134	—	2		6
26.	白俄罗斯	131	—	1	3	6
27.	意大利	131	—	—	5	6
28.	新加坡	131	—	2	2	6
29.	阿根廷	129	—	2	2	6
30.	法国	119	1	—	2	6
31.	马其顿	117	—	1	3	6
32.	亚美尼亚	111	—	2	1	6
33.	克罗地亚	111	—	—	3	6
34.	泰国	107	—	1	2	6

续表

名次	国家或地区	分数（满分252）	金牌	银牌	铜牌	参赛队人数
35.	瑞典	106	—	—	2	6
36.	芬兰	101	—	—	3	6
37.	摩尔多瓦	101	—	1	1	6
38.	哥伦比亚	100	—	1	2	6
39.	拉脱维亚	97	—	1	1	6
40.	瑞士	97	—	2	—	5
41.	南非	95	—	—	2	6
42.	蒙古	91	—	—	1	6
43.	奥地利	88	—	—	1	6
44.	巴西	86	1	—	—	6
45.	荷兰	85	—	—	2	6
46.	新西兰	84	—	1	1	6
47.	比利时	83	—	—	1	6
48.	格鲁吉亚	79	—	1	—	6
49.	丹麦	77	—	—	1	6
50.	立陶宛	74	—	—	—	6
51.	西班牙	72	—	—	1	6
52.	挪威	70	—	—	1	6
53.	印尼	68	—	—	1	6
54.	希腊	66	—	—	1	6
55.	古巴	59	—	—	—	4
56.	爱沙尼亚	55	—	—	—	6
57.	哈萨克斯坦	54	—	—	—	6
58.	塞浦路斯	43	—	—	—	6
59.	墨西哥	43	—	—	1	6
60.	斯洛文尼亚	42	—	2	2	5
61.	爱尔兰	41	—	—	—	6
62.	中国澳门	33	—	—	—	6
63.	特立尼达－多巴哥	32	—	—	—	6
64.	阿塞拜疆	30	—	—	—	3
65.	吉尔吉斯斯坦	28	—	—	—	6
66.	菲律宾	28	—	—	1	6
67.	葡萄牙	26	—	—	—	6
68.	冰岛	19	—	—	—	4
69.	波斯尼亚－黑塞哥维那	18	—	—	—	6
70.	智利	14	—	—	—	2
71.	斯里兰卡	10	—	—	—	2
72.	马来西亚	1	—	—	—	2
73.	科威特	0	—	—	—	2

第 36 届国际数学奥林匹克预选题

加拿大,1995

❶ 设 a,b,c 为正实数且满足 $abc=1$. 试证
$$\frac{1}{a^3(b+c)}+\frac{1}{b^3(c+a)}+\frac{1}{c^3(a+b)} \geq \frac{3}{2}$$

注 本题为第 36 届国际数学奥林匹克竞赛题第 2 题.

❷ 设 a,b 是非负整数,且满足 $ab \geq c^2$,其中 c 是整数. 证明:存在数 n 及整数 $x_1,x_2,\cdots,x_n;y_1,y_2,\cdots,y_n$,使得
$$\sum_{i=1}^{n} x_i^2 = a, \sum_{i=1}^{n} y_i^2 = b, \sum_{i=1}^{n} x_i y_i = c$$

证明 将上述问题简记为 (a,b,c). 易知,命题对于 (a,b,c) 成立的充分必要条件是对于 $(a,b,-c)$ 也成立,因而可假定 $c \geq 0$. 由问题关于 a,b 对称,故还可假定 $a \geq b$. 从而,由 $ab \geq c^2$ 可导出 $a \geq c$. 若 $b=0$,则 $c=0$ 及 $a+b-2c \geq 2\sqrt{ab}-2c \geq 0$. 后者利用了算术-几何平均不等式.

我们用关于 $a+b$ 的数学归纳法证明上述命题.

当 $a+b=0$ 时,结论显然成立.

设当 $a+b \leq m$ 时结论成立. 下面考虑 (a,b,c),其中 $a+b=m+1$.

如果 $c \leq b$,令 $n=a+b-c$,向量 $\boldsymbol{X}=(x_1,x_2,\cdots,x_n)$ 与 $\boldsymbol{Y}=(y_1,y_2,\cdots,y_n)$ 的选取方法如下:

当 $1 \leq i \leq a$ 时,取 $x_i=1$,其余情形取 $x_i=0$;

当 $1 \leq i \leq a-c$(原文误作 $c'+1 \leq b$——译注)时,取 $y_i=0$;其余情形取 $y_i=1$.

如果 $c>b$,则蕴含着 $a>c$(严格大于),考虑问题 $(a+b-2c,b,c-b)$,易知
$$(a+b-2c)b-(c-b)^2 = ab-c^2 \geq 0$$
且
$$a+b-2c+b < a+b = m+1$$

由归纳假设,问题$(a+b-2c, b, c-b)$的解(X, Y)存在,易验证$(X+Y, Y)$就是问题(a, b, c)的解.

> ❸ 设n是正整数,且$n \geqslant 3$. 又设$a_1, a_2, \cdots, a_n$是实数,其中$2 \leqslant a_i \leqslant 3, i = 1, 2, \cdots, n$. 若取$s = a_1 + a_2 + \cdots + a_n$,证明
> $$\frac{a_1^2 + a_2^2 - a_3^2}{a_1 + a_2 - a_3} + \frac{a_2^2 + a_3^2 - a_4^2}{a_2 + a_3 - a_4} + \cdots + \frac{a_n^2 + a_1^2 - a_2^2}{a_n + a_1 - a_2} \leqslant 2s - 2n.$$

证明 记 $A_i \equiv \dfrac{a_i^2 + a_{i+1}^2 - a_{i+2}^2}{a_i + a_{i+1} - a_{i+2}} = a_i + a_{i+1} - \dfrac{2a_i a_{i+1}}{a_i + a_{i+1} - a_{i+2}}$,由$(a_i - 2)(a_{i+1} - 2) \geqslant 0$,可得
$$-2a_i a_{i+1} \leqslant -4(a_i + a_{i+1} - 2)$$
及
$$A_i \leqslant a_i + a_{i+1} + a_{i+2} - 4\left(1 + \frac{a_{i+2} - 2}{a_i + a_{i+1} - a_{i+2}}\right).$$
(这里要用到即将证明的$a_i + a_{i+1} - a_{i+2} \geqslant 1 > 0$——译注)
再由$1 = 2 + 2 - 3 \leqslant a_i + a_{i+1} - a_{i+2} \leqslant 3 + 3 - 2 = 4$,得
$$A_i \leqslant a_i + a_{i+1} + a_{i+2} - 4\left(1 + \frac{a_{i+2} - 2}{4}\right) = a_i + a_{i+1} - 2.$$
从而,有$\sum_{i=1}^{n} A_i \leqslant 2s - 2n$.

> ❹ 设a, b, c是给定的正实数. 试确定满足方程组
> $$\begin{cases} x + y + z = a + b + c \\ 4xyz - (a^2 x + b^2 y + c^2 z) = abc \end{cases}$$
> 的全部正实数x, y, z.

解 上述第二个方程等价于
$$4 = \frac{a^2}{yz} + \frac{b^2}{zx} + \frac{c^2}{xy} + \frac{abc}{xyz}.$$
令$x_1 = \dfrac{a}{\sqrt{yz}}, y_1 = \dfrac{b}{\sqrt{zx}}, z_1 = \dfrac{c}{\sqrt{xy}}$,有
$$4 = x_1^2 + y_1^2 + z_1^2 + x_1 y_1 z_1.$$
其中,$0 < x_1 < 2, 0 < y_1 < 2, 0 < z_1 < 2$.

把新方程看作关于z_1的二次方程,由判别式$(4 - x_1^2)(4 - y_1^2)$启发我们设
$$x_1 = 2\sin u, 0 < u < \frac{\pi}{2}, y_1 = 2\sin v, 0 < v < \frac{\pi}{2}.$$
有
$$4 = 4\sin^2 u + 4\sin^2 v + z_1^2 + 4\sin u \cdot \sin v \cdot z_1$$

从而 $(z_1+2\sin u\sin v)^2=4(1-\sin^2 u)(1-\sin^2 v)$
即 $|z_1+2\sin u\sin v|=|2\cos u\cos v|$

由于 z_1，$\sin u$ 与 $\sin v$ 都是正数，故可去掉绝对值，有
$$z_1=2(\cos u\cos v-\sin u\sin v)=2\cos(u+v)$$
于是
$$2\sin u\sqrt{yz}=a$$
$$2\sin v\sqrt{zx}=b$$
$$2(\cos u\cos v-\sin u\sin v)\sqrt{xy}=c$$

由 $x+y+z=a+b+c$，得
$$(\sqrt{x}\cos v-\sqrt{y}\cos u)^2+(\sqrt{x}\sin v+\sqrt{y}\sin u-\sqrt{z})^2=0$$

由此可导出
$$\sqrt{z}=\sqrt{x}\sin v+\sqrt{y}\sin u=\sqrt{x}\,\frac{y_1}{2}+\sqrt{y}\,\frac{x_1}{2}$$

因而，$\sqrt{z}=\sqrt{x}\cdot\dfrac{b}{2\sqrt{zx}}+\sqrt{y}\cdot\dfrac{a}{2\sqrt{yz}}$，即
$$z=\frac{1}{2}(a+b)$$

类似地可得
$$y=\frac{1}{2}(c+a),\ x=\frac{1}{2}(b+c)$$

显然，三数对 $(x,y,z)=\left(\dfrac{1}{2}(b+c),\dfrac{1}{2}(c+a),\dfrac{1}{2}(a+b)\right)$ 满足所给方程组，这是所求的唯一解.

注 严格地说，u,v 的取值范围应为 $(0,\pi)$，因而去掉绝对值符号之后，还应讨论另一组解：$z_1=-2(\cos u\cos v+\sin u\sin v)$. 这时，相应的恒等式为 $(\sqrt{x}\cos v+\sqrt{y}\cos u)^2+(\sqrt{x}\sin v+\sqrt{y}\sin u-\sqrt{z})^2=0$. 后面的讨论及最后结果都与上述解答一致 —— 译注.

---

❺ 设 **R** 是实数集合. 是否存在函数 $f:\mathbf{R}\to\mathbf{R}$，同时满足以下三个条件：

(1) 存在一个正数 M，使得对所有的 x，都有 $-M\leqslant f(x)\leqslant M$；

(2) $f(1)$ 的值是 1；

(3) 如果 $x\neq 0$，则
$$f\left(x+\frac{1}{x^2}\right)=f(x)+\left[f\left(\frac{1}{x}\right)\right]^2$$

解 同时满足上述条件的函数 f 是不存在的.

用反证法. 否则, 设 $f: \mathbf{R} \to \mathbf{R}$ 满足所有的条件, 设 c 是大于任何 $f(x)$ 的一个实数, 且 c 是 $\frac{1}{4}$ 的最小整数倍数, 可以断定, $c \geqslant 2$, 这是因为

$$f(2) = f\left(1 + \frac{1}{1^2}\right) = f(1) + [f(1)]^2 = 2$$

进而, 由 c 的定义知, 存在某个 x, 使 $f(x) \geqslant c - \frac{1}{4}$, 则

$$c \geqslant f\left(x + \frac{1}{x^2}\right) = f(x) + \left[f\left(\frac{1}{x}\right)\right]^2 \geqslant c - \frac{1}{4} + \left[f\left(\frac{1}{x}\right)\right]^2$$

因此, $\left[f\left(\frac{1}{x}\right)\right]^2 \leqslant \frac{1}{4}$. 于是, $f\left(\frac{1}{x}\right) \geqslant -\frac{1}{2}$.

再利用 $c \geqslant f\left(\frac{1}{x} + x^2\right) = f\left(\frac{1}{x}\right) + [f(x)]^2 \geqslant -\frac{1}{2} + \left(c - \frac{1}{4}\right)^2$, 便可导出

$$\frac{1}{2} > \frac{1}{2} - \frac{1}{16} \geqslant c\left(c - 1 - \frac{1}{2}\right) \geqslant 2 \times \frac{1}{2} = 1$$

矛盾.

❻ 设 n 是一个整数, $n \geqslant 3$, 并设 $x_1, x_2, \cdots, x_n$ 是一列实数, 且满足 $x_i < x_{i+1}, 1 \leqslant i \leqslant n-1$. 证明

$$\frac{n(n-1)}{2} \sum_{i<j} x_i x_j > \left(\sum_{i=1}^{n-1}(n-i)x_i\right)\left(\sum_{j=2}^{n}(j-1)x_j\right)$$

证明 令 $y_i = \sum_{j=i+1}^{n} x_j, y = \sum_{j=2}^{n}(j-1)x_j, c = \frac{n(n-1)}{2}, z_i = cy_i - (n-i)y$, 则

$$\frac{n(n-1)}{2} \sum_{i<j} x_i x_j - \left(\sum_{i=1}^{n-1}(n-i)x_i\right)\left(\sum_{j=2}^{n}(j-1)x_j\right) =$$

$$c \sum_{i=1}^{n-1} \sum_{j=i+1}^{n} x_i x_j - \sum_{i=1}^{n-1}(n-i)x_i y = \sum_{i=1}^{n-1} x_i z_i$$

下面只需证明 $\sum_{i=1}^{n-1} x_i z_i > 0$.

因为 $\sum_{i=1}^{n-1} y_i = (x_2 + \cdots + x_n) + (x_3 + \cdots + x_n) + \cdots + x_n = \sum_{j=2}^{n}(j-1)x_j = y$, 且 $\sum_{i=1}^{n-1}(n-i) = \frac{n(n-1)}{2} = c$, 所以 $\sum_{i=1}^{n-1} z_i = 0$.

这表明某些 z_i 是负的. 注意到

$$y = \sum_{j=2}^{n}(j-1)x_j < \sum_{j=2}^{n}(j-1)x_n = cx_n$$

于是,有 $z_{n-1} = cy_{n-1} - y = cx_n - y > 0$.

因为
$$\frac{z_{i+1}}{c(n-i-1)} - \frac{z_i}{c(n-i)} = \frac{y_{i+1}}{n-i-1} - \frac{y_i}{n-i} = \frac{x_{i+2} + \cdots + x_n}{n-i-1} - \frac{x_{i+1} + \cdots + x_n}{n-i} > 0$$

所以 $\dfrac{z_1}{n-1} < \dfrac{z_2}{n-2} < \dfrac{z_3}{n-3} < \cdots < \dfrac{z_{n-2}}{2} < z_{n-1}$.

因而,存在一个整数 k,使得当 $1 \leqslant i \leqslant k$ 时,$z_i \leqslant 0$,当 $k+1 \leqslant i < n$ 时,$z_i > 0$. 因此,对每个 $1 \leqslant i \leqslant n-1$,都有 $(x_i - x_k)z_i \geqslant 0$. 特别地,对某个 i,有
$$(x_i - x_k)z_i > 0$$

从而,$\sum_{i=1}^{n} x_i z_i > x_k \sum_{i=1}^{n-1} z_i = 0$.

> **❼** 设 A, B, C, D 是一条直线上依次排列的四个不同的点,分别以 AC, BD 为直径的两圆相交于 X 和 Y,直线 XY 交 BC 于 Z. 若 P 为直线 XY 上异于 Z 的一点,直线 CP 与以 AC 为直径的圆相交于 C 及 M,直线 BP 与以 BD 为直径的圆相交于 B 及 N. 试证:AM, DN 和 XY 三线共点.

证法 1 设点 P 在线段 XY 上(图 36.16),并设直线 AM 与直线 XY 交于点 Q,直线 DN 与直线 XY 交于点 Q'.

因为 $\angle QMC = \angle QZC = 90°$,所以,$Q, M, Z, C$ 四点共圆. 由相交弦定理,有
$$QP \cdot PZ = MP \cdot PC = XP \cdot PY$$
同理,$Q'P \cdot PZ = NP \cdot PB = XP \cdot PY$.

因此,$QP = Q'P, QZ = Q'Z$.

又因为 Q 和 Q' 都在直线 XY 上,且在直线 AD 的同一侧,所以点 Q 与点 Q' 重合.

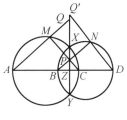

图 36.16

证法 2 基本约定同证法 1.

因为 $\triangle QAZ \sim \triangle CPZ$,所以 $QZ = \dfrac{CZ \cdot ZA}{ZP} = \dfrac{XZ \cdot ZY}{ZP}$. 同理 $Q'Z = \dfrac{BZ \cdot ZD}{ZP} = \dfrac{XZ \cdot ZY}{ZP}$. 因而,点 Q 与点 Q' 重合.

证法 3 基本约定同前. 连接线段 MX 和 MY,作为夹相等弧的圆周角
$$\angle XMP = \angle PMY$$

因而，MP 是 $\angle XMY$ 的平分线．又因为 $MP \perp MQ$，所以，MQ 是 $\angle XMY$ 的外角平分线．

由内外角平分线的性质，有 $XQ : YQ = XP : YP$．

同理，$XQ' : YQ' = XP : YP$．

不妨设 $ZQ' \geqslant ZQ$，约定记 $\delta = QQ'(\geqslant 0)$，则有
$$XQ : YQ = (XQ + \delta) : (YQ + \delta), \delta \cdot XY = 0$$

由此知 $\delta = 0$，即点 Q 与点 Q' 重合．

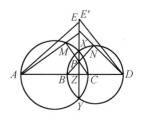

图 36.17

证法 4 如图 36.17，设点 P 在线段 XY 上．过点 A 作 $AE \parallel BN$ 交直线 XY 于 E．过点 D 作 $DE' \parallel CM$ 交直线 XY 于 E'．易知
$$ZE : ZP = ZA : ZB, ZE' : ZP = ZD : ZC$$

根据相交弦定理，有
$$ZA \cdot ZC = ZX \cdot ZY = ZB \cdot ZD$$

由此得
$$ZE : ZP = ZE' : ZP$$

因而，点 E 与点 E' 重合．

因为 $\triangle ADE$ 的三条高分别在直线 AM、直线 DN 和直线 XY 上，所以这三条直线交于一点——$\triangle ADE$ 的垂心．

❽ 设 A, B, C 三点不共线．证明：在平面 ABC 上存在唯一的点 X，使得
$$XA^2 + XB^2 + AB^2 = XB^2 + XC^2 + BC^2 = XC^2 + XA^2 + CA^2$$

证明 作 $\triangle A'B'C'$，使点 A, B, C 分别为边 $B'C', C'A', A'B'$ 的中点．由 $\triangle XAB$ 与 $\triangle XAC$ 所满足的条件，有
$$BX^2 - CX^2 = AC^2 - AB^2$$

由 B, C 及 $AC^2 - AB^2$ 都是确定的，故点 X 的轨迹是 BC 的一条垂线．再利用 $A'B^2 - A'C^2 = AC^2 - AB^2$，可知该垂线通过点 A'．类似可得，X 位于过点 B' 且垂直于 CA 的直线上，并位于过点 C' 且垂直于 AB 的直线上．由此可知，点 X 存在且唯一，这就是 $\triangle A'B'C'$ 的垂心．

❾ $\triangle ABC$ 的内切圆分别切三边 BC, CA, AB 于点 D, E, F，点 X 是 $\triangle ABC$ 的一个内点，$\triangle XBC$ 的内切圆也在点 D 与边 BC 相切，并与 CX, XB 分别相切于点 Y, Z．证明：四边形 $EFZY$ 是圆内接四边形．

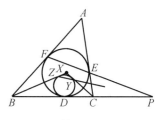

题 36.18

证明 如果 EF 平行于 BC，则 $AB = AC$，AD 是四边形 $EFZY$ 的对称轴，因而四边形是圆内接四边形．

如果 EF 不平行于 BC，可假定 BC 与 EF 的延长线相交于

P(图 36.18),由梅涅劳斯定理,有

$$\frac{\overrightarrow{AF}}{\overrightarrow{FB}} \cdot \frac{\overrightarrow{BP}}{\overrightarrow{PC}} \cdot \frac{\overrightarrow{CE}}{\overrightarrow{EA}} = -1$$

由 $BZ = BD = BF, CY = CD = CE$ 及 $\frac{AF}{EA} = 1 = \frac{XZ}{YX}$,有

$$\frac{\overrightarrow{XZ}}{\overrightarrow{ZB}} \cdot \frac{\overrightarrow{BP}}{\overrightarrow{PC}} \cdot \frac{\overrightarrow{CY}}{\overrightarrow{YX}} = -1$$

由梅涅劳斯逆定理,知 Z, Y, P 三点共线,于是,$PE \cdot PF = PD^2 = PY \cdot PZ$.

故四边形 $EFZY$ 是圆内接四边形.

❿ 给定锐角 $\triangle ABC$,在边 BC 上取点 A_1, A_2(A_2 位于 A_1 与 C 之间),在边 AC 上取点 B_1, B_2(B_2 位于 B_1 与 A 之间),在边 AB 上取点 C_1, C_2(C_2 位于 C_1 与 B 之间),使得 $\angle AA_1A_2 = \angle AA_2A_1 = \angle BB_1B_2 = \angle BB_2B_1 = \angle CC_1C_2 = \angle CC_2C_1$.直线 AA_1, BB_1 与 CC_1 可构成一个三角形,直线 AA_2, BB_2 与 CC_2 可构成另一个三角形.证明:这两个三角形的六个顶点共圆.

证明 设上述两三角形分别为图 36.19 中所示的 $\triangle UVW$ 与 $\triangle XYZ$.由于 $\angle AB_2X = \angle AC_1U$,故 $\triangle AB_2B$ 与 $\triangle AC_1C$ 相似,因此 $\frac{AC_1}{AC} = \frac{AB_2}{AB}$ 且 $\angle ABB_2 = \angle ACC_1$.

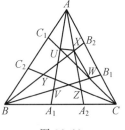

图 36.19

类似可得 $\angle BAA_1 = \angle BCC_2$,于是有

$$\angle A_1VB = \angle BAA_1 + \angle B_1BB_2 + \angle ABB_2 = \angle BCC_2 + \angle C_2CC_1 + \angle ACC_1 = \angle ACB$$

类似地,可知

$$\angle ACB = \angle AXB_2, \angle A_2ZC = \angle ABC = \angle AUC_1$$

由正弦定理,有

$$\frac{AV}{\sin \angle ABV} = \frac{AB}{\sin \angle A_1VB} = \frac{AB}{\sin \angle ACB} = \frac{AC}{\sin \angle ABC} = \frac{AC}{\sin \angle A_2ZC} = \frac{AZ}{\sin \angle ACZ}$$

由此可导出 $AV = AZ$.类似可得

$$BW = BX, CU = CY$$

另外

$$\frac{AU}{\sin \angle AC_1U} = \frac{AC_1}{\sin \angle AUC_1} = \frac{AC_1}{AC} \cdot \frac{AC}{\sin \angle ABC} = \frac{AB_2}{AB} \cdot \frac{AB}{\sin \angle ACB} = \frac{AB_2}{\sin \angle AXB_2} = \frac{AX}{\sin \angle AB_2X}$$

由此可得 $AU = AX$.类似可得 $BV = BY, CW = CZ$.进而有 $UX \;/\!/$

BC,$WX \parallel CA$. 对于四边形 $UVWX$,有
$$\angle AUX = \angle AA_1A_2 = \angle BB_1B_2 = \angle BWX$$
这就证明了 U,V,W,X,Y,Z 六点共圆.

❶❶ 设 $ABCDEF$ 是凸六边形,满足 $AB=BC=CD$,$DE=EF=FA$,$\angle BCD = \angle EFA = 60°$. 设 G 和 H 是这个六边形内部的两点,使得 $\angle AGB = \angle DHE = 120°$. 试证
$$AG + GB + GH + DH + HE \geqslant CF$$

证法 1 以直线 BE 为对称轴,作 C 和 F 关于该直线的轴对称点 C' 和 F'(图 36.20). 于是,$\triangle ABC'$ 和 $\triangle DEF'$ 都是正三角形;G 和 H 分别在这两个三角形的外接圆上. 根据托勒密(Ptolemy)定理
$$C'G \cdot AB = AG \cdot C'B + GB \cdot C'A$$
因此,$C'G = AG + GB$.

同理,$HF' = DH + HE$. 于是
$$AG + GB + GH + DH + HE = C'G + GH + HF' \geqslant$$
$$C'F' = CF$$

上面最后一个等号的依据是:线段 CF 和 $C'F'$ 以直线 BE 为对称轴.

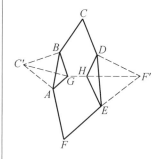

图 36.20

证法 2 以直线 BE 为对称轴,作 G 和 H 的对称点 G' 和 H'(图 36.21). 这两点分别在正 $\triangle BCD$ 和正 $\triangle EFA$ 的外接圆上,因而
$$CG' = DG' + G'B, \quad H'F = AH' + H'E$$
我们看到
$$AG + GB + GH + DH + HE = DG' + G'B + G'H' + AH' + H'E =$$
$$CG' + G'H' + H'F \geqslant CF$$

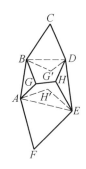

图 36.21

❶❷ 设 $A_1A_2A_3A_4$ 是一个四面体,G 是其重心. $A_1A_2A_3A_4$ 的外接球面分别交 GA_1,GA_2,GA_3,GA_4 于 A'_1,A'_2,A'_3,A'_4 四点. 证明
$$GA_1 \cdot GA_2 \cdot GA_3 \cdot GA_4 \leqslant GA'_1 \cdot GA'_2 \cdot GA'_3 \cdot GA'_4$$
及
$$\frac{1}{GA'_1} + \frac{1}{GA'_2} + \frac{1}{GA'_3} + \frac{1}{GA'_4} \leqslant \frac{1}{GA_1} + \frac{1}{GA_2} + \frac{1}{GA_3} + \frac{1}{GA_4}$$

证明 下面的求和范围均为从 $i=1$ 到 $i=4$. 设 $A_1A_2A_3A_4$ 的外接球的球心为 O,半径为 R. 由圆幂定理,有

$$GA'_i \cdot GA_i = R^2 - OG^2, 1 \leqslant i \leqslant 4$$

于是,所要证明的不等式等价于
$$(R^2 - OG^2)^2 \geqslant GA_1 \cdot GA_2 \cdot GA_3 \cdot GA_4 \qquad ①$$

及
$$(R^2 - OG^2)\sum \frac{1}{GA_i} \geqslant \sum GA_i \qquad ②$$

其中式 ① 可由
$$4(R^2 - OG^2) = \sum GA_i^2 \qquad ③$$

利用算术 — 几何平均不等式得出.

为证明 ③,用 **P** 表示从点 O 到点 P 的向量,有
$$\sum (G - A_i)^2 = \sum A_i^2 - \sum G^2 + 2G\sum(G - A_i^2) \qquad ④$$

④ 与 ③ 等价.因为式 ④ 的最后一项为 0(由于 G 是重心,对空间任一点 O,皆有 $\overrightarrow{OG} = \frac{1}{4}\sum \overrightarrow{OA_i}$——译注).利用柯西不等式,
$$4\sum GA_i^2 \geqslant (\sum GA_i)^2 \text{ 及 } \sum GA_i \sum \frac{1}{GA_i} \geqslant 16,得$$
$$\frac{1}{4}\sum GA_i^2 \sum \frac{1}{GA_i} \geqslant \frac{1}{16}(\sum GA_i)^2 \sum \frac{1}{GA_i} \geqslant \sum GA_i$$

这样,利用式 ③ 又证明了式 ②.

❽ 凸四边形 $ABCD$ 的面积为 S,O 为四边形内部一点,K,L,M 与 N 分别是边 AB,BC,CD 与 DA 内部的点.如果四边形 $OKBL$ 与四边形 $OMDN$ 都是平行四边形,证明:$\sqrt{S} \geqslant \sqrt{S_1} + \sqrt{S_2}$,其中 S_1 与 S_2 分别是 $ONAK$ 与 $OLCM$ 的面积.

证明 如果 O 在 AC 上,则四边形 $ABCD$,四边形 $AKON$ 与四边形 $OLCM$ 相似,且 $AC = AO + OC$,可得
$$\sqrt{S} = \sqrt{S_1} + \sqrt{S_2}$$

如果 O 不在 AC 上,可假定 O 与 D 在 AC 的同侧.一条过点 O 的直线分别交 BA,AD,CD 与 BC 于 W,X,Y 与 Z 各点.开始时,令 $W = X = A$,这时,$\frac{OW}{OX} = 1$,而 $\frac{OZ}{OY} > 1$.然后围绕 O 旋转该直线,不得通过点 B,最后到 $Y = Z = C$ 时结束.这时,$\frac{OW}{OX} > 1$,而 $\frac{OZ}{OY} = 1$.因而,在旋转过程中,必存在某一位置,使得 $\frac{OW}{OX} = \frac{OZ}{OY}$.将直线固定在这一位置,设 T_1,T_2,P_1,P_2,Q_1,Q_2 分别为四边形 $KBLO$,四边形 $NOMD$,$\triangle WKO$,$\triangle OLZ$,$\triangle ONX$ 与 $\triangle YMO$ 的面积.所要证明结果等价于

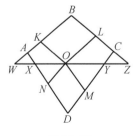

图 36.22

$$T_1 + T_2 \geqslant 2\sqrt{S_1 S_2}$$

由于 $\triangle WBZ, \triangle WKO$ 与 $\triangle OLZ$ 都是相似三角形,有

$$\sqrt{P_1} + \sqrt{P_2} = \sqrt{P_1 + T_1 + P_2}\left(\frac{WO}{WZ} + \frac{OZ}{WZ}\right) = \sqrt{P_1 + T_1 + P_2}$$

它等价于 $T_1 = 2\sqrt{P_1 P_2}$. 类似可得

$$T_2 = 2\sqrt{Q_1 Q_2}$$

由于 $\dfrac{OW}{OZ} = \dfrac{OX}{OY}$, 可得

$$\frac{P_1}{P_2} = \frac{OW^2}{OZ^2} = \frac{OX^2}{OY^2} = \frac{Q_1}{Q_2}$$

用 k 表示 $\dfrac{Q_1}{P_1} = \dfrac{Q_2}{P_2}$ 的共同的比值,则有

$$T_1 + T_2 = 2\sqrt{P_1 P_2} + 2\sqrt{Q_1 Q_2} = 2\sqrt{P_1 P_2}(1+k) = 2\sqrt{(1+k)P_1(1+k)P_2} = 2\sqrt{(P_1+Q_1)(P_2+Q_2)} \geqslant 2\sqrt{S_1 S_2}$$

❹ 设 ABC 是个三角形,一个过 B,C 两点的圆分别与边 AB,AC 相交于 C',B'. 证明:BB',CC',HH' 三线共点,其中 H 与 H' 分别是 $\triangle ABC$ 与 $\triangle A'B'C'$ 的垂心.

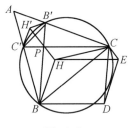

图 36.23

证明 由 $\angle AB'C' = \angle ABC$,知 $\triangle AB'C'$ 与 $\triangle ABC$ 是相似三角形. 同样,$\triangle H'B'C'$ 与 $\triangle HBC$ 也相似(利用垂心性质及 $\triangle ABC \backsim \triangle A'B'C'$——译注). 设 BB' 与 CC' 相交于 P. 由

$$\angle BB'C = \angle CC'B$$

知

$$\angle PBH = \angle PCH \qquad ①$$

由 $\angle PB'C' = \angle PCB$,知 $\triangle PB'C'$ 与 $\triangle PCB$ 是相似三角形. 作平行四边形 $BPCD$,则 $\triangle DBC$ 与 $\triangle PCB$ 全等. 因而,$\triangle DBC$ 也与 $\triangle PB'C'$ 相似. 由此可知四边形 $BHCD$ 与四边形 $B'H'C'P$ 相似. 于是,$\triangle BHD$ 与 $\triangle B'H'P$ 相似. 因而

$$\angle HDB = \angle H'PB' \qquad ②$$

作平行四边形 $HPCE$,则

$$\angle PCH = \angle CHE \qquad ③$$

注意到 $BHED$ 也是平行四边形,因而

$$\angle DHE = \angle HDB \qquad ④$$

于是,$\triangle BPH$ 与 $\triangle DCE$ 是全等三角形,由此知

$$\angle CDE = \angle PBH \qquad ⑤$$

$$\angle BPH = \angle DCE \qquad ⑥$$

利用⑤,①与③,可知
$$\angle CDE = \angle CHE$$
故四边形 $HCED$ 是圆内接四边形. 由此可知
$$\angle DCE = \angle DHE$$

再由⑥,⑦,④与②,知 $\angle BPH = \angle H'PB'$. 因此,$HH'$ 也通过点 P.

❶⓹ 数 k 是一个正整数,证明:存在着无穷多个形如 $n \cdot 2^k - 7$ 的完全平方数,其中 n 是正整数.

证明 首先证明,对任给的 k,存在着一个正整数 a_k,满足 $a_k^2 \equiv -7 \pmod{2^k}$. 我们用关于 k 的数学归纳法进行证明.

直接观察可知,当 $k \leqslant 3$ 时,取 $a_k = 1$ 便可满足条件. 设对某个 $k > 3$,我们有 $a_k^2 \equiv -7 \pmod{2^k}$. 下面考虑 a_k^2 关于 2^{k+1} 求余的值,它或者是
$$a_k^2 \equiv -7 \pmod{2^{k+1}}$$
或者是
$$a_k^2 \equiv 2^k - 7 \pmod{2^{k+1}}$$
对于前者,可取 $a_{k+1} = a_k$,对后者可取 $a_{k+1} = a_k + 2^{k-1}$. 事实上,由 $k \geqslant 3$ 及 a_k 是奇数,有
$$a_{k+1}^2 = a_k^2 + 2^k a_k 2^{2k-2} \equiv a_k^2 + 2^k a_k \equiv a_k^2 + 2^k \equiv -7 \pmod{2^{k+1}}$$
上式的推导利用了归纳假设.

最后,容易看出,序列 $\{a_k\}$ 没有最大元素,因为我们可以要求对任何的 $k, a_k^2 \geqslant 2^k - 7$. 因而 $\{a_k\}$ 包含无穷多个不同的值.

❶⓺ 设 Z 表示全部整数的集合. 试证明:对任何整数 A, B,可找到一个整数 C,使集合 $M_1 = \{x^2 + Ax + B : x \in \mathbf{Z}\}$ 与集合 $M_2 = \{2x^2 + 2x + C : x \in \mathbf{Z}\}$ 互不相交.

解 如果 A 是奇数,M_1 可由形如 $x(x+A) + B \equiv B \pmod{2}$ 的数组成,M_2 可由形如 $2x(x+1) + C \equiv C \pmod{2}$ 的数组成,为了保证这两个集合不相交,可选取 $C = B + 1$.

如果 A 是偶数,M_1 可由形如
$$\left(x + \frac{A}{2}\right)^2 + B - \frac{A^2}{4} \equiv B - \frac{A^2}{4} \text{ 或 } B - \frac{A^2}{4} + 1 \pmod{4}$$
的数组成,M_2 可由形如 $2x(x+1) + C \equiv C \pmod{4}$ 的数组成,这时可选取 $C = B - \frac{A^2}{4} + 2$.

❶❼ 试确定所有整数 $n > 3$，使得在平面上存在 n 个点 A_1，$A_2,\cdots,A_n$，并存在实数 $r_1,r_2,\cdots,r_n$，满足以下两条件：

(1) $A_1,A_2,\cdots,A_n$ 中任意三点都不在同一直线上；

(2) 对于每个三元组 $i,j,k (1 \leqslant i < j < k \leqslant n)$，$\triangle A_i A_j A_k$ 的面积等于 $r_i + r_j + r_k$.

解 为叙述方便，先将 $\triangle A_i A_j A_k$ 的面积记为 $[ijk]$.

首先指出以下两个引理所表述的关键事实.

引理 1 如果某个凸四边形的顶点依次为满足题目条件的四个点 A_i,A_j,A_k 和 A_l，那么相应的实数之间有以下关系
$$r_i + r_k = r_l + r_j$$

引理 1 的证明 用两种方式将凸四边形 $A_i A_j A_k A_l$ 剖分成三角形
$$[ijk] + [kli] = [jkl] + [lij]$$
因而
$$2r_i + r_j + 2r_k + r_l = r_i + 2r_j + r_k + 2r_l$$
由此知
$$r_i + r_k = r_j + r_l$$

引理 2 若有 5 个点 A_1,A_2,A_3,A_4,A_5 适合条件，则相应的实数 r_1,r_2,r_3,r_4,r_5 当中至少有两个相等.

引理 2 的证明 针对这 5 个点凸包的几种可能情形，分别加以讨论.

情形 a，凸包是五边形. 不妨设其顶点依次为 A_1,A_2,A_3,A_4，A_5，于是 $A_1 A_2 A_3 A_4$ 和 $A_1 A_2 A_3 A_5$ 都是凸四边形. 根据引理 1
$$r_2 + r_4 = r_1 + r_3 = r_2 + r_5$$
因而 $r_4 = r_5$.

情形 b，凸包是四边形，其顶点依次为 A_1,A_2,A_3,A_4，不妨设另一点 A_5 在 $\triangle A_3 A_4 A_1$ 内. 于是 $A_1 A_2 A_3 A_4$ 和 $A_1 A_2 A_3 A_5$ 都是凸四边形，同情形 a 可得 $r_4 = r_5$.

情形 c，凸包是 $\triangle A_1 A_2 A_3$，另两点 A_4 和 A_5 在该三角形内，于是
$$[124] + [234] + [314] = [125] + [235] + [315]$$
由此知
$$r_4 = r_5$$

根据引理 1 和引理 2，可断定 $n \geqslant 5$ 是不可能的. 若不然，设 5 个点 A_1,A_2,A_3,A_4,A_5 适合条件，则相应的 5 个实数 r_1,r_2,r_3,r_4，r_5 当中必有两数相等，不妨设 $r_4 = r_5$.

如果 A_1,A_2,A_3 在直线 $A_4 A_5$ 的同侧，那么依据

$$[124]=[125],[234]=[235]$$

可以判定直线 A_1A_2 和直线 A_2A_3 都与直线 A_4A_5 平行,因而 A_1, A_2, A_3 这三点在同一条直线上,与题目的条件矛盾.

如果 A_1, A_2 在直线 A_4A_5 的同侧,而 A_3 在另一侧,那么由 $[124]=[125]$ 可知

$$A_1A_2 \ /\!/ \ A_4A_5$$

因而

$$[145]=[245]$$

由此知

$$r_1=r_2$$

而此时,A_3, A_4, A_5 三点在直线 A_1A_2 的同侧,仿照上面的讨论同样得出矛盾.

我们已经判定 $n \leqslant 4$. 下面的例子说明 $n=4$ 是可以实现的:取 A_1, A_2, A_3, A_4 为单位正方形的四个顶点,并取

$$r_1=r_2=r_3=r_4=\frac{1}{6}$$

综上所述,我们得出结论:$n=4$ 是唯一可能的情形.

❶⓼ 试确定所有满足方程 $x+y^2+z^3=xyz$ 的正整数 x,y,其中 z 是 x,y 的最大公约数.

解 令 $x=zc, y=zb$,其中 c,b 是互素的整数,则所给的丢番图方程可化为 $c+zb^2+z^2=z^2cb$. 因而,存在某个整数 a,使 $c=za$. 于是可得:$a+b^2+z=z^2ab$,即 $a=\dfrac{b^2+z}{z^2b-1}$. 如果 $z=1$,则 $a=\dfrac{b^2+1}{b-1}=b+1+\dfrac{2}{b-1}$,由此可知 $b=2$ 或 $b=3$. 于是,$(x,y)=(5,2)$ 或 $(x,y)=(5,3)$. 如果 $z=2$,则 $16a=\dfrac{16b^2+32}{4b-1}=4b+1+\dfrac{33}{4b-1}$. 由此可导出 $b=1$ 或 $b=3$,相应的解为 $(x,y)=(4,2)$ 或 $(x,y)=(4,6)$. 一般地,$z^2a=\dfrac{z^2b^2+z^3}{z^2b-1}=b+\dfrac{b+z^3}{z^2b-1}$. 作为正整数,应有 $\dfrac{b+z^3}{z^2b-1} \geqslant 1$,即 $b \leqslant \dfrac{z^2-z+1}{z-1}$. 当 $z \geqslant 3$ 时,有 $\dfrac{z^2-z+1}{z-1} < z+1$. 因而,$b < z$. 由此可得 $a \leqslant \dfrac{z^2+z}{z^2-1} < 2$,故 $a=1$. 这样,b 就是方程 $\omega^2-z^2\omega+z+1=0$ 的整数解. 这表明判别式 z^4-4z-4 是个完全平方数. 但是,它又严格地界于 $(z^2-1)^2$ 与 $(z^2)^2$ 之间,矛盾. 所以,对于 (x,y),只有 $(4,2),(4,6),(5,2)$ 与 $(5,3)$ 这四组解.

⑲ 某会议共出席 $12k$ 个人,其中每个人都恰好同其余 $3k+6$ 个人相互问候过.对任何两个人,同这两个人都相互问候过的人数是相同的,问共有多少人出席会议?

解 对任何两个人,设问候过这两个人的其他人共有 n 位,由题意,n 是固定的.对于某个特定的人 a,设 B 是同 a 相互问候过的所有的人的集合,C 是没有同 a 问候过的人的集合,则 B 中共有 $3k+6$ 个人,C 中共有 $9k-7$ 个人,对于 B 中的任一个人 b,同 a,b 都相互问候过的人一定在 B 中.因此,b 同 B 中 n 个人相互问候过,b 同 C 中 $3k+5-n$ 个人相互问候过.对于 C 中的任一个人 c,同 a,c 都相互问候过的人也必定在 B 中.因而,c 同 B 中 n 个人相互问候过,在 B 与 C 之间相互问候过的总人次为

$$(3k+6)(3k+5-n) = (9k-7)n$$

化简可得 $9k^2-12kn+33k+n+30=0$.由此可知,$n=3m$,其中 m 是个正整数,以及 $4m=k+3+\dfrac{9k+43}{12k-1}$.当 $k \geqslant 15$ 时,$12k-1 > 9k+43$,$4m$ 不会是整数.对于 $1 \leqslant k \leqslant 14$,只有当 $k=3$ 时,$\dfrac{9k+43}{12k-1}$ 取整数值.因而,仅有的可能是有 36 个人出席会议.下面给出的构造表明原问题的解确实存在.

ROYGBV	R:红色
VROYGB	O:橘黄色
BVROYG	Y:黄色
GBVROY	G:绿色
YGBVRO	B:蓝色
OYGBVR	V:紫色

设 36 个人按上图坐在 6 行 6 列上,并穿着图中指定颜色的衬衫(以下简称其人"所具有的颜色").每个人都只认识与他坐在同一行或同一列或具有同一种颜色的人.显然,他恰好共认识 15 个人.设 P,Q 是任何两位与会者,如果他们坐在同一行,则与这两个人都认识的人有这一行的其余的 4 个人,以及位于 P 所在的列且具有 Q 的颜色的人,和位于 Q 所在的列且具有 P 的颜色的人.当 P,Q 位于同一列,或具有同一种颜色时,都可做类似的分析.假定 P,Q 位于不同的行,不同的列,且具有不同的颜色,则与这两个人都认识的 6 个人分别是:位于 P 所在的行和 Q 所在的列的人,位于 P 所在的行且具有 Q 的颜色的人,位于 P 所在的列和 Q 所在的行的人,位于 P 所在的列且具有 Q 的颜色的人,具有 P 的颜色且位于 Q 所在的行,或 Q 所在的列的人.

❷⓿ 设 p 是一个奇质数. 考虑集合 $\{1,2,\cdots,2p\}$ 的满足以下两条件的子集 A:

(1) A 恰有 p 个元素;

(2) A 中所有元素之和可被 p 整除.

试求所有这样的子集 A 的个数.

解法 1 记 $U=\{1,2,\cdots,p\}, V=\{p+1,p+2,\cdots,2p\}, W=\{1,2,\cdots,2p\}$. 除 U 和 V 外, W 的所有其他的 p 元子集 E 都使得
$$E\cap U\neq\emptyset, E\cap V\neq\emptyset \qquad (*)$$
若 W 的两个满足条件 $(*)$ 的 p 元子集 S 和 T 适合下面的条件:

① $S\cap V=T\cap V$;

② 只要编号适当, $S\cap U$ 的元素 $s_1,s_2,\cdots,s_m$ 和 $T\cap U$ 的元素 $t_1,t_2,\cdots,t_m$ 对适当的 $k\in\{0,1,\cdots,p-1\}$ 满足同余式组 $s_i-t_i\equiv k\pmod{p}, i=1,2,\cdots,m$.

我们就约定将这两个子集 S 和 T 归入同一类.

对于同一类中的不同子集 S 和 T, 显然有 $k\neq 0$, 因而
$$\sum_{i=1}^{p}s_i-\sum_{i=1}^{p}t_i\equiv mk\not\equiv 0\pmod{p}$$

对于同一类中的不同子集, 它们各自元素的和模 p 的余数不相同, 因而每一类恰含 p 个子集, 其中仅一个适合题目的条件 (2).

综上所述, 在 $W=\{1,2,\cdots,2p\}$ 的 C_{2p}^{p} 个 p 元子集当中, 除 U 和 V 这两个特定子集外, 每 p 个子集分成一类, 每类恰有一个子集满足条件 (2), 据此易算出, $W=\{1,2,\cdots,2p\}$ 的适合条件 (1) 和 (2) 的子集的总数为
$$\frac{1}{p}(C_{2p}^{p}-2)+2$$

解法 2 为考察 $W=\{1,2,\cdots,2p\}$ 的子集, 我们构造如下的生成函数
$$g(t,x)=(t+x)(t+x^2)\cdots(t+x^{2p})=\sum_{k,m}a_{k,m}t^k x^m$$
其中 $a_{k,m}$ 是展开式中 $t^k x^m$ 的系数, 它表示 W 的适合以下条件 (α) 和 (β) 的子集的个数.

(α) 该子集恰含 $2p-k$ 个元素;

(β) 该子集的元素之和等于 m.

记 $\varepsilon=\mathrm{e}^{\mathrm{i}\frac{2\pi}{p}}, E=\{\varepsilon^0,\varepsilon^1,\cdots,\varepsilon^{p-1}\}$. 则有

$$\sum_{t\in E}\sum_{x\in E}g(t,x)=\sum_{t\in E}(\sum_{k,m}a_{k,m}t^k(\sum_{x\in E}x^m))=$$
$$\sum_{t\in E}(\sum_{k,m,p\mid m}a_{k,m}t^k)p=(\sum_{p\mid k,p\mid m}a_{k,m})p^2$$

计算中用到这样一个重要事实
$$\sum_{j=0}^{p-1}\varepsilon^j=\begin{cases}0,\text{若 }p\nmid n\\ p,\text{若 }p\mid n\end{cases}$$

直接利用 $g(t,x)$ 的乘积定义式(不借助于其展开式),用另一种方法计算同一和式,有

$$\sum_{t\in E}\sum_{x\in E}g(t,x)=\sum_{t\in E}\sum_{x\in E}(t+x)(t+x^2)\cdots(t+x^{2p})=$$
$$\sum_{t\in E}(t+1)^{2p}+\sum_{x\in E/\{1\}}(t+x)\cdots(t+x^{2p})=$$
$$\sum_{t\in E}((t+1)^{2p}+(p-1)(t^p+1)^2)=$$
$$\sum_{t\in E}(t+1)^{2p}+4p(p-1)=$$
$$\sum_{t\in E}(1+C_{2p}^1 t+\cdots+C_{2p}^{2p}t^{2p})+4p(p-1)=$$
$$p(1+C_{2p}^p+1)+4p(p-1)=p(C_{2p}^p+4p-2)$$

比较两种方法计算的结果,得
$$\sum_{p\mid k,p\mid m}a_{k,m}=\frac{1}{p}(C_{2p}^p+4p-2)=\frac{1}{p}(C_{2p}^p-2)+4$$

上式左端除去
$$a_{0,p(p+1)}=a_{2p,0}=1$$

这两项外,其余各项之和就是满足条件(1)和(2)的子集个数. 因此,所求的子集个数为
$$\sum_{p\mid m}a_{p,m}=\sum_{p\mid k,p\mid m}a_{k,m}-2=\frac{1}{p}(C_{2p}^p-2)+2$$

㉑ 是否存在满足下述条件的整数 $n>1$?

正整数集合可以被划分成 n 个非空子集,使得从任意 $n-1$ 个子集中,各任取一个整数,所得 $n-1$ 个整数之和,应属于剩余的那个子集.

解 不存在这样的整数,显然,不能取 $n=2$.

假定 $n\geqslant 3$,设 a,b 是子集 A_1 中两个不同的数,c 是 A_1 中任意一个数,它可以与 a 或 b 相同. 假定 $a+c,b+c$ 属于不同的子集.

先考虑第一种情况,即其中之一. 例如,$a+c$ 仍属于 A_1,而另一个属于其他的子集,例如 A_3. 在子集 A_i 中选 a_i, $i=3,4,\cdots,n$,则 $b+a_3+a_4+\cdots+a_n$ 属于 A_2. 于是, $(a+c)+(b+a_3+a_4+\cdots+a_n)+a_4+\cdots+a_n$ 属于 A_3. 另一方面,$a+a_3+$

$a_4 + \cdots + a_n$ 属于 A_2. 于是, $(a + a_3 + a_4 + \cdots + a_n) + (b + c) + a_4 + \cdots + a_n$ 属于 A_1. 矛盾.

再考虑另一种情况,即 $a + c, b + c$ 皆不属于 A_1. 例如, $a + c$ 属于 A_2, $b + c$ 属于 A_3, 则 $b + (a + c) + a_4 + \cdots + a_n$ 属于 A_3. 而同时又有 $a + (b + c) + a_4 + \cdots + a_n$ 属于 A_2, 仍将导致矛盾. 这表明, $a + c$ 与 $b + c$ 必定属于同一个子集.

在子集 A_i 中选取 $x_i, i = 1, 2, \cdots, n$, 令 $y_i = s - x_i$, 其中 $s = x_1 + x_2 + \cdots + x_n$, 则 y_i 仍属于 A_i. 不妨假定 s 属于 A_1, 如果 $x_i = y_i$, 则 $2x_i = s$ 属于 A_1. 如果 $x_i \neq y_i$, 由前面所证, $2x_i = x_i + x_i$ 与 $x_i + y_i = s$ 应属于同一个子集, 而已经假定 s 属于 A_1, 故 A_1 应包含全部偶数. 如果 n 是偶数, 则 $2 + x_3 + x_4 + \cdots + x_n$ 是一个属于 A_2 的偶数(注意 $x_3, \cdots, x_n$ 是 $n-2$ 个奇数——译注), 矛盾. 如果 n 是奇数, 则 $x_1 + x_3 + x_4 + \cdots + x_n$ 属于 A_2, 因而是奇数, 这表明 x_1 必定是偶数. 于是, A_1 恰好由全部偶数组成. 通过变动 x_1, 不难证明从某一点开始, 所有的奇数必定都属于 A_2, 同时又都属于 A_3, 矛盾.

故对于任何整数 n, 皆不满足问题所给的条件.

㉒ 设 p 是一个奇素数. 试确定正整数 $x, y, x \leqslant y$, 使 $\sqrt{2p} - \sqrt{x} - \sqrt{y}$ 是个尽可能小的非负数.

解 设 $p = 2n + 1$, 其中 n 是个正整数.

先证明: 对任何正整数 x, y, $D \equiv \sqrt{2p} - \sqrt{x} - \sqrt{y}$ 皆不为零. 否则, 有 $2p = x + y + 2\sqrt{xy}$. 设 b^2, c^2 分别是能整除 x, y 的最大的平方数, 则 $b + c \geqslant 2$. 如果取 $x = ab^2$, 则应有 $y = ac^2$, 因而 $2p = a(b + c)^2$. 但这将导致矛盾, 因为 $2p$ 不能被任何大于 1 的平方数整除. 于是

$$D = \frac{2p - (\sqrt{x} + \sqrt{y})^2}{\sqrt{2p} + \sqrt{x} + \sqrt{y}} = \frac{(2p - x - y)^2 - 4xy}{(\sqrt{2p} + \sqrt{x} + \sqrt{y})(2p - x - y + 2\sqrt{xy})}$$

分子是个正整数. 若分子大于 1, 则

$$D \geqslant \frac{2}{(\sqrt{4n+2} + \sqrt{x} + \sqrt{y})(4n + 2 - (\sqrt{x} - \sqrt{y})^2)}$$

于是

$$D > \frac{2}{2\sqrt{4n+2}(4n+2)} = \frac{1}{(4n+2)^{\frac{3}{2}}} > \frac{1}{16n^{\frac{3}{2}}}$$

最后一步利用了 $4n + 2 \leqslant 6n \leqslant 16^{\frac{2}{3}} n$. 如果分子等于 1, 则 $(2p - x - y)^2 = 4xy + 1$. 因此, $2p - x - y = 2m + 1$, 其中 m 是个正整数. 设 d 是 m 与 x 的最大公因子, 并设 $m = dh$, $x = dk$, 其中 h

与 k 互素. 设 g 是 $m+1$ 与 y 的最大公因子, 则有 $m+1=gk, y=gh$ (由 $2p-x-y=2m+1$, 可得 $(2m+1)^2=4xy+1$, $m(m+1)=xy$ 以及 $h(m+1)=ky$ —— 译注). 于是, $2p=x+y+m+m+1=(d+g)(h+k)$. 由于 p 是素数, 必有 $d=g=1$ 或 $h=k=1$. 对于前者, $x=k=m+1$, 而 $y=h=m$, 这与 $x\leqslant y$ 矛盾. 对于后者, 有 $x=d=m, y=g=m+1$. 从而 $2p=x+y+2m+1$, 即 $p=2m+1$, 由此可知 $m=n$. 于是

$$D=\frac{1}{(\sqrt{4n+2}+\sqrt{n}+\sqrt{n+1})(2n+1+2\sqrt{n(n+1)})}$$

从而

$$D<\frac{1}{(\sqrt{4n}+\sqrt{n}+\sqrt{n})(2n+2\sqrt{n\cdot n})}=\frac{1}{16n^{\frac{3}{2}}}$$

因此, D 的最小正值只有当 $(x,y)=\left(\dfrac{p-1}{2},\dfrac{p+1}{2}\right)$ 时得到.

> **㉓** 是否存在一个非负整数序列 $F(1), F(2), F(3), \cdots$, 同时满足以下三个条件:
> (1) 整数 $0, 1, 2, \cdots$ 中的任何一个都可在此序列中出现;
> (2) 每个正整数在此序列中出现无穷多次;
> (3) 对任何 $n\geqslant 2$
> $$F(F(n^{163}))=F(F(n))+F(F(361))$$

解 取 $F(1)=0, F(361)=1$. 于是, 条件(3)可化为: 当 $n\geqslant 2$ 时, $F(F(n^{163}))=F(F(n))$. 对于 $2\leqslant n\leqslant 360$, 取 $F(n)=n$, 当 $n\geqslant 362$ 时, 对 $F(n)$ 做递归定义如下:

1) 若对某个 $m, n=m^{163}$, 则取 $F(n)=F(m)$.

2) 对其余情形, 取 $F(n)$ 为不属于集合 $\{F(k):k<n\}$ 的最小正整数.

于是, 每个非负整数都将在序列中出现. 这是因为, 存在无穷多个不具备 m^{163} 形式的数. 并且, 每个正整数在序列中必出现无穷多次. 因为如果它作为 $F(n)$ 出现, 那么它还作为 $F(n^{163})$, $F((n^{163})^{163})$ 出现, 利用归纳法易证, 对任何 $k\geqslant 1$, 它可作为 $F(n^{163^k})$ 出现.

该序列也满足条件(3), 这是因为 $F(n)=F(n^{163})$, 从而有 $F(F(n))=F(F(n^{163}))$.

㉔ 设正实数的数列 $x_0, x_1, \cdots, x_{1995}$ 满足以下两条件:

(1) $x_0 = x_{1995}$;

(2) $x_{i-1} + \dfrac{2}{x_{i-1}} = 2x_i + \dfrac{1}{x_i}, i = 1, 2, \cdots, 1995.$

求所有满足上述条件的数列中 x_0 的最大值.

解 题目所给的递推式 (2) 可改写成

$$x_i^2 - \left(\frac{x_{i-1}}{2} + \frac{1}{x_{i-1}}\right)x_i + \frac{1}{2} = 0$$

由此知 $x_i = \dfrac{x_{i-1}}{2}$ 或 $x_i = \dfrac{1}{x_{i-1}}$.

设从 x_0 开始,共经历 $k-t$ 次前一类变换和 t 次后一类变换得到 x_k. 请注意,当两类变换穿插交错进行时,可能会有某些第一类变换两两抵消(倘若两个第一类变换之间相隔奇数次第二类变换,这两个第一类变换的作用就彼此抵消). 因此

$$x_k = 2^s x_0^{(-1)^t}$$

其中 $s \equiv k - t \pmod{2}$.

现在考察 $k = 1995$ 的情形. 若 t 是偶数,就有

$$x_0 = x_{1995} = 2^s x_0$$

但这是不可能的,因为 $x_0 > 0$ 且 s 是奇数; $s \equiv 1995 - t \pmod{2}$. 于是, t 只能是奇数. 由 $x_0 = x_{1995} = 2^k x_0^{-1}$ 可得, $x_0 = 2^{\frac{t}{2}}$.

又因为 s 是偶数,所以 $s \leqslant |s| \leqslant 1994, x_0 \leqslant 2^{997}$. 而 $x_0 = 2^{997}$ 是可能实现的,我们可按以下方式定义 $x_0, x_1, \cdots, x_{1995}$

$$x_j = 2^{997-j}, j = 0, 1, \cdots, 1994$$

$$x_{1995} = \frac{1}{x_{1994}} = 2^{997}$$

综上所述, x_0 的最大值为 2^{997}.

㉕ 对于整数 $x \geqslant 1$,设 $p(x)$ 是不整除 x 的最小素数, $q(x)$ 是所有小于 $p(x)$ 的素数之积. 特别地, $p(1) = 2$. 若某个 x 使 $p(x) = 2$,则定义 $q(x) = 1$. 序列 $x_0, x_1, x_2, \cdots$ 由下式定义,并取 $x_0 = 1$

$$x_{n+1} = \frac{x_n p(x_n)}{q(x_n)}$$

其中 $n \geqslant 0$. 试求所有使 $x_n = 1995$ 的整数 n.

解 显然,由 $p(x)$ 与 $q(x)$ 的定义可导出,对任何 $x, q(x)$ 都整除 x. 于是

$$x_{n+1} = \frac{x_n}{q(x_n)} \cdot p(x_n)$$

即对任何 n, x_{n+1} 都是正整数.

另外,用归纳法容易证明,对所有的 n, x_n 皆无平方因子.因而,可依据是否被某个素数整除对 x 确定唯一的一个编码,具体做法如下:设 $p_0 = 2, p_1 = 3, p_2 = 5, \cdots$ 是按升序排列的全部素数的序列,设 $x > 1$ 是任一个无平方因子数,并设 p_m 是整除 x 的最大素数.则 x 的编码为 $(1, s_{m-1}, s_{m-2}, \cdots, s_1, s_0)$,其中,当 p_i 整除 x 时,取 $s_i = 1$,否则取 $s_i = 0, 0 \leqslant i \leqslant m-1$. 定义 $f(x) = \frac{xp(x)}{q(x)}$. 若 x 的编码的最后一位是 0,则 x 是奇数,$p(x) = 2, q(x) = 1, f(x) = 2x, f(x)$ 的编码除了终点的 0 被 1 替代外,其余与 x 的编码相同.如果 x 的编码的最后若干位为 $011\cdots1$,则 $f(x)$ 的编码的最后若干位为 $100\cdots0$. 如果将编码遍历全部二进制数,则 $f(x)$ 的编码可由 x 的编码加 1 得到.由 $x_1 = 2$ 以及当 $n \geqslant 2$ 时,$x_{n+1} = f(x_n)$,x_n 的编码可直接等于 n 的二进制表示.因此,当 $x_n = 1\,995 = 3 \times 5 \times 7 \times 19$ 时,存在着唯一的 n,由 x_n 的编码是 10001110,可得 $n = 142$ 就是该编码的十进制表示.

❷⓺ 设 $x_1, x_2, x_3, \cdots$ 是正实数,并且对 $n = 1, 2, 3, \cdots$ 成立
$$x_n^n = \sum_{j=0}^{n-1} x_n^j.$$ 证明:对所有的 n,皆有
$$2 - \frac{1}{2^{n-1}} \leqslant x_n < 2 - \frac{1}{2^n}$$

证明 当 $n = 1$ 时,有 $x_1 = x_1^1 = x_1^0 = 1$,显然成立
$$2 - 2^0 = 1 < 2 - 2^{-1}$$

假定 $n \geqslant 2$, 设 $f(x) = x^n - \sum_{j=0}^{n-1} x^j$, 利用笛卡儿符号法则, $f(x) = 0$ 有唯一的正根 x_n. 对所有的 $n \geqslant 2$, 成立
$$(1 - 2^{-n})^n \geqslant (1 - 2^{-n})^{2n-2} =$$
$$(1 - 2 \cdot 2^{-n} + 2^{-2n})^{n-1} >$$
$$(1 - 2^{-(n-1)})^{n-1}$$

于是 $(1 - 2^{-n})^n > (1 - 2^{-1})^1 = \frac{1}{2}$

取 $g(x) = (x-1)f(x) = (x-2)x^n + 1$,可得
$$g(2 - 2^{-n}) = -2^{-n}(2 - 2^{-n})^n + 1 = -(1 - 2^{-(n+1)})^n + 1 > 0$$
以及
$$g(2 - 2^{-(n-1)}) = -2^{-(n-1)}(2 - 2^{-(n-1)})^n + 1 = -2(1 - 2^{-n})^n + 1 < 0$$

由此可得
$$f(2-2^{1-n}) < 0 < f(2-2^{-n})$$
因此，$f(x)$ 的唯一的正根 x_n 满足
$$2-2^{1-n} < x_n < 2-2^{-n}$$

㉗ 对于正整数 n，数 $f(n)$ 递归定义如下：$f(1)=1$，对任何正整数 n，$f(n+1)$ 取为满足下述条件的最大整数 m：存在一个正整数的等差数列，$a_1 < a_2 < \cdots < a_m = n$，且 $f(a_1) = f(a_2) = \cdots = f(a_m)$。

证明：存在正整数 a, b，使得对任何正整数 n，皆有 $f(an+b) = n+2$。

证明 通过计算 $f(n)$ 的前面若干个值，可归纳出以下各关系式，但最初的几项有所例外

$$f(4k) = k, \text{但 } f(8) = 3 \qquad ①$$
$$f(4k+1) = 1, \text{但 } f(5) = f(13) = 2 \qquad ②$$
$$f(4k+2) = k-3, \text{但 } f(2) = 1, f(6) = f(10) = 2,$$
$$f(14) = f(18) = 3, f(26) = 4 \qquad ③$$
$$f(4k+3) = 2 \qquad ④$$

下面对 k 用归纳法，同时证明以下各式成立。（直接计算容易求得 $f(1) = f(2) = f(4) = 1, f(3) = f(5) = f(6) = f(7) = 2$，即当 $k \leqslant 1$ 时，式 ①～④ 成立）

当 $n = 4k$ 时，容易验证 $f(4) = 1$ 以及 $f(8) = 3$。设 $k \geqslant 3$（并设当 $n < 4k$ 时，式 ①～④ 成立）。由 $f(3) = f(7) = \cdots = f(4k-1) = 2$，可得 $f(4k) \geqslant k$（即至少可取 $a_1 = 3, a_2 = 7, \cdots, a_k = 4k-1$）。另一方面，容易得到 $f(n) \leqslant \max\{f(m) : m < n\} + 1$（由式 ①～④ 及归纳假设）。因此，$f(4k) = k$。

当 $n = 4k+2$ 时，直接计算可得 $f(2) = 1, f(6) = f(10) = f(22) = 2, f(14) = f(18) = 3$ 以及 $f(26) = 4$。设 $k \geqslant 7$（并设当 $n < 4k+2$ 时，式 ①～④ 成立）。由 $f(17) = f(21) = \cdots = f(4k+1) = 1$，可得 $f(4k+2) \geqslant k-3$（即至少可取 $a_1 = 17, a_2 = 21, \cdots, a_{k-3} = 4k+1$）。另一方面，如果 $f(4k+1) = f(4k+1-d) = 1$ 且 $d > 4$，则必有 $d \geqslant 8$。因此，$4k+1-d(k-3) \leqslant 4k+1-8(k-3) = 25-4k < 0$。这表明 $f(4k+2) = k-3$。

当 $n = 4k+1$ 时，容易验证 $f(1) = f(9) = 1$ 以及 $f(5) = f(13) = 2$。设 $k \geqslant 3$，由于 $f(4k) = k$ 以及对所有的 $m < 4k$ 皆有 $f(m) < k$，故 $f(4k+1) = 1$。

当 $n = 4k+3$ 时，容易验证 $f(3) = f(7) = \cdots = f(31) = 2$，当 $k \geqslant 8$ 时，由于 $f(4k+2) = k-3$，以及恰有一个 $m < 4k+2$，使

$f(m) = k - 3$,故 $f(4k+3) = 2$.

直接观察可知应取 $a = 4, b = 8$,因为对任何正整数 n,皆有 $f(4n+8) = n+2$.

㉘ 设 **N** 为全部正整数的集合. 证明:存在唯一的函数 $f: \mathbf{N} \to \mathbf{N}$,满足
$$f(m+f(n)) = n + f(m+95)$$
其中 m, n 是 **N** 中任意元素. 并计算 $\sum_{k=1}^{19} f(k)$ 的值.

证明 对所有的 $n \geq 1$,设 $F(n) = f(n) - 95$. 用 k 代替 $m + 95$,则所给条件成为
$$F(k+F(n)) = n + F(k) \quad ①$$
其中 $n \geq 1, k \geq 96$. 在式 ① 中,用 m 代替 k,然后两边加上 k,再取函数 F,可得 $F(k+n+F(m)) = F(k+F(m+F(n)))$. 再利用式 ① 可导出
$$F(k+n) = F(k) + F(n) \quad ②$$
其中 $n \geq 1, k \geq 96$. 我们可以断定,对所有 $q \geq 1$,皆有
$$F(96q) = qF(96) \quad ③$$

事实上,当 $q = 1$ 时,式 ③ 自然成立,再利用式 ② 和数学归纳法,可立即证得式 ③. 任取 m 并设 $F(m) = 96q+r, 0 \leq r \leq 95$. 对于 $n \geq 1$,利用式 ①,② 和 ③ 可得
$$m + F(n) = F(n+F(m)) = F(n+96q+r) =$$
$$F(n+r) + F(96q) = F(n+r) + qF(96)$$
$$\quad ④$$

如果 $1 \leq n \leq 96 - r$,则有 $1 + r \leq n + r \leq 96$. 如果 $97 - r \leq n \leq 96$,其中 $r \geq 1$,则有 $1 \leq n+r-96 \leq r$. 由 ②,④ 可得
$$m + F(n) = F(n+r-96+96) + qF(96) =$$
$$F(n+r-96) + (q+1)F(96) \quad ⑤$$

对式 ④ 从 $n=1$ 到 $n = 96-r$ 求和,如果 $r \geq 1$,再对式 ⑤ 从 $n = 97-r$ 到 $n = 96$ 求和,然后从两边消去
$$F(1) + F(2) + \cdots + F(96)$$
最后得
$$96m = F(96)\{q(96-r) + (q+1)r\} = F(96)F(m) \quad ⑥$$

在式 ⑥ 中令 $m = 96$,可得 $96^2 = [F(96)]^2$,由于 $F(96) > 0$,故有 $F(96) = 96$,再利用式 ⑥ 便可导出 $F(m) = m$,即 $f(m) = m + 96$,其中 $m \geq 1$,于是,所要求的和等于
$$1 + 2 + \cdots + 19 + 19 \times 95 = 1\,995$$

第二编
第 37 届国际数学奥林匹克

第 37 届国际数学奥林匹克题解

印度,1996

> **❶** 设 $ABCD$ 是块矩形的板,$|AB|=20$,$|BC|=12$.这块板分成 20×12 个单位正方形.
>
> 设 r 是给定的正整数.当且仅当两个小方块的中心之间的距离等于 $\sqrt{r}$ 时,可以把放在其中一个小方块里的硬币移到另一个小方块中.
>
> 在以 A 为顶点的小方块中放有一个硬币,我们的工作是要找出一系列的"移动",使这个硬币移到以 B 为顶点的小方块中.
>
> (1) 证明:当 r 被 2 或 3 整除时,这一工作不能够完成;
>
> (2) 证明:当 $r=73$ 时,这项工作可以完成;
>
> (3) 当 $r=97$ 时,这项工作是否能完成?

芬兰命题

证明 把小方块按它所在的行数及列数进行编号,以 (i,j) 表示在第 i 行第 j 列的小方块($i=1,2,\cdots,12;j=1,2,\cdots,20$).由题意可知,在 (i_1,j_1) 中的硬币可以移到 (i_2,j_2) 的条件是
$$(i_1-i_2)^2+(j_1-j_2)^2=r$$

(1) 当 $2\mid r$ 时,由条件 i_1-i_2 与 j_1-j_2 的奇偶性相同,即
$$i_1-i_2\equiv j_1-j_2\pmod{2}$$
从而
$$i_1-j_1\equiv i_2-j_2\pmod{2}$$
但由于
$$1-1\not\equiv 1-20\pmod{2}$$
所以,不可能找出一系列的"移动"把硬币从 $(1,1)$ 移到 $(1,20)$.

当 $3\mid r$ 时,由条件可知
$$(i_1-i_2)^2+(j_1-j_2)^2\equiv 0\pmod{3}$$
由于完全平方数模 3 时,只能为 0,1,因此
$$i_1-i_2\equiv j_1-j_2\equiv 0\pmod{3}$$
从而
$$i_1+j_1\equiv i_2+j_2\pmod{3}$$
同样由于
$$1+1\not\equiv 1+20\pmod{3}$$
所以不可能找出一系列"移动"把硬币从 $(1,1)$ 移到 $(1,20)$.

(2) 当 $r=73$ 时,条件成为
$$(i_1-i_2)^2+(j_1-j_2)^2=73$$
由于 $73=3^2+8^2$,因此,$|i_1-i_2|$,$|j_1-j_2|$ 中一个为 3,另一个为 8.如下的一系列移动就把硬币从 $(1,1)$ 移到了 $(1,20)$,即
$(1,1)\to(4,9)\to(7,17)\to(10,9)\to(2,6)\to(5,14)\to$
$(8,6)\to(11,14)\to(3,17)\to(6,9)\to(9,17)\to(1,20)$

(3) 当 $r=97$ 时,条件成为
$$(i_1-i_2)^2+(j_1-j_2)^2=97$$
由于 $97=4^2+9^2$,因此,$|i_1-i_2|$,$|j_1-j_2|$ 中一个为 4,另一个为 9.这时,符合要求的一系列移动是不存在的,其原因是这块板太小.把每一列的 12 块小方块分成 4 块一组,而每 4 块看成一个大块.然后,仿照国际象棋棋盘的方式把它们染成黑白两色,如图 37.1 所示.于是,在黑格中的硬币只能移到黑格中,由于 $(1,1)$ 是黑格,而 $(1,20)$ 是白格,因此不存在符合要求的一系列移动.

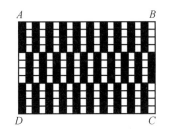

图 37.1

❷ 设 P 是 $\triangle ABC$ 内一点,$\angle APB-\angle ACB=\angle APC-\angle ABC$.又设 D,E 分别是 $\triangle APB$ 及 $\triangle APC$ 的内心.证明:AP,BD,CE 交于一点.

加拿大命题

证法 1 如图 37.2 所示,延长 AP 交 BC 于点 K,交 $\triangle ABC$ 的外接圆于 F,联结 BF,CF,有
$$\angle APC-\angle ABC=\angle AKC+\angle PCK-\angle ABC=$$
$$\angle PCK+\angle KCF=\angle PCF$$
同理 $\angle APB-\angle ACB=\angle PBF$
由假设,有
$$\angle PCF=\angle PBF$$
由正弦定理,有
$$\frac{PB}{\sin\angle PFB}=\frac{PF}{\sin\angle PBF}=\frac{PF}{\sin\angle PCF}=\frac{PC}{\sin\angle PFC}$$
所以 $$\frac{PB}{PC}=\frac{\sin\angle PFB}{\sin\angle PFC}=\frac{\sin\angle ACB}{\sin\angle ABC}=\frac{AB}{AC}$$
即 $$\frac{PB}{AB}=\frac{PC}{AC}$$

此证法属于蔡凯华

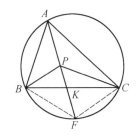

图 37.2

记 BD 与 AP 的交点为 M,由于 BD 是 $\angle ABP$ 的平分线,所以
$$\frac{PM}{MA}=\frac{PB}{AB}$$
记 CE 与 AP 的交点为 N,由于 CE 是 $\angle ACP$ 的平分线,所以
$$\frac{PN}{NA}=\frac{PC}{AC}$$

因而,$\frac{PM}{MA} = \frac{PN}{NA}$,即 M 与 N 重合. 于是 AP,BD,CE 交于一点.

证法 2 如图 37.3 所示,过点 P 分别作 $\triangle ABC$ 三边 BC,CA, AB 的垂线,垂足分别为 X,Y,Z.

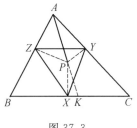

图 37.3

由于 P,X,B,Z 共圆,且 PB 为圆的直径. 于是
$$PB = \frac{XZ}{\sin \angle ABC}$$
同理
$$PC = \frac{XY}{\sin \angle ACB}$$
因此
$$\frac{PB}{PC} = \frac{XZ}{XY} \cdot \frac{\sin \angle ACB}{\sin \angle ABC} = \frac{XZ}{XY} \cdot \frac{AB}{AC}$$

延长 AP 交 BC 于 K,有
$$\angle APC - \angle ABC = \angle PCX + \angle BAP =$$
$$\angle PYX + \angle ZYP = \angle ZYX$$
同理
$$\angle APB - \angle ACB = \angle YZX$$

由假设条件,$\angle ZYX = \angle YZX$,有 $XY = XZ$.

因而,$\frac{PB}{PC} = \frac{AB}{AC}$. 同证法 1 即知 AP,BD,CE 交于一点.

注 本题关键在于证明 $\frac{PB}{PC} = \frac{AB}{AC}$. 实际上,满足这一等式的点 P 的轨迹是一个圆,即阿波罗尼圆. 因此,即要证明:满足本题条件(即关于角的等式)的点 P 在阿波罗尼圆的 $\overparen{AK}$ 上(其中 AK 是 $\angle BAC$ 的平分线). 作 $\angle BAC$ 的平分线交 BC 于 K,又作 $\angle A$ 的外角平分线交 BC 于 K_1,阿波罗尼圆就是以 K_1K 为直径的圆. 可以证明:在 $\overparen{AK}$ 上的点 P 满足本题中的关于角的等式. 进而可证明:使本题中角的等式成立的点 P_1 在 $\overparen{AK}$ 上. 这样也可证明本题,但不如上面的作法简明.

证法 3 分别延长 BP,CP 交圆 ABC 于 C',B',如图 37.4 所示,联结 AB',AC',则
$$\angle AB'C = \angle ABC, \angle AC'B = \angle ACB$$
于是由三角形外角定理得
$$\angle APB - \angle ACB = \angle APB - \angle AC'B = \angle PAC'$$
$$\angle APC - \angle ABC = \angle APC - \angle AB'C = \angle PAB'$$
至此,两个角差相等便转化为 $\angle PAC' = \angle PAB'$,延长 AP 交圆 ABC 于 M,联结 MB',MC',则由
$$\angle PAC' = \angle PAB' \Rightarrow MC' = MB' \qquad ①$$
设 BD,CE 的延长线分别交 AP 于 N 及 N',由内心及角平分线性质定理,可得

此证法属于程善明

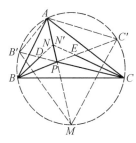

图 37.4

$$\frac{NA}{NP} = \frac{BA}{BP}$$

但
$$\frac{BA}{BP} = \frac{MC'}{MP}$$

(因为 $\triangle BAP \backsim \triangle MC'P$) 所以

$$\frac{NA}{NP} = \frac{MC'}{MP} \qquad ②$$

同理,由 $\triangle CAP \backsim \triangle MB'P$,可得

$$\frac{N'A}{N'P} = \frac{CA}{CP} = \frac{MB'}{MP} \qquad ③$$

由 ①,②,③ 知

$$\frac{NA}{NP} = \frac{N'A}{N'P} \Rightarrow \frac{NA}{AP} = \frac{N'A}{AP} \Rightarrow NA = N'A$$

由此可知 N 与 N' 重合,即 AP,BD,CE 交于一点.

❸ 设 $S = \{0,1,2,3,\cdots\}$ 是所有非负整数的集合. 找出所有在 S 上定义,取值于 S 中的满足下面条件的函数 f
$$f(m+f(n)) = f(f(m)) + f(n)$$
对所有 $m,n \in S$ 成立.

罗马尼亚命题

解 设 $f: S \to S$ 满足
$$f(m+f(n)) = f(f(m)) + f(n), m,n \in S \qquad ①$$

取 $m=n=0$,得
$$f(f(0)) = f(f(0)) + f(0) \qquad ②$$

所以 $\qquad\qquad\qquad f(0) = 0$

又在 ① 中取 $m=0$,可知
$$f(f(n)) = f(n), \forall n \in S$$

这样,式 ① 变成
$$f(m+f(n)) = f(m) + f(n), \forall m,n \in S$$

记 f 的值域为 T($T = \{f(n) \mid n \in S\}$). 显然如果某个 $n \in S$ 使 $f(n) = n$,则 $n \in T$.

反之,对于 T 中的任何数 n,由 $n \in T$,有 $k \in S$ 使 $n = f(k)$. 于是
$$f(n) = f(f(k)) = f(k) = n$$

因此,f 的值域 T 也就是 f 的全体不动点所组成的集.

首先,对于 T 中任何两个数(可以相同),它们的和仍在 T 中. 因为当 $n,m \in T$ 时,$f(m) = m$,$f(n) = n$,所以
$$f(m+n) = f(m+f(n)) = f(m) + f(n) = m+n$$

即 $m+n \in T$(其实,在 ② 中,右端表示值域中任何两个数之和,而左端显然在值域中).

其次,当两个数一个在 T 中,另一个不在 T 中时,这两个数之和必定不在 T 中,因为当 $m \notin T, n \in T$ 时
$$f(m+n)=f(m+f(n))=f(m)+f(n)=$$
$$f(m)+n \neq m+n$$
所以,$m+n \notin T$(因 T 是 f 的不动点全体).

ⅰ 如果 $T=\{0\}$. 显然,由于 f 的值域只有一个数 0,故 $f(n)=0$(对任何 $n \in S$),即 $f \equiv 0$.

ⅱ 如果 $1 \in T$. 由于 T 对加法封闭,即 T 中任何两个数之和在 T 中,可见 $T=S$,即 S 中每个数都是 f 的不动点. 这时,$f(n)=n$(对任何 $n \in S$),即 f 是个"恒等"函数.

ⅲ 在上述两种情况之外,则 T 中有自然数,但 $1 \notin T$. 记 T 中最小自然数为 $n_0(n_0 \geqslant 2)$.

由于 $n_0 \in T$ 及 T 对加法封闭,可见 $kn_0 \in T$(对任何 $k \in S$). 又由于 n_0 是 T 中最小自然数,$1,2,\cdots,n_0-1$ 都不在 T 中,于是,任何 $n \in S$ 写成 kn_0+r 时,如果余数 $r \neq 0$,即 $1 \leqslant r \leqslant n_0-1$,则它不在 T 中,可见 T 恰为 n_0 倍数的全体所组成.

由于 $f(1),f(2),\cdots,f(n_0-1)$ 都在 T 中,故都是 n_0 的倍数,即有 $a_1,a_2,\cdots,a_{n_0-1} \in S$(可以有相同的数)使
$$f(1)=a_1 n_0, f(2)=a_2 n_0, \cdots, f(n_0-1)=a_{n_0-1} n_0$$
这时,对任何 $n \in S$,记 $n=kn_0+r$. 则
$$f(n)=f(r+kn_0)=f(r+f(kn_0))=$$
$$f(r)+f(kn_0)=a_r n_0+kn_0$$
(a_0 当作 0 理解).

以上讨论了 f 必定具有的形式,这就为做出所有满足 ① 的 f 做好了准备. 实际上,任取自然数 $n_0 \geqslant 2$,再任取 S 中 n_0-1 个数 $a_1,a_2,\cdots,a_{n_0-1}$,并令 $a_0=0$,作 f 为如下函数:当 S 中 n 写成形式 $n=kn_0+r$ 时(其中,$k \in S, 0 \leqslant r \leqslant n_0-1$),令
$$f(n)=a_r n_0+kn_0$$
这样做出的函数 f 以及恒等于 0 的函数,恒等函数就是满足 ① 的全部函数.

最后,还要验证这些函数确实满足条件 ①. 恒等于 0 的函数及恒等函数显见满足 ①,故只要对所做的函数来验证. 易知这样做出的 f 的值域等于 $\{kn_0 \mid k \in S\}$. 对于任何 $m,n \in S$,如果 $m=kn_0+r$,而 $f(n)$ 当然是 n_0 的倍数,$f(n)=k_1 n_0$,从而
$$f(m+f(n))=f(kn_0+r+k_1 n_0)=$$
$$f((k+k_1)n_0+r)=a_r n_0+(k+k_1)n_0$$
$$f(m)=f(kn_0+r)=a_r n_0+kn_0$$
$$f(f(m))=a_r n_0+kn_0$$

$$f(n) = k_1 n_0$$

因此 $$f(m+f(n)) = f(f(m)) + f(n)$$
对任何 $m,n \in S$ 成立.

❹ 设正整数 a,b 使 $15a+16b$ 和 $16a-15b$ 都是正整数的平方,求这两个平方数中较小的数能够取到的最小值.

俄罗斯命题

解 设正整数 a,b 使得 $15a+16b$ 和 $16a-15b$ 都是正整数的平方,即
$$15a+16b = r^2, 16a-15b = s^2, r,s \in \mathbf{N}$$
于是 $$15^2 a + 16^2 a = 15r^2 + 16s^2$$
即 $$481a = 15r^2 + 16s^2$$
$$16^2 b + 15^2 b = 16r^2 - 15s^2$$
即 $$481b = 16r^2 - 15s^2$$

因此,$15r^2+16s^2, 16r^2-15s^2$ 都是 481 的倍数,下证 r,s 都是 481 的倍数.

由 $481 = 13 \times 37$,故只要证明 r,s 都是 $13,37$ 的倍数即可.

先证 r,s 都是 13 的倍数,用反证法.

由于 $16r^2 - 15s^2$ 是 13 的倍数,则 $13 \nmid r, 13 \nmid s$.

因为 $16r^2 \equiv 15s^2 \pmod{13}$,所以
$$16r^2 s^{10} \equiv 15 s^{12} \equiv 15 \equiv 2 \pmod{13}$$
由于左边是个完全平方数,两边取 6 次方,有
$$((4rs^5)^2)^6 \equiv 1 \pmod{13}$$
故 $$2^6 \equiv 1 \pmod{13}$$
矛盾.

再证 $37 \mid r, 37 \mid s$. 用反证法.

假定 $37 \nmid r, 37 \nmid s$. 因为
$$37 \mid 15r^2 + 16s^2, 37 \mid 16r^2 - 15s^2$$
所以 $$37 \mid r^2 - 31s^2$$
即 $$r^2 \equiv 31s^2 \pmod{37}$$
因此 $$r^2 s^{34} \equiv 31 s^{36} \equiv 31 \pmod{37}$$
左边是完全平方数,两边取 18 次方,即得
$$31^{18} \equiv 1 \pmod{37}$$
但
$$31^{18} \equiv (31^2)^9 \equiv ((-6)^2)^9 \equiv 36^9 \equiv (-1)^9 \equiv -1 \pmod{37}$$
矛盾.

从而,$481 \mid r, 481 \mid s$,显见这两个完全平方数都大于或等于 481^2.

另一方面,取 $a=481\times 31, b=481$ 时,两个完全平方数都是 481^2. 因此,所求的最小值等于 481^2.

❺ 设 $ABCDEF$ 是凸六边形,且 AB 平行于 ED, BC 平行于 FE, CD 平行于 AF. 又设 R_A, R_C, R_E 分别表示 $\triangle FAB$, $\triangle BCD$ 及 $\triangle DEF$ 的外接圆半径, p 表示六边形的周长. 证明
$$R_A + R_C + R_E \geq \frac{p}{2}$$

亚美尼亚命题

证法 1 过 A, D 作 BC 的垂线,只考虑 BC 与 EF 之间的一段,记它的长度为 h,记六边形 $ABCDEF$ 的六条边 $AB, BC, \cdots, FA$ 的长分别为 a, b, c, d, e, f,又 $\angle A, \angle B, \cdots, \angle F$ 分别表示六边形的六个内角. 由假设有 $\angle A = \angle D, \angle B = \angle E, \angle C = \angle F$.

显然, $BF \geq h$. 从而, $2BF \geq 2h$. 而在计算 h 时,两条 BC 与 EF 之间的线段分别由点 A 及点 D 分成两段,这样共有四条线段,于是

$$2BF \geq 2h = a \cdot \sin B + f \cdot \sin F + c \cdot \sin C + d \cdot \sin E$$

类似地,过 B, E 作 CD 的垂线并考虑 CD 与 AF 之间的线段,可得

$$2DF \geq a \cdot \sin A + b \cdot \sin C + d \cdot \sin D + e \cdot \sin F$$
$$2BD \geq f \cdot \sin A + e \cdot \sin E + b \cdot \sin B + c \cdot \sin D$$

另一方面, $\triangle BAF$ 的外接圆半径

$$R_A = \frac{BF}{2\sin A}$$

同样
$$R_C = \frac{BD}{2\sin C}, R_E = \frac{DF}{2\sin E}$$

于是
$$R_A + R_C + R_E = \frac{1}{4}\left(\frac{2BF}{\sin A} + \frac{2BD}{\sin C} + \frac{2DF}{\sin E}\right) >$$
$$\frac{1}{4}\left(\left(\frac{a \cdot \sin B + f \cdot \sin F + c \cdot \sin C + d \cdot \sin E}{\sin A}\right) + \right.$$
$$\left(\frac{f \cdot \sin A + e \cdot \sin E + b \cdot \sin B + c \cdot \sin D}{\sin C}\right) +$$
$$\left.\left(\frac{a \cdot \sin A + b \cdot \sin C + d \cdot \sin D + e \cdot \sin F}{\sin E}\right)\right) =$$
$$\frac{1}{4}\left(a\left(\frac{\sin B}{\sin A} + \frac{\sin A}{\sin E}\right) + b\left(\frac{\sin B}{\sin C} + \frac{\sin C}{\sin E}\right) + \right.$$
$$c\left(\frac{\sin C}{\sin A} + \frac{\sin D}{\sin C}\right) + d\left(\frac{\sin E}{\sin A} + \frac{\sin D}{\sin E}\right) +$$
$$\left.e\left(\frac{\sin E}{\sin C} + \frac{\sin F}{\sin E}\right) + f\left(\frac{\sin F}{\sin A} + \frac{\sin A}{\sin C}\right)\right)$$

上式右端的六个括号中,因为 $\angle A = \angle D, \angle B = \angle E$, $\angle C = \angle F$,所以各是两个互为倒数的正数之和,从而都大于或等于 2. 这样

$$R_A + R_C + R_E \geq \frac{1}{4}(2a + 2b + 2c + 2d + 2e + 2f) = \frac{1}{2}p$$

证法 2 由 $\triangle FAB, \triangle BCD, \triangle DEF$ 分别作一个平行四边形,以 FB, BD, DF 为对角线,而另一个顶点分别记为 A', C', E',即过 B 作 AF 的平行线,过 D 作 BC 的平行线,过 F 作 DE 的平行线,这三条线的交点围成 $\triangle A'C'E'$(当原六边形的三组平行对边中有一组相等时,必定三组都相等,而三个点 A', C', E' 重合成一个点).

此证法属于姚一隽

过 B 作 BA' 的垂线,过 D 作 DC' 的垂线,过 F 作 FE' 的垂线,这三条线两两的交点记为 A'', C'', E'',如图 37.5 所示.(当原六边形的三组平行对边分别相等时,A', C', E' 重合成一点 Q,这时 QB, QD, QF 分别是六边形的三条边长,从而六边形的周长等于 $2(QB + QD + QF)$. 另一方面 $\triangle FAB$ 的外接圆半径等于 $\triangle FA'B$ 的外接圆半径,也就是 $\frac{1}{2}A'A''$. 这样,三个半径分别等于 $\frac{1}{2}QA''$, $\frac{1}{2}QC''$, $\frac{1}{2}QE''$. 所要证明的不等式即为莫德尔(Mordell)不等式).

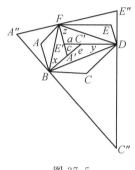

图 37.5

把六边形的三组平行对边中较短的边的长分别记为 x, y, z(在图 37.5 中,$A'B = x, C'D = y, E'F = z$),$\triangle A'C'E'$ 的三边分别记为 a, c, e. 于是,六边形的另三条边长为 $x + e, y + a, z + c$. 从而

$$p = 2x + 2y + 2z + a + c + e$$

由余弦定理有

$$BF^2 = x^2 + (z + c)^2 - 2x(z + c)\cos A$$

由于 $\angle A = \angle FA'B$,是 $\angle A''$ 的补角,故等于 $\angle C'' + \angle E''$. 因此

$$BF^2 = x^2 + (z+c)^2 - 2x(z+c)\cos(C'' + E'') = $$
$$x^2 + (z+c)^2 - 2x(z+c) \cdot$$
$$(\cos C'' \cdot \cos E'' - \sin C'' \cdot \sin E'') =$$
$$(x \cdot \sin C'' + (z+c)\sin E'')^2 +$$
$$(x \cdot \cos C'' - (z+c)\cos E'')^2$$

同理 $\quad BD^2 = y^2 + (x+e)^2 - 2y(x+e)\cos C =$
$$y^2 + (x+e)^2 - 2y(x+e)\cos(E'' + A'') =$$
$$y^2 + (x+e)^2 - 2y(x+e) \cdot$$
$$(\cos E'' \cdot \cos A'' - \sin E'' \cdot \sin A'') =$$

$$(y \cdot \sin E'' + (x+e)\sin A'')^2 +$$
$$(y \cdot \cos E'' - (x+e)\cos A'')^2$$
$$DF^2 = z^2 + (y+a)^2 - 2z(y+a) \cdot \cos(A'' + C'') =$$
$$(z \cdot \sin A'' + (y+a)\sin C'')^2 +$$
$$(z \cdot \cos A'' - (y+a)\cos C'')^2$$

在上面三个等式中,右端第一个括号内的数是正数,所以
$$BF \geqslant x \cdot \sin C'' + (z+c)\sin E''$$
$$BD \geqslant y \cdot \sin E'' + (x+e)\sin A''$$
$$DF \geqslant z \cdot \sin A'' + (y+a)\sin C''$$

另一方面
$$R_A = \frac{BF}{2\sin A} = \frac{BF}{2\sin A''}$$
$$R_C = \frac{BD}{2\sin C''}, R_E = \frac{DF}{2\sin E''}$$

从而 $R_A + R_C + R_E \geqslant \dfrac{1}{2}\Big(\dfrac{x \cdot \sin C'' + (z+c)\sin E''}{\sin A''} +$
$$\frac{y \cdot \sin E'' + (x+e)\sin A''}{\sin C''} +$$
$$\frac{z \cdot \sin A'' + (y+a)\sin C''}{\sin E''}\Big) =$$
$$\frac{1}{2}\Big(x\Big(\frac{\sin C''}{\sin A''} + \frac{\sin A''}{\sin C''}\Big) +$$
$$y\Big(\frac{\sin E''}{\sin C''} + \frac{\sin C''}{\sin E''}\Big) +$$
$$z\Big(\frac{\sin A''}{\sin E''} + \frac{\sin E''}{\sin A''}\Big) +$$
$$c\frac{\sin E''}{\sin A''} + e\frac{\sin A''}{\sin C''} + a\frac{\sin C''}{\sin E''}\Big)$$

但 $\triangle A'C'E'$ 的内角中, $\angle C'A'E'$ 是 $\angle FA'B$ 的补角,从而等于 $\angle A''$. 同样
$$\angle A'C'E' = \angle C'', \angle C'E'A' = \angle E''$$

所以
$$\frac{\sin E''}{\sin A''} = \frac{\sin E'}{\sin A'} = \frac{e}{a}$$
$$\frac{\sin A''}{\sin C''} = \frac{a}{c}, \frac{\sin C''}{\sin E''} = \frac{c}{e}$$

再由两个互为倒数的正数之和大于或等于 2,即得
$$R_A + R_C + R_E \geqslant \frac{1}{2}\Big(2x + 2y + 2z + \frac{ce}{a} + \frac{ea}{c} + \frac{ac}{e}\Big)$$

而 $\dfrac{ce}{a} + \dfrac{ea}{c} + \dfrac{ac}{e} = \dfrac{1}{2}\Big(\dfrac{ce}{a} + \dfrac{ea}{c} + \dfrac{ea}{c} + \dfrac{ac}{e} + \dfrac{ac}{e} + \dfrac{ce}{a}\Big) \geqslant$
$$\frac{1}{2}(2e + 2a + 2c) = a + c + e$$

从而 $R_A + R_C + R_E \geqslant \dfrac{1}{2}(2x + 2y + 2z + a + c + e) = \dfrac{1}{2}p$.

❻ 设 n,p,q 都是正整数且 $n>p+q$，若 $x_0,x_1,\cdots,x_n$ 是满足下面条件的整数：

(1) $x_0=x_n=0$；

(2) 对每个整数 $i(1\leqslant i\leqslant n)$，或 $x_i-x_{i-1}=p$，或 $x_i-x_{i-1}=-q$.

证明：存在一对标号 (i,j)，使 $i<j,(i,j)\neq(0,n)$，且 $x_i=x_j$.

法国命题

证明 首先，不妨设 $(p,q)=1$.（当 $(p,q)=d>1$ 时，记 $p=dp_1,q=dq_1$，则 $(p_1,q_1)=1$. 只要考虑 $\dfrac{x_0}{d},\dfrac{x_1}{d},\cdots,\dfrac{x_n}{d}$，而相邻两项之差等于 p_1 或 $-q_1$，且 $n>p_1+q_1$. 一切条件都满足）

由于 $x_i-x_{i-1}=p$ 或 $-q(i=1,2,\cdots,n)$，如果这 n 个差 x_i-x_{i-1} 中有 a 个为 p，b 个为 $-q$，则
$$x_n=ap-bq, a+b=n$$
从而，$ap=bq$. 由 $(p,q)=1$，$a=kq$，而 $b=kp$. 又由于
$$n=a+b=k(p+q)$$
及
$$n>p+q$$
故 $k\geqslant 2$.

记
$$y_i=x_i+p+q-x_i, i=0,1,\cdots,(k-1)(p+q)$$

因为 $x_i-x_{i-1}=p$ 或 $-q\equiv p(\bmod(p+q))$，把 $i=0,1,\cdots$，直到某个 i 都相加，即知
$$x_i\equiv ip(\bmod(p+q))$$
于是
$$x_j-x_i\equiv(j-i)p(\bmod(p+q))$$
特别地
$$y_i\equiv 0(\bmod(p+q))$$
即每个 y_i 都是 $p+q$ 的倍数.

又
$$y_{i+1}-y_i=(x_{i+1+p+q}-x_{i+p+q})-(x_{i+1}-x_i)$$
由于括号中的数只能是 p 或 $-q$，所以 $y_{i+1}-y_i$ 只能等于 $p+q,0,-(p+q)$ 三数之一.

再由
$$y_0+y_{(p+q)}+y_{2(p+q)}+\cdots+y_{(k-1)(p+q)}=x_n=0$$
如果 $y_0>0$，则其中总有数小于 0；如果 $y_0<0$，则其中总有数大于 0.

这样，$\dfrac{y_0}{p+q},\dfrac{y_1}{p+q},\cdots,\dfrac{y_{(k-1)(p+q)}}{p+q}$ 是整数，且每相邻两项之差只能是 $1,0$ 或 -1，而且不可能全是正数，也不可能全是负数，因此总有一个是 0，即有 i_0 使 $y_{i_0}=0$. 这时，取 $i=i_0,j=i_0+p+q$ 即符合要求.

第 37 届国际数学奥林匹克英文原题

The thirty-seventh International Mathematical Olympiads was held from July 5th to July 17th 1996 in Mumbai (Bombay).

❶ Let $ABCD$ be a rectangular board with $|AB|=20$, $|BC|=12$. The board is divided into 20×12 unit squares. Let r be a given positive integer. A coin can be moved from one square to another if and only if the distance between the centres of the two squares is $\sqrt{r}$. The task is to find a sequence of moves taking the coin from square which has A as a vertex to the square which has B as a vertex.

(1) Show that the task cannot be done if r is divisible by 2 or 3;

(2) Prove that the task can be done if $r=73$;

(3) Can the task be done when $r=97$?

(Finland)

❷ Let P be a point inside triangle ABC such that
$$\angle APB - \angle ACB = \angle APC - \angle ABC$$
Let D, E be the incentre of triangles APB, APC respectively. Show that AP, BD and CE meet at a point.

(Canada)

❸ Let $S=\{0,1,2,3,\cdots\}$ be the set of non-negative integers. Find all functions f defined on S and taking their values in S such that
$$f(m+f(n))=f(f(m))+f(n)$$
for all m,n in S.

(Romania)

❹ The positive integers a and b are such that the numbers $15a+16b$ and $16a-15b$ are both squares of positive integers. Find the least possible value that can be taken by the minimum of these two squares.

(Russia)

❺ Let $ABCDEF$ be a convex hexagon such that AB is parallel to ED, BC is parallel to FE and CD is parallel to AF. Let R_A, R_C, R_E denote the circumradius of triangles FAB, BCD, DEF respectively, and let p denote the perimeter of the hexagon. Prove that

$$R_A + R_C + R_E \geqslant \frac{p}{2}$$

(Armenia)

❻ Let n, p, q be positive integers with $n > p + q$. Let $x_0, x_1, \cdots, x_n$ be integers satisfying the following conditions:

(1) $x_0 = x_n = 0$;

(2) for each integer i with $1 \leqslant i \leqslant n$, either $x_i - x_{i-1} = p$ or $x_i - x_{i-1} = -q$.

Show that there exists a pair (i, j) of indices with $i < j$ and $(i, j) \neq (0, n)$ such that $x_i = x_j$.

(France)

第 37 届国际数学奥林匹克各国成绩表

1996，印度

名次	国家或地区	分数（满分252）	金牌	奖牌 银牌	铜牌	参赛队 人数
1.	罗马尼亚	187	4	2	—	6
2.	美国	185	4	2	—	6
3.	匈牙利	167	3	2	1	6
4.	俄罗斯	162	2	3	1	6
5.	英国	161	2	4	—	6
6.	中国	160	3	2	1	6
7.	越南	155	3	1	1	6
8.	韩国	151	2	3	—	6
9.	伊朗	143	1	4	1	6
10.	德国	137	3	1	1	6
11.	保加利亚	136	1	4	1	6
12.	日本	136	1	3	1	6
13.	波兰	122	—	3	3	6
14.	印度	118	1	3	1	6
15.	以色列	114	1	2	2	6
16.	加拿大	111	—	3	3	6
17.	斯洛伐克	108	—	2	4	6
18.	乌克兰	105	1	—	5	6
19.	土耳其	104	—	2	3	6
20.	中国台湾	100	—	2	3	6
21.	白俄罗斯	99	1	1	2	6
22.	希腊	95	—	1	5	6
23.	澳大利亚	93	—	2	3	6
24.	南斯拉夫	87	—	1	2	6
25.	意大利	86	—	2	2	6
25.	新加坡	86	1	—	3	6
27.	中国香港	84	—	1	4	6
28.	捷克	83	—	2	1	6
29.	阿根廷	80	—	1	3	6
30.	格鲁吉亚	78	1	—	2	6
31.	比利时	75	—	—	4	6
32.	立陶宛	68	—	1	2	6
33.	拉脱维亚	66	—	—	3	6
34.	亚美尼亚	63	—	—	1	6

续表

名次	国家或地区	分数（满分252）	金牌	银牌	铜牌	参赛队人数
34.	克罗地亚	63	—	1	1	6
36.	法国	61	—	2	—	6
37.	新西兰	60	—	—	3	6
37.	挪威	60	—	—	3	6
39.	芬兰	58	—	—	2	6
40.	瑞典	57	—	1	1	6
41.	摩尔多瓦	55	—	—	2	6
42.	奥地利	54	—	1	—	6
43.	南非	50	—	—	2	6
44.	蒙古	49	—	—	2	6
44.	斯洛文尼亚	49	—	—	2	6
46.	哥伦比亚	48	—	1	—	6
47.	泰国	47	—	—	1	6
48.	丹麦	44	—	—	2	6
48.	中国澳门	44	—	—	1	6
48.	马其顿	44	—	—	2	6
48.	西班牙	44	—	—	—	6
52.	巴西	36	—	—	—	6
53.	墨西哥	34	—	—	—	6
54.	斯里兰卡	34	—	—	1	6
55.	爱沙尼亚	33	—	—	—	6
56.	冰岛	31	—	—	1	6
57.	波斯尼亚－黑塞哥维那	30	—	—	1	4
58.	阿塞拜疆	27	—	—	—	6
59.	荷兰	26	—	—	—	6
60.	特立尼达－多巴哥	25	—	—	—	6
61.	爱尔兰	24	—	—	—	6
62.	瑞士	23	—	—	1	4
63.	葡萄牙	21	—	—	—	6
64.	哈萨克斯坦	20	—	—	—	6
65.	摩洛哥	19	—	—	1	6
66.	古巴	16	—	—	1	1
67.	阿尔巴尼亚	15	—	—	—	4
68.	吉尔吉斯坦	15	—	—	—	6
69.	塞浦路斯	14	—	—	—	5
70.	印尼	11	—	—	—	6
71.	智利	10	—	—	—	2
72.	马来西亚	9	—	—	—	4
73.	土库曼斯坦	9	—	—	—	4
74.	菲律宾	8	—	—	—	6
75.	科威特	1	—	—	—	3

第 37 届国际数学奥林匹克预选题

印度,1996

1 设 a,b,c 是正实数,并满足 $abc=1$. 证明
$$\frac{ab}{a^5+b^5+ab}+\frac{bc}{b^5+c^5+bc}+\frac{ca}{c^5+a^5+ca}\leqslant 1$$
并指明等号在什么条件下成立.

证明 由 $a^5+b^5-a^2b^2(a+b)=(a^2-b^2)(a^3-b^3)\geqslant 0$,有
$$a^5+b^5\geqslant a^2b^2(a+b) \quad \text{①}$$

所以
$$\frac{ab}{a^5+b^5+ab}=\frac{a^2b^2c}{a^5+b^5+a^2b^2c}\leqslant$$
$$\frac{a^2b^2c}{a^2b^2(a+b)+a^2b^2c}=\frac{c}{a+b+c} \quad \text{②}$$

同理
$$\frac{bc}{b^5+c^5+bc}\leqslant \frac{a}{a+b+c} \quad \text{③}$$
$$\frac{ca}{c^5+a^5+ca}\leqslant \frac{b}{a+b+c} \quad \text{④}$$

故
$$\frac{ab}{a^5+b^5+ab}+\frac{bc}{b^5+c^5+bc}+\frac{ca}{c^5+a^5+ca}\leqslant$$
$$\frac{c}{a+b+c}+\frac{a}{a+b+c}+\frac{b}{a+b+c}=1$$

由于式 ① 当且仅当 $a=b$ 时等号成立,故式 ② 当且仅当 $a=b$ 时等号成立. 同理,式 ③ 当且仅当 $b=c$ 时等号成立,式 ④ 当且仅当 $c=a$ 时等号成立. 故原不等式当且仅当 $a=b=c=1$ 时等号成立.

2 设 $a_1\geqslant a_2\geqslant \cdots \geqslant a_n$ 是满足下列条件的 n 个实数:对任何整数 $k>0$,有 $a_1^k+a_2^k+\cdots+a_n^k\geqslant 0$ 成立. 令 $p=\max\{|a_1|,|a_2|,\cdots,|a_n|\}$. 证明:$p=a_1$,并且对任何 $x>a_1$,均有 $(x-a_1)(x-a_2)\cdots(x-a_n)\leqslant x^n-a_1^n$.

证明 （i）用反证法.

假设 $p \neq a_1$，则 $p = |a_n|$，并且 $p > a_1, a_n < 0$.

设 $n-k+1 \leqslant m \leqslant n$ 时，$a_m = a_n$，而 $m \leqslant n-k$ 时，$a_m > a_n$. 这里 $1 \leqslant k \leqslant n-1$. 则

$$a_1^{2l+1} + a_2^{2l+1} + \cdots + a_n^{2l+1} = a_n^{2l+1}\left[\left(\frac{a_1}{a_n}\right)^{2l+1} + \cdots + \left(\frac{a_{n-k}}{a_n}\right)^{2l+1} + k\right]$$

由于 $\left|\dfrac{a_1}{a_n}\right| < 1, \cdots, \left|\dfrac{a_{n-k}}{a_n}\right| < 1$，故存在 $l \in \mathbf{N}$ 使得

$$\left|\frac{a_1}{a_n}\right|^l \leqslant \frac{1}{n}, \cdots, \left|\frac{a_{n-k}}{a_n}\right|^l \leqslant \frac{1}{n}$$

所以

$$\left(\frac{a_1}{a_n}\right)^{2l+1} + \cdots + \left(\frac{a_n}{a_n}\right)^{2l+1} = \left(\frac{a_1}{a_n}\right)^{2l+1} + \cdots + \left(\frac{a_{n-k}}{a_n}\right)^{2l+1} + k \geqslant$$

$$k - \left|\frac{a_1}{a_n}\right|^{2l+1} - \cdots - \left|\frac{a_{n-k}}{a_n}\right|^{2l+1} \geqslant$$

$$k - \frac{n-k}{n} > 0$$

于是，$a_1^{2l+1} + a_2^{2l+1} + \cdots + a_n^{2l+1} < 0$. 与已知矛盾，故只能 $p = a_1$.

(ii) 当 $x > a_1$ 时

$$(x-a_1)(x-a_2)\cdots(x-a_n) \leqslant (x-a_1)\left[\frac{(x-a_2) + \cdots + (x-a_n)}{n-1}\right]^{n-1} =$$

$$(x-a_1)\left(x - \frac{a_2 + \cdots + a_n}{n-1}\right)^{n-1} \leqslant$$

$$(x-a_1)\left(x + \frac{a_1}{n-1}\right)^{n-1} =$$

$$(x-a_1)\sum_{t=0}^{n-1} C_{n-1}^t \left(\frac{a_1}{n-1}\right)^t x^{n-1-t} =$$

$$(x-a_1)\sum_{t=0}^{n-1} \frac{C_{n-1}^t}{(n-1)^t} \cdot a_1^t x^{n-1-t}$$

由于 $1 \leqslant t \leqslant n-1$ 时，$C_{n-1}^t = \dfrac{(n-1)\cdots(n-t)}{t!} = \dfrac{n-1}{t} \cdot \cdots \cdot \dfrac{n-t}{1} \leqslant (n-1)^t$，故 $0 \leqslant t \leqslant n-1$ 时，$\dfrac{C_{n-1}^t}{(n-1)^t} \leqslant 1$.

所以 $(x-a_1)(x-a_2)\cdots(x-a_n) \leqslant (x-a_1)\sum_{t=0}^{n-1} a_1^t x^{n-1-t} = x^n - a_1^n$.

❸ 给定 $a > 2$，$\{a_n\}$ 递归定义如下

$$a_0 = 1, a_1 = a, a_{n+1} = \left(\frac{a_n^2}{a_{n-1}^2} - 2\right)a_n$$

证明：对任何 $k \in \mathbf{N}$，有

$$\frac{1}{a_0} + \frac{1}{a_1} + \cdots + \frac{1}{a_k} < \frac{1}{2}(2 + a - \sqrt{a^2 - 4})$$

证明 设 $f(x)=x^2-2$,则
$$\frac{a_{n+1}}{a_n}=f^{(1)}\left(\frac{a_n}{a_{n-1}}\right)=f^{(2)}\left(\frac{a_{n-1}}{a_{n-2}}\right)=\cdots=f^{(n)}\left(\frac{a_1}{a_0}\right)=f^{(n)}(a)$$

于是
$$a_n=\frac{a_n}{a_{n-1}}\cdot\frac{a_{n-1}}{a_{n-2}}\cdot\cdots\cdot\frac{a_1}{a_0}\cdot a_0=f^{(n-1)}(a)\cdot f^{(n-2)}(a)\cdot\cdots\cdot f^{(0)}(a)$$

（这里规定 $f^{(0)}(a)=a$）

下面将证明对任何 $k\in\mathbf{N}\cup\{0\}$，本题结论成立，用归纳法.

当 $k=0$ 时，$\frac{1}{a_0}=1<\frac{1}{2}(2+a-\sqrt{a^2-4})$，结论成立.

假设结论对于 $k=m$ 成立,即
$$1+\frac{1}{f^{(0)}(a)}+\frac{1}{f^{(1)}(a)f^{(0)}(a)}+\cdots+\frac{1}{f^{(m-1)}(a)f^{(m-2)}(a)\cdots f^{(0)}(a)}<$$
$$\frac{1}{2}(2+a-\sqrt{a^2-4}) \qquad ①$$

由于当 $a>2$ 时，$f(a)=a^2-2>2$，且式 ① 对于所有的 $a>2$ 均成立，用 $f(a)$ 代替式 ① 中的 a，即得
$$1+\frac{1}{f^{(1)}(a)}+\frac{1}{f^{(2)}(a)f^{(1)}(a)}+\cdots+\frac{1}{f^{(m)}(a)f^{(m-1)}(a)\cdots f^{(1)}(a)}<$$
$$\frac{1}{2}(2+f(a)-\sqrt{f^2(a)-4})=\frac{1}{2}(a^2-\sqrt{a^4-4a^2})=$$
$$\frac{1}{2}a(a-\sqrt{a^2-4})$$

所以
$$\frac{1}{a_0}+\frac{1}{a_1}+\cdots+\frac{1}{a_{m+1}}=$$
$$1+\frac{1}{f^{(0)}(a)}+\frac{1}{f^{(1)}(a)f^{(0)}(a)}+\cdots+\frac{1}{f^{(m)}(a)f^{(m-1)}(a)\cdots f^{(0)}(a)}=$$
$$1+\frac{1}{f^{(0)}(a)}\left(1+\frac{1}{f^{(1)}(a)}+\cdots+\frac{1}{f^{(m)}(a)f^{(m-1)}(a)\cdots f^{(1)}(a)}\right)<$$
$$1+\frac{1}{a}\cdot\frac{1}{2}a(a-\sqrt{a^2-4})=\frac{1}{2}(2+a-\sqrt{a^2-4})$$

即当 $k=m+1$ 时结论也成立. 因此，对所有 $k\in\mathbf{N}\cup\{0\}$，结论成立.

❹ 设 $a_1,a_2,\cdots,a_n$ 是非负实数，且不全为零.

（1）证明：方程 $x^n-a_1x^{n-1}-\cdots-a_{n-1}x-a_n=0$ 恰有一个正实根；

（2）令 $A=\sum_{j=1}^n a_j$，$B=\sum_{j=1}^n ja_j$，并设 R 是上述方程的正实根. 证明：$A^A\leqslant R^B$.

证明 (1) 当 $x>0$ 时，$x^n - a_1 x^{n-1} - \cdots - a_{n-1}x - a_n = 0 \Leftrightarrow$
$\dfrac{a_n}{x^n} + \dfrac{a_{n-1}}{x^{n-1}} + \cdots + \dfrac{a_1}{x} = 1$.

记 $f(y) = a_n y^n + a_{n-1} y^{n-1} + \cdots + a_1 y$.

由于当 $y \geqslant 0$ 时，$f(y)$ 连续且严格单调上升，又 $f(0)=0$，$f(a_k^{-\frac{1}{k}}) \geqslant 1$（不妨设 $a_k > 0$），故存在唯一的正数 y_0，使 $f(y_0) = 1$. 于是，方程 $x^n - a_1 x^{n-1} - \cdots - a_{n-1}x - a_n = 0$ 恰有一个正实根.

(2) 由于 $g(y) = \ln y$ 在 $(0, +\infty)$ 上连续且上凸，故由琴生不等式，对于任意非负实数 $\lambda_1, \lambda_2, \cdots, \lambda_n$（不都为零）和任意正数 $y_1, y_2, \cdots, y_n$，有

$$\ln \frac{\lambda_1 y_1 + \lambda_2 y_2 + \cdots + \lambda_n y_n}{\lambda_1 + \lambda_2 + \cdots + \lambda_n} \geqslant \frac{\lambda_1 \ln y_1 + \lambda_2 \ln y_2 + \cdots + \lambda_n \ln y_n}{\lambda_1 + \lambda_2 + \cdots + \lambda_n}$$

即 $\dfrac{\lambda_1 y_1 + \lambda_2 y_2 + \cdots + \lambda_n y_n}{\lambda_1 + \lambda_2 + \cdots + \lambda_n} \geqslant (y_1^{\lambda_1} y_2^{\lambda_2} \cdots y_n^{\lambda_n})^{\frac{1}{\lambda_1 + \lambda_2 + \cdots + \lambda_n}}$

有 $\lambda_k = a_k$，$y_k = y_0^k$，$1 \leqslant k \leqslant n$，则

$$\frac{a_1 y_0 + a_2 y_0^2 + \cdots + a_n y_0^n}{A} \geqslant (y_0^B)^{\frac{1}{A}}$$

由 $a_1 y_0 + a_2 y_0^2 + \cdots + a_n y_0^n = 1$，有 $\dfrac{1}{A} \geqslant y_0^{\frac{B}{A}}$，即 $\left(\dfrac{1}{y_0}\right)^B \geqslant A^A$. 而 $R = \dfrac{1}{y_0}$，故 $A^A \leqslant R^B$.

---

❺ 设 $P(x)$ 是实系数多项式函数 $P(x) = ax^3 + bx^2 + cx + d$. 证明：如果对任何 $|x| < 1$，均有 $|P(x)| \leqslant 1$，则
$$|a| + |b| + |c| + |d| \leqslant 7$$

证明 由 $P(x)$ 为连续函数且当 $|x| < 1$ 时，$|P(x)| \leqslant 1$. 故当 $|x| \leqslant 1$ 时，$|P(x)| \leqslant 1$. 分别令 $x = \lambda$ 和 $\dfrac{\lambda}{2}$（这里 $\lambda = \pm 1$），得

$$|\lambda a + b + \lambda c + d| \leqslant 1, \quad \left|\frac{\lambda}{8}a + \frac{1}{4}b + \frac{\lambda}{2}c + d\right| \leqslant 1$$

所以

$$|\lambda a + b| = \left|\frac{4}{3}(\lambda a + b + \lambda c + d) - 2\left(\frac{\lambda}{8}a + \frac{1}{4}b + \frac{\lambda}{2}c + d\right) + \frac{2}{3}\left(-\frac{\lambda}{8}a + \frac{1}{4}b - \frac{\lambda}{2}c + d\right)\right| \leqslant$$

$$\frac{4}{3}|\lambda a + b + \lambda c + d| + 2\left|\frac{\lambda}{8}a + \frac{1}{4}b + \frac{\lambda}{2}c + d\right| +$$

$$\frac{2}{3}\left|-\frac{\lambda}{8}a + \frac{1}{4}b - \frac{\lambda}{2}c + d\right| \leqslant$$

$$\frac{4}{3}+2+\frac{2}{3}=4$$

故 $|a|+|b|=\max\{|a+b|,|-a+b|\}\leqslant 4$. 同样地

$$|\lambda c+d|=\left|-\frac{1}{3}(\lambda a+b+\lambda c+d)+2\left(\frac{\lambda}{8}a+\frac{1}{4}b+\frac{\lambda}{2}c+d\right)-\right.$$
$$\left.\frac{2}{3}\left(-\frac{\lambda}{8}a+\frac{1}{4}b-\frac{\lambda}{2}c+d\right)\right|\leqslant$$
$$\frac{1}{3}|\lambda a+b+\lambda c+d|+2\left|\frac{\lambda}{8}a+\frac{1}{4}b+\frac{\lambda}{2}c+d\right|+$$
$$\frac{2}{3}\left|-\frac{\lambda}{8}a+\frac{1}{4}b-\frac{\lambda}{2}c+d\right|\leqslant$$
$$\frac{1}{3}+2+\frac{2}{3}=3$$

故 $|c|+|d|=\max\{|c+d|,|-c+d|\}\leqslant 3$.

因此,$|a|+|b|+|c|+|d|\leqslant 7$.

❻ 设 n 是正偶数. 证明:存在一个正整数 k,满足 $k=f(x)(x+1)^n+g(x)(x^n+1)$,其中 $f(x),g(x)$ 是某个整系数多项式. 如果用 k 表示满足上式的最小的 k,试将 k_0 表为 n 的函数.

证明 (1) 当 n 为偶数时,$((x+1)^n,x^n+1)=1$,于是存在有理系数多项式 $f^*(x),g^*(x)$,使得
$$1=f^*(x)(x+1)^n+g^*(x)(x^n+1)$$

设 k 为 $f^*(x),g^*(x)$ 的所有系数的分母的一个公倍数,记 $f(x)=kf^*(x),g(x)=kg^*(x)$,则 $f(x),g(x)$ 为整系数多项式,且
$$k=f(x)(x+1)^n+g(x)(x^n+1)$$

(2) 设 $n=2^a\cdot t$,t 为奇数. 记 $m=2^a$,则可设
$$x^n+1=(x^m+1)h(x)$$

$h(x)$ 为整系数多项式,并设 $w_j=\mathrm{e}^{\mathrm{i}\frac{2j-1}{m}\pi}(j=1,2,\cdots,2^a)$ 为 $x^m+1=0$ 的 m 个根.

若正整数 k,整系数多项式 $f(x),g(x)$ 满足 $k=f(x)(x+1)^n+g(x)(x^n+1)$,则
$$k=f(w_j)(w_j+1)^n, j=1,2,\cdots,m$$

于是,$k^m=\prod_{j=1}^m f(w_j)\prod_{j=1}^m (w_j+1)^n$.

设
$$\sigma_1=w_1+w_2+\cdots+w_m$$
$$\sigma_2=w_1w_2+w_2w_3+\cdots+w_{m-1}w_m$$
$$\vdots$$

$$\sigma_m = w_1 w_2 \cdots w_m$$

由韦达定理知 σ_j 为整数. 因为 $\prod\limits_{j=1}^{m} f(w_j)$ 为关于 $w_1, w_2, \cdots,$ w_m 的整系数多项式, 故 $\prod\limits_{j=1}^{m} f(w_j)$ 可表示为 $\sigma_1, \sigma_2, \cdots, \sigma_m$ 的整系数多项式, 于是它为整数. 而

$$\prod_{j=1}^{m}(w_j+1)^n = \left[\prod_{j=1}^{m}(w_j+1)\right]^n = (1+\sigma_1+\sigma_2+\cdots+\sigma_m)^n = 2^n$$

因此, $2^n \mid k^m$, 即 $2^t \mid k$. 于是, $k \geqslant 2^t$.

记 $E(x) = (x+1)(x^3+1)\cdots(x^{2m-1}+1) = (x+1)^m F(x)$, 对于固定的 $j \in \{1, 2, \cdots, m\}$, 考虑集合 $\{w_j, w_j^3, w_j^5, \cdots, w_j^{2m-1}\}$, 其中的元素均为 $x^m + 1 = 0$ 的根且两两不等, 故它为 $x^m + 1 = 0$ 的解集. 于是

$$E(w_j) = (1+w_j)(1+w_j^3)\cdots(1+w_j^{2m-1}) =$$
$$(1+w_1)(1+w_2)\cdots(1+w_m) = 2$$

设 $G(x)(x^m+1) + 2 = E(x) = (x+1)^m F(x)$. 两边 t 次方, 得

$$G^*(x)(x^m+1) + 2^t = (x+1)^n F^t(x) \qquad ①$$

其中 $G^*(x)$ 为某个整系数多项式.

另外, 由 $x^n + 1 = (x^m+1)h(x)$, 有 $h(-1) = 1$. 故可设

$$C(x)(x+1) = h(x) - 1$$

两边 n 次方, 得

$$C^n(x)(x+1)^n = h(x)d(x) + 1$$

其中 $d(x)$ 为某个整系数多项式.

由 ①, ② 得

$$G^*(x)d(x)(x^n+1) = G^n(x)(x^m+1)d(x)h(x) =$$
$$[(x+1)^n F^t(x) - 2^t] \cdot$$
$$[C^n(x)(x+1)^n - 1] =$$
$$(x+1)^n U(x) + 2^t$$

其中 $U(x)$ 为某个整系数多项式.

因此存在整系数多项式 $f(x), g(x)$, 使得

$$2^t = f(x)(x+1)^n + g(x)(x^n+1)$$

综合上述, $k_0 = 2^t$, 其中 $n = 2^a \cdot t$, t 为奇数.

7 设 f 是一个从实数集 **R** 映射到自身的函数,并且对任何 $x \in \mathbf{R}$ 均有 $|f(x)| \leqslant 1$ 以及 $f\left(x+\dfrac{13}{42}\right) + f(x) = f\left(x+\dfrac{1}{6}\right) + f\left(x+\dfrac{1}{7}\right)$.

证明:f 是周期函数,即存在一个非零实数 c,使得对任何 $x \in \mathbf{R}, f(x+c) = f(x)$ 成立.

证明 因为对任何 $x \in \mathbf{R}$,有
$$f\left(x+\frac{13}{42}\right) + f(x) = f\left(x+\frac{7}{42}\right) + f\left(x+\frac{6}{42}\right)$$
故
$$f\left(x+\frac{7}{42}\right) - f(x) = f\left(x+\frac{13}{42}\right) - f\left(x+\frac{6}{42}\right) =$$
$$f\left(x+\frac{19}{42}\right) - f\left(x+\frac{12}{42}\right) = \cdots =$$
$$f\left(x+\frac{49}{42}\right) - f\left(x+\frac{42}{42}\right)$$
即
$$f\left(x+\frac{42}{42}\right) - f(x) = f\left(x+\frac{49}{42}\right) - f\left(x+\frac{7}{42}\right)$$
同样,有
$$f\left(x+\frac{7}{42}\right) - f\left(x+\frac{1}{42}\right) = f\left(x+\frac{14}{42}\right) - f\left(x+\frac{8}{42}\right) =$$
$$f\left(x+\frac{21}{42}\right) - f\left(x+\frac{15}{42}\right) = \cdots =$$
$$f\left(x+\frac{49}{42}\right) - f\left(x+\frac{43}{42}\right)$$
即
$$f\left(x+\frac{49}{42}\right) - f\left(x+\frac{7}{42}\right) = f\left(x+\frac{43}{42}\right) - f\left(x+\frac{1}{42}\right) \qquad ②$$
由 ①,② 得
$$f\left(x+\frac{42}{42}\right) - f(x) = f\left(x+\frac{43}{42}\right) - f\left(x+\frac{1}{42}\right)$$
$$f\left(x+\frac{42}{42}\right) - f(x) = f\left(x+\frac{43}{42}\right) - f\left(x+\frac{1}{42}\right) =$$
$$f\left(x+\frac{44}{42}\right) - f\left(x+\frac{2}{42}\right) = \cdots =$$
$$f\left(x+\frac{84}{42}\right) - f\left(x+\frac{42}{42}\right)$$
即
$$f(x+1) - f(x) = f(x+2) - f(x+1)$$

因此,$f(x+n)=f(x)+n(f(x+1)-f(x))$ 对所有 $n \in \mathbf{N}$ 成立. 又因对所有 $x \in \mathbf{R}$,$|f(x)| \leqslant 1$,即 $f(x)$ 有界,故只有
$$f(x+1)-f(x) \equiv 0$$
因此对所有 $x \in \mathbf{R}$,$f(x+1)=f(x)$,即 $f(x)$ 为周期函数.

❽ 设 $S=\{0,1,2,3,\cdots\}$ 是所有非负整数的集合,找出所有在 S 上定义,取值于 S 中的满足下面条件的函数 f:$f(m+f(n))=f(f(m))+f(n)$ 对所有 $m,n \in S$ 成立.

解 设 $f:S \to S$ 满足
$$f(m+f(n))=f(f(m))+f(n) \text{(对任何 } m,n \in S \text{ 成立)}$$
取 $m=n=0$,得
$$f(f(0))=f(f(0))+f(0) \qquad ①$$
所以,$f(0)=0$.

又在 ① 中取 $m=0$,可知
$$f(f(n))=f(n) \text{(对任何 } n \in S \text{ 成立)}$$
这样,式 ① 变成 $f(m+f(n))=f(m)+f(n)$(对任何 $m,n \in S$ 成立).

记 f 的值域为 $T(T=\{f(n) \mid n \in S\})$. 显然②,如果某个 $n \in S$ 使 $f(n)=n$,则 $n \in T$.

反之,对于 T 中的任何数 n,由 $n \in T$,有 $k \in S$ 使 $n=f(k)$. 于是
$$f(n)=f(f(k))=f(k)=n$$
因此,f 的值域 T 也就是 f 的全体不动点所组成的集.

首先,对于 T 中任何两个数(可以相同),它们的和仍在 T 中. 因为当 $n,m \in T$ 时,$f(m)=m$,$f(n)=n$,所以
$$f(m+n)=f(m+f(n))=f(m)+f(n)=m+n$$
即 $m+n \in T$(其实,在 ② 中,右端表示值域中任何两个数之和,而左端显然在值域中).

其次,当两个数一个在 T 中,另一个不在 T 中时,这两个数之和必定不在 T 中. 因为当 $m \notin T$,$n \in T$ 时
$$f(m+n)=f(m+f(n))=f(m)+f(n)=f(m)+n \neq m+n$$
所以,$m+n \notin T$(因 T 是 f 的不动点全体).

第一种情况:如果 $T=\{0\}$. 显然,由于 f 的值域只有一个数 0,故 $f(n)=0$(对任何 $n \in S$),即 $f \equiv 0$.

第二种情况:如果 $1 \in T$. 由于 T 对加法封闭,即 T 中任何两个数之和在 T 中,可见 $T=S$,即 S 中每个数都是 f 的不动点. 这时,$f(n)=n$(对任何 $n \in S$),即 f 是个"恒等"函数.

第三种情况:在上述两种情况之外,则 T 中有自然数,但 $1 \notin$

T. 记 T 中最小自然数为 $n_0(n_0 \geqslant 2)$.

由于 $n_0 \in T$ 及 T 对加法封闭,可见 $kn_0 \in T$(对任何 $k \in S$). 又由于 n_0 是 T 中最小自然数,$1,2,\cdots,n_0-1$ 都不在 T 中,于是,任何 $n \in S$ 写成 kn_0+r 时,如果余数 $r \neq 0$,即 $1 \leqslant r \leqslant n_0-1$,则它不在 T 中,可见 T 恰为 n_0 倍数的全体所组成.

由于 $f(1), f(2), \cdots, f(n_0-1)$ 都在 T 中,故都是 n_0 的倍数,即有 $a_1, a_2, \cdots, a_{n_0-1} \in S$(可以有相同的数),使
$$f(1) = a_1 n_0, f(2) = a_2 n_0, \cdots, f(n_0-1) = a_{n_0-1} n_0.$$

这时,对任何 $n \in S$,记 $n = kn_0 + r$,则
$$f(n) = f(r + kn_0) = f(r + f(kn_0)) = $$
$$f(r) + f(kn_0) = a_r n_0 + kn_0 (a_0 \text{ 作为 } 0 \text{ 理解})$$

以上讨论了 f 必定具有的形式,这就为做出所有满足 ① 的 f 做好了准备. 实际上,任取自然数 $n_0 \geqslant 2$,再任取 S 中 n_0-1 个数 $a_1, a_2, \cdots, a_{n_0-1}$,并令 $a_0 = 0$,作 f 为如下函数:

当 S 中 n 写成形式 $n = kn_0 + r$ 时(其中 $k \in S, 0 \leqslant r \leqslant n_0-1$),令
$$f(n) = a_r n_0 + kn_0$$

这样做出的函数 f 以及恒等于 0 的函数,恒等函数就是满足 ① 的全部函数.

最后,还要验证这些函数确实满足条件 ①. 恒等于 0 的函数及恒等函数显见满足 ①,故只要对所做的函数来验证. 易知这样做出的 f 的值域等于 $\{kn_0 \mid k \in S\}$. 对于任何 $m, n \in S$,如果 $m = kn_0 + r$,而 $f(n)$ 当然是 n_0 的倍数,$f(n) = k_1 n_0$,从而
$$f(m + f(n)) = f(kn_0 + r + k_1 n_0) = $$
$$f((k+k_1)n_0 + r) = a_r n_0 + (k+k_1)n_0$$
$$f(m) = f(kn_0 + r) = a_r n_0 + kn_0$$
$$f(f(m)) = a_r n_0 + kn_0$$
$$f(n) = k_1 n_0$$

因此,$f(m + f(n)) = f(f(m)) + f(n)$,对任何 $m, n \in S$ 成立.

❾ 设序列 $a(n), n = 1, 2, 3, \cdots$,定义如下:$a(1) = 0$ 并且当 $n \geqslant 1$ 时,$a(n) = a([\frac{n}{2}]) + (-1)^{\frac{n(n+1)}{2}}$.

(1) 求出 $a(n)$ 在 $n < 1\,996$ 范围内的最大值和最小值,并给出取得这些极值的全部的 n 的值;

(2) 在 $n < 1\,996$ 范围内,值为 0 的 $a(n)$ 有多少项?

解 首先说明题目中的 $n \geqslant 1$ 应改为 $n > 1$. 当 $n > 1$ 时, $a(n) = a(\left[\frac{n}{2}\right]) + (-1)^{\frac{n(n+1)}{2}}$ 可得当 $n \geqslant 1$ 时

$$a(2n) = a(n) + (-1)^{n(2n+1)} = a(n) + (-1)^n$$
$$a(2n+1) = a(n) + (-1)^{(2n+1)(n+1)} = a(n) + (-1)^{n+1}$$

设当 $n \geqslant 2$ 时,n 在二进制表示下为 $(\alpha_1\alpha_2\cdots\alpha_l)_2$,其中 $\alpha_i = 0$ 或 $1, i = 1, 2, \cdots, l$. 考虑 $l-1$ 个数码对

$$(\alpha_1, \alpha_2), (\alpha_2, \alpha_3), \cdots, (\alpha_{l-1}, \alpha_l)$$

设其中满足 $\alpha_k = \alpha_{k+1}$ 的有 $f(n)$ 个,满足 $\alpha_k \neq \alpha_{k+1}$ 的有 $g(n)$ 个,$k = 1, 2, \cdots, l-1$. 显然有

$$f(n) + g(n) = l - 1$$

下面用归纳法证明,当 $n \geqslant 2$ 时,有

$$a(n) = f(n) - g(n) \qquad ①$$

因为 $a(2) = a(1) + (-1)^1 = -1, a(3) = a(1) + (-1)^2 = 1$,又 $f(2) = 0, g(2) = 1, f(3) = 1, g(3) = 0$,故当 $n = 2, 3$ 时式 ① 成立.

假设对某个 $k \geqslant 3$,当 $2 \leqslant n \leqslant k$ 时命题成立,考虑 $n = k+1$ 时的情况.

设 $k + 1 = (\alpha_1\alpha_2\cdots\alpha_l)_2, l \geqslant 3$,则
$$a(k+1) = a((\alpha_1\alpha_2\cdots\alpha_l)_2) = a((\alpha_1\alpha_2\cdots\alpha_{l-1})_2) + (-1)^{(\alpha_1\alpha_2\cdots\alpha_{l-1})_2 + \alpha_l} =$$
$$f((\alpha_1\alpha_2\cdots\alpha_{l-1})_2) - g((\alpha_1\alpha_2\cdots\alpha_{l-1})_2) + (-1)^{\alpha_{l-1}+\alpha_l}$$

若 $\alpha_{l-1} = \alpha_l$,则
$$f(k+1) = f((\alpha_1\alpha_2\cdots\alpha_{l-1})_2) + 1$$
$$g(k+1) = g((\alpha_1\alpha_2\cdots\alpha_{l-1})_2)$$

所以 $a(k+1) = f((\alpha_1\alpha_2\cdots\alpha_{l-1})_2) - g((\alpha_1\alpha_2\cdots\alpha_{l-1})_2) + 1 = f(k+1) - g(k+1)$.

若 $\alpha_{l-1} \neq \alpha_l$,则
$$f(k+1) = f((\alpha_1\alpha_2\cdots\alpha_{l-1})_2)$$
$$g(k+1) = g((\alpha_1\alpha_2\cdots\alpha_{l-1})_2) + 1$$

所以 $a(k+1) = f((\alpha_1\alpha_2\cdots\alpha_{l-1})_2) - g((\alpha_1\alpha_2\cdots\alpha_{l-1})_2) - 1 = f(k+1) - g(k+1)$

因此当 $n = k + 1$ 时式 ① 也成立.

(1) 因为 $(1\,995)_{10} = (11111001011)_2$,由式 ① 易知当且仅当 $n = (1111111111)_2 = 1\,023$ 时,$a(n)$ 取最大值 9,当 $n = (10101010101)_2 = 1\,365$ 时,$a(n)$ 取最小值 -10.

(2) 设 $n = (\alpha_1\alpha_2\cdots\alpha_l)_2, n \geqslant 2$,则当且仅当 $f(n) = g(n)$ 时,$a(n) = 0$,此时 $l - 1 = f(n) + g(n) = 2f(n)$ 为偶数,即 l 为奇数.

当 $2 \leqslant n \leqslant 1\,995$ 时,l 只能取 $3, 5, 7, 9, 11$.

对固定的 $l \in \{3, 5, 7, 9, 11\}$,当 $2^{l-1} \leqslant n \leqslant 2^l - 1$ 时,n 在二

进制表示下为 $(\alpha_1 \alpha_2 \cdots \alpha_l)_2$，且 $\alpha_1 = 1$. 故当且仅当恰有 $\frac{l-1}{2}$ 个数码对 (α_k, α_{k+1}) 满足 $\alpha_k = \alpha_{k+1}$ 时，$a(n) = 0$. 因此，当 $2^{l-1} \leqslant n \leqslant 2^l - 1$ 时，值为 0 的 $a(n)$ 共有 $C_l^{\frac{l-1}{2}}$ 项. 于是，当 $2 \leqslant n \leqslant 2^{11} - 1$ 时，值为 0 的 $a(n)$ 共有 $C_2^1 + C_4^2 + C_6^3 + C_8^4 + C_{10}^5 = 350$ 项.

当 $1\,996 \leqslant n \leqslant 2^{11} - 1$ 时，易知只有 n 取
$(11111101010)_2, (11111011010)_2, (11111010010)_2,$
$(11111010110)_2, (11111010100)_2$
这 5 个值时，$a(n) = 0$.

故当 $2 \leqslant n \leqslant 1\,995$ 时，值为 0 的 $a(n)$ 有 345 项. 又 $a(1) = 0$，因此，当 $n < 1\,996$ 时，值为 0 的 $a(n)$ 共 346 项.

❿ 设 H 为 $\triangle ABC$ 的垂心，P 为该三角形外接圆上的一点，E 是高 BH 的垂足，并设四边形 $PAQB$ 与四边形 $PARC$ 都是平行四边形，AQ 与 HR 交于 X. 证明：$EX \parallel AP$.

证明 如图 37.6，联结 PR 交 AC 于 M，则 M 为 AC 中点，也为 PR 中点. 作 $\triangle ABC$ 外接圆的直径 BD，联结 DA, DC, HA, HC.

因为 $DA \perp AB$，$HC \perp AB$，所以 $DA \parallel HC$. 同理 $DC \parallel HA$. 故四边形 $AHCD$ 为平行四边形，M 为 DH 的中点. 于是四边形 $HRDP$ 为平行四边形，故 $HR \parallel DP$.

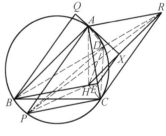

图 37.6

因为 $QX \parallel BP$，$BP \perp DP$，所以 $HR \perp QX$，$\angle AXH = 90°$. 又因为 $\angle AEH = 90°$，故 A, H, E, X 四点共圆，所以 $\angle AXE + \angle AHE = 180°$. 而 $\angle AHE = \angle ACB = \angle APB = \angle PAX$，故 $\angle AXE + \angle PAX = 180°$.

于是，$EX \parallel AP$.

⓫ 设 P 是 $\triangle ABC$ 内一点，$\angle APB - \angle ACB = \angle APC - \angle ABC$. 又设 D, E 分别是 $\triangle APB$ 及 $\triangle APC$ 的内心. 证明：AP, BD, CE 交于一点.

证法 1 如图 37.7，延长 AP 交 BC 于点 K，交 $\triangle ABC$ 的外接圆于点 F，联结 BF, CF

$$\angle APC - \angle ABC = \angle AKC + \angle PCK - \angle ABC = \\ \angle PCK + \angle KCF = \angle PCF$$

同理，$\angle APB - \angle ACB = \angle PBF$.

由假设，有 $\angle PCF = \angle PBF$. 由正弦定理，有

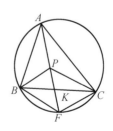

图 37.7

$$\frac{PB}{\sin\angle PFB} = \frac{PF}{\sin\angle PBF} = \frac{PF}{\sin\angle PCF} = \frac{PC}{\sin\angle PFC}$$

所以，$\dfrac{PB}{PC} = \dfrac{\sin\angle PFB}{\sin\angle PFC} = \dfrac{\sin\angle ACB}{\sin\angle ABC} = \dfrac{AB}{AC}$，即

$$\frac{PB}{AB} = \frac{PC}{AC}$$

记 BD 与 AP 的交点为 M，由于 BD 是 $\angle ABP$ 的平分线，$\dfrac{PM}{MA} = \dfrac{PB}{AB}$．记 CE 与 AP 的交点为 N，由于 CE 是 $\angle ACP$ 的平分线，$\dfrac{PN}{NA} = \dfrac{PC}{AC}$．因而，$\dfrac{PM}{MA} = \dfrac{PN}{NA}$，即 M 与 N 重合．于是 AP, BD, CE 交于一点．

注解 此证法是由本届 IMO 中国国家队队员蔡凯华给出的．

证法 2 如图 37.8，过点 P 作 $\triangle ABC$ 三边 BC, CA, AB 的垂线，垂足分别为 X, Y, Z．

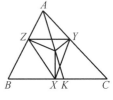

图 37.8

由于 P, X, B, Z 共圆，且 PB 为圆的直径．于是

$$PB = \frac{XZ}{\sin\angle ABC}$$

同理

$$PC = \frac{XY}{\sin\angle ACB}$$

因此

$$\frac{PB}{PC} = \frac{XZ}{XY} \cdot \frac{\sin\angle ACB}{\sin\angle ABC} = \frac{XZ}{XY} \cdot \frac{AB}{AC}$$

延长 AP 交 BC 于 K，有

$$\angle APC - \angle ABC = \angle PCX + \angle BAP =$$
$$\angle PYX + \angle ZYP = \angle AYX$$

同理，$\angle APB - \angle ACB = \angle YZX$．由假设条件，$\angle ZYX = \angle YZX$，有 $XY = XZ$．

因而，$\dfrac{PB}{PC} = \dfrac{AB}{AC}$．同证法 1 即知 AP, BD, CE 交于一点．

注解 本题关键在于证明 $\dfrac{PB}{PC} = \dfrac{AB}{AC}$．实际上，满足这一等式的点 P 的轨迹是一个圆，即阿波罗尼圆．因此，即要证明：满足本题条件（即关于角的等式）的点 P 在阿波罗尼圆的 $\overset{\frown}{AK}$ 上（其中 AK 是 $\angle BAC$ 的平分线）．作 $\angle BAC$ 的平分线交 BC 于 K，又作 $\angle A$ 的外角平分线交 BC 于 K_1，阿波罗尼圆就是以 K_1K 为直径的圆．可以证明：在弧 AK 上的点 P 满足本题中的关于角的等式．进而可证明：使本题中角的等式成立的点 P_1 在弧 AK 上．这样也可证明本题，但不如上面作法简明．

❶❷ 设 $\triangle ABC$ 是锐角三角形,且 $BC > CA$,O 是它的外心,H 是它的垂心,F 是高 CH 的垂足,过 F 作 OF 的垂线交边 CA 于 P. 证明:$\angle FHP = \angle BAC$.

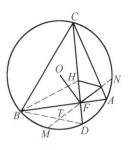

图 37.9

证明 如图 37.9,延长 CF 交圆 O 于点 D,联结 BD,BH.
由于 $\angle BHF = \angle CAF = \angle D$ 且 $BF \perp HD$,则 F 为 HD 的中点.

设 FP 所在直线交圆 O 于 M,N 两点,交 BD 于点 T. 由 $OF \perp MN$ 知 F 为 MN 的中点. 由蝴蝶定理即得 F 为 PT 的中点. 又因 F 为 HD 的中点,故 $HP \parallel TD$. 所以,$\angle FHP = \angle D = \angle BAC$.

❶❸ 如图 37.10,设 $\triangle ABC$ 是等边三角形,P 是其内部一点,线段 AP,BP,CP 依次交三边 BC,CA,AB 于 A_1,B_1,C_1 三点. 证明
$$A_1B_1 \cdot B_1C_1 \cdot C_1A_1 \geqslant A_1B \cdot B_1C \cdot C_1A$$

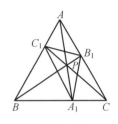

图 37.10

证明 由余弦定理
$$A_1B_1^2 = A_1C^2 + B_1C^2 - A_1C \cdot B_1C\cos\angle B_1CA_1 \geqslant$$
$$2A_1C \cdot B_1C - A_1C \cdot B_1C = A_1C \cdot B_1C$$
同理,$B_1C_1^2 \geqslant B_1A \cdot C_1A$,$C_1A_1^2 \geqslant C_1B \cdot A_1B$. 由塞瓦定理得
$$\frac{A_1C}{A_1B} \cdot \frac{B_1A}{B_1C} \cdot \frac{C_1B}{C_1A} = 1$$
所以
$$A_1B_1 \cdot B_1C_1 \cdot C_1A_1 \geqslant \sqrt{A_1C \cdot B_1C \cdot B_1A \cdot C_1A \cdot C_1B \cdot A_1B} =$$
$$A_1B \cdot B_1C \cdot C_1A \cdot \sqrt{\frac{A_1C \cdot B_1A \cdot C_1B}{A_1B \cdot B_1C \cdot C_1A}} =$$
$$A_1B \cdot B_1C \cdot C_1A$$

❶❹ 设 $ABCDEF$ 为凸六边形,且 AB 平行于 ED,BC 平行于 FE,CD 平行于 AF,又设 R_A,R_C,R_E 分别表示 $\triangle FAB$,$\triangle BCD$ 及 $\triangle DEF$ 的外接圆半径,p 表示六边形的周长. 证明:$R_A + R_C + R_E \geqslant \dfrac{p}{2}$.

证法 1 过 A,D 作 BC 的垂线,只考虑 BC 与 EF 之间的一段,记它的长度为 h,记六边形 $ABCDEF$ 的六条边 AB,BC,$\cdots$,FA 的长分别为 a,b,c,d,e,f,又 A,B,$\cdots$,F 分别表示六边形的六个内角. 由假设有 $\angle A = \angle D$,$\angle B = \angle E$,$\angle C = \angle F$.

显然,$BF \geq h$. 从而,$2BF \geq 2h$. 而在计算 h 时,两条 BC 与 EF 之间的线段分别由点 A 及点 D 分成两段,这样共有四段线段,于是
$$2BF \geq 2h = a\sin B + f\sin F + c\sin C + d\sin E$$

类似地,过 B,E 作 CD 的垂线并考虑 CD 与 AF 之间的线段,可得
$$2DF \geq a\sin A + b\sin C + d\sin D + e\sin F$$
$$2BD \geq f\sin A + e\sin E + b\sin B + c\sin D$$

另一方面,$\triangle BAF$ 的外接圆半径
$$R_A = \frac{BF}{2\sin A}$$

同样,$R_C = \frac{BD}{2\sin C}, R_E = \frac{DF}{2\sin E}$,于是
$$R_A + R_C + R_E = \frac{1}{4}\left(\frac{2BF}{\sin A} + \frac{2BD}{\sin C} + \frac{2DF}{\sin E}\right) >$$
$$\frac{1}{4}\left(\frac{a\sin B + f\sin F + c\sin C + d\sin E}{\sin A}\right) +$$
$$\left(\frac{f\sin A + e\sin E + b\sin B + c\sin D}{\sin C}\right) +$$
$$\left(\frac{a\sin A + b\sin C + d\sin D + e\sin F}{\sin E}\right) =$$
$$\frac{1}{4}\left(a\left(\frac{\sin B}{\sin A} + \frac{\sin A}{\sin E}\right) + b\left(\frac{\sin B}{\sin C} + \frac{\sin C}{\sin E}\right) +\right.$$
$$c\left(\frac{\sin C}{\sin A} + \frac{\sin D}{\sin C}\right) + d\left(\frac{\sin E}{\sin A} + \frac{\sin D}{\sin E}\right) +$$
$$\left. e\left(\frac{\sin E}{\sin C} + \frac{\sin F}{\sin E}\right) + f\left(\frac{\sin F}{\sin A} + \frac{\sin A}{\sin C}\right)\right)$$

上式右端中的六个括号中,因为 $\angle A = \angle D, \angle B = \angle E, \angle C = \angle F$,所以,各是两个互为倒数的正数之和,从而都大于或等于 2. 这样
$$R_A + R_C + R_E \geq \frac{1}{4}(2a + 2b + 2c + 2d + 2e + 2f) = \frac{1}{2}p$$

证法 2 如图 37.11,由 $\triangle FAB, \triangle BCD, \triangle DEF$ 分别作一个平行四边形,以 FB, BD, DF 为对角线,而另一个顶点分别记为 A', C', E',即过 B 作 AF 的平行线,过 D 作 BC 的平行线,过 F 作 DE 的平行线,这三条线的交点围成 $\triangle A'C'E'$(当原六边形的三组平行对边中有一组相等时,必定三组都相等,而三个点 A', C', E' 重合成一个点).

过 B 作 BA' 的垂线,过 D 作 DC' 的垂线,过 F 作 FE' 的垂线,这三条线两两的交点记为 A'', C'', E''(当原六边形的三组平行对边

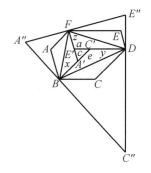

图 37.11

分别相等时，A', C', E' 重合成一点 Q，这时 QB, QD, QF 分别是六边形的三条边长，从而六边形的周长等于 $2(QB+QD+QF)$. 另一方面 $\triangle FAB$ 的外接圆半径等于 $\triangle FA'B$ 的外接圆半径，也就是 $\frac{1}{2}A'A''$. 这样，三个半径分别等于 $\frac{1}{2}QA''$, $\frac{1}{2}QC''$, $\frac{1}{2}QE''$. 所要证明的不等式即为莫德尔不等式).

把六边形的三组平行对边中较短边的长分别记为 x, y, z（在图中 $A'B=x$, $C'D=y$, $E'F=z$），$\triangle A'C'E'$ 的三边分别记为 a, c, e. 于是，六边形的另三条边长为 $x+e, y+a, z+c$. 从而
$$p = 2x+2y+2z+a+c+e$$

由余弦定理
$$BF^2 = x^2+(z+c)^2-2x(z+c)\cos A$$

由于 $\angle A = \angle FA'B$，是 $\angle A''$ 的补角，故等于 $\angle C'' + \angle E''$. 因此
$BF^2 = x^2+(z+c)^2-2x(z+c)\cos(C''+E'')=$
$\quad x^2+(z+c)^2-2x(z+c)(\cos C''\cos E'' -$
$\quad \sin C''\sin E'')=$
$\quad (x\sin C'' + (z+c)\sin E'')^2 +$
$\quad (x\cos C'' - (z+c)\cos E'')^2$

同理
$BD^2 = y^2+(x+e)^2-2y(x+e)\cos C =$
$\quad y^2+(x+e)^2-2y(x+e)\cos(E''+A'') =$
$\quad y^2+(x+e)^2-2y(x+e) \cdot$
$\quad (\cos E''\cos A'' - \sin E''\sin A'') =$
$\quad (y\sin E'' + (x+e)\sin A'')^2 +$
$\quad (y\cos E'' - (x+e)\cos A'')^2$
$DF^2 = z^2+(y+a)^2-2z(y+a)\cos(A''+C'') =$
$\quad (z\sin A'' + (y+a)\sin C'')^2 +$
$\quad (z\cos A'' - (y+a)\cos C'')^2$

在上面三个等式中，右端第一个括号内的数是正数，所以
$$BF \geqslant x\sin C'' + (z+c)\sin E''$$
$$BD \geqslant y\sin E'' + (x+e)\sin A''$$
$$DF \geqslant z\sin A'' + (y+a)\sin C''$$

另一方面
$$R_A = \frac{BF}{2\sin A} = \frac{BF}{2\sin A''}, R_C = \frac{BD}{2\sin C''}, R_E = \frac{DF}{2\sin E''}$$

从而
$R_A + R_C + R_E \geqslant$

$$\frac{1}{2}\left(\frac{x\sin\angle C''+(z+c)\sin E''}{\sin A''}+\frac{y\sin E''+(x+e)\sin A''}{\sin C''}+\right.$$
$$\left.\frac{z\sin A''+(y+a)\sin C''}{\sin E''}\right)=$$
$$\frac{1}{2}\left(x\left(\frac{\sin C''}{\sin A''}+\frac{\sin A''}{\sin C''}\right)+y\left(\frac{\sin E''}{\sin C''}+\frac{\sin C''}{\sin E''}\right)+\right.$$
$$\left.z\left(\frac{\sin A''}{\sin E''}+\frac{\sin E''}{\sin A''}\right)+c\,\frac{\sin E''}{\sin A''}+e\,\frac{\sin A''}{\sin C''}+a\,\frac{\sin C''}{\sin E''}\right)$$

但 $\triangle A'C'E'$ 的内角中, $\angle C'A'E'$ 是 $\angle FA'B$ 的补角,从而等于 $\angle A''$. 同样
$$\angle A'C'E'=\angle C'',\angle C'E'A'=\angle E''$$

所以
$$\frac{\sin E''}{\sin A''}=\frac{\sin E'}{\sin A'}=\frac{e}{a}$$
$$\frac{\sin A''}{\sin C''}=\frac{a}{c},\frac{\sin C''}{\sin E''}=\frac{c}{e}$$

再由两个互为倒数的正数之和大于或等于 2,即得
$$R_A+R_C+R_E\geqslant\frac{1}{2}\left(2x+2y+2z+\frac{ce}{a}+\frac{ea}{c}+\frac{ac}{e}\right)$$

而 $\dfrac{ce}{a}+\dfrac{ea}{c}+\dfrac{ac}{e}=\dfrac{1}{2}(\dfrac{ce}{a}+\dfrac{ea}{c}+\dfrac{ea}{c}+\dfrac{ac}{e}+\dfrac{ac}{e}+\dfrac{ce}{a})\geqslant$
$$\frac{1}{2}(2e+2a+2c)=a+c+e$$

从而, $R_A+R_C+R_E\geqslant\dfrac{1}{2}(2x+2y+2z+a+c+e)=\dfrac{1}{2}p$.

注 证法 2 由第 36 届 IMO 中国代表队队员姚一隽给出的.

❶ 如图 37.12,设 $\{a,b\}$, $\{c,d\}$ 分别是两个矩形的长与宽,且 $a<c<d<b,ab<cd$. 证明:可将第一个矩形放入第二个矩形内部的充分必要条件是
$$(b^2-a^2)^2\leqslant(bd-ac)^2+(bc-ad)^2$$

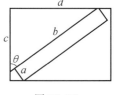

图 37.12

证明 设第一个矩形已放入第二个矩形内,且第一个矩形长为 b 的边与第二个矩形长为 c 的边的夹角为 θ, $0<\theta<\dfrac{\pi}{2}$. 计算第一个矩形两边分别在第二个矩形两边上的投影的长度,可得
$$\begin{cases}b\cos\theta+a\sin\theta\leqslant c\\b\sin\theta+a\cos\theta\leqslant d\end{cases}\quad\text{①}$$

反过来,若存在 $\theta\in(0,\dfrac{\pi}{2})$ 使得式 ① 成立,则可依上面所述将第一个矩形放入第二个矩形内. 因此,可将第一个矩形放入第

二个矩形内的充要条件为:存在 $\theta \in (0, \frac{\pi}{2})$,使式 ① 成立.

设 $x = \cos\theta, y = \sin\theta$.则存在 $\theta \in (0, \frac{\pi}{2})$ 使式 ① 成立的充要条件为,存在 $x, y > 0$ 使下式成立
$$\begin{cases} bx + ay \leqslant c \\ ax + by \leqslant d \\ x^2 + y^2 = 1 \end{cases}$$

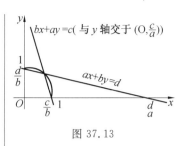

图 37.13

借助解析几何的知识,参考图 37.13 可知这又等价于直线 $bx + ay = c$ 与直线 $ax + by = d$ 的交点 $\left(\frac{bc - ad}{b^2 - a^2}, \frac{bd - ac}{b^2 - a^2}\right)$ 不在圆 $x^2 + y^2 = 1$ 的内部,它等价于 $(b^2 - a^2)^2 \leqslant (bc - ad)^2 + (bd - ac)^2$.

❶❻ 设 $\triangle ABC$ 是锐角三角形,外接圆圆心为 O,半径为 R, AO 交 BOC 所在的圆于另一点 A',BO 交 COA 所在的圆于另一点 B',CO 交 AOB 所在的圆于另一点 C'.证明:
$$OA' \cdot OB' \cdot OC' \geqslant 8R^3$$
并指出在什么情况下符号成立?

证明 如图 37.14,作 BOC 所在圆的直径 OD,联结 $A'D$.有
$$\angle OA'D = \angle OCD = 90°$$
所以 $\quad OA' = OD\cos\angle A'DO = R \cdot \dfrac{\cos\angle A'DO}{\cos\angle COD}$

易知 $OD \perp BC$.于是,$\angle COD = \angle A, \angle A'DO = 180° - \angle COD - \angle COA = 180° - \angle A - 2\angle B = \angle C - \angle B$.所以 $OA' = R \cdot \dfrac{\cos(C - B)}{\cos A}$.

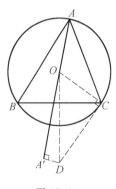

图 37.14

同理,$OB' = R \cdot \dfrac{\cos(A - C)}{\cos B}, OC' = R \cdot \dfrac{\cos(A - B)}{\cos C}$.于是
$$OA' \cdot OB' \cdot OC' \geqslant 8R^3 \Leftrightarrow \dfrac{\cos(A - B)}{\cos C} \cdot \dfrac{\cos(B - C)}{\cos A} \cdot \dfrac{\cos(C - A)}{\cos B} \geqslant 8$$

因为
$$\dfrac{\cos(A - B)}{\cos C} = \dfrac{\cos(A - B)}{-\cos(A + B)} = \dfrac{\cos A\cos B + \sin A\sin B}{-\cos A\cos B + \sin A\sin B} = \dfrac{1 + \cot A\cot B}{1 - \cot A\cot B}$$

记 $x = \cot A\cot B, y = \cot B\cot C, z = \cot C\cot A$.任意 $\triangle ABC$,有

$$x+y+z = \cot A(\cot B + \cot C) + \cot B\cot C =$$
$$-\cot(B+C)(\cot B + \cot C) + \cot B\cot C =$$
$$-\frac{\cot B\cot C - 1}{\cot B + \cot C} \cdot (\cot B + \cot C) +$$
$$\cot B\cot C = 1$$

而对于锐角 $\triangle ABC$, x,y,z 均为正数, 所以

$$\frac{\cos(A-B)}{\cos C} = \frac{1+x}{1-x} = \frac{x+y+z+x}{x+y+z-x} =$$
$$\frac{(x+y)+(x+z)}{y+z} \geqslant$$
$$2 \cdot \frac{\sqrt{(x+y)(x+z)}}{y+z}$$

同理

$$\frac{\cos(B-C)}{\cos A} \geqslant 2 \cdot \frac{\sqrt{(x+y)(y+z)}}{x+z}$$
$$\frac{\cos(C-A)}{\cos B} \geqslant 2 \cdot \frac{\sqrt{(x+z)(y+z)}}{x+y}$$

于是

$$\frac{\cos(A-B)\cos(B-C)\cos(C-A)}{\cos C\cos A\cos B} \geqslant 8$$

易知, 当且仅当 $\triangle ABC$ 为等边三角形时上式等号成立.

❶⓻ 设 $ABCD$ 是凸四边形, R_A, R_B, R_C, R_D 分别表示 $\triangle DAB, \triangle ABC, \triangle BCD, \triangle CDA$ 的外接圆半径. 证明: $R_A + R_C > R_B + R_D$ 成立的充要条件是 $\angle A + \angle C > \angle B + \angle D$.

证明 (i) 充分性. 如图 37.15, 若 $\angle A + \angle C > \angle B + \angle D$, 则 $\angle B + \angle D < 180°$, 点 D 在 $\triangle ABC$ 外接圆的外部, 有 $\alpha > \alpha'$, $\beta > \beta', \theta > \theta', \varphi > \varphi'$

$$R_A + R_C = \frac{1}{2}\left(\frac{AB}{2\sin\beta'} + \frac{AD}{2\sin\varphi'}\right) + \frac{1}{2}\left(\frac{BC}{2\sin\alpha'} + \frac{CD}{2\sin\theta'}\right) >$$
$$\frac{1}{2}\left(\frac{AB}{2\sin\beta} + \frac{BC}{2\sin\alpha}\right) + \frac{1}{2}\left(\frac{AD}{2\sin\varphi} + \frac{CD}{2\sin\theta}\right) =$$
$$R_B + R_D$$

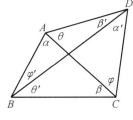

图 37.15

(ii) 必要性. 将上面已证得的 $\angle A + \angle C > \angle B + \angle D \Rightarrow R_A + R_C > R_B + R_D$ 中的 A, B, C, D 作一轮换, 得到

$$\angle B + \angle D > \angle C + \angle A \Rightarrow R_B + R_D > R_C + R_A \quad (*)$$

若 $R_A + R_C > R_B + R_D$, 但 $\angle A + \angle C \leqslant \angle B + \angle D$:

如果 $\angle A + \angle C < \angle B + \angle D$, 由 (*) 可得矛盾;

如果 $\angle A + \angle C = \angle B + \angle D$，则 A,B,C,D 四点共圆，$R_A + R_C = R_B + R_D$，矛盾．

⑱ 在平面上给定一点 O 和一个多边形 F，F 不一定是凸的．p 为 F 的周长，D 为点 O 到 F 的各顶点的距离之和，H 为点 O 到 F 的各边所在直线的距离之和．证明：$D^2 - H^2 \geq \dfrac{p^2}{4}$．

证明 设 F 各顶点依次为 $A_1, A_2, \cdots, A_n$，点 O 到边 $A_k A_{k+1}$ 所在直线的垂线的垂足为 H_k，$k = 1, 2, \cdots, n$（视 $A_{n+1} = A_1$）．由勾股定理，有
$$OA_k^2 - OH_k^2 = A_k H_k^2,\ OA_{k+1}^2 - OH_k^2 = A_{k+1} H_k^2$$
所以
$$4(D^2 - H^2) = [(D+H)+(D+H)] \cdot [(D-H)+(D-H)] =$$
$$\left[\left(\sum_{k=1}^n OA_k + \sum_{k=1}^n OH_k\right) + \left(\sum_{k=1}^n OA_{k+1} + \sum_{k=1}^n OH_k\right)\right] \cdot$$
$$\left[\left(\sum_{k=1}^n OA_k - \sum_{k=1}^n OH_k\right) + \left(\sum_{k=1}^n OA_{k+1} - \sum_{k=1}^n OH_k\right)\right] =$$
$$\left[\sum_{k=1}^n (OA_k + OH_k) + \sum_{k=1}^n (OA_{k+1} + OH_k)\right] \cdot$$
$$\left[\sum_{k=1}^n (OA_k - OH_k) + \sum_{k=1}^n (OA_{k+1} - OA_k)\right] \geq$$
$$\left[\sum_{k=1}^n \sqrt{(OA_k + OH_k)(OA_k - OH_k)} + \right.$$
$$\left.\sum_{k=1}^n \sqrt{(OA_{k+1} + OH_k)(OA_{k+1} - OH_k)}\right]^2 \text{（柯西不等式）} =$$
$$\left(\sum_{k=1}^n A_k H_k + \sum_{k=1}^n A_{k+1} H_k\right)^2 \geq \left(\sum_{k=1}^n A_k A_{k+1}\right)^2 = p^2$$
即 $D^2 - H^2 \geq \dfrac{p^2}{4}$．

⑲ 在一个圆周上标记了 4 个整数，规定一个方向，使每个整数都有相邻的下一个数，每一步操作是指对每一个数，同时用该数与下一个数之差来替换，即对于 a,b,c,d 依次用 $a-b$，$b-c$，$c-d$，$d-a$ 来替换．问经过 1 996 步这样的替换之后，是否可以得到 4 个数 a,b,c,d，使得 $|bc-ad|$，$|ac-bd|$，$|ab-cd|$ 都是素数？

解 答案是否定的．下面证明．

设经过 k 次操作后得到的数依次是 a_k, b_k, c_k, d_k．记 $n = 1\,996$，

则
$$b_n c_n - a_n d_n = (b_{n-1} - c_{n-1})(c_{n-1} - d_{n-1}) - (a_{n-1} - b_{n-1})(d_{n-1} - c_{n-1}) =$$
$$(a_{n-1} - c_{n-1})(a_{n-1} + c_{n-1} - b_{n-1} - d_{n-1}) =$$
$$(a_{n-1} - c_{n-1})[(a_{n-2} - b_{n-2}) + (c_{n-2} - d_{n-2}) -$$
$$(b_{n-2} - c_{n-2}) - (d_{n-2} - a_{n-2})] =$$
$$2(a_{n-1} - c_{n-1})(a_{n-2} + c_{n-2} - b_{n-2} - d_{n-2}) =$$
$$4(a_{n-1} - c_{n-1})(a_{n-3} + c_{n-3} - b_{n-3} - d_{n-3})$$

于是,$4 \mid b_n c_n - a_n d_n \mid$,$\mid b_n c_n - a_n d_n \mid$ 不可能为素数.

❷⓿ 设正整数 a,b 使 $15a + 16b$ 和 $16a - 15b$ 都是正整数的平方,求这两个平方数中较小的数能够取到的最小值.

解 设正整数 a,b 使得 $15a + 16b$ 和 $16a - 15b$ 都是正整数的平方,即
$$15a + 16b = r^2, 16a - 15b = s^2, r, s \in \mathbf{N}$$
于是 $\qquad 15^2 a + 16^2 a = 15r^2 + 16s^2$
即 $\qquad 481a = 15r^2 + 16s^2, 16^2 b + 15^2 b = 16r^2 - 15s^2$
即 $\qquad 481b = 16r^2 - 15s^2$

因此,$15r^2 + 16s^2, 16r^2 - 15s^2$ 都是 481 的倍数,下证 r,s 都是 481 的倍数.

由 $481 = 13 \times 37$,故只要证明 r,s 都是 13,37 的倍数即可.

先证 r,s 都是 13 的倍数. 用反证法.

由于 $16r^2 - 15s^2$ 是 13 的倍数,则 $13 \nmid r, 13 \nmid s$. 因为 $16r^2 \equiv 15s^2 \pmod{13}$,所以
$$16r^2 \cdot s^{10} \equiv 15s^{12} \equiv 15 \equiv 2 \pmod{13}$$

由于左边是个完全平方数,两边取 6 次方,有 $((4rs^5)^2)^6 \equiv 1 \pmod{13}$,故 $2^6 \equiv 1 \pmod{13}$,矛盾.

再证 $37 \mid r, 37 \mid s$. 用反证法.

假定 $37 \nmid r, 37 \nmid s$. 因为 $37 \mid 15r^2 + 16s^2, 37 \mid 16r^2 - 15s^2$,所以
$$37 \mid r^2 - 31s^2, 即 r^2 \equiv 31s^2 \pmod{37}$$

因此,$r^2 s^{34} \equiv 31 s^{36} \equiv 31 \pmod{37}$. 左边是完全平方数,两边取 18 次方,即得
$$31^{18} \equiv 1 \pmod{37}$$
但 $31^{18} \equiv (31^2)^9 \equiv ((-6)^2)^9 \equiv 36^9 \equiv (-1)^9 \equiv -1 \pmod{37}$,矛盾.

从而,$481 \mid r, 481 \mid s$. 显见这两个完全平方数都大于或等于 481^2. 另一方面,取 $a = 481 \times 31, b = 481$ 时,两个完全平方数都是 481^2. 因此,所求的最小值等于 481^2.

㉑ 一个整数有限序列 $a_0, a_1, \cdots, a_n$ 称为一个二次序列,是指对每个 $i \in \{1, 2, \cdots, n\}$ 均成立等式
$$|a_i - a_{i-1}| = i^2$$

(1) 证明:对任何两个整数 b 和 c,都存在一个自然数 n 和一个二次序列满足 $a_0 = b, a_n = c$.

(2) 求满足下述条件的最小自然数 n:存在一个二次序列,且在该序列中 $a_0 = 0, a_n = 1\,996$.

解 (1) 由于 $a_i - a_{i-1} = \pm i^2, 1 \leqslant i \leqslant n$,而
$$c - b = a_n - a_0 = \sum_{i=1}^{n}(a_i - a_{i-1}) = \sum_{i=1}^{n}(\pm i^2)$$

设 $d = c - b$. 只需证明对任何整数 d,存在自然数 n,使得可以在
$$\square 1^2 \square 2^2 \square \cdots \square n^2$$
的"□"适当填上"+"或"−",使其运算结果等于 d. 由于对任何自然数 k,有
$$n^2 - (n+1)^2 - (n+2)^2 + (n+3)^2 = 4$$
$$-n^2 + (n+1)^2 + (n+2)^2 - (n+3)^2 = -4$$

故对于"$\square 1^2 \square 2^2 \square \cdots \square n^2$"中任意连续的 4 项,可适当填"+"或"−",使其运算结果等于 4 或 −4. 下面分 4 种情况讨论.

(i) $d \equiv 0 \pmod 4$,此时取 $n = 4 \cdot \dfrac{|d|}{4}$,显然满足要求.

(由于限制 $n \in \mathbf{N}$,若 $d = 0$,可取 $n = 8$ 使前 4 项和为 4,后 4 项和为 −4)

(ii) $d \equiv 1 \pmod 4$,取 $n = 1 + |d-1|$,在 1^2 前填"+",而使后面的 $4 \cdot \dfrac{|d-1|}{4}$ 项和为 $d - 1$,这时 n 项和为 d.

(iii) $d \equiv 2 \pmod 4$,取 $n = 3 + |d-14|$,使前 3 项为"$+1^2 + 2^2 + 3^2$",后面的 $4 \cdot \dfrac{|d-14|}{4}$ 项和为 $d - 14$,这时 n 项和为 d.

(iv) $d \equiv 3 \pmod 4$,取 $n = 1 + |d+1|$,在 1^2 前填"−",而使后面的 $4 \cdot \dfrac{|d+1|}{4}$ 项和为 $d + 1$,这时 n 项和为 d.

(2) 若 $n \leqslant 17$,则
$$a_n = \sum_{i=1}^{n}(a_i - a_{i-1}) + a_0 \leqslant \sum_{i=1}^{n}|a_i - a_{i-1}| + a_0 =$$
$$\frac{n(n+1)(2n+1)}{6} \leqslant \frac{17 \times 18 \times 35}{6} = 1\,785$$

这不可能. 若 $n = 18$,则

$$a_n = \sum_{i=1}^{n}(a_i - a_{i-1}) + a_0 \equiv \sum_{i=1}^{n}|a_i - a_{i-1}| \pmod{2} \equiv \sum_{i=1}^{18} i^2 \equiv 1 \pmod{2}$$

故 a_n 不可能为 1 996,所以 $n \geqslant 19$.

而 $1\,996 = 1^2 + 2^2 + \cdots + 19^2 - 2(1^2 + 2^2 + 6^2 + 14^2)$. 若 $i = 1,2,6,14$ 时,$a_i - a_{i-1} = -i^2$,对其余的 $1 \leqslant i \leqslant 19$,$a_i - a_{i-1} = i^2$,则 $a_0 = 0$ 时,$a_{19} = 1\,996$.

因此,满足条件的最小自然数为 $n = 19$.

㉒ 求满足下式的所有自然数 a 和 b
$$\left[\frac{a^2}{b}\right] + \left[\frac{b^2}{a}\right] = \left[\frac{a^2+b^2}{ab}\right] + ab$$

解 由对称性,不妨设 $a \leqslant b$. 由于 $x - 1 < [x] \leqslant x$,所以
$$-1 < \frac{a^2}{b} + \frac{b^2}{a} - \frac{a^2+b^2}{ab} - ab < 2$$

即 $\qquad -ab < a^3 + b^3 - a^2 - b^2 - a^2b^2 < 2ab$

整理得 $\begin{cases} b^3 - (a^2+1)b^2 - 2ab + a^3 - a^2 < 0 & \text{①} \\ b^3 - (a^2+1)b^2 + ab + a^3 - a^2 > 0 & \text{②} \end{cases}$

先考虑式 ①. 若 $b \geqslant a^2 + 2$,则
$$b^3 - (a^2+1)b^2 - 2ab + a^3 - a^2 = b[b(b-a^2-1) - 2a] + a^3 - a^2 \geqslant$$
$$b(b-2a) + a^3 - a^2 =$$
$$(b-a)^2 + a^3 - 2a^2 \geqslant$$
$$(a^2 - a + 2)^2 + a^3 - 2a^2 =$$
$$(a^2 - a + 2)^2 - a^2 + a^2(a-1) =$$
$$(a^2 + 2)(a^2 - 2a + 2) +$$
$$a^2(a-1) > 0$$

与式 ① 矛盾. 于是,$b \leqslant a^2 + 1$.

再考虑式 ②. 设 $f(x) = x^3 - (a^2+1)x^2 + ax + a^3 - a^2$. 当 $a \geqslant 2$ 时,有
$$f(-x) < 0, f(0) > 0$$
$$f(a) = a^2(-a^2 + 2a - 1) < 0$$
$$f(a^2) = a^2(-a^2 + 2a - 1) < 0$$
$$f(a^2 + 1) = a(2a^2 - a + 1) > 0$$

故 $f(x) = 0$ 在区间 $(-x, 0), (0, a), (a^2, a^2+1)$ 内各有一根,而 $f(x) = 0$ 至多有三个根,故当 $a \leqslant a^2$ 时,$f(b) < 0$,与 ② 矛盾. 于是,$b \geqslant a^2 + 1$.

当 $a = 1$ 时,式 ② 化为

$$b^3 - 2b^2 + b > 0$$
即
$$b(b-1)^2 > 0$$
于是，$b \geqslant 2 = a^2 + 1$.

总之，若式 ② 成立，则 $b \geqslant a^2 + 1$.

综合上述，只能是 $b = a^2 + 1$ 代入原式，得
$$\left[\frac{a^2}{a^2+1}\right] + \left[\frac{a^4 + 2a^2 + 1}{a}\right] = \left[\frac{a^2+1}{a} + \frac{1}{a^2+1}\right] + a(a^2+1)$$

验证可知 $a = 1$ 为上式的解.

当 $a \geqslant 2$ 时，上式化为 $a^3 + 2a = a + a(a^2+1)$，这是恒等式.

因此，$a \leqslant b$ 时原方程的所有解为 $b = a^2 + 1, a \in \mathbf{N}$.

同理，$a \geqslant b$ 时原方程的所有解为 $a = b^2 + 1, b \in \mathbf{N}$. 因此，原方程的所有解为 $b = a^2 + 1, a \in \mathbf{N}$ 或 $a = b^2 + 1, b \in \mathbf{N}$.

㉓ 设 $\mathbf{N}_0$ 表示非负整数的集合. 求一个从 $\mathbf{N}_0$ 到 $\mathbf{N}_0$ 的双射函数，使得对所有 $m, n \in \mathbf{N}_0$，均有
$$f(3mn + m + n) = 4f(m)f(n) + f(m) + f(n)$$

解 设 $a_1 < a_2 < a_3 < \cdots$ 为所有 $3k+1$ 型的素数，$b_1 < b_2 < b_3 < \cdots$ 为所有 $3k+2$ 型的素数，$c_1 < c_2 < c_3 < \cdots$ 为所有 $4k+1$ 型的素数，$d_1 < d_2 < d_3 < \cdots$ 为所有 $4k+3$ 型的素数.

我们定义 $f: \mathbf{N}_0 \to \mathbf{N}_0$ 如下：$f(0) = 0$，当 $n > 0$ 时，设 $3n+1$ 的标准分解式为 $a_{i_1}^{\alpha_1} \cdots a_{i_r}^{\alpha_r} b_{j_1}^{\beta_1} \cdots b_{j_s}^{\beta_s}$，$i_1 < \cdots < i_r, j_1 < \cdots < j_s$，$\alpha_1, \cdots, \alpha_r > 0, \beta_1, \cdots, \beta_s > 0$，且 $\beta_1 + \cdots + \beta_s$ 为偶数.

定义 $f(n) = \dfrac{c_{i_1}^{\alpha_1} \cdots c_{i_r}^{\alpha_r} d_{j_1}^{\beta_1} \cdots d_{j_s}^{\beta_s} - 1}{4}$. 下面证明 f 满足题中的条件.

由于 $c_{i_1}, \cdots, c_{i_r}$ 为 $4k+1$ 型的素数，$d_{j_1}, \cdots, d_{j_s}$ 为 $4k+3$ 型的素数，且 $\beta_1 + \cdots + \beta_s$ 为偶数，则 $c_{i_1}^{\alpha_1} \cdots c_{i_r}^{\alpha_r} d_{j_1}^{\beta_1} \cdots d_{j_s}^{\beta_s}$ 为 $4k+1$ 型的正整数，因此 $f(n) \in \mathbf{N}_0$.

另一方面，对任何正整数 m，设 $4m+1$ 的标准分解式为 $c_{i_1}^{\alpha_1} \cdots c_{i_r}^{\alpha_r} d_{j_1}^{\beta_1} \cdots d_{j_s}^{\beta_s}$，则存在唯一的正整数 $n = \dfrac{a_{i_1}^{\alpha_1} \cdots a_{i_r}^{\alpha_r} b_{j_1}^{\beta_1} \cdots b_{j_s}^{\beta_s} - 1}{3}$，使得 $f(n) = m$. 因此 f 为双射.

对任意 $m, n \in \mathbf{N}_0$，若其中之一为零，则显然满足
$$f(3mn + m + n) = 4f(m)f(n) + f(m) + f(n)$$

若 m, n 均为正整数，设
$3m+1 = a_{i_1}^{\alpha_1} \cdots a_{i_r}^{\alpha_r} b_{j_1}^{\beta_1} \cdots b_{j_s}^{\beta_s}, 3n+1 = a_{h_1}^{\gamma_1} \cdots a_{h_t}^{\gamma_t} b_{l_1}^{\delta_1} \cdots b_{l_u}^{\delta_u}$，则
$f(3mn + m + n) = f\left(\dfrac{(3m+1)(3n+1) - 1}{3}\right) =$

$$\frac{a_{i_1}^{a_1} \cdots a_{i_r}^{a_r} a_{h_1}^{\gamma_1} \cdots a_{h_t}^{\gamma_t} b_{j_1}^{\beta_1} \cdots b_{j_s}^{\beta_s} b_{l_1}^{\delta_1} \cdots b_{l_u}^{\delta_u} - 1}{4} =$$

$$\frac{(4 \cdot \frac{a_{i_1}^{a_1} \cdots a_{i_r}^{a_r} b_{j_1}^{\beta_1} \cdots b_{j_s}^{\beta_s} - 1}{4} + 1)(4 \cdot \frac{a_{h_1}^{\gamma_1} \cdots a_{h_t}^{\gamma_t} b_{l_1}^{\delta_1} \cdots b_{l_u}^{\delta_u} - 1}{4} + 1) - 1}{4} =$$

$$\frac{[4f(m)+1][4f(n)+1]-1}{4} = 4f(m)f(n) + f(m) + f(n)$$

㉔ 设 $ABCD$ 是块矩形的板，$|AB|=20$，$|BC|=12$. 这块板分成 20×12 个单位正方形.

设 r 是给定的正整数，当且仅当两个小方块的中心之间的距离等于 $\sqrt{r}$ 时，可以把放在其中一个小方块里的硬币移到另一个小方块中.

在以 A 为顶点的小方块中放有一个硬币，我们的工作是要找出一系列的移动，使这硬币移到以 B 为顶点的小方块中.

(1) 证明当 r 被 2 或 3 整除时，这一工作不能够完成.

(2) 证明当 $r=73$ 时，这项工作可以完成.

(3) 当 $r=97$ 时，这项工作是否能完成？

证明　把小方块按它所在的行数及列数进行编号，以 (i,j) 表示在第 i 行 j 列的小方块 $(i=1,2,\cdots,12; j=1,2,\cdots,20)$. 由题意可知，在 (i_1, j_1) 中的硬币可以移到 (i_2, j_2) 的条件是

$$(i_1-i_2)^2 + (j_1-j_2)^2 = r$$

(1) 当 $2 \mid r$ 时，由条件 i_1-i_2 与 j_1-j_2 的奇偶性相同，即

$$i_1 - i_2 \equiv j_1 - j_2 \pmod{2}$$

从而，$i_1 - j_1 \equiv i_2 - j_2 \pmod{2}$. 但由于 $1-1 \not\equiv 1-20 \pmod 2$，所以，不可能找出一系列的移动把硬币从 $(1,1)$ 移到 $(1,20)$.

当 $3 \mid r$ 时，由条件可知

$$(i_1-i_2)^2 + (j_1-j_2)^2 \equiv 0 \pmod{3}$$

由于完全平方数模 3 时，只能为 0,1，因此

$$i_1 - i_2 \equiv j_1 - j_2 \equiv 0 \pmod{3}$$

从而，$i_1 + j_1 \equiv i_2 + j_2 \pmod{3}$.

同样由于 $1+1 \not\equiv 1+20 \pmod 3$，所以不可能找出一系列移动把硬币从 $(1,1)$ 移到 $(1,20)$.

(2) 当 $r=73$ 时，条件成为 $(i_1-i_2)^2 + (j_1-j_2)^2 = 73$. 由于 $73=3^2+8^2$，因此，$|i_1-i_2|$，$|j_1-j_2|$ 中一个为 3，另一个为 8. 如下的一系列移动就把硬币从 $(1,1)$ 移到了 $(1,20)$

$(1,1) \to (4,9) \to (7,17) \to (10,9) \to (2,6) \to (5,14) \to (8,6) \to (11,14) \to (3,17) \to (6,9) \to (9,17) \to (1,20)$

(3) 当 $r=97$ 时,条件成为 $(i_1-i_2)^2+(j_1-j_2)^2=97$. 由于 $97=4^2+9^2$,因此,$|i_1-i_2|$,$|j_1-j_2|$ 中一个为 4,另一个为 9. 这时,符合要求的一系列移动是不存在的,其原因是这块板太小. 把每一列的 12 块小方块分成四块一组,而每四块看成一个大块. 然后,仿照国际象棋棋盘的方式把它们当成黑白两色(图 37.16). 于是,在黑格中的硬币只能移到黑格中. 由于 $(1,1)$ 是黑格,而 $(1,20)$ 是白格,因此不存在符合要求的一系列移动.

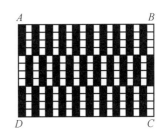

图 37.16

注 (3) 的证明是由本届 IMO 中国国家队队员蔡凯华给出的.

㉕ 一个面积为 $(n-1) \times (n-1)$ 的正方形按通常方式被划分成 $(n-1)^2$ 个单位正方形,将这些正方形的 n^2 个顶点中的每一个都染成红色或蓝色. 求使每个单位正方形恰有两个红色顶点的不同的染色方案的个数. 我们说两个染色方案不同,是指在这两个方案中,至少有一个顶点不同色.

解 首先,将第一行的 n 个顶点染色共有 2^n 种染法,将其分为两种情况.

(1) 任意两个同色点不相邻(即红蓝相间),有 2 种染法. 这时染第二行易发现,只有红蓝相间的 2 种染法,依此类推,每行都有 2 种染法,共 2^n 种染法.

(2) 存在两个相邻的同色点,有 2^n-2 种染法. 这时染第二行易发现,满足条件的染法是唯一的. 依此类推,每一行的染法都是唯一的,因此有 2^n-2 种染法.

综合(1),(2),满足条件的染法共有
$$2^n + (2^n - 2) = 2^{n+1} - 2 (种)$$

㉖ 设 k,m,n 是整数并满足 $1<n \leqslant m-1 \leqslant k$. 试求集合 $\{1,2,\cdots,k\}$ 的子集 S 的最大阶,使得在 S 中,任何 n 个不同元素之和都不等于 m.

解 当 $m < \frac{n(n+1)}{2}$ 时,$\{1,2,\cdots,k\}$ 中任何 n 个不同的数之和 $\geqslant 1+2+\cdots+n = \frac{n(n+1)}{2} > m$. 因此 S 的最大阶为 k. 以下就 $m \geqslant \frac{n(n+1)}{2}$ 进行讨论.

设 l 为满足 $(l+1)+(l+2)+\cdots+(l+n) > m$ 的最小自然数. 则集合 $\{l+1,l+2,\cdots,k\}$ 中任何 n 个不同元素之和大于 m. 由

$nl + \dfrac{n(n+1)}{2} > m$,即 $l > \dfrac{m}{n} - \dfrac{n+1}{2}$,知 $l = \left[\dfrac{m}{n} - \dfrac{n-1}{2}\right]$. 于是 S 的最大阶 $\geqslant k - l = k - \left[\dfrac{m}{n} - \dfrac{n-1}{2}\right]$.

下面证明对任何 $S \subseteq \{1,2,\cdots,k\}$,若 $|S| > k - l$,则存在 S 中 n 个不同的数,它们的和等于 m.

用反证法.

假设存在 $S \subseteq \{1,2,\cdots,k\}$,$|S| > k - l$,$S$ 中任何 n 个不同元素之和都不等于 m. 设 $X = \{A \mid A \subset \{1,2,\cdots,k\}, |A| = n, \sum\limits_{i \in A} i = m\}$,$X_j = \{A \mid A \subset \{1,2,\cdots,k\}, |A| = n, j \in A, \sum\limits_{i \in A} i = m\}$. 设 $t = k - |S|$,则 $t < l$. 设 $\{1,2,\cdots,k\} \setminus S = \{x_1, x_2, \cdots, x_t\}$,由假设,有 $X_{x_1} \cup X_{x_2} \cup \cdots \cup X_{x_t} = X$. 于是
$$|X_{x_1} \cup X_{x_2} \cup \cdots \cup X_{x_t}| = |X| \qquad ①$$

接下来证明
$$|X_{x_1} \cup X_{x_2} \cup \cdots \cup X_{x_t}| \leqslant |X_1 \cup X_2 \cup \cdots \cup X_t| \qquad ②$$

不妨设 $x_1 < x_2 < \cdots < x_t$. 若 $\{x_1, x_2, \cdots, x_t\} = \{1, 2, \cdots, t\}$,则式 ② 显然成立.

若 $\{x_1, x_2, \cdots, x_t\} \neq \{1, 2, \cdots, t\}$,设 b 为不在 $\{x_1, x_2, \cdots, x_t\}$ 中的最小自然数. 则
$$|X_{x_1} \cup X_{x_2} \cup \cdots \cup X_{x_t}| \leqslant |X_{x_1} \cup X_{x_2} \cup \cdots \cup X_{x_{t-1}} \cup X_b|$$
$$③$$

事实上,③ $\Leftrightarrow |X_{x_t} \setminus (X_{x_1} \cup X_{x_2} \cup \cdots \cup X_{x_{t-1}})| \leqslant |X_b \setminus (X_{x_1} \cup X_{x_2} \cup \cdots \cup X_{x_{t-1}})|$.

任取 $A \in Y_1$,设 $A = \{a_1, a_2, \cdots, a_n\}$,$a_1 < a_2 < \cdots < a_n$. 则 $x_t \in A, x_1, x_2, \cdots, x_{t-1} \notin A$. 若 $b \in A$,则 $A \in Y_2$. 若 $b \notin A$,$x_t = a_n$,因小于 b 的自然数均属于 $\{x_1, x_2, \cdots, x_t\}$,而 $a_1 \notin \{x_1, x_2, \cdots, x_t\}$,故 $b \leqslant a_1$. 但 $b \notin A$,故 $b < a_1$. 于是 $\{a_1, a_2, \cdots, a_{n-2}, b, a_{n-1} + a_n - b\}$ 为 Y_2 中元素. 若 $b \notin A$ 且 $x_t = a_r$,$1 \leqslant r \leqslant n-1$,则 $\{a_1, \cdots, a_{r-1}, a_{r+1}, \cdots, a_{n-1}, b, a_n + a_r - b\}$ 为 Y_2 中元素. 这样就建立了一个从 Y_1 到 Y_2 的映射,容易看出,它是单射,于是 $|Y_1| \leqslant |Y_2|$,故式 ③ 成立.

若 $\{x_1, x_2, \cdots, x_{t-1}, b\} = \{1, 2, \cdots, t\}$,则 ② 已经成立. 若 $\{x_1, x_2, \cdots, x_{t-1}, b\} \neq \{1, 2, \cdots, t\}$,重复上面的过程,至多经 t 步后可得到集合 $\{1, 2, \cdots, t\}$,于是,② 成立. 再结合式 ①,有
$$|X_1 \cup X_2 \cup \cdots \cup X_t| \geqslant |X|$$

但 $X_i \subseteq X, i = 1, 2, \cdots, t$,故 $X_1 \cup X_2 \cup \cdots \cup X_t \subseteq X$. 于是,$X_1 \cup X_2 \cup \cdots \cup X_t = X$. 因此集合 $\{t+1, t+2, \cdots, k\}$ 中不存在 n 个不同的数,它们的和为 m. 但 $t < l$ 且 $k \geqslant m-1$,故

$$(t+1)+(t+2)+\cdots+(t+n-1)+$$
$$\left[m-(n-1)t-\frac{n(n-1)}{2}\right]=m$$

矛盾. 于是，$m \geqslant \frac{n(n+1)}{2}$ 时集合 S 的最大阶为 $k-\left[\frac{m}{n}-\frac{n-1}{2}\right]$.

㉗ 试确定在平面上是否存在满足下述条件两个不相交的无限点集 A 和 B：

(1) 在 $A \cup B$ 中，任何三点都不共线，且任何点的距离至少是 1.

(2) 任何一个顶点在 B 中的三角形，其内部存在一个 A 中的点. 任何一个顶点在 A 中的三角形，其内部都存在一个 B 中的点.

解 这样的点集不存在，下面用反证法证明.

假设存在这样的点集 A 和 B，则下述命题成立.

对任意自然数 $n \geqslant 3$，存在这样的凸多边形，它的顶点为标定点（即 $A \cup B$ 中的点），而它的内部边界上共有 n 个标定点.

事实上，任取 n 个标定点，设它们的凸包 $P_1 P_2 \cdots P_m$. 由于任三个标定点不共线，故 $m \geqslant 3$. 为任何两个标定点的距离至少是 1，故以每个标点为圆心，以 $\frac{1}{2}$ 为半径作圆，这些圆两两不相交. 因此，凸多边形 $P_1 P_2 \cdots P_m$ 内部及边界上只有有限标定点，设 $P_1, P_2, \cdots, P_k, k \geqslant n$. 若 $k=n$，则命题成立. 若 $k>n$，则取 $P_2, \cdots, P_k$ 的凸包，$P_{i_1} P_{i_2} \cdots P_{i_t}$ 内部及边界上有 $k-1$ 个标定点. 若 $k-1=n$，命题已成立，若 $k-1>n$，则再取 $\{P_2, \cdots, P_k\} \setminus \{P_{i_1}\}$ 的凸包. 这样下去，经 $k-n$ 次调整，可得一个凸多边形，其内部和边界上共有 n 个标定点.

为了进一步证明，我们在上述命题中取 $n=9$，不妨设这时对应的凸多边形的内部及边界上的 9 个标定点中 A 中的点多于 B 中的点，分以下两种情况：

(i) 9 个标定点中 A 中的点不少于 6 个，则 B 中的点不多于 3 个，取 A 中的 6 个点 $A_1, A_2, \cdots, A_6$.

若其凸包为六边形，不妨设为 $A_1 A_2 \cdots A_6$，$\triangle A_1 A_2 A_3$，$\triangle A_1 A_3 A_4$，$\triangle A_1 A_4 A_5$，$\triangle A_1 A_5 A_6$ 中不能都有 B 中的点.

若其凸包为五边形，不妨设为 $A_1 A_2 \cdots A_5$，$\triangle A_1 A_2 A_6$，$\triangle A_2 A_3 A_6$，$\triangle A_3 A_4 A_6$，$\triangle A_1 A_5 A_6$ 中不能都有 B 中的点.

若其凸包为四边形，不妨设为 $A_1 A_2 A_3 A_4$，$\triangle A_1 A_2 A_3$，$\triangle A_2 A_3 A_5$，$\triangle A_3 A_1 A_5$，$\triangle A_4 A_1 A_5$ 中不能都有 B 中的点.

若其凸包为三角形,不妨设为 $\triangle A_1A_2A_3$,且 A_5 在 $\triangle A_1A_2A_4$ 的内部,则 $\triangle A_1A_2A_5$,$\triangle A_2A_4A_5$,$\triangle A_1A_4A_5$,$\triangle A_2A_3A_4$ 中不可能都有 B 中的点. 矛盾.

(ii) 9 个标定点中有 5 个 A 中的点 A_1,A_2,A_5.

若其凸包为五边形,不妨设为 $A_1A_2\cdots A_5$,则 $\triangle A_1A_2A_3$,$\triangle A_1A_3A_4$,$\triangle A_1A_4A_5$ 中都有一个 B 中的点. 而以这 3 个 B 中的点为顶点的三角形中不可能再有 A 中的点.

若其凸包为四边形,不妨设为 $A_1A_2A_3A_4$,则 $\triangle A_1A_2A_5$,$\triangle A_2A_3A_5$,$\triangle A_3A_4A_5$,$\triangle A_4A_1A_5$ 中都有一个 B 中的点,而这 4 个 B 中的点的凸包中只可能有一个 A 中的点,这是不可能的.

若其凸包为三角形,不妨设为 $A_1A_2A_3$,且 A_5 在 $\triangle A_1A_2A_4$ 内部. 则 $\triangle A_1A_2A_5$,$\triangle A_2A_4A_5$,$\triangle A_4A_1A_5$,$\triangle A_2A_3A_4$,$\triangle A_3A_1A_4$ 中不可能都有 B 中的点. 矛盾.

综合上述,本题得证.

> **❷❽** 设 n,p,q 都是正整数且 $n>p+q$. 若 $x_0,x_1,\cdots,x_n$ 是满足下面条件的整数:
> (1) $x_0=x_n=0$;
> (2) 对每个整数 $i(1\leqslant i\leqslant n)$ 或 $x_i-x_{i-1}=p$,或 $x_i-x_{i-1}=-q$.
>
> 证明:存在一对标号 (i,j),使 $i<j,(i,j)\neq(0,n)$,且 $x_i=x_j$.

证明 首先,不妨设 $(p,q)=1$. (当 $(p,q)=d>1$ 时,记 $p=dp_1,q=dq_1$,则 $(p_1,q_1)=1$. 只要考虑 $\dfrac{x_0}{d},\dfrac{x_1}{d},\cdots,\dfrac{x_n}{d}$. 而相邻两项之差等于 p_1 或 $-q_1$,且 $n>p_1+q_1$. 一切条件都满足)

由于 $x_i-x_{i-1}=p$ 或 $-q(i=1,2,\cdots,n)$,如果这 n 个差 x_i-x_{i-1} 中有 a 个为 p,b 个为 $-q$,则 $x_n=ap-bq$,$a+b=n$. 从而,$ap=bq$. 由 $(p,q)=1$,$a=kq$,而 $b=kp$. 又由于 $n=a+b=k(p+q)$ 及 $n>p+q$,故 $k\geqslant 2$.

记 $y_i=x_{i+p+q}-x_i(i=0,1,\cdots,(k-1)(p+q))$.

因为 $x_i-x_{i-1}=p$ 或 $-q\equiv p(\mod(p+q))$,把 $i=0,1,\cdots,$ 直到某个 i 都相加,即知 $x_i\equiv ip(\mod(p+q))$,于是,$x_j-x_i\equiv (j-i)p(\mod(p+q))$.

特别地,$y_i\equiv 0(\mod(p+q))$,即每个 y_i 都是 $p+q$ 的倍数.

又 $y_{i+1}-y_i=(x_{i+1+p+q}-x_{i+p+q})-(x_{i+1}-x_i)$,由于括号中的数只能是 p 或 $-q$,所以 $y_{i+1}-y_i$ 只能等于 $p+q,0,-(p+q)$ 三数之一.

再由 $y_0 + y_{(p+q)} + y_{2(p+q)} + \cdots + y_{(k-1)(p+q)} = x_n = 0$，如果 $y_0 > 0$，则其中总有数小于 0，如 $y_0 < 0$，则其中总有数大于 0.

这样，$\dfrac{y_0}{p+q}, \dfrac{y_1}{p+q}, \cdots, \dfrac{y_{(k-1)(p+q)}}{p+q}$ 是整数，且每相邻两项之差只能是 1，0 或 -1，而且不可能全是正数，也不可能全是负数，因此总有一个是 0，即有 i_0 使 $y_{i_0} = 0$. 这时，取 $i = i_0$，$j = i_0 + p + q$ 即符合要求.

㉙ 将有限颗豆子放在一排正方形中，假定正方形的个数是无限的. 一个移动序列按以下规则进行：在每一步，先选取一个至少含有两个豆子的正方形，从中取出两颗豆子，一个放在该正方形的左边，一个放在该正方形的右边，当每个正方形至多只含有一颗豆子时，移动序列终止. 给定某个初始状态，证明：任何一个满足规则的移动序列，都将在同样的移动步数之后终止，并且具有相同的最终状态.

证明 (i) 首先证明，无论初始状态如何，移动序列必将终止.

用反证法. 假设对某个有 n 颗豆子的初始状态，存在一个无穷移动序列，我们将得出矛盾.

取初始状态时有豆子的方格中最左边的一个，标号为 "0"，向右依次将方格标号为 "1"，"2"，$\cdots$，向左依次将方格标号为 "-1"，"-2"，$\cdots$. 设第 k 次移动前，有豆子的方格中最左边的一个标号为 m_k，最右边的一个标号为 M_k，此时对于一个标号为 l 的方格，$m_k \leqslant l \leqslant M_k$，若其中没有豆子，则称它为 "空格". 设初始状态时，最长的连续空格序列长度为 L，$L \geqslant 0$，则无论进行多少次移动，最长的连续空格序列长度不超过 $A = \max\{L, 1\}$.

事实上，若不然，如果 $L \leqslant 1$，但移动若干次后出现多于 1 个连续空格，考虑这些连续空格中最后生成的 1 个，它只能是将其中仅有的两颗豆子取出，放在与它相邻的两个方格中，而这样与它相邻的两个方格均不是空格，矛盾.

如果 $L \geqslant 2$，但移动若干次后出现多于 L 个连续空格. 类似地考虑这些连续空格中最后的一个，可得矛盾. 因此，有 $M_k - m_k \leqslant (n-1)(A+1)$，$\forall k \in \mathbf{N}$.

设第 k 次移动前，标号为 l 的方格中有豆子 $a_{k,l}$ 颗，定义函数

$$f(k) = \sum_{l=-\infty}^{+\infty} l \cdot a_{k,l}, \quad g(k) = \sum_{l=-\infty}^{+\infty} l^2 \cdot a_{k,l}$$

易知 $f(k) = f(k+1)$，$\forall k \in \mathbf{N}$

因此

$$f(k) \equiv C \qquad ①$$

而
$$m_k n = m_k \sum_{l=-\infty}^{+\infty} a_{k,l} \leqslant f(k) = C \leqslant M_k \sum_{l=-\infty}^{+\infty} a_{k,l} = M_k n$$

即
$$m_k \leqslant \frac{C}{n} \leqslant M_k$$

因此

$$m_k + (n-1)(A+1) \geqslant M_k \geqslant \frac{C}{n}$$

$$m_k \geqslant \left[\frac{C}{n} - (n-1)(A+1)\right]$$

$$M_k - (n-1)(A+1) \leqslant m_k \leqslant \frac{C}{n}$$

$$M_k \leqslant \left[\frac{C}{n} + (n-1)(A+1)\right]$$

于是所有豆子都被限制在标号 $\geqslant \left[\frac{C}{n} - (n-1)(A+1)\right]$ 且 $\leqslant \left[\frac{C}{n} + (n-1)(A+1)\right]$ 的方格内.

记 $B = \max\{|\left[\frac{C}{n} - (n-1)(A+1)\right]|, |\left[\frac{C}{n} + (n-1) \cdot (A+1)\right]|\}$，则

$$g(k) = \sum_{l=-\infty}^{+\infty} l^2 \cdot a_{k,l} \leqslant B^2 \sum_{l=-\infty}^{+\infty} a_{k,l} = B^2 n$$

注意到 $(a+1)^2 + (a-1)^2 - 2a^2 = 2$，有

$$g(k+1) - g(k) = 2, \forall k \in \mathbf{N} \qquad ②$$

因此，$g(k) = 2(k-1) + g(1)$. 取 $k_0 \in \mathbf{N}$ 使 $2(k_0 - 1) + g(1) > B^2 n$，则 $g(k_0) > B^2 n$. 矛盾.

(ii) 证明，对于某个初始状态，经任何移动序列后都具有相同的最终状态.

对于一个连续方格序列，如果其中每个方格中都有豆子，但与这个连续方格序列左右相邻的两个方格中没有豆子，我们就称这个连续方格序列中的所有豆子为"一堆". 对于相继的两堆豆子，如果移动若干次后可使这两堆中的一些豆子到达同一个方格中，则称这两堆为"互相干扰"的，否则称这两堆为"互不干扰"的. 我们可以将初始状态分为若干堆，进而又可分为若干组互相干扰的堆，因此只需对相继的互相干扰的堆进行证明. 对于这种情况，我们指出，其最终状态至多有一个空格.

若不然，考察最终状态的两个相继的空格（即它们之间不再有空格）. 如果这两个空格不相邻，考虑其中后生成的一个，不妨设为右边的一个. 它只能是将其中仅有的两颗豆子取出，放在与它相邻的两个方格中，而移动后此方格左边相邻的方格中只有一

颗豆子,因此移动前它是空格,这样两个相继空格就"靠近"了一个单位.重复上面的过程,直到这两个空格靠近到相邻.再考虑在这之前的移动,可知这两个相邻空格不再参与移动,观察移动过程的始终,发现用这两个相邻空格可以将初始状态分为互不干扰的堆.矛盾.

考察和式序列
$$\vdots$$
$$(0+1+2+\cdots+(n-2)+(n-1))$$
$$(0+1+2+\cdots+(n-2)+n)$$
$$(0+1+2+\cdots+(n-3)+(n-1)+n)$$
$$\vdots$$
$$(0+2+3+\cdots+n)$$
$$(1+2+\cdots+n)$$
$$(1+2+\cdots+(n-1)+(n+1))$$
$$\vdots$$

易知每个整数恰好在和式序列的结果中出现了一次,由上面的讨论可知,最终状态有豆子的方格的序号必为和式序列中的某一个的各项.因函数 $f(k)\equiv C$,而和式序列中运算结果等于 C 的和式是唯一确定的.因此唯一确定了的最终状态.

(iii) 证明,对于某个初始状态,任何移动序列都将在同样的移动步数之后停止.

由式 ②,$g(k+1)-g(k)=2$.因为对于给定的初始状态,最终状态确定,所以初始和最终的 g 值都已确定.而[(最终 g 值)−(初始 g 值)]÷2 即为移动步数,因此移动步数也是确定的.

第三编
第38届国际数学奥林匹克

第 38 届国际数学奥林匹克题解

阿根廷,1997

1 在坐标平面上,具有整数坐标的点构成单位边长的正方格的顶点,这些正方格被涂上黑白相间的两种颜色(像国际象棋棋盘那样).

对于任意一对正整数 m 和 n,考虑一个直角三角形,它的顶点具有整数坐标,两条直角边的长度分别为 m 和 n,且两条直角边都在这些正方格的边上.

令 S_1 为这个三角形区域中所有黑色部分的总面积,S_2 则为所有白色部分的总面积.令 $f(m,n) = |S_1 - S_2|$.

(1) 当 m 和 n 同为正偶数或同为正奇数时,计算 $f(m,n)$ 的值;

(2) 证明:$f(m,n) \leqslant \dfrac{1}{2}\max\{m,n\}$ 对所有的 m 和 n 都成立;

(3) 证明:不存在常数 c,使得对所有的 m 和 n,不等式 $f(m,n) < c$ 都成立.

白俄罗斯命题

解 (1) 设 $\triangle ABC$ 为一直角三角形,它的顶点具有整数坐标,且两条直角边都在这些正方格的边上.设 $\angle A = 90°$,$AB = m$,$AC = n$,如图 38.1 所示.

对于任一多边形 P,记 $S_1(P)$ 为 P 的区域中所有阴影部分的面积,$S_2(P)$ 为其所有白色部分的面积.

当 m 和 n 同时为偶数或者同时为奇数时,矩形 $ABDC$ 的阴影部分关于斜边 BC 的中点中心对称,因此

$$S_1(ABC) = S_1(BCD),\ S_2(ABC) = S_2(BCD)$$

从而 $f(m,n) = |S_1(ABC) - S_2(ABC)| =$
$$\dfrac{1}{2}|S_1(ABCD) - S_2(ABCD)|$$

于是,当 m 和 n 同为偶数时,$f(m,n) = 0$;当 m 和 n 同为奇数时,$f(m,n) = \dfrac{1}{2}$.

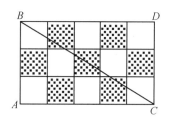

图 38.1

(2) 如果 m 和 n 同为偶数或者同为奇数,则由(1)即知结论成

立. 故可设 m 为奇数, n 为偶数. 如图 38.2, 考虑 AB 上的点 L 使得 $AL=m-1$.

由于 $m-1$ 为偶数, 我们有 $f(m-1,n)=0$, 即 $S_1(ALC)=S_2(ALC)$. 因此
$$f(m,n) = |S_1(ABC) - S_2(ABC)| = |S_1(LBC) - S_2(LBC)| \leqslant$$
$$S_{\triangle LBC} = \frac{n}{2} \leqslant \frac{1}{2}\max\{m,n\}.$$

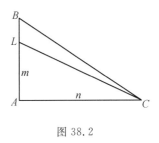

图 38.2

(3) 我们来计算 $f(2k+1,2k)$ 的值. 如同在(2)中, 考虑 AB 上的点 L, 使得 $AL=2k$. 因为 $f(2k,2k)=0$ 且 $S_1(ALC)=S_2(ALC)$, 有
$$f(2k+1,2k) = |S_1(LBC) - S_2(LBC)|$$

$\triangle LBC$ 的面积等于 k. 不失一般性, 可以假设对角线 LC 全部落在阴影正方格中, 如图 38.3 所示. 于是, $\triangle LBC$ 的白色部分由若干个三角形组成, 即
$$\triangle BLN_{2k}, \triangle M_{2k-1}L_{2k-1}N_{2k-1}, \cdots, \triangle M_1L_1N_1$$
它们每一个都与 $\triangle BAC$ 相似, 其总面积为
$$S_2(LBC) = \frac{1}{2} \cdot \frac{2k}{2k+1}\left(\left(\frac{2k}{2k}\right)^2 + \left(\frac{2k-1}{2k}\right)^2 + \cdots + \left(\frac{1}{2k}\right)^2\right) =$$
$$\frac{1}{4k(2k+1)}(1^2+2^2+\cdots+(2k)^2) = \frac{4k+1}{12}$$

因此, 阴影部分的总面积为
$$S_1(LBC) = k - \frac{1}{12}(4k+1) = \frac{1}{12}(8k-1)$$

最终得到
$$f(2k+1,2k) = \frac{2k-1}{6}$$

这个函数可以取任意大的值.

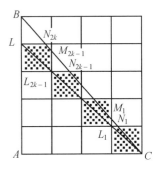

图 38.3

> ❷ 设 $\angle A$ 是 $\triangle ABC$ 中最小的内角, 点 B 和 C 将这个三角形的外接圆分成两段弧. 设 U 是落在不含 A 的那段弧上且不等于 B 与 C 的一个点.
>
> 线段 AB 和 AC 的垂直平分线分别交线段 AU 于 V 和 W, 直线 BV 和 CW 相交于 T.
>
> 证明: $AU=TB+TC$.

英国命题

证法 1 如图 38.4 所示, 因为点 V 在线段 AB 的垂直平分线上, 所以, $\angle VAB = \angle VBA$, 又因 $\angle A$ 是 $\triangle ABC$ 的最小内角, 且 $\angle VAB = \angle UAB < \angle CAB$, 故
$$\angle VBA = \angle VAB < \angle CAB \leqslant \angle CBA$$
即 V 在 $\angle ABC$ 内部. 同理, W 在 $\angle ACB$ 内部.

设 $\angle UAB = \alpha$, 则 $\angle VBA = \alpha$. 下面用 $\angle A, \angle B, \angle C$ 分别表示

$\angle CAB, \angle ABC, \angle BCA$. 则有
$$\angle CAU = \angle A - \alpha, \angle CBT = \angle B - \alpha$$
因为 W 在线段 AC 的垂直平分线上,所以
$$\angle ACW = \angle CAW = \angle A - \alpha$$
$$\angle BCT = \angle C - \angle ACT = \angle C + \alpha - \angle A$$
于是 $\angle BTC = 180° - (\angle B - \alpha) - (\angle C + \alpha - \angle A) =$
$$180° - \angle B - \angle C + \angle A = 2\angle A$$

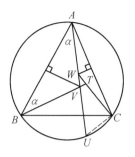

图 38.4

在 $\triangle BCT$ 中使用正弦定理,有
$$\frac{BC}{\sin \angle BTC} = \frac{TB}{\sin \angle TCB} = \frac{TC}{\sin \angle TBC}$$
注意到 $\angle B - \alpha = 180° - (\angle C + \alpha + \angle A)$

有 $TB + TC = \dfrac{BC}{\sin \angle BTC}(\sin \angle TCB + \sin \angle TBC) =$

$$\frac{BC}{\sin 2A}(\sin(\angle C + \alpha - \angle A) + \sin(\angle B - \alpha)) =$$

$$\frac{BC}{\sin 2A}(\sin(\angle C + \alpha - \angle A) + \sin(\angle C + \alpha + \angle A)) =$$

$$\frac{BC}{\sin 2A} \cdot 2\sin(\angle C + \alpha) \cdot \cos A =$$

$$\frac{BC}{\sin A} \cdot \sin(\angle C + \alpha)$$

设 $\triangle ABC$ 外接圆的半径为 R,则由正弦定理知 $\dfrac{BC}{\sin A} = R$. 故得
$$TB + TC = 2R \cdot \sin(C + \alpha) \qquad ①$$
联结 CU. 由 A, B, U, C 四点共圆可知
$$\angle BCU = \angle BAU = \alpha$$
故 $\angle ACU = \angle C + \alpha$

在 $\triangle ACU$ 中使用正弦定理,有
$$AU = 2R \cdot \sin(\angle C + \alpha)$$
结合式 ① 即得
$$AU = TB + TC$$

证法 2 延长 CT 交圆于点 P,联结 BP. 如图 38.5 所示.
由 $WA = WC, VA = VB$,所以 $\angle 1 = \angle 2, \angle 3 = \angle 4$,所以
$$WA \cdot WU = WC \cdot WP$$
所以 $WU = WP$,所以 $AU = CP$.

又因为
$$\angle BAC = \angle P, \angle BAC = \angle 1 + \angle 3 = \angle 2 + \angle 4$$
而 $\angle 2 = \angle 5$,所以

$$\angle BAC = \angle 4 + \angle 5$$

即 $\angle P = \angle PBT, PT = BT$

所以 $CP = CT + PT = CT + BT$

即 $AU = BT + CT$

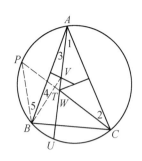

图 38.5

俄罗斯命题

注 若延长 BT 交圆于 Q,同法可证:$AU = BQ, QT = CT$.

由题设 $\angle A$ 是最小的内角,我们有 $\angle 4 = \angle 3 < \angle BAC < \angle ABC$,所以 BV 与 AU 交点 V 在 $\triangle ABC$ 内,如图 38.5 所示,同理点 W 也在 $\triangle ABC$ 内. 因此,所得图形如同上述所示.

❸ 设 $x_1, x_2, \cdots, x_n$ 是满足下列条件的实数
$$|x_1 + x_2 + \cdots + x_n| = 1$$
且 $$|x_i| \leqslant \frac{n+1}{2}, i = 1, 2, \cdots, n$$
证明:存在 $x_1, x_2, \cdots, x_n$ 的一个排列 $y_1, y_2, \cdots, y_n$,使得
$$|y_1 + 2y_2 + \cdots + ny_n| \leqslant \frac{n+1}{2}$$

证明 对于 $x_1, x_2, \cdots, x_n$ 的任意一个排列 $\pi = y_1, y_2, \cdots, y_n$,记 $S(\pi)$ 为和式 $y_1 + 2y_2 + \cdots + ny_n$ 的值. 令 $r = \frac{n+1}{2}$. 要证存在某个排列 π 使得 $|S(\pi)| \leqslant r$.

令 $\pi_0 = x_1, x_2, \cdots, x_n, \tilde{\pi} = x_n, x_{n-1}, \cdots, x_1$. 如果 $|S(\pi_0)| \leqslant r$ 或者 $|S(\tilde{\pi})| \leqslant r$,则题目得证. 故假设 $|S(\pi_0)| > r$ 且 $|S(\tilde{\pi})| > r$. 注意到
$$S(\pi_0) + S(\tilde{\pi}) = (x_1 + 2x_2 + \cdots + nx_n) +$$
$$(x_n + 2x_{n-1} + \cdots + nx_1) =$$
$$(n+1)(x_1 + x_2 + \cdots + x_n)$$

从而 $|S(\pi_0) + S(\tilde{\pi})| = n + 1 = 2r$

因为 $S(\pi_0)$ 和 $S(\tilde{\pi})$ 的绝对值都大于 r,它们必然取相反的符号. 进而,它们其中之一大于 r,另一个小于 $-r$.

从 π_0 开始,通过若干次交换两个相邻元素的位置,我们可以得到任意一个排列. 特别地,存在一个排列的序列 $\pi_0, \pi_1, \cdots, \pi_m$,使得 $\pi_m = \tilde{\pi}$,且对每个 $i \in \{0, 1, \cdots, m-1\}$,排列 π_{i+1} 是通过交换 π_i 的两个相邻元素的位置得到的. 这意味着,如果 $\pi_i = y_1, \cdots, y_n$,$\pi_{i+1} = z_1, \cdots, z_n$,则存在某个脚标 $k \in \{1, 2, \cdots, n-1\}$,满足
$$z_k = y_{k+1}, z_{k+1} = y_k, z_j = y_j, \text{任意的 } j \neq k, k+1$$

因为 x_i 的绝对值不超过 r,所以
$$|S(\pi_{i+1}) - S(\pi_i)| = |kz_k + (k+1)z_{k+1} - ky_k - (k+1)y_{k+1}| =$$

$$|y_k - y_{k+1}| \leqslant |y_k| + |y_{k+1}| \leqslant 2r$$

这说明在序列 $S(\pi_0), S(\pi_1), \cdots, S(\pi_m)$ 中,任意两个相邻数的距离不超过 $2r$. 注意到 $S(\pi_0)$ 和 $S(\pi_m)$ 均落在区间 $[-r,r]$ 的外面,且分别位于该区间的两侧,所以至少要有一个数 $S(\pi_i)$ 落在该区间内,于是存在置换 π_i 使得 $|S(\pi_i)| \leqslant r$.

❹ 一个 $n \times n$ 的矩阵(正方阵)称为 n 阶银矩阵,如果它的元素取自集合

$$S = \{1, 2, \cdots, 2n-1\}$$

且对于每个 $i = 1, 2, \cdots, n$,它的第 i 行和第 i 列中的所有元素合起来恰好是 S 中的所有元素,证明:

(1) 不存在 $n = 1997$ 阶的银矩阵;

(2) 有无限多个 n 的值,存在 n 阶银矩阵.

伊朗命题

证法 1 (1) 设 $n > 1$ 且存在 n 阶银矩阵 A. 由于 S 中所有的 $2n-1$ 个数都要在矩阵 A 中出现,而 A 的主对角线上只有 n 个元素,所以至少有一个 $x \in S$ 不在 A 的主对角线上. 取定一个这样的 x,对于每个 $i = 1, 2, \cdots, n$,记 A 的第 i 行和第 i 列中的所有元素合起来构成的集合为 A_i,称为第 i 个十字,则 x 在每个 A_i 中恰出现一次.

假设 x 位于 A 的第 i 行,第 j 列 $(i \neq j)$,则 x 属于 A_i 和 A_j. 这意味着 A 的 n 个十字两两配对,从而 n 必为偶数. 而 1997 是奇数,故不存在 $n = 1997$ 阶银矩阵.

(2) 对于 $n = 2$,$A = \begin{pmatrix} 1 & 2 \\ 3 & 1 \end{pmatrix}$ 为一个银矩阵.

对于 $n = 4$,$A = \begin{pmatrix} 1 & 2 & 5 & 6 \\ 3 & 1 & 7 & 5 \\ 4 & 6 & 1 & 2 \\ 7 & 4 & 3 & 1 \end{pmatrix}$ 为一个银矩阵.

一般地,假设存在 n 阶银矩阵 A,则可以按照如下方式构造 $2n$ 阶银矩阵 D,即

$$D = \begin{pmatrix} A & B \\ C & A \end{pmatrix}$$

其中,B 是一个 $n \times n$ 矩阵,它是通过把 A 的每一个元素加上 $2n$ 得到的,而 C 则是通过把 B 的主对角线元素换成 $2n$ 得到的.

为证明 D 是一个银矩阵,考察其第 i 个十字,不妨设 $i \leqslant n$. 这时,第 i 个十字由 A 的第 i 个十字以及 B 的第 i 行和 C 的第 i 列构成. A 的第 i 个十字包含元素 $\{1, 2, \cdots, 2n-1\}$,而 B 的第 i 行和 C 的第 i 列包含元素 $\{2n, 2n+1, \cdots, 4n-1\}$,所以 D 确实是一个 $2n$

阶银矩阵.

证法 2 (1) 事实上,对每个大于 1 的奇数 n,都不存在 n 阶银矩阵.

称银矩阵第 i 行和第 i 列全体元素的集合 M_i 为第 i 个支架. n 阶矩阵共有 n 个支架,每个支架恰含 S 的所有数各一次.由于主对角元 a_{ii} 只出现在一个支架 M_i 中,而非主对角元 $a_{ij}(i\neq j)$ 恰出现在两个支架 M_i 与 M_j 中,因此当 n 为奇数时,S 的每个数都应在主对角线上出现(否则该数在所有支架中的出现次数为偶数,不可能等于 n).这就要求 $2n-1=n$,即 $n=1$.

(2) 对 $k\geqslant 0$ 归纳证明存在 $n=2^k$ 阶银矩阵并且它的主对角元全是 1.

$k=0$ 时,$n=1,S=\{1\}$,显然有一阶银矩阵 (1).

设存在主对角元全是 1 的 2^k 阶银矩阵 $\boldsymbol{A}$. 由它拼出如 $\begin{pmatrix}\boldsymbol{A}&\boldsymbol{B}'\\\boldsymbol{B}&\boldsymbol{A}\end{pmatrix}$ 的 2^{k+1} 阶矩阵 $\boldsymbol{A}'$,其中,$\boldsymbol{B}=\boldsymbol{A}+2^{k+1}-1$(即 $\boldsymbol{A}$ 的每个元素各加上 $2^{k+1}-1$),$\boldsymbol{B}'$ 的主对角元全是 $2^{k+2}-1$,其他元素与 $\boldsymbol{B}$ 完全相同.显然,$\boldsymbol{A}'$ 的主对角元全是 1.下证 $\boldsymbol{A}'$ 是 2^{k+1} 阶的银矩阵.

首先指出,对于每个 $i(1\leqslant i\leqslant 2^k)$,$\boldsymbol{B}$ 中第 i 列和 $\boldsymbol{B}'$ 中第 i 行的全体元素(共 2^{k+1} 个)就是 $\boldsymbol{B}$ 中的第 i 个支架添上一个数 $2^{k+2}-1$,由 $\boldsymbol{B}$ 的构造及 $\boldsymbol{A}$ 的银矩阵性质可知这 2^{k+1} 个数恰是 $2^{k+1},2^{k+1}+1,\cdots,2^{k+2}-1$.同理 $\boldsymbol{B}$ 中第 i 行和 $\boldsymbol{B}'$ 中第 i 列的全体元素也是这 2^{k+1} 个数.

现在 $\boldsymbol{A}'$ 的第 i 个支架 $(1\leqslant i\leqslant 2^k)$ 由左上方那个 $\boldsymbol{A}$ 的第 i 个支架,$\boldsymbol{B}$ 的第 i 列及 $\boldsymbol{B}'$ 的第 i 行组成,因此恰是 $S'=\{1,2,\cdots,2^{k+1}-1,2^{k+1},\cdots,2^{k+2}-1\}$ 的所有元素.而 $\boldsymbol{A}'$ 的第 2^k+i 个支架由右下方那个 $\boldsymbol{A}$ 的第 i 个支架,$\boldsymbol{B}$ 的第 i 行及 $\boldsymbol{B}'$ 的第 i 列组成,也是 S' 的所有元素.故 $\boldsymbol{A}'$ 是银矩阵.

注 (1) 解答中 (2) 的证明,是从一个已知的 n 阶银矩阵出发,构造出一个 $2n$ 阶的银矩阵.由于易构造出 2 阶和 4 阶银矩阵,这就确保了所有 2^k 阶银矩阵的存在性.易证明,奇数阶的银矩阵不存在.本文要证明,对任何偶数 $2k$,都存在 $2k$ 阶银矩阵(见定理 2),这就解决了银矩阵的存在性问题.

此注属于蒋茂森

定义 1 记 $Q=\{1,2,\cdots,n\}$,以 $\mathscr{B}$ 表示 Q 的所有二元组合所组成的集合,即
$$\mathscr{B}=\{(1,2),(1,3),\cdots,(n-1,n)\}$$
(对每个组合 (i,j),写成唯一的排列的形式,其中 $i<j$)
$$|\mathscr{B}|=\mathrm{C}_n^2=\frac{n(n-1)}{2}$$
如果 $\mathscr{B}$ 能分解成 $(n-1)$ 个不相交集合 E_i 的并,即

$$\mathscr{B} = \bigcup_{i=1}^{n-1} E_i$$

其中,$E_i \cap E_j = \varnothing (i \neq j)$,且每个 E_i 中所有集合的并集都是 Q(从而 E_i 都含同样多个二元组合),则称这种分解为 n 的银分解,并称 E_i 为银集合.

例 1 对 $n = 4$,设
$$E_1 = \{(1,2),(3,4)\}$$
$$E_2 = \{(1,3),(2,4)\}$$
$$E_3 = \{(1,4),(2,3)\}$$

则 $\{E_1, E_2, E_3\}$ 便是 4 的银分解.

显然,若 n 存在银分解,则必须是偶数.下面的定理证明了这个简单的必要条件实际上已经是充分的了.

定理 1 对于偶数 $n = 2k$,存在 n 的银分解.

定理 1 的证明 用归纳构造方法给出证明.

由例 1 可知,定理对 $k = 2$ 正确($k = 1$ 是平凡的).假定对所有小于 $2k$ 的偶数 n 均已存在银分解,我们来构造 $n = 2k$ 的银分解.分两种情形考虑.

ⅰ 设 k 为偶数,则 k 存在银分解.任取它的一个银分解,设为
$$\{E'_1, E'_2, \cdots, E'_{k-1}\}$$

再任取 $\{k+1, k+2, \cdots, 2k\}$ 的一个银分解
$$\{E''_1, E''_2, \cdots, E''_{k-1}\}$$

(E''_i 也可由将 E'_i 中每个二元集 (i,j) 换作 $(i+k, j+k)$ 而得到)令
$$E_i = E'_i \cup E''_i, i = 1, 2, \cdots, k$$

写出一个 $2 \times k$ 矩阵
$$\begin{pmatrix} 1 & 2 & \cdots & k \\ k+1 & k+2 & \cdots & 2k \end{pmatrix}$$

以下用以构造 $E_k, E_{k+1}, \cdots, E_{2k-1}$ 的方法姑且称为滚动对应法.令
$$E_k = \{(1,k+1),(2,k+2),\cdots,(k-1,2k-1),(k,2k)\}$$
$$E_{k+1} = \{(1,k+2),(2,k+3),\cdots,(k-1,2k),(k,k+1)\}$$
$$\vdots$$
$$E_{2k-1} = \{(1,2k),(2,k+1),\cdots,(k-1,2k-2),(k,2k-1)\}$$

如此构造的 $\{E_1, E_2, \cdots, E_{2k-1}\}$ 便是 $n = 2k$ 的一个银分解.事实上,显然每个 E_i 都包含 k 个二元组合,这 k 个二元组合的并集就是 Q.当 $i \neq j$ 时,显然 $E_i \cap E_j = \varnothing$.对任何一个二元组合 (p,q),当 $q \leq k$ 时它必属于某个 E'_i,当 $p > k$ 时它必属于某个 E''_i,从而 (p,q) 属于某个 $E_i (1 \leq i \leq k)$;当 $p \leq k$ 而 $q > k$ 时,(p,q) 属于某个 $E_i (k+1 \leq i \leq 2k)$.

例 2 应用例 1 的结果和上述方法所构造的 8 的银分解为
$$E_1 = \{(1,2),(3,4),(5,6),(7,8)\}$$
$$E_2 = \{(1,3),(2,4),(5,7),(6,8)\}$$
$$E_3 = \{(1,4),(2,3),(5,8),(6,7)\}$$
$$E_4 = \{(1,5),(2,6),(3,7),(4,8)\}$$
$$E_5 = \{(1,6),(2,7),(3,8),(4,5)\}$$

$$E_6 = \{(1,7),(2,8),(3,5),(4,6)\}$$
$$E_7 = \{(1,8),(2,5),(3,6),(4,7)\}$$

ⅱ 设 k 为奇数,则 $k+1$ 为偶数.记
$$Q_1 = \{1,2,\cdots,k,x\}$$
(其中,x 为虚设元),则 Q_1 存在银分解,设为
$$\{E'_1,E'_2,\cdots,E'_k\}$$
记
$$Q_2 = \{k+1,k+2,\cdots,2k,y\}$$
(其中,y 亦为虚设元),也存在银分解,设为
$$\{E''_1,E''_2,\cdots,E''_k\}$$

假定 E'_i 中含 x 的二元组合为 (p_i,x)(或 (x,p_i)),E''_i 中含 y 的二元组合为 (q_i,y)(或 (y,q_i)),将二者中的虚设元 x,y 去掉,合成一个二元组合 (p_i,q_i),然后保留 E'_i 与 E''_i 中所有其他组合,并将二者合并,记为 E_i.

根据上述 $p_i,q_i (1 \leqslant i \leqslant k)$,写出一个 $2 \times k$ 矩阵,即
$$\begin{pmatrix} p_1 & p_2 & \cdots & p_k \\ q_1 & q_2 & \cdots & q_k \end{pmatrix}$$

用滚动对应法做出其余的 E_i,但需将对应中做出的头一个银子集,即 $\{(p_1,q_1),(p_2,q_2),\cdots,(p_k,q_k)\}$ 去掉(因为此中的二元组合均在前面的 E_i 中出现过),令
$$E_{k+1} = \{(p_1,q_2),(p_2,q_3),\cdots,(p_{k-1},q_k),(p_k,q_1)\}$$
$$E_{k+2} = \{(p_1,q_3),(p_2,q_4),\cdots,(p_{k-1},q_1),(p_k,q_2)\}$$
$$\vdots$$
$$E_{2k-1} = \{(p_1,q_k),(p_2,q_1),\cdots,(p_{k-1},q_{k-2}),(p_k,q_{k-1})\}$$

如此得到的 $\{E_1,E_2,\cdots,E_{2k-1}\}$ 便是 $n=2k$ 的一个银分解.证明与 ⅰ 类似.

例 3 下面应用 ⅱ 中的方法来构造 6 的银分解.
$Q_1 = \{1,2,3,x\}$,相应的银分解为
$$E'_1 = \{(1,2),(3,x)\}$$
$$E'_2 = \{(1,3),(2,x)\}$$
$$E'_3 = \{(1,x),(2,3)\}$$
$Q_2 = \{4,5,6,y\}$,相应的银分解为
$$E''_1 = \{(4,5),(6,y)\}$$
$$E''_2 = \{(4,6),(5,y)\}$$
$$E''_3 = \{(4,y),(5,6)\}$$
于是
$$E_1 = \{(1,2),(4,5),(3,6)\}$$
$$E_2 = \{(1,3),(2,5),(4,6)\}$$
$$E_3 = \{(1,4),(2,3),(5,6)\}$$
现在
$$\begin{pmatrix} p_1 & p_2 & p_3 \\ q_1 & q_2 & q_3 \end{pmatrix} = \begin{pmatrix} 3 & 2 & 1 \\ 6 & 5 & 4 \end{pmatrix}$$
应用滚动法又得到两个 E_i,即
$$E_4 = \{(3,5),(2,4),(1,6)\}$$
$$E_5 = \{(3,4),(2,6),(1,5)\}$$

定义 2 假定 $A = \{a_{ij}\}_{n \times n}$ 是定义在 S 上的任意一个 n 阶矩阵. 对任何 $t \in S$, 假定 $a_{i_1 j_1}, a_{i_2 j_2}, \cdots, a_{i_m j_m}$ 是 A 中全部的等于 t 的元素. 记
$$G_t = \{(i_1, j_1), (i_2, j_2), \cdots, (i_m, j_m)\}$$
称为数字(或元素) t 的地址集.

很明显, 每个 A 与它的 $2n-1$ 个地址集彼此唯一决定, 又地址集 G_t 是集合 $\{1, 2, \cdots, n\}$ 的所有二元排列集合的子集, G_t 彼此不相交, 且其并集即全部二元排列的总集.

引理 假定 A 及地址集 $G_t (1 \leqslant t \leqslant 2n-1)$ 如定义 2 中所述. 现令
$$I_t = \{i_1, i_2, \cdots, i_m\}$$
$$J_t = \{j_1, j_2, \cdots, j_m\}$$
则 A 为银矩阵的充分必要条件是对任何 t 同时满足以下三个条件:

ⅰ I_t, J_t 均由不同元素组成;

ⅱ $I_t \cup J_t = \{1, 2, \cdots, n\}$;

ⅲ 对任何 $1 \leqslant r, s \leqslant m, r \neq s$, 必有 $i_r \neq j_s$.

引理的证明 先证必要性. 若 A 是银矩阵, 则对任何 $t \in S$, 第 i 行或第 i 列 $(1 \leqslant i \leqslant n)$ 中必须有 t, 这就是条件 ⅱ. 第 i 行与第 i 列中总共只能有一个 t, 这就是条件 ⅰ 与条件 ⅲ.

再证充分性. 当条件 ⅱ 满足时, 表明或者 A 的第 i 行, 或者第 i 列必须有 t, 条件 ⅰ 表明当第 i 行有 t 时只能有一个 t, 当第 i 列有 t 时也只能有一个 t. 条件 ⅲ 表明, 当第 i 行和第 j 列同时有 t 时, 除非 $a_{ii} = t$. 因此, 当三个条件同时成立时, 恰好表明, 每个 $t \in S$ 在第 i 行与第 i 列 的并集中出现且仅出现一次, 这就是说, 这个并集即是 S, A 确实是银矩阵.

定理 2 对于任何奇数 $n(n > 1)$, 不存在 n 阶银矩阵, 对于任何偶数 $n = 2k$, 必存在 $2k$ 阶银矩阵.

定理 2 的证明 假定 A 是 n 阶银矩阵, A 的地址集如前设. 对任何 $t \in S$, 设在 I_t 与 J_t 中使 $i_l = j_l$ 的 l 共有 x_t 个, 则由于
$$I_t \cup J_t = \{1, 2, \cdots, n\}, I_t = \{i_1, i_2, \cdots, i_m\}, J_t = \{j_1, j_2, \cdots, j_m\}$$
就有
$$2m - x_t = n \qquad ①$$
又因 $\sum_{t=1}^{2n-1} x_t$ 等于主对角线上元素数等于 n, 知必有使 $x_t = 0$ 的 t, 从而由式 ① 推知 n 为偶数. 这就证明了不存在大于 1 的奇数阶银矩阵.

对任何 $n = 2k$, 我们来构造 $2k$ 阶的银矩阵. 为方便起见, 不妨设 $x_1 = n$(这不是必须的), 即主对角线上元素全是 1, 则对所有其余的 $t \neq 1$, 均有 $x_t = 0$, 从而由 ① 推出 $m = k$, 即对每个 $t \in S, t \neq 1, t$ 的地址集均由 k 个不同的二元排列所组成, 这些排列的并集恰好是 $\{1, 2, \cdots, n\}$, 这启示我们可用如下的构造方法.

对于 $n = 2k$, 假定 $\{E_1, E_2, \cdots, E_{n-1}\}$ 是 n 的一个银分解. 对于 $E_p (1 \leqslant p \leqslant n-1)$ 中每个二元组合 (i, j)(注意我们总假定 $i < j$), 将 i, j 对调写出一个二元排列 (j, i), 以 (j, i) 替代 (i, j) 所得到的集合记做 F_p, 则 $\{F_1, F_2, \cdots, F_{n-1}\}$ 也是 n 的银分解.

现在这样来构造一个 S 上的 n 阶矩阵 A. 令 1 的地址集
$$G_1 = \{(1,1),(2,2),\cdots,(n,n)\}$$
然后依次令 $2,3,\cdots,n$ 的地址集分别为 $E_1,E_2,\cdots,E_{n-1}$，即 $G_2 = E_1, G_3 = E_2,\cdots,G_n = E_{n-1}$；再依次令 $n+1,n+2,\cdots,2n-1$ 的地址集分别为 F_1, $F_2,\cdots,F_{n-1}$，即 $G_{n+1} = F_1, G_{n+2} = F_2,\cdots,G_{2n-1} = F_{n-1}$.

由于这些地址集显然满足引理中的条件 i, ii, iii，因此相应的 A 便是 n 阶银矩阵.

(2) 单墫发现此题与散步问题有意想不到的联系. $2k$ 个人，每天分成 k 对外出散步. 如果每人每天散步的伴侣都不相同，这样的散步至多可以持续多少天？

由于每个人至多有 $2k-1$ 个不同的伴侣，所以散步持续的天数小于等于 $2k-1$.

但证明等号一定成立，需要构造一个合乎题目要求的散步方案. 这种方案有实用价值：如果将 $2k$ 个人改为 $2k$ 个球队，两人一同散步改为两个队进行一场比赛，那么散步方案就成为一张比赛的日程表.

为了做出这个方案，先作一个圆，第一个人(1 号) 在圆心，其余的人：2, $3,\cdots,2k$ 号，顺次排在圆圈上，如图 38.6 所示.

第 1 天，1 与 2 结伴，其余的人两两结对，每一对在圆上的位置关于 1,2 的连线对称 (即 3 与 $2k$, 4 与 $2k-1,\cdots,k+1$ 与 $k+2$ 结伴).

第 2 天，1 与 3 结伴，其余的伴侣关于 1,3 的连线对称 (即 4 与 2, 5 与 $2k,\cdots,k+2$ 与 $k+3$ 结伴).

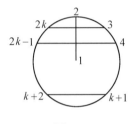

图 38.6

依此类推，半径的端点由 $2,3,\cdots$，一直变到 $2k$ 就产生了 $2k-1$ 天的散步方案. 例如 $k=3$, 用这个方法得出

第 1 天　(1,2),(3,6),(4,5)

第 2 天　(1,3),(4,2),(5,6)

第 3 天　(1,4),(5,3),(2,6)

第 4 天　(1,5),(4,6),(2,3)

第 5 天　(1,6),(5,2),(3,4)

这个问题与图论有关. 它表明 $2k$ 个顶点的完全图的色指数是 $2k-1$.

设 $n = 2k$, 先在 n 阶矩阵的主对角线上写 n 个 $2k$. 再按下面的方法写主对角线的上方：在散步问题中，$2k$ 个人可以结成伴侣，按照要求持续 $2k-1$ 天. 第 t 天($1 \leqslant t \leqslant 2k-1$) 的 k 个对中如果有 $(i,j)(i<j)$，就在第 i 行第 j 列处写上 t, 下面以 $n=6$ 为例说明这一做法，即

$$\begin{bmatrix} 6 & 1 & 2 & 3 & 4 & 5 \\ 7 & 6 & 4 & 2 & 5 & 3 \\ 8 & 10 & 6 & 5 & 3 & 1 \\ 9 & 8 & 11 & 6 & 1 & 4 \\ 10 & 11 & 9 & 7 & 6 & 2 \\ 11 & 9 & 7 & 10 & 8 & 6 \end{bmatrix}$$

(读者可与前面的散步问题对照). 最后，在主对角线下方，第 j 行第 i 列 ($j > i$) 处写 $t+n$, 即将上方关于主对角线对称的地方 (第 i 行第 j 列) 写的数 t 加上 n.

因为在散步问题中,第 $t(1 \leqslant t \leqslant 2k-1)$ 天,第 i 个人恰出现一次,所以在上面构造的矩阵中,第 i 行与第 i 列中只有一个 $t(1 \leqslant t \leqslant 2k-1)$,从而也只有一个 $t+n$. 又显然第 i 行与第 i 列中只有一个 n,所以第 i 行与第 i 列的元素组成的集等于 $S(1 \leqslant i \leqslant n)$. 即上面构造的矩阵是银矩阵.

❺ 求所有的整数对 (a,b),其中 $a \geqslant 1, b \geqslant 1$,且满足等式 $a^{b^2} = b^a$. 　　捷克命题

解法 1　显然当 a,b 中有一个等于 1 时,$(a,b)=(1,1)$. 下设 $a,b \geqslant 2$.

设 $t = \dfrac{b^2}{a}$,则由题中等式得 $b = a^t, at = a^{2t}$,从而 $t = a^{2t-1}$,因此 $t > 0$. 如果 $2t - 1 \geqslant 1$,则
$$t = a^{2t-1} \geqslant (1+1)^{2t-1} \geqslant 1 + (2t-1) = 2t > t$$
矛盾. 所以 $2t - 1 < 1$. 于是,有 $0 < t < 1$.

记 $k = \dfrac{1}{t}$,则 $k = \dfrac{a}{b^2} > 1$ 为有理数. 由 $a = b^k$ 可知
$$k = b^{k-2} \qquad\qquad ①$$

如果 $k \leqslant 2$,则 $k = b^{k-2} \leqslant 1$,与前面所证 $k > 1$ 矛盾,因此 $k > 2$. 设 $k = \dfrac{p}{q}, p, q \in \mathbf{N}, (p, q) = 1$,则 $p > 2q$. 于是,由式 ① 可得
$$\left(\dfrac{p}{q}\right)^q = k^q = b^{p-2q} \in \mathbf{Z}$$
这意味着 $q^q \mid p^q$. 但 p, q 互素,故 $q = 1$,即 k 为一个大于 2 的自然数.

当 $b = 2$ 时,由式 ① 得 $k = 2^{k-2}$,所以 $k \geqslant 4$. 又因
$$k = 2^{k-2} \geqslant C_{k-2}^0 + C_{k-2}^1 + C_{k-2}^2 =$$
$$1 + (k-2) + \dfrac{(k-2)(k-3)}{2} =$$
$$1 + \dfrac{(k-1)(k-2)}{2} \geqslant 1 + (k-1) = k$$
等号当且仅当 $k = 4$ 时成立,所以
$$a = b^k = 2^4 = 16$$

当 $b \geqslant 3$ 时
$$k = b^{k-2} \geqslant (1+2)^{k-2} \geqslant 1 + 2(k-2) = 2k - 3$$
从而,$k \leqslant 3$. 这意味着 $k = 3$. 于是
$$b = 3, a = b^k = 3^3 = 27$$

综上所述,满足题目等式的所有正整数对为
$$(a, b) = (1, 1), (16, 2), (27, 3)$$

解法 2 显然 $(1,1)$ 是一组解, 且 a 与 b 之一等于 1 时, 另一个也必等于 1. 下设 a 与 b 都大于 1.

记 a 与 b^2 的最大公因子
$$(a,b^2)=d, a=md, b^2=nd, (m,n)=1$$
代入原方程并开 d 次方得到
$$a^n=b^m$$
由算术基本定理, a 与 b 有相同的素因子, 设为 $p_1, p_2, \cdots, p_k$, 且 $a=p_1^{\alpha_1}\cdots p_k^{\alpha_k}, b=p_1^{\beta_1}\cdots p_k^{\beta_k}$. 代入比较 p_i 的次数得到
$$n\alpha_i = m\beta_i, 1 \leqslant i \leqslant k$$
因为 $(n,m)=1$, 所以 $n \mid \beta_i$, 即 b 的每个素因子的次数都是 n 的倍数, 故有正整数 x 使 $b=x^n$. 再由 $a^n=b^m=x^{mn}$ 有 $a=x^m$, 所以
$$d=(a,b^2)=(x^m, x^{2n})=x^{\min\{m,2n\}}$$
有以下两种可能.

ⅰ $m \leqslant 2n$. 此时 $d=x^m=a$, 所以
$$m=1, b=a^n \cdot a^{a^n} = a^{na}, n=a^{2n-1}$$
但 $a \geqslant 2$ 时, 对 $n \geqslant 1$ 归纳可证 $a^{2n-1}>n$, 故此种情形下无解.

ⅱ $m>2n$. 此时 $d=x^{2n}=b^2$, 所以
$$n=1, a=b^m, m \geqslant 3$$
由 $b^{mb^2}=b^{b^m}$ 得到 $m=b^{m-2}$.

取 $m=3$ 得 $b=3, a=3^3=27$;

取 $m=4$ 得 $b=2, a=2^4=16$;

而对 $m \geqslant 5$ 归纳可证 $b^{m-2}>m$. 即 $m \geqslant 5$ 时无解.

因此本题共有三组解: $(1,1), (16,2), (27,3)$.

---

❻ 对于每个正整数 n, 将 n 表示成 2 的非负整数次方的和. 令 $f(n)$ 为正整数 n 的不同表示法的个数.

如果两个表示法的差别仅在于它们中各个数相加的次序不同, 则这两个表示法就被视为是相同的. 例如, $f(4)=4$, 因为 4 恰有下列四种表示法, 即
$$4, 2+2, 2+1+1, 1+1+1+1$$
证明: 对于任意整数 $n \geqslant 3$ 有
$$2^{\frac{n^2}{4}} < f(2^n) < 2^{\frac{n^2}{2}}$$

立陶宛命题

证明 对于任意一个大于 1 的奇数 $n=2k+1$, n 的任一表示中必包含一个 1. 去掉这个 1 就得到 $2k$ 的一个表示. 反之, 给 $2k$ 的任一表示加上一个 1 就得到 $2k+1$ 的一个表示. 这显然是 $2k+1$ 和 $2k$ 的表示之间的一个一一对应. 从而有如下递归式, 即
$$f(2k+1)=f(2k) \quad\quad ①$$
进一步地, 对于任意正偶数 $n=2k$, 其表示可以分为两类: 包

含若干个 1 的和不包含 1 的. 对于前者, 去掉 1 个 1 就得到 $2k-1$ 的一个表示; 对于后者, 将每一项除以 2, 就得到 k 的一个表示. 这两种变换都是可逆的, 从而都是一一对应的, 于是得到第二个递归式

$$f(2k) = f(2k-1) + f(k) \qquad ②$$

式 ①, ② 对于任意 $k \geqslant 1$ 都成立. 显然 $f(1)=1$. 定义 $f(0)=1$, 则式 ① 对于 $k=0$ 也成立. 根据式 ①, ②, 函数 f 是不减的.

由式 ①, 可以将式 ② 中的 $f(2k-1)$ 换成 $f(2k-2)$, 得

$$f(2k) - f(2k-2) = f(k), k=1,2,3,\cdots$$

给定任一正整数 $n \geqslant 1$, 将上式对 $k=1,2,\cdots,n$ 求和, 得

$$f(2n) = f(0) + f(1) + \cdots + f(n), n=1,2,3,\cdots \qquad ③$$

下面先证明上界.

在式 ③ 中, 右端所有的项都不大于最后一项. 对于 $n \geqslant 2$, $2 = f(2) \leqslant f(n)$. 于是, 有

$$f(2n) = 2 + (f(2) + \cdots + f(n)) \leqslant 2 + (n-1)f(n) \leqslant$$
$$f(n) + (n-1)f(n) = nf(n), n=2,3,4,\cdots$$

进而得到

$$f(2^n) \leqslant 2^{n-1} f(2^{n-1}) \leqslant 2^{n-1} \cdot 2^{n-2} f(2^{n-1}) \leqslant$$
$$2^{n-1} \cdot 2^{n-2} \cdot 2^{n-3} f(2^{n-3}) \leqslant \cdots \leqslant$$
$$2^{(n-1)+(n-2)+\cdots+1} f(2) = 2^{\frac{n(n-1)}{2}} \cdot 2$$

因为当 $n \geqslant 3$ 时, 有 $2^{\frac{n(n-1)}{2}} \cdot 2 < 2^{\frac{n^2}{2}}$, 上界得证.

为了证明下界, 我们先证明对于具有相同奇偶性的正整数 $b \geqslant a \geqslant 0$, 有

$$f(b+1) - f(b) \geqslant f(a+1) - f(a) \qquad ④$$

事实上, 如果 a,b 同为偶数, 则由式 ① 知上式两端均等于 0, 而当 a,b 同为奇数时, 由式 ② 知

$$f(b+1) - f(b) = f\left(\frac{b+1}{2}\right)$$

$$f(a+1) - f(a) = f\left(\frac{a+1}{2}\right)$$

由函数 f 是不减的即得不等式 ④ 成立.

任取正整数 $r \geqslant k \geqslant 1$, 其中 x 为偶数, 在式 ④ 中依次令 $a = r-j, b=r+j, j=0,1,\cdots,k-1$. 然后将这些不等式加起来, 得

$$f(r+k) - f(r) \geqslant f(r+1) - f(r-k+1)$$

因为 r 是偶数, 所以

$$f(r+1) = f(r)$$

从而 $f(r+k) + f(r-k+1) \geqslant 2f(r), k=1,2,\cdots,r$.

对于 $k=1,2,\cdots,r$, 将上述不等式相加, 即得

$$f(1) + f(2) + \cdots + f(2r) \geqslant 2rf(r)$$

根据式③,上式左端等于 $f(4r)-1$,从而对于任意偶数 $r \geqslant 2$ 有
$$f(4r) \geqslant 2rf(r)+1 \geqslant 2rf(r)$$

取 $r=2^{m-2}$ 即得
$$f(2^m) \geqslant 2^{m-1} f(2^{m-2}) \qquad ⑤$$

要使 $r=2^{m-2}$ 为偶数,m 须为大于 2 的整数,但是式 ⑤ 对于 $m=2$ 也成立.

令 n 为大于 1 的整数.如果 l 是一个满足 $2l \leqslant n$ 的整数,则对 $m=n, n-1, \cdots, n-2l+2$ 应用不等式 ⑤,得
$$f(2^n) > 2^{n-1} f(2^{n-2}) > 2^{n-1} \cdot 2^{n-3} f(2^{n-4}) >$$
$$2^{n-1} \cdot 2^{n-3} \cdot 2^{n-5} f(2^{n-6}) > \cdots >$$
$$2^{(n-1)+(n-3)+\cdots+(n-2l+1)} f(2^{n-2l}) =$$
$$2^{l(n-l)} f(2^{n-2l})$$

如果 n 是偶数,取 $l=\dfrac{n}{2}$;如果 n 是奇数,取 $l=\dfrac{n-1}{2}$.于是,当 n 为偶数时
$$f(2^n) > 2^{\frac{n^2}{4}} f(2^0) = 2^{\frac{n^2}{4}}$$

当 n 为奇数时
$$f(2^n) > 2^{\frac{n^2-1}{4}} f(2^1) = 2^{\frac{n^2-1}{4}} \cdot 2 > 2^{\frac{n^2}{4}}$$

因此,对于 $n \geqslant 2$ 下界成立.

第38届国际数学奥林匹克英文原题

The thirty-eighth International Mathematical Olympiads was held from July 18th to July 31st 1997 in the city Mar del Plata, Argentina.

❶ In the plane the points with integer coordinates are the vertices of unit squares. The squares are coloured alternately black and white (as on a chessboard). For any pair of positive integers m and n, consider a right-angled triangle whose vertices have integer coordinates and whose legs, of lengths m and n, lie along edges of the squares.

Let S_1 be the total area of the black part of the triangle and S_2 be the total area of the white part. Let $f(m,n) = |S_1 - S_2|$.

(1) Calculate $f(m,n)$ for all positive integers m and n which are either both even or both odd.

(2) Prove that $f(m,n) \leqslant \frac{1}{2}\max\{m,n\}$ for all m and n.

(3) Show that there is no constant C such that $f(m,n) < C$ for all m and n.

(Belarus)

❷ Angle A is the smallest in the triangle ABC. The points B and C divide the circumcircle of the triangle into two arcs. Let U be an interior point of the arc between B and C which does not contain A. The perpendicular bisectors of AB and AC meet the line AU at V and W, respectively. The lines BV and CW meet at T.

Show that $AU = TB + TC$.

(United Kingdom)

❸ Let $x_1, x_2, \cdots, x_n$ be real numbers satisfying the conditions

$$|x_1 + x_2 + \cdots + x_n| = 1$$

(Russia)

and
$$|x_i| \leqslant \frac{n+1}{2} \text{ for } i=1,2,\cdots,n$$

Show that there exists a permutation $y_1, y_2, \cdots, y_n$ of $x_1, x_2, \cdots, x_n$ such that
$$|y_1 + 2y_2 + \cdots + ny_n| \leqslant \frac{n+1}{2}$$

(Iran)

4 An $n \times n$ matrix (square array) whose entries come from the set $S=\{1,2,\cdots,2n-1\}$ is called a silver matrix if for each $i=1,\cdots,n$, the ith row and the ith column together contain all elements of S. Show that:

(1) there is no silver matrix for $n=1\ 997$;

(2) silver matrices exist for infinitely many values of n.

(Czech Republic)

5 Find all pairs (a,b) of integers $a \geqslant 1, b \geqslant 1$ that satisfy the equation
$$a^{b^2} = b^a$$

(Lithuania)

6 For each positive integer n, let $f(n)$ denote the number of ways of representing n as a sum of powers of 2 with non-negative integer exponents.

Representations which differ only in the ordering of their summands are considered to be the same. For instance, $f(4)=4$ because the number 4 can be represent in the following four ways: $4; 2+2; 2+1+1; 1+1+1+1$.

Prove that, for any integer $n \geqslant 3$
$$2^{\frac{n^2}{4}} < f(2^n) < 2^{\frac{n^2}{2}}$$

第38届国际数学奥林匹克各国成绩表

1997,阿根廷

名次	国家或地区	分数（满分252）	奖牌 金牌	银牌	铜牌	参赛队人数
1.	中国	223	6	—	—	6
2.	匈牙利	219	4	2	—	6
3.	伊朗	217	4	2	—	6
4.	俄罗斯	202	3	2	1	6
4.	美国	202	2	4	—	6
6.	乌克兰	195	3	3	—	6
7.	保加利亚	191	2	3	1	6
7.	罗马尼亚	191	2	3	1	6
9.	澳大利亚	187	2	3	1	6
10.	越南	183	1	5	—	6
11.	韩国	164	1	4	1	6
12.	日本	163	1	3	1	6
13.	德国	161	1	3	2	6
14.	中国台湾	148	—	4	2	6
15.	印度	146	—	3	3	6
16.	英国	144	1	2	2	6
17.	白俄罗斯	140	—	2	4	6
18.	捷克	139	1	2	2	6
19.	瑞典	128	1	—	3	6
20.	波兰	125	—	2	2	6
20.	南斯拉夫	125	—	2	3	6
22.	以色列	124	—	1	5	6
22.	拉脱维亚	124	—	1	4	6
24.	克罗地亚	122	—	1	4	6
25.	土耳其	119	—	1	4	6
26.	巴西	117	—	1	4	6
27.	哥伦比亚	112	—	—	6	6
28.	格鲁吉亚	109	—	1	3	6
29.	加拿大	107	—	2	2	6
30.	中国香港	106	—	—	5	6

续表

名次	国家或地区	分数（满分252）	金牌	银牌	铜牌	参赛队人数
30.	蒙古	106	1	—	3	6
32.	法国	105	1	—	1	6
32.	墨西哥	105	—	1	3	6
34.	亚美尼亚	97	—	—	3	6
34.	芬兰	97	—	—	4	6
36.	斯洛伐克	96	—	1	2	6
37.	阿根廷	94	—	—	3	6
37.	荷兰	94	—	2	—	6
39.	南非	93	1	—	2	6
40.	古巴	91	—	1	2	6
41.	比利时	88	—	—	3	6
41.	新加坡	88	—	—	4	6
43.	奥地利	86	1	—	1	6
44.	挪威	79	—	—	3	6
45.	希腊	75	—	1	—	6
46.	哈萨克斯坦	73	—	—	1	6
46.	马其顿	73	—	—	3	6
48.	意大利	71	—	—	1	6
48.	新西兰	71	—	—	2	6
50.	斯洛文尼亚	70	—	—	2	6
51.	立陶宛	67	—	1	1	6
52.	泰国	66	—	—	1	6
53.	爱沙尼亚	64	—	—	2	6
53.	秘鲁	64	—	—	2	6
55.	阿塞拜疆	56	—	—	1	6
56.	中国澳门	55	—	—	—	6
57.	丹麦	53	—	—	1	6
57.	摩尔多瓦	53	—	—	2	6
57.	瑞士	53	—	—	2	6
60.	冰岛	48	—	1	—	6
60.	摩洛哥	48	—	—	—	6
62.	波斯尼亚－黑塞哥维那	45	—	—	1	5
63.	印尼	44	—	—	—	6
64.	西班牙	39	—	—	—	6
65.	特立尼达－多巴哥	30	—	—	—	6
66.	智利	28	—	—	—	6
67.	包兹别克斯坦	23	—	—	—	3
68.	爱尔兰	21	—	—	—	6
69.	马来西亚	19	—	—	—	6
69.	乌拉圭	19	—	—	—	6
71.	阿尔巴尼亚	15	—	—	—	3

续表

名次	国家或地区	分数（满分252）	金牌	银牌	铜牌	参赛队人数
71.	葡萄牙	15	—	—	—	5
73.	菲律宾	14	—	—	—	2
74.	玻利维亚	13	—	—	—	3
75.	吉尔吉斯斯坦	11	—	—	—	3
76.	科威特	8	—	—	—	4
76.	巴拉圭	8	—	—	—	6
76.	波多黎各	8	—	—	—	6
79.	危地马拉	7	—	—	—	6
80.	塞浦路斯	5	—	—	—	3
81.	委内瑞拉	4	—	—	—	3
82.	阿尔及利亚	3	—	—	—	4

第 38 届国际数学奥林匹克预选题

❶ 在坐标平面上,具有整数坐标的点构成单位边长的正方格的顶点,这些正方格被涂上黑白相间的两种颜色(像国际象棋棋盘那样).

对于任意一对正整数 m 和 n,考虑一个直角三角形,它的顶点具有整数坐标,两条直角边的长度分别为 m 和 n,且两条直角边都在这些正方格的边上.

令 S_1 为这个三角形区域中所有黑色部分的总面积,S_2 则为所有白色部分的总面积.令 $f(m,n)=|S_1-S_2|$.

(1) 当 m 和 n 同为正偶数或同为正奇数时,计算 $f(m,n)$ 的值;

(2) 证明:$f(m,n) \leqslant \dfrac{1}{2}\max\{m,n\}$ 对所有的 m 和 n 都成立;

(3) 证明:不存在常数 c,使得对所有的 m 和 n,不等式 $f(m,n)<c$ 都成立.

注 本题为第 38 届国际数学奥林匹克竞赛题第 1 题.

❷ 设 $R_1,R_2,\cdots$ 是由下列规则定义的正整数有限序列族
$$R_1=(1)$$
如果 $R_{n-1}=(x_1,\cdots,x_s)$,则
$$R_n=(1,2,\cdots,x_1,1,2,\cdots,x_2,\cdots,1,2,\cdots,x_s,n)$$
例如:$R_2=(1,2),R_3=(1,1,2,3),R_4=(1,1,1,2,1,2,3,4)$.

证明:如果 $n>1$,则 R_n 中左起第 k 项等于 1,当且仅当 R_n 中右起第 k 项与 1 不同.

证明 对于序列 $w=(x_1,\cdots,x_m)$,定义它的"展开式"
$$\overline{w}=(1,2,\cdots,x_1,1,2,\cdots,x_2,\cdots,1,2,\cdots,x_m)$$
对于任何两个序列 $u=(x_1,\cdots,x_m)$ 和 $v=(y_1,\cdots,y_k)$ 定义它们的

并列
$$uv = (x_1, \cdots, x_m, y_1, \cdots, y_k)$$
现在定义序列族 $R_1, \cdots, R_n, \cdots$ 的递归公式为
$$R_n = \overline{R_{n-1}}(n)$$
注意,展开式的运算满足下面十分重要的性质:

对所有的序列 u 和 v, $\overline{uv} = \overline{u}\,\overline{v}$.

关键是观察序列族和前面定义的关于序列的运算与下面伪帕斯卡三角形有密切关系. 在这个三角形中,用序列代替数字,用并列运算代替加法,我们发现第 i 行最右位置的整数 i 代替了在经典帕斯卡三角形情形中的 1. 而在其他方面的规则是相同的:在每一行第一个和最后一个序列是已知的,且在这个表中其他每个序列由前一行两个相邻的序列并列产生(图 38.7).

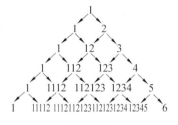

图 38.7

我们要证明序列 R_n 可以用这个伪帕斯卡三角形第 n 行所有序列并列得到,于是就可以回答关于序列族 $R_1, \cdots, R_n, \cdots$ 包括本问题在内的许多问题.

首先,注意到此表中所有指向左下方的箭头表示序列到这个序列的展开式,即如果

$$\begin{array}{c} u \\ \swarrow \\ w \end{array}$$

则 $w = \overline{v}$. 我们将对 w 出现的那一行用数学归纳法证明这一点.

前两行易知成立. 当 v 是第 n 行的第一或是最后一序列时,这也是正确的. 现假设 v 既不是第 n 行的第一个,也不是最后一个序列,那么, $w = uv$,根据归纳假设 $u = \overline{p}, v = \overline{q}$,如图 38.8. 于是, $w = uv = \overline{p}\,\overline{q} = \overline{pq} = \overline{v}$,所以结论成立. 显然,现在这个伪帕斯卡三角形的第 n 行从第 $(n-1)$ 行得到与在序列族 $R_1, \cdots, R_n, \cdots$ 的定义中的递归法则完全一致. 因为第一行与 R_1 一致,显然这个伪帕斯卡三角形的第 n 行完全代表了 R_n.

图 38.8

伪帕斯卡三角形中序列长度(即数字的个数)是通常二项式系数 C_n^m,因为 $C_n^m = C_n^{n-m}$. 如只考虑序列的长度而不考虑它们的数字,则这个三角形的每一行是对称的. 现假定有 R_n 中两个对称位置,即第 k 个位置和第 $(n-k)$ 个位置上的数分别为 a 和 b,它们应属于伪帕斯卡三角形第 n 行对称地安排的序列,分别设为第 m 序列 u 和第 $(n-m)$ 序列 v(可能碰巧 $u=v$). 我们知道 u 和 v 具有相等的长度,而且如果 a 占据 u 中左起第 l 个位置,则 b 占据 v 中右起第 l 个位置. 设 u 由 p 和 q 并列得到, v 由 r 和 s 并列得到(图 38.9),由于对称的位置, a 和 b 或者来自 p 和 s 或者来自 q 和 r,且在这两种情形中显然 a 和 b 在 R_{n-1} 中也占据对称的位置.

图 38.9

下面证明主要结论. 对 $n = 2$,结论是显然的. 假定直到序列

R_{n-1} 结论成立,考虑 R_n 并选择占据对称位置的任一对数字. 对于 R_n 中由第一个和最后一个数字组成的那对数字,结论也是显然的. 对于其他这样的每一对,比如 c 和 d,我们已经证明这些数字可以在 R_{n-1} 中的对称位置上找到,因此,$d \neq 1$,当且仅当 $c = 1$ 时结论正确.

注: 这个序列具有许多有趣的性质,其中有一些,评判委员会可以考虑作为问题附加的简易部分包括在本题中. 例如:

设 $R_1, R_2, \cdots,$ 是由下列规则定义的正整数有限序列族
$$R_1 = (1)$$
如果 $R_{n-1} = (x_1, \cdots, x_s)$,则
$$R_n = (1, 2, \cdots, x_1, 1, 2, \cdots, x_2, \cdots, 1, 2, \cdots, x_s, n)$$
例如: $R_2 = (1, 2)$,$R_3 = (1, 1, 2, 3)$,$R_4 = (1, 1, 1, 2, 1, 2, 3, 4)$;

(1) 求 R_n 中所有数字的和;

(2) 证明: 如果 $n > 1$,则 R_n 中左起第 k 项等于,当且仅当 R_n 中右起第 k 项与 1 不同.

解 (1) 用伪帕斯卡三角形的知识,看出(1)中是 $2^n - 1$ 的最容易的方法如下: 写出伪帕斯卡三角形,在序列中,用数字之和代替序列本身,则其被表示为如图 38.10.

通过添加一串 1(图上所示),其可被扩展为通常的帕斯卡三角形,从而得到结果.

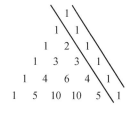

图 38.10

有许多其他方法证明这一点. 例如,易用数学归纳法指出并证明 R_n 含有 2^{n-1} 个数字 1(正好一半),2^{n-2} 个数字 2,等等. 最后,R_n 中恰含有一个 $(n-1)$ 和 1 个 n. 易算出所有数字的和.

❸ 对平面中每个非零向量有限集 U,定义 $l(U)$ 为 U 中所有向量的和与向量的长度. 已知平面中一个非零向量有限集 V,如果对于 V 的每个非空子集 A,$l(B)$ 大于或等于 $l(A)$,则 V 的子集 B 被说成是最大的.

(1) 构造 4 和 5 个向量的集合,分别有 8 和 10 个最大子集;

(2) 证明: 对于任何由 $n \geq 1$ 个向量组成的集合 V,最大子集的数目小于或等于 $2n$.

解 (1) 对 $n = 4$,考虑四边形 $ABCD$,且 $AB = BC = CA = DB$,$AD = DC$. 如图 38.11 所示,取向量 $\overrightarrow{AB}, \overrightarrow{BC}, \overrightarrow{CD}, \overrightarrow{DA}$.

对 $n = 5$,以正五边形的五个正指向边表示向量作为例子.

所以,对 $n = 4$ 和 $n = 5$ 两种情形,证明是直接的.

(2) 分两步证明.

第一步:我们注意如果两个非零向量 u 和 v 的夹角是锐角,或这两向量垂直,则
$$|u+v| > \max(|u|,|v|)$$
式中 $|w|$ 表示 w 的长度.这是根据"如果三角形有一个钝角或一个直角,则它的最长边是这个角的对边"得到的.

选择一点 O,并从 O 出发画出 v 的向量.过 O 且不包含 v 的任何向量的一任意直线确定 v 向量的两个子集,每一个完全位于半平面之一.当然,并非所有子集以这种方式出现,但我们将证明所有最大子集是这样给出的.

实际上,设 $u_1,\cdots,u_k$ 为最大子集,且
$$u = u_1 + u_2 + \cdots + u_k$$
我们认为直线 l 通过 O 且垂直于 u.

首先注意 v 的向量没有位于 l 上的.若这样的向量存在,我们的子集就不是最大的,因子集中任一这样向量的移动增加了剩余向量的和.用 H 表示 u 所在的半平面,位于 H 上的 v 的所有向量属于最大子集.因为它们与 u 构成锐角,如果不属于该子集,包括它们就会增加 u 的长度.

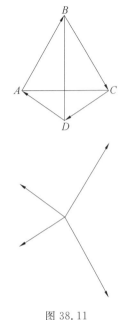

图 38.11

另一方面,位于相对(反)半平面的 v 的单个向量一个也不属于那个子集,因为从该子集移开它会对包含位于 H 的相对向量有影响.于是这个最大子集由 l 决定.显然不多于 $2n$ 个子集由这样的直线确定.

第二步,在平面上选一个点 O 和源于 O 的一条射线 r,为角选定一个方向,并设 $r(\varphi)$ 为射线 r 绕 O 转动角 φ 所获得的射线.又设 $\text{proj}_{e(\varphi)}$ 是向量 v 到单位向量 $e(\varphi)$ 上的射影,$e(\varphi)$ 位于 $r(\varphi)$ 的正方向上.

对于一个给定的向量 v,定义函数
$$v(\varphi) = \begin{cases} |\text{proj}l_{e(\varphi)}(v)|, & \text{当} \angle(e(\varphi),v) \text{为锐角时} \\ 0, & \text{其他情形下} \end{cases}$$

换言之,当 $e(\varphi)$ 在单位圆半圆内使得 v 与 $e(\varphi)$ 间的夹角为钝角时,函数 $v(\varphi)$ 等于零.当 $e(\varphi)$ 在相反的半圆上 v 和 $e(\varphi)$ 之间夹角为锐角时,函数 $v(\varphi)$ 为正,后者被称为对应于 v 的半圆.设 v 和 $e(0)$ 构成的角为 α,则
$$v(\varphi) = \begin{cases} |v|\cos(\alpha-\varphi), & \text{当} -\frac{\pi}{2} \leqslant \alpha-\varphi \leqslant \frac{\pi}{2} \text{时} \\ 0, & \text{其他情形下} \end{cases}$$

给定一向量集 $V = \{v_1,\cdots,v_n\}$,由
$$V(\varphi) = v_1(\varphi) + v_2(\varphi) + \cdots + v_n(\varphi)$$
定义函数 $V(\varphi)$.显然该函数的全局极大值对应 V 的最大子集.也就是说,$V(\varphi_0)$ 是一个全局极大值,当且仅当使得 $v_i(\varphi_0) \neq 0$ 的所

有 v_i 是一个最大子集. 对应于向量 $v_1, v_2, \cdots, v_n$ 的半圆的 $2n$ 个端点把单位圆分为至多 $2n$ 个不相交的弧 $K_1, K_2, \cdots, K_n$. 在每段弧上,函数 $V(\varphi_0)$ 或者是零,或者是对某些 $a \neq 0$ 和 β,有
$$V(\varphi) = |u_1| \cos(\alpha_1 - \varphi) + \cdots + |u_k| \cos(\alpha_k - \varphi) = a\cos(\beta - \varphi)$$

因该函数只取非负值,且余弦函数在 $\left[-\dfrac{\pi}{2}, \dfrac{\pi}{2}\right]$ 凹向上,每一弧段不能有多于一个这个函数的全局极大值. 因此,函数 $v(\varphi)$ 没有多于 $2n$ 个全局极大值. 从而,最大子集的个数最多有 $2n$ 个.

❹ 一个 $n \times n$ 的矩阵(正方阵)称为 n 阶"银矩阵",如果它的元素取自集合
$$S = \{1, 2, \cdots, 2n-1\}$$
且对于每个 $i = 1, 2, \cdots, n$,它的第 i 行和第 i 列中的所有元素合起来恰好是 S 中的所有元素. 证明:
(1) 不存在 $n = 1\,997$ 阶的银矩阵;
(2) 有无限多个 n 的值,存在 n 阶银矩阵.

注 本题解参见第 38 届国际数学奥林匹克竞赛题第 4 题.

❺ 设 $ABCD$ 是正四面体,且 M, N 分别是平面 ABC, ADC 上的不同点. 证明:线段 MN, BN, MD 是一个三角形的三边.

证明 从证明下面的引理开始.

引理 设 $\triangle BDE$ 是等腰三角形,且边 $BD = l, BE = DE = \dfrac{1}{2}\sqrt{3}\,l$,$M_1, N_1$ 分别是线段 BE, DE 上的不同点,则 M_1N_1, BN_1, M_1D 是一个三角形的三边.

引理的证明 我们考察顶点为 E 且以等边 $\triangle BDQ$ 为底的正棱锥侧面上的 $\triangle BDE$.

这个多面体关于通过 BE 和 QD 中点的平面 π 对称. 因 $QD \perp \pi$,则 $QM_1 = DM_1$. 同理,$QN_1 = BN_1$,且 $\triangle QM_1N_1$ 是所求的三角形(图 38.12). 引理得证.

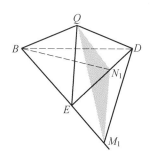

图 38.12

为证明问题的结论,我们用 E 表示四面体 $ABCD$ 的边 AC 的中点,则
$$BE \perp AC, DE \perp AC$$

因此,过 B, D, E 的平面 α 与 AC 垂直. 平面 ABC,平面 ACD 与平面 α 垂直,因为它们含有 AC. 所以,点 M 和 N 到 α 上的射影 M_1 和 N_1 分别是 BE 和 DE 上的点(图 38.13).

如果 $M_1 = N_1$,因为 $BM = DM$,则 $\triangle BMN$ 即为所求的三角形.

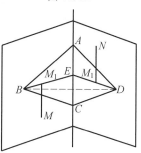

图 38.13

假设 $M_1 \neq N_1$,根据引理可以在平面 α 上选择点 P 使得
$$PM_1 = DM_1$$
$$PN_1 = BN_1$$
但 MM_1 和 NN_1 与平面 α 垂直,由此得
$$PM = \sqrt{PM_1^2 + MM_1^2} = \sqrt{DM_1^2 + MM_1^2} = DM$$
同样地
$$PN = BN$$
因此,$\triangle PMN$ 是所求的三角形.

❻ (1) 设 n 是一个正整数. 证明:存在不同的正整数 x, y, z,使得 $x^{n-1} + y^n = z^{n+1}$.

(2) 设 a, b, c 是正整数,且 a 与 b 互素,c 或与 a 或与 b 互素. 证明:存在无限多个不同正整数 x, y, z 的三元数组,使得 $x^a + y^b = z^c$.

证明 (1) 例如 $x = 2^{n^2} \cdot 3^{n+1}, y = 2^{(n-1)n} \cdot 3^n, z = 2^{n^2-2n+2} \cdot 3^{n-1}$. 这个解的想法很简单:$1 + 3 = 2^2$.

(2) 设 $P(P \geqslant 3)$ 是正整数,则 $Q = P^c - 1 > 1$. 我们寻求如下形式的解
$$x = Q^m, y = Q^n, z = PQ^k$$
因为 $x^a + y^b = Q^{ma} + Q^{nb}, z^c = P^c Q^{kc} = Q^{kc+1} + Q^{kc}$,则当下面两方程组中的一组有解时,可求得 $x^a + y^b = z^c$ 的一组解
$$\begin{cases} ma = kc + 1 \\ nb = kc \end{cases}, \begin{cases} nb = kc + 1 \\ ma = kc \end{cases}$$

条件意味着,或者 $\gcd(a, bc) = 1$ 或者 $\gcd(b, ac) = 1$. 假设 $\gcd(a, bc) = 1$,我们证明第一个方程组有解. 令 $k = bt, n = ct$ 满足第二个方程,将其第一式代入该方程组的第一个方程,得 $ma = tbc + 1$. 因 $\gcd(a, bc) = 1$,则正整数 m 和 t 可求得,这意味着该方程组有解. 因 $\gcd(kc, kc + 1) = 1$,显然 $m \neq n$,因此,$x \neq y$. 数 z 与 x 和 y 不同,因为它与它们互素.

因为 P 可以是任意的,所以我们得到无限多组解.

注:这个问题用下面的形式提供.

设 a, b, c, n 是正整数,n 是奇数,ac 与 $2b$ 互素. 证明:存在不同的正整数 x, y, z,使得:

(i) $x^a + y^b = z^c$;

(ii) xyz 与 n 互素.

作者提供的证明基本相同. 为了得到一个解使得 $\gcd(xyz, n) = 1$,取数 P 为 $n - 1$,然后证明 $Q = P^c - 1$ 与 n 互素,但需 c 为

奇数. 条件 $(ac, 2b) = 1$ 就是这样出现的. 作为表达的一种变化, 作者还推荐研究方程式
$$x^{1996} + y^{1997} = z^{1998}$$

❼ 设 $ABCDEF$ 是凸六边形, 且 $AB = BC, CD = DE, EF = FA$. 证明
$$\frac{BC}{BE} + \frac{DE}{DA} + \frac{FA}{FC} \geqslant \frac{3}{2}$$
并指出等式在什么条件下成立.

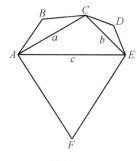

图 38.14

证明 如图 38.14 所示, 记 $AC = a, CE = b, AE = c$. 对四边形 $ACEF$ 运用托勒密 (Ptolemy) 不等式, 得
$$AC \cdot EF + CE \cdot AF \geqslant AE \cdot CF$$
因为 $EF = AF$, 这意味着 $\dfrac{FA}{FC} \geqslant \dfrac{c}{a+b}$.

同样地, 有 $\dfrac{DE}{DA} \geqslant \dfrac{b}{c+a}, \dfrac{BC}{BE} \geqslant \dfrac{a}{b+c}$. 所以
$$\frac{BC}{BE} + \frac{DE}{DA} + \frac{FA}{FC} \geqslant \frac{a}{b+c} + \frac{b}{c+a} + \frac{c}{a+b} \geqslant$$
$$\frac{3}{2} (利用熟知的不等式) \quad ①$$

要等式成立, 必须 ① 是一个等式, 即每次应用 Ptolemy 不等式时也要等式成立. 从而 $ACEF, ABCE, ACDE$ 都是圆内接四边形. 所以 $ABCDEF$ 是圆内接六边形且 $a = b = c$ 时, 式 ① 是等式.

因此, 当且仅当六边形是正六边形时, 等式成立.

注: 不等式 ① 是熟知的. 如果不知道, 也没有什么困难. 例如, 在代入 $x = a+b, y = c+a, z = b+c$ 后不等式具有形式
$$\frac{1}{2}\left(\frac{x+z-y}{y} + \frac{x+y-z}{z} + \frac{y+z-x}{x}\right) =$$
$$\frac{1}{2}\left(\frac{x}{y} + \frac{y}{x} + \frac{x}{z} + \frac{z}{x} + \frac{y}{z} + \frac{z}{y} - 3\right) \geqslant \frac{3}{2}$$
这是显然的.

❽ 在圆 Γ 上取四个不同的点 A, B, C, D, 使 $\angle BCD$ 不为直角. 证明:

(1) AB, AC 的垂直平分线分别与直线 AD 交于点 W 和 V, 且直线 CV 和 BW 交于一点 T.

(2) 线段 AD, BT 和 CT 中某一条线段的长度是另两条线段长度之和.

证明 (1) 记 AB,AC 的垂直平分线分别为 b,c.

假设直线 b 和 AD 不相交,则它们平行且 $\angle DAB = 90°$. 点 D 和点 B 为某直径的两端点且 $\angle DCB = 90°$,与已知矛盾. 因此,直线 b 和 AD 必相交于某点 W. 同理,直线 c 和 AD 必相交于某点 V.

注意,BW 不能与 Γ 相切,否则 AW 必与 Γ 相切,因而 $A = D$,与题设矛盾. CV 亦然.

我们为弧规定一个方向. 这样,记号 $\overparen{PQ}$ 就表示圆 Γ 上唯一的一段弧.

令 X,Y 分别为直线 BW 和 CV 与圆 Γ 的第二个交点. 那么,弦 CY 与弦 AD 关于轴 c 对称. 因此,$\overparen{YC} = \overparen{AD}$. 同理,$\overparen{XB} = \overparen{AD}$,则 $\overparen{XB} = \overparen{YC}$. 因而,线段 BX 和 CY 关于过 BY 中点的直线 d 轴对称,其中,X 为 C 的对称点,Y 为 B 的对称点.

如图 38.15,若直线 XB 和 YC 不相交,那么,它们平行且弦 XB 和弦 YC 关于圆 Γ 的圆心对称. 此时,点 B 和 C 为某直径的两端且 $\angle BDC = 90°$,这是不可能的. 所以,直线 BX 和 CY 必交于一点 T 且 T 必在 d 上.

(2) 如图 38.16,因为点 T 在直线 d 上,且 d 同时为 BY 和 CX 的垂直平分线,则有
$$TB = TY \text{ 和 } TC = TX$$
若点 T 在圆内,则有
$$AD = BX = BT + TX = BT + CT$$
否则,有 $AD = BX = |BT - TX| = |BT - CT|$.

(译者注:第 38 届 IMO 试题第 2 题系本题改编而成)

 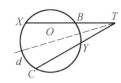 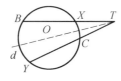

图 38.16

❾ 设 $\triangle A_1 A_2 A_3$ 为非等腰三角形,内心为 I,$C_i(i=1,2,3)$ 为过 I 与 $A_i A_{i+1}$ 和 $A_i A_{i+2}$ 相切的小圆(增加的角标作模 3 同余),$B_i(i=1,2,3)$ 为圆 C_{i+1} 和 C_{i+2} 的另一交. 证明:$\triangle A_1 B_1 I$,$\triangle A_2 B_2 I$,$\triangle A_3 B_3 I$ 的外心共线.

证法 1 由于 $\triangle A_1 A_2 A_3$ 为非等腰三角形,易见,$\triangle A_1 B_1 I$,$\triangle A_2 B_2 I$,$\triangle A_3 B_3 I$ 的外心均可定义.

我们先来看下面的引理.

引理 设 $\triangle ABC$ 的内心为 I，T 为 $\triangle BIC$ 的外心．则 T 必在 $\angle A$ 的内角平分线上．

引理的证明：如图 38.17 所示，作出 $\angle B$ 和 $\angle C$ 的外角平分线，它们相交于旁心 E，E 在 $\angle A$ 的内角平分线上．因为 $BE \perp BI$ 且 $CE \perp CI$，所以，四边形 $BECI$ 内接于圆，其外接圆的圆心在 EI 上．这一圆心亦即 $\triangle BIC$ 的外心，引理得证．

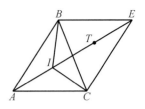

图 38.17

下面我们来证明原题．

对于 $i=1,2,3$，我们记 O_i 为圆 C_i 的圆心，T_i 为 $\triangle A_{i+1}IA_{i+2}$ 的外心．显然，O_i 在 $\angle A_i$ 的内角平分线上．由引理知，T_i 也在 $\angle A_i$ 的内角平分线上．因此，$\triangle O_1O_2O_3$ 和 $\triangle T_1T_2T_3$ 对点 I 是透视的．由笛沙格定理知，它们必关于一条直线透视，即若记 $Q_i(i=1,2,3)$ 为直线 $O_{i+1}O_{i+2}$ 和 $T_{i+1}T_{i+2}$ 的交点，则 Q_1,Q_2,Q_3 三点共线．但由于 $T_{i+1}T_{i+2}$ 是 A_iI 的垂直平分线，而 $O_{i+1}O_{i+2}$ 是 B_iI 的垂直平分线，因此，点 Q_1,Q_2,Q_3 恰分别为 $\triangle A_1B_1I$，$\triangle A_2B_2I$，$\triangle A_3B_3I$ 的外心．

注：不熟悉笛沙格定理的学生可按下述方法推理．

如图 38.18，对 $\triangle IO_1O_2$，$\triangle IO_2O_3$，$\triangle IO_3O_1$ 和三点组 (T_1,T_2,Q_3)，(T_2,T_3,Q_1)，(T_3,T_1,Q_2) 分别应用梅涅劳斯定理，可以发现一些熟知的结论

$$\frac{O_1T_1}{IT_1} \cdot \frac{IT_2}{O_2T_2} \cdot \frac{O_2Q_3}{O_1Q_3} = 1$$

$$\frac{IT_3}{O_3T_3} \cdot \frac{O_2T_2}{IT_2} \cdot \frac{O_3Q_1}{O_2Q_1} = 1$$

$$\frac{IT_1}{O_1T_1} \cdot \frac{O_3T_3}{IT_3} \cdot \frac{O_1Q_2}{O_3Q_2} = 1$$

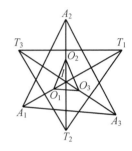

图 38.18

将以上三式相乘即得

$$\frac{O_2Q_3}{O_1Q_3} \cdot \frac{O_3Q_1}{O_2Q_1} \cdot \frac{O_1Q_2}{O_3Q_2} = 1$$

这说明点 Q_1,Q_2,Q_3 共线．

证法 2 此证明建立在反演基础上．

我们把内心 I 作为反演的中心，且反演的次数任意．用符号 "$'$" 来表示点经过反演后所得的像，得到如图 38.19 所示的 "二重" 图．

事实上，圆 C_i 的像是直线 $B'_{i+1}B'_{i+2}$，这些直线构成了 $\triangle B'_1B'_2B'_3$．直线 A_iA_{i+1} 被变为圆 Γ_{i+2}，边 A_iA_{i+1} 变为不包含点 I 的弧 $\overline{A'_iA'_{i+1}}$．注意，由于从点 I 到 $\triangle A_1A_2A_3$ 各边的距离相等，所以，这些圆的半径都相等．

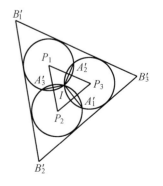

图 38.19

我们注意到,若 $\sum_1, \sum_2, \sum_3$ 为三个过一点 I 的圆且两两不相切,则它们的圆心共线当且仅当存在另一点 $J \neq I$,使得这三个圆均过 J.

我们将在 $\sum_i$ 作为 $\triangle A_i B_i I$ 的外接圆时应用这一结论.

由于反演变换将 $\sum_i$ 变为直线 $A'_i B'_i$,则必有直线 $A'_1 B'_1$, $A'_2 B'_2$, $A'_3 B'_3$ 共线. 由此,说明 $\triangle A'_1 A'_2 A'_3$ 和 $\triangle B'_1 B'_2 B'_3$ 是保形的,即它们的对应边平行. 由于圆 $\Gamma_1, \Gamma_2, \Gamma_3$ 的半径相等,则由它们的圆心构成的 $\triangle P_1 P_2 P_3$ 的各边与 $\triangle B'_1 B'_2 B'_3$ 的对应边平行,以 I 为中心,比率为 $\frac{1}{2}$ 的保形变换将 $\triangle A'_1 A'_2 A'_3$ 变为顶点为 $\triangle P_1 P_2 P_3$ 各边中点的三角形. 因此,$\triangle A'_1 A'_2 A'_3$ 和 $\triangle P_1 P_2 P_3$ 的对应边也平行. 由此即得结论.

⑩ 找出满足如下命题的所有正整数 k:

若 $F(x)$ 是整系数多项式,且满足条件对任意 $C \in \{0, 1, \cdots, k+1\}, 0 \leqslant F(c) \leqslant k$,则
$$F(0) = F(1) = \cdots = F(k+1)$$

解 此命题当且仅当 $k \geqslant 4$ 时成立. 我们先证明它对于任意的 $k \geqslant 4$ 时都成立.

对于满足给定条件的整系数多项式 $F(x)$,首先,由于 $F(k+1) - F(0)$ 是 $k+1$ 的倍数且其绝对值不超过 k,所以,$F(k+1) = F(0)$. 因此,$F(x) - F(0) = x(x-k-1)G(k)$,其中 $G(x)$ 是整系数多项式. 因而
$$k \geqslant |F(x) - F(0)| = c(k+1-c)|G(c)| \quad \text{①}$$
对于任意的 $c \in \{1, 2, \cdots, k\}$ 都成立.

因为不等式 $c(k+1-c) > k$ 等价于 $(c-1)(1-c) > 0$,因而,它对任意的 $c \in \{2, 3, \cdots, k-1\}$ 都成立. 注意到当 $k \geqslant 3$ 时,集合 $\{2, 3, \cdots, k-1\}$ 非空,并且对这一集合中任意 c,式 ① 表明 $|G(c)| < 1$. 因为 $G(c)$ 是整数,所以 $G(c) = 0$. 故 $2, 3, \cdots, k-1$ 是 $G(x)$ 的根,于是,有因式分解
$$F(x) - F(0) = x(x-2)(x-3)\cdots(x-k+1)(x-k-1) \cdot H(x) \quad \text{②}$$
其中 $H(x)$ 也是整系数多项式.

为证明结论,还需证明 $H(1) = H(k) = 0$.

这很显然. 因为,对于 $c = 1$ 和 $c = k$,等式 ② 都表明
$$k \geqslant |F(c) - F(0)| = (k-2)! \cdot k \cdot |H(c)|$$
由于 $k \geqslant 4$ 时,有 $(k-1) > 1$,因此 $|H(c)| < 1$,于是

$H(c) = 0$.

至此,我们证明了题中所给的命题对于任意的 $k \geqslant 4$ 都成立. 但上述证明也为更小的 k 值的情况提供了线索,更确切地说,若多项式 $F(x)$ 满足所给的条件,那么,对于任意的 $k \geqslant 1, 0$ 和 $k+1$ 都是 $F(x) - F(0)$ 的根;当 $k \geqslant 3$ 时,2 必定也是 $F(x) - F(0)$ 的根.

据此,不难举出证明命题对于 $k=1, k=2$ 或 $k=3$ 不成立的反例. 这些反例是:

$F(x) = x(2-x)$,对于 $k=1$;

$F(x) = x(3-x)$,对于 $k=2$;

$F(x) = x(4-x)(x-2)^2$,对于 $k=3$.

⑪ 设 $P(x)$ 是实系数多项式,且对所有的 $x \geqslant 0$,有 $P(x) > 0$. 求证:存在一个正整数 n,使得 $(1+x)^n P(x)$ 是非负系数多项式.

证明 由于 $P(x)$ 不能有正根,所以它所有的实根(若有)都是负的. 将它们记为 $-a_1, -a_2, \cdots, -a_k$. 可知,$P(x)$ 有形如
$$P(x) = c(x+a_1)\cdots(x+a_k)(x^2 - p_1 x + q_1)\cdots(x^2 - p_m x + q_m)$$
的分解,其中 c 是其最高项系数,且二次多项式 $x^2 - p_i x + q_i$ 对于任意的 i 均无实根.

两个非负系数多项式的乘积仍是非负系数多项式. 因此,由 $c > 0$ 且所有一次式 $x + a_j$ 系数均为正,可知只需对任意无实根的二次多项式 $Q(x) = x^2 - px + q$,即 $p^2 > 4q$,证明结论成立.

对于任意正整数 n,我们有
$$(1+x)^n Q(x) = (\sum_{k=0}^{n} C_n^k x^k)(x^2 - px + q) =$$
$$\sum_{k=0}^{n+2} [C_n^{k-2} - p C_n^{k-1} + q C_n^k] x^k$$

通常,当 $m < 0$ 或 $m > n$ 时,我们令 $C_n^m = 0$.

下面将要证明,当 n 足够大时,所有的系数
$$c(n, k) = C_n^{k-2} - p C_n^{k-1} + q C_n^k, k = 0, 1, 2, \cdots, n+2$$
均非负. 因为 $q = Q(0) > 0$,所以 $c(n, n+2) = 1$ 和 $c(n, 0) = q$ 成立. 系数 $c(n, 1) = qn - p$ 和 $c(n, n+1) = n - p$ 是 n 的一次增函数,因此,当 n 足够大时,它们为正. 当 $k \in \{2, 3, \cdots, n\}$ 时,经简单计算可得
$$c(n, k) = \frac{n!}{k!(n-k+2)!}[Ak^2 - (Bn - C)k + q(n^2 + 3n + 2)]$$
其中 $A = 1 + p + q, B = p + 2q, C = 1 + 2p + 3q$.

由配方可得

$$Ak^2 - (Bn+C)k + q(n^2+3n+2) = A\left(k - \frac{Bn+C}{2A}\right)^2 + \alpha n^2 + \beta n + \gamma$$

其中 $\alpha = q - \frac{B^2}{4A}, \beta = 3q - \frac{2BC}{4A}, \gamma = 2q - \frac{C^2}{4A}$.

由于 $A = 1 + p + q = Q(-1)$ 为正,因此上式右端第一项对于所有的 n 和 k 均非负,剩余各项构成了一个包含 n 的二次多项式,其首项系数为

$$\alpha = q - \frac{B^2}{4A} = \frac{4q - p^2}{4A}$$

根据假设 $4q - p^2 > 0$,有 $\alpha > 0$,因此,当 n 足够大时,有

$$\alpha n^2 + \beta n + \gamma > 0$$

注:另外还有两种证法值得一提.

多项式

$$(1+x)^n Q(x) = (1+x)^n (x^2 - px + q)$$

其中 $p^2 < 4q$,经过代换 $1+x=y$,可化为下述形式 $y^n(y^2 - uy + v)$,其中 $u^2 < 4v$.

剩下只需证明后者在 $y=1$ 时的任意阶导数均非负.这些导数的计算是容易的.结论则转化为一系列含有常数 u,v 和一些二项式系数的不等式.然而,它们的检验却与上述证法中所做的非常相似.因此,使用这种"超纲"的方法并没有太大的意义.

另一种方法中,无需对 $P(x)$ 进行分解.应用反证法,假设对于任一 n 均存在一个 k,使得 $(1+x)^n P(x)$ 中 x^k 的系数 $c(n,k)$ 为负.将这个 k 记为 k_n,我们有

$$\frac{k_n}{n} \leqslant \frac{n+d}{d}$$

其中 d 是多项式 $P(x)$ 的次数.

因此,序列 $\{\frac{k_n}{n}\}$ 有界,则它必有一个子列收敛到某一 $\alpha \in [0, 1]$,可以证明序列 $\frac{c(n,k_n)}{C_n^{k_n}}$ 收敛到极限 $P\left(\frac{\alpha}{1-\alpha}\right)$($\alpha = 1$ 时的简单情形需要单独考虑).但此时 $c(n, k_n) < 0$,与所有 $x \geqslant 0$ 均有 $P(x) > 0$ 相矛盾.我们可给出有关这一方法的严格、详细证明,但相当复杂.

❷ 设 p 为素数,$f(x)$ 为整系数 d 次多项式且满足:

(1) $f(0) = 0, f(1) = 1$;

(2) 对任一正整数 n,$f(n)$ 被 p 所除的余数或为零或为 1.

证明:$d \geqslant p - 1$.

证法 1 用反证法.

假设 $d \leqslant p-2$, 那么, 多项式 $f(x)$ 完全由它在 $0, 1, \cdots, p-2$ 的值所确定. 由拉格朗日插值公式, 对于任一 x, 有

$$f(x) = \sum_{k=0}^{p-2} f(k) \frac{x(x-1)\cdots(x-k+1)(x-k-1)\cdots(x-p+2)}{k!(-1)^{p-k}(p-k-2)!}$$

将 $x = p-1$ 代入上式, 得

$$f(p-1) = \sum_{k=0}^{p-2} f(k) \frac{(p-1)\cdots(p-k)}{(-1)^{p-k} k!} = \sum_{k=0}^{p-2} f(k)(-1)^{p-k} C_{p-1}^{k} \qquad ①$$

对 k 做简单的归纳可发现, 若 p 是素数, 且 $0 \leqslant k \leqslant p-1$, 则

$$C_{p-1}^{k} \equiv (-1)^{k} (\bmod p) \qquad ②$$

当 $k=0$ 时, 上述结论显然成立. 选一 k 使其满足 $1 \leqslant k \leqslant p-1$, 且 $C_{p-1}^{k-1} \equiv (-1)^{k-1} (\bmod p)$. 我们已知 $C_{p-1}^{k} = C_{p}^{k} - C_{p-1}^{k-1}$, 又 C_{p}^{k} 能被 p 整除, 因此, 由归纳假设可得 ②.

由 ① 和 ② 可得

$$f(p-1) \equiv (-1)^{p} \sum_{k=0}^{p-2} f(k) (\bmod p)$$

上式可改写为对任一素数 p(奇或偶), 有

$$f(0) + f(1) + \cdots + f(p-1) \equiv 0 (\bmod p)$$

设 $S(f) = f(0) + f(1) + \cdots + f(p-1)$, 则有

$$S(f) \equiv 0 (\bmod p) \qquad ③$$

由上述讨论可知, 关系式 ③ 对于任一次数不超过 $p-2$ 的整系数多项式都成立. 现在足以说明 ③ 与条件(1)和(2)矛盾.

由(2)可知, $S(f) \equiv k (\bmod p)$, 其中 k 表示在集合 $\{0, 1, \cdots, p-1\}$ 中且满足 $f(n) \equiv 1 (\bmod p)$ 的 n 个数. 另一方面, 由(1)可知 $k \leqslant p-1$ 且 $k \geqslant 1$, 于是

$$S(f) \not\equiv 0 (\bmod p) \qquad ④$$

至此已得出矛盾. 证明完毕.

证法 2 再考虑和 $S(f) = f(0) + f(1) + \cdots + f(p-1)$.

重复证法 1 中最后一段的讨论, 我们证得 ④.

假设 $d < p-1$, 且令 $f(x) = a_{p-2} x^{p-2} + \cdots + a_1 x + a_0$, 则 $S(f)$ 可以写成如下形式

$$S(f) = \sum_{k=0}^{p-1} \sum_{i=0}^{p-2} a_i k^i = \sum_{i=0}^{p-2} a_i \sum_{k=0}^{p-1} k^i = \sum_{i=0}^{p-2} a_i S_i$$

其中 $S_i = \sum_{k=0}^{p-1} k^i$. 通过证明

$$S_i \equiv 0 (\bmod p), \text{对任意的 } i = 0, 1, \cdots, p-2 \qquad ⑤$$

可以得到与 ④ 的矛盾(规定 $0° = 1$).

我们通过对 i 的归纳实现这一目的. 由于 $S_0 = p$,所以,上述结论当 $i=0$ 时成立. 再选一 i 使得 $1 \leqslant i \leqslant p-2$,且 $S_0 \equiv S_1 \equiv \cdots \equiv S_{i-1} \equiv 0 (\bmod p)$. 为证明 $S_i \equiv 0 (\bmod p)$,注意到

$$p^{i+1} = \sum_{k=1}^{p} k^{i+1} - \sum_{k=0}^{p-1} k^{i+1} = \sum_{k=0}^{p-1} [(k+1)^{i+1} - k^{i+1}] =$$
$$\sum_{k=0}^{p-1} \sum_{j=0}^{i} C_{i+1}^{j} k^j = (i+1)S_i + \sum_{i=0}^{i-1} C_{i+1}^{j} S_j$$

由于 $C_{i+1}^{j} (j=0,1,\cdots,i-1)$ 是整数,由此得 $(i+1)S_i \equiv 0 (\bmod p)$.

又因为 $i+1 < p$,所以得出 $S_i \equiv 0 (\bmod p)$.

这样 ⑤ 成立,命题得证.

❸ A 城有 n 个女孩和 n 个男孩,且每个女孩都认识所有的男孩,B 城中有 n 个女孩 $g_1, g_2, \cdots, g_n$ 和 $2n-1$ 个男孩 $b_1, b_2, \cdots, b_{2n-1}$. 女孩 $g_i (i=1,2,\cdots,n)$ 认识男孩 $b_1, b_2, \cdots, b_{2i-1}$,但不认识其他男孩. 对于任意的 $r=1,2,\cdots,n$,分别用 $A(r)$ 和 $B(r)$ 记 A 城中 r 个女孩和 B 城中 r 个女孩与她们本城中 r 个男孩组成 r 对舞伴的不同方式数,要求每个女孩都必须与她认识的男孩组成舞伴. 证明:对任意的 $r=1,2,\cdots,n$,都有 $A(r) = B(r)$.

证明 将 $A(r), B(r)$ 分别记为 $A(n,r)$ 和 $B(n,r)$,数列 $A(n,r)$ 可以直接找到. 我们有

$$A(n,r) = C_n^r \frac{n!}{(n-r)!}, r=1,2,\cdots,n \qquad ①$$

事实上,A 城的 n 个女孩中选出 r 个有 C_n^r 种方式,从同城中选出 r 个男孩同样有 C_n^r 种方式. 由于 A 域中的每个女孩都认识所有的男孩,所以,任何被选出的 r 个女孩都可以与 r 个男孩组成舞伴,共有 $C_n^r \cdot C_n^r \cdot r! = C_n^r \frac{n!}{(n-r)!}$ 种方式.

现在,我们为数列 $B(n,r)$ 建立一个递归关系. 设 $n \geqslant 3$ 且 $2 \leqslant r \leqslant n$. 考虑在 B 城中挑选 r 对舞伴以使每个女孩都认识她的舞伴的所有可能方式. 这种选择有两种情况.

若 g_n 是跳舞的女孩之一,其余 $r-1$ 个女孩有 $B(n-1, r-1)$ 种方式选择舞伴,那么,g_n 可在剩下的 $[(2n-1)-(r-1)]$ 个男孩中任选一个,因为她认识所有的 $2n-1$ 个男孩. 因此,在这种情况下,总的选择数是 $(2n-1)B(n-1, r-1)$.

若 g_n 不是跳舞的女孩,首先注意 $r=n$ 是不可能的. 因此,$r \leqslant n-1$. 现在所有跳舞的女孩在 $g_1, g_2, \cdots, g_{n-1}$ 中产生且能够以

$B(n-1,r)$ 种方式选择她们的舞伴.

因此,下面的等式对于任一整数 $n \geqslant 3$ 都成立
$$B(n,r) = B(n-1,r) + (2n-r)B(n-1,r-1), r=2,3,\cdots,n-1$$
$$B(n,n) = nB(n-1,n-1)$$

现在,数列 $A(n,r)$ 恰好满足相同的递归关系,这一点可以应用 ① 直接进行计算加以证明.剩下的只需验证 $A(n,r)$ 和 $B(n,r)$ 满足相同的初始条件.由于对任意的 n 有 $A(n,1)=B(n,1)=n^2$ 且 $A(2,2)=B(2,2)=2$,因此,我们可以说对所有的 $n \geqslant 1$ 和 $r=1,2,\cdots,n$,均有 $A(n,r)=B(n,r)$.

❶❹ 设 b, m, n 为正整数,满足 $b > 1$ 且 $m \neq n$.证明:若 $b^m - 1$ 和 $b^n - 1$ 的素约数相同,则 $b+1$ 是 2 的乘方.

证明 对任意的正整数 x 和 y,我们用 $x \sim y$ 表示 x 和 y 的素约数相同.

因为 $b^m - 1 \sim b^n - 1$,所以,任何能够整除 $b^m - 1$ 的素数也能整除 $b^n - 1$,因而也能整除 $(b^m - 1, b^n - 1)$,此处 (x,y) 表示 x, y 的最大公约数.于是
$$(b^m - 1, b^n - 1) \sim (b^m - 1) \sim (b^n - 1)$$

另一方面,我们知道 $(b^m - 1, b^n - 1) = b^d - 1$,其中 $d = (m,n)$,故设 $a = b^d, k = \dfrac{m}{d}$,我们得到 $a^k - 1 \sim a - 1$.

我们将要证明由 $a^k - 1 \sim a - 1$ 可以推出 $a + 1$ 是 2 的乘法.这是原命题的一种特殊情况,我们将证明建立在一个本身也十分有趣的命题基础上.

记号 $q^r \| z$ 表示 z 能被 q^r 整除但不能被 q^{r+1} 整除,即 r 是 z 的素因数分解中素数 q 的指数.

引理 设 a, k 为正整数且 p 为奇素数.若 $p^\alpha \| a-1$ 且 $p^\beta \| k$,其中 $\alpha \geqslant 1, \beta \geqslant 0$,则有 $p^{\alpha+\beta} \| a^k - 1$.

引理的证明 对 β 进行数学归纳.若 $\beta = 0$,将 $a^k - 1$ 写成
$$a^k - 1 = (a-1)(a^{k-1} + a^{k-2} + \cdots + a + 1).$$

由 $a \equiv 1 \pmod{p}$ 可以推出,对所有的 $j \geqslant 0$,均有 $a^j \equiv 1 \pmod{p}$,所以
$$a^{k-1} + a^{k-2} + \cdots + a + 1 \equiv k \pmod{p}$$

由于 $\beta = 0$,因而可知,k 不能被 p 整除,因此,我们得到 $p^\alpha \| a^k - 1$,满足结论.

现在假设结论对某个 β 成立,并令 $k = lp^{\beta+1}$,其中 $(l,p) = 1$.由归纳假设,$p^{\alpha+\beta} \| a^{lp^\beta} - 1$,于是存在某个与 p 互素的 m,使得 $a^{lp^\beta} = mp^{\alpha+\beta} + 1$,则

$$a^k - 1 = (a^{ip^\beta})^p - 1 = (mp^{\alpha+\beta} + 1)^p - 1 =$$
$$(mp^{\alpha+\beta})^p + \cdots + C_p^2 (mp^{\alpha+\beta})^2 + mp^{\alpha+\beta+1}$$

p 是奇数,能够整除 C_p^2,则在倒数第二项的素因数分解中 p 的指数为 $2\alpha + 2\beta + 1$,大于 $\alpha + \beta + 1$. 由此知能整除 $a^k - 1$ 的 p 的最高次数为 $\alpha + \beta + 1$. 归纳完毕.

下面证明:若 $\alpha > 1$ 且对于某个 $k > 1, a^k - 1 \sim a - 1$,则 $a + 1$ 是 2 的乘方.

首先注意到,若 δ 是 k 的约数,则由 $a^k - 1 \sim a - 1$ 可以推出 $a^\delta - 1 \sim a - 1$. 事实上,$a^\delta - 1$ 的任意素约数都能整除 $a^k - 1$,因而也能整除 $a - 1$. 假设 k 有一个奇素约数 p,且令 $\delta = p^\beta$,其中 $p^\beta \parallel k$. 由于

$$a^\delta - 1 = (a - 1)(a^{\delta-1} + a^{\delta-2} + \cdots + a + 1) \qquad \text{①}$$

$A = a^{\delta-1} + a^{\delta-2} + \cdots + a + 1$ 的任一素因子 q 都能整除 $a^\delta - 1$,因而能整除 $a - 1$. 由此可知,对所有的 $j = 0, 1, 2, \cdots, a^j \equiv 1 \pmod{q}$,于是,$A \equiv \delta \pmod{q}$,$q$ 能整除 $\delta = p^\beta$ 表明 $q = p$,由此知 A 是 p 的乘方.

我们同时证明了 p 能整除 $a - 1$. 令 $p^\alpha \parallel a - 1$,则由引理可知 $p^{\alpha+\beta} \parallel a^\delta - 1$. 于是,由式 ① 可知 p 在 A 的素因数分解中的次数为 $(\alpha + \beta) - \alpha = \beta$. 另一方面,$p$ 是 A 的唯一的素约数,因此,$A = p^\beta = \delta$. 但这是不可能的,因为由 $a > 1$,可得 $A > \delta$.

这样,我们证明了 k 是 2 的乘方. 特别地,因为 $k > 1$,所以 k 是偶数. 我们得到

$$a - 1 \sim a^2 - 1 = (a+1)(a-1)$$

这说明 $a + 1$ 的任一素约数 q 也是 $a - 1$ 的约数. 因此,q 能整除 $2 = (a+1) - (a-1)$,则 $q = 2$,由此可知 $a + 1$ 是 2 的乘方.

再回到 $a = b^d$. 若 d 为偶数,因 b 是奇数,则有 $a + 1 = b^d + 1 \equiv 2 \pmod{4}$. 因为 $a + 1$ 是 2 的乘方,由此得 $a + 1 = 2$,这与条件 $a > 1$ 矛盾. 所以,d 必为奇数,则 $b + 1$ 能够整除 $b^d + 1$,后者是 2 的乘方,因而 $b + 1$ 也是 2 的乘方.

⓯ 一个正整数无穷等差数列,含一项是整数的平方,另一项是整数的立方. 证明:此数列含一项是整数的六次幂.

证明 设数列 $\{a + ih : i = 0, 1, 2, \cdots\}$ 含 x^2, y^3 项,x, y 是整数. 对公差 h 用数学归纳法,$h = 1$,显然成立. 对某个固定的 $h > 1$,假设其公差小于 h 且满足题设条件的等差数列都成立. 现考察在 h 时的情形.

令 a, h 的最大公约数为 $d = (a, h), h = de$.

分两种情况:

情形 1 $(d,e)=1$.

易知 $x^2 \equiv a \equiv y^3 \pmod{h}$, 因而有 $x^2 \equiv a \equiv y^3 \pmod{e}$. e 与 a 互素, 故 e 与 x 和 y 也互素. 所以, 有整数 t, 使得 $ty \equiv x \pmod{e}$. 所以, $(ty)^6 \equiv x^6 \pmod{e}$, 即 $t^6 a^2 \equiv a^3 \pmod{e}$. 因 $(e,a)=1$, 故两端可除以 a^2, 有 $t^6 \equiv a \pmod{e}$. 又 $(d,e)=1$, 则对某个整数 k, 有 $t+ke \equiv 0 \pmod{d}$. 于是
$$(t+ke)^6 \equiv 0 \equiv a \pmod{d}$$
因 $t^6 \equiv a \pmod{e}$, 由二项式公式, 可得
$$(t+ke)^6 \equiv a \pmod{e}$$
又 $(d,e)=1, h=de$, 由以上两同余式, 有
$$(t+ke)^6 \equiv a \pmod{h}$$
显然, k 可取任意大的整数, 故上式说明数列 $\{a+ih: i=0,1,2,\cdots\}$ 含一个整数的六次幂项.

情形 2 $(d,e)>1$.

令素数 $p, p\mid d, p\mid e$, 并设 p^α 是整除 a 的 p 的最高次幂, p^β 是整除 h 的 p 的最高次幂. 因 $h=de, (e,a)=1$, 有 $\beta > \alpha \geq 1$. 因而对 $\{a+ih: i=0,1,\cdots\}$ 中每一项, 能整除它的最高次幂是 p^α. 因 x^2, y^2 是数列的两个项, α 必被 2 和 3 整除, 故 $\alpha=6r$. 因此, $\alpha \geq 6$. 整数数列 $\{p^{-6}(a+ih): i=0,1,2,\cdots\}$ 的公差 $\dfrac{h}{p^6}<h$, 且含有项 $\left(\dfrac{x}{p^3}\right)^2, \left(\dfrac{y}{p^2}\right)^3$, 由归纳假设, 它含有项 z^6 (z 是整数). 所以, $(pz)^6$ 是原数列的一个项.

---

❶❻ 在锐角三角形 ABC 中, AD, BE 是它的两个高, AP, BQ 是两个角平分线, I, O 分别是它的内心和外心. 证明: 点 D, E, I 共线当且仅当 P, Q, O 共线.

证明 1 分别记 $d_a(X), d_b(X), d_c(X)$ 是 $\triangle ABC$ 内任一点 X 到边 BC, CA, AB 的距离. 先证 X 在 PQ 上当且仅当
$$d_a(X) + d_b(X) = d_c(X) \qquad ①$$
每个距离 $d_a(X), d_b(X), d_c(X)$ 在下面意义下是线性依赖于点 X 的. 令 X 取遍任一线段 UV, 其终点在给定三角形的边上. 设 $x = \dfrac{UX}{UV}$, 则 $d_a(X) = [d_a(V) - d_a(U)]x + d_a(U)$; 对 d_b, d_c 也有类似的等式. 所以, $\delta(X) = d_a(X) + d_b(X) - d_c(X)$ 是在 UV 上 X 的线性函数. 因 AP, PQ 是角平分线, 故 $\delta(P) = \delta(Q) = 0$. 由此, 对 PQ 上任一点 X, 有 $\delta(X) = 0$. 反之, 假设对 $\triangle ABC$ 的某个内点 X, 有 $\delta(X) = 0$. 令 PX 交三角形周边于点 W, 因 $\delta(P) = \delta(X) = 0$, 必

有 $\delta(W)=0$. 但在 △ABC 的边上使 $\delta(X)=0$ 的点仅是 P 和 Q, 故 W 与 Q 重合, 亦即 X 在 PQ 上.

以 K, L, M 分别表示边 BC, CA, AB 的中点, 对外心 O 应用条件 ①, 有 P, Q, O 共线当且仅当
$$OK + OL = OM \qquad ②$$

其次, 是要建立起内心 I 在 DE 上的充要条件, 即 D, E, I 共线当且仅当
$$AE + BD = DE \qquad ③$$

以 α, β, γ 分别表示 $\angle A, \angle B, \angle C$.

如图 38.20, 考虑任一过点 A, B 且交线段 DE 于点 Y, Z (也可是同一点) 的圆 Γ, 记 $\angle YAB = \varphi, \angle YBA = \psi$. 因点 A, B, Y, Z 共圆, 故有 $\angle BZD = \varphi$. 另一方面, 因 ABDE 是圆内接四边形, 又有 $\angle BDZ = 180° - \alpha$. 因此, $\angle DBZ = 180° - \angle BZD - \angle BDZ = \alpha - \varphi$. 类似的论证应用于 $\angle AZE$ 和 $\angle EAZ$, 则有
$$\angle BZD = \varphi, \angle DBZ = \alpha - \varphi, \angle AZE = \psi, \angle EAZ = \beta - \psi \quad ④$$

现设 △ABC 的内心在 DE 上, 暂记为 Y. 因 DE 在以 AB 为直径的圆内, 故 $\angle AYB$ 是钝角. 因此, 圆 Γ 和直线 DE 的第二公共点 Z 也在线段 DE 上. 由 ④ 和 $\varphi = \frac{\alpha}{2}, \psi = \frac{\beta}{2}$, 可得 $\angle EAZ = \angle EZA$, $\angle DBZ = \angle DZB$, 故 $AE = ZE, BD = ZD$. 所以, $AE + BD = ZE + ZD = DE$.

反之, 如 $AE + BD = DE$, 则在 DE 上有点 Z, 使得 $AE = ZE$, $BD = ZD$. △ABZ 的外接圆 Γ 交 DE 于某一点 Y. 再由 ④, 又有 $\varphi = \alpha - \varphi, \psi = \beta - \psi$. 故 $\varphi = \frac{\alpha}{2}, \psi = \frac{\beta}{2}$, Y 是 △ABC 的内心, ③ 得以证明.

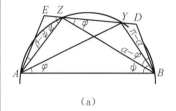

(a)

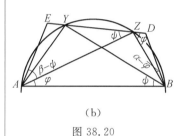

(b)

图 38.20

考虑到 ② 和 ③, 现在只剩下证明等式 $OK + OL = OM$ 和 $AE + BD = DE$ 是等价的.

考察圆内接四边形 ABDE 和 BKOM, 有 $\angle EAD = 90° - \gamma = \angle OBM = \angle OKM, \angle AED = 180° - \beta = \angle KOM$. 因此, △OKM 与 △EAD 相似, 同样地, △OLM 和 △DBE 也相似. 所以
$$\frac{OK}{OM} = \frac{EA}{ED}, \frac{OL}{OM} = \frac{DB}{DE}$$

把这两等式相加, 可得 $\frac{OK + OL}{OM} = \frac{EA + DB}{DE}$, 即得所证.

证明 2 证明的开始与证明 1 中的相同, 在得到式 ② 后, 我们转到用三角来计算. 设 R 是外接圆半径, 则 $OK = R\cos\alpha, OL = R\cos\beta, OM = R\cos\gamma$ (图 38.21), 且 ② 取以下形式, 点 P, Q, O 共线当且仅当

$$\cos\alpha + \cos\beta = \cos\gamma \qquad \text{⑤}$$

令 $BC=a, CA=b, AB=c, CT$ 是 $\angle C$ 的角平分线,T 在边 AB 上,则 $AT = \dfrac{bc}{a+b}$(图 38.21)。因 AI 是 $\triangle ACT$ 的 $\angle A$ 的角平分线,可得

$$\frac{CT}{CI} = 1 + \frac{TI}{CI} = 1 + \frac{TA}{CA} = 1 + \frac{bc}{a+b}\cdot\frac{1}{b} = \frac{a+b+c}{a+b}$$

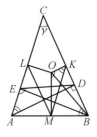

图 38.21

另一方面,$\triangle DEC$ 与 $\triangle ABC$ 相似,相似比为 $\cos\gamma$,且射线 CI 是这两个三角形 $\angle C$ 的公共角平分线. 因此,点 D, E, I 的共线性等价于 $\dfrac{CI}{CT} = \cos\gamma$. 再结合上面的等式并应用正弦定理,可得点 D, E, I 共线当且仅当

$$\sin\alpha + \sin\beta = (\sin\alpha + \sin\beta + \sin\gamma)\cos\gamma$$

由三角运算,式 ⑥ 引出以下诸等价形式:

$$(\sin\alpha + \sin\beta)(1-\cos\gamma) = \sin\gamma\cos\gamma$$

$$2\cos\frac{\gamma}{2}\cos\frac{\alpha-\beta}{2}\cdot 2\sin^2\frac{\gamma}{2} = 2\sin\frac{\gamma}{2}\cos\frac{\gamma}{2}\cos\gamma$$

$$2\sin\frac{\gamma}{2}\cos\frac{\alpha-\beta}{2} = \cos\gamma$$

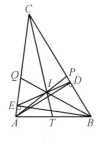

图 38.22

而最后这个等式等价于 ⑤,故结论成立.

证明 3 对于 $\triangle ABC$ 所在平面上的任一点 G,存在唯一的数组 u, v, w,使

$$u\vec{GA} + v\vec{GB} + w\vec{GC} = \mathbf{0}, u+v+w=1$$

这数组称作在给定 $\triangle ABC$ 中的 G 的重心坐标.

一条直线过点 G,存在着充要条件,下面给出其重心坐标.

令 G 不同于点 C, u, v, w 是在给定 $\triangle ABC$ 中的 G 的重心坐标. X, Y 分别在 AC, BC 上,$\vec{CX} = x\vec{CA}, \vec{CY} = y\vec{CB}$,即 X, Y 的重心坐标分别是 $x, 0, 1-x$ 和 $0, y, 1-y$. 则 X, Y, G 共线当且仅当

$$uy + ux = xy \qquad \text{⑦}$$

为应用 ⑦,先注意 O, I 均不能与 C 重合. 外心 O 的重心坐标是 $\dfrac{\sin 2\alpha}{s}, \dfrac{\sin 2\beta}{s}, \dfrac{\sin 2\gamma}{s}$,此外 $s = \sin 2\alpha + \sin 2\beta + \sin 2\gamma$,$\vec{CQ} = \dfrac{a}{a+c}\vec{CA}, \vec{CP} = \dfrac{b}{b+c}\vec{CB}$,故 ⑦ 转换成

$$\sin 2\alpha\frac{b}{b+c} + \sin 2\beta\frac{a}{a+c} = \frac{ab}{(a+c)(b+c)}\cdot$$
$$(\sin 2\alpha + \sin 2\beta + \sin 2\gamma)$$

两端乘以 $\dfrac{(a+c)(b+c)}{ab}$,有

$$\sin 2\alpha(1+\frac{c}{a})+\sin 2\beta(1+\frac{c}{b})=\sin 2\alpha+\sin 2\beta+\sin 2\gamma$$

它等价于证明 2 中的 ⑤.

I 的重心坐标是 $\frac{a}{a+b+c}, \frac{b}{a+b+c}, \frac{c}{a+b+c}$, 且 $\overrightarrow{CE} = \frac{a}{b}\cos\gamma \cdot \overrightarrow{CA}, \overrightarrow{CD} = \frac{b}{a}\cos\gamma \cdot \overrightarrow{CB}$. 于是, ⑦ 可取以下形式

$$\frac{b}{a+b+c}\cos\gamma + \frac{a}{a+b+c}\cos\gamma = \cos^2\gamma$$

因 $\cos\gamma \neq 0$, 上式等价于证明 2 中的 ⑥, 而 ⑤ 与 ⑥ 等价, 结论成立.

⓱ 求所有的整数对 (a,b), 其中 $a \geq 1, b \geq 1$, 且满足等式 $a^{b^2} = b^a$.

注 本题为第 38 届国际数学奥林匹克竞赛题第 5 题.

⓲ 过锐角 $\triangle ABC$ 的顶点 A, B, C 的三个高分别交其对边于点 D, E, F. 过点 D 平行于 EF 的直线分别交 AC, AB 于点 Q 和 R, EF 交 BC 于点 P. 证明: $\triangle PQR$ 的外接圆过 BC 的中点.

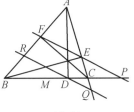

38.23

证明 点 P 的存在意味着 $AB \neq AC$. 由对称性, 可设 $AB > AC$, 则 P, D 在射线 MC 上, 点 B, C, E, F 共圆, 因此 $PB \cdot PC = PE \cdot PF$. $\triangle DEF$ 的外接圆也即 $\triangle ABC$ 的欧拉圆(九点圆)必过 BC 的中点 M. 因此, $PE \cdot PF = PD \cdot PM$. 所以

$$PB \cdot PC = PD \cdot PM \qquad ①$$

$\triangle AEF \sim \triangle ABC$, 因此 $\angle ABC = \angle AEF$. 因 $QD \parallel EF$, 故 $\angle AEF = \angle CQD, \angle ABC = \angle RBD$. 因而, $\angle RBD = \angle CQD$. 显然, $\angle BDR = \angle QDC$, 故 $\triangle BDR \sim \triangle QDC$. 所以

$$DQ \cdot DR = DB \cdot DC$$

如能证明

$$DB \cdot DC = DP \cdot DM \qquad ②$$

则等式 $DQ \cdot DR = DP \cdot DM$ 成立, 也就证明了 Q, R, M, P 共圆. 由此, 证明本题就简化为由 ①⇒②.

令 $MB = MC = a, MD = d, MP = p$, 则有 $PB = p+a, DB = a+d, PC = p-a, DC = a-d, DP = p-d$. 由 ①, 得 $(p+a)(p-a) = (p-d)p$, 即 $a^2 = dp$. 由 ②, $(a+d)(a-d) = (p-d)d$, 也得 $a^2 = dp$. 所以, ② 成立.

注: 证明的各处可以作变动. 例如, 易证 P 与 D 是关于以直径

BC 为圆的反演点. 由此提供了等式 $a^2 = dp$ 的一个证明.

用三角学或坐标几何学来证明也是可能的. 例如,令 $D = (0, 0), A = (0, 1), B = (b, 0), C = (c, 0)$,计算可得

$$M = \left(\frac{b+c}{2}, 0\right), P = \left(\frac{2bc}{b+c}, 0\right),$$

$$Q = \left(\frac{c(1-bc)}{1+c^2}, \frac{c(b+c)}{1+c^2}\right), R = \left(\frac{b(1-bc)}{1+b^2}, \frac{b(b+c)}{1+b^2}\right)$$

因此,得到所需的等式 $DQ \cdot DR = DP \cdot DM$.

还可考虑本题的另一种表述:

设 $\triangle ABC$ 是 $\angle A \neq 90°$ 的三角形. 过 A, B, C 的三条高线分别交对边于点 D, E, F. 过 D 且平行于 EF 的直线分别交 AC, AB 于点 Q 和 R, EF 交 BC 于 P, M 是 BC 的中点. 证明:点 P, Q, R, M 共圆.

❶❾ 设 $a_1 \geqslant a_2 \geqslant \cdots \geqslant a_n \geqslant a_{n+1} = 0$ 是实数序列. 证明

$$\sqrt{\sum_{k=1}^{n} a_k} \leqslant \sum_{k=1}^{n} \sqrt{k}(\sqrt{a_k} - \sqrt{a_{k+1}})$$

证明 1 把欲证的结论改述如下:

对每个非增、非负实数序列 $a_1 \geqslant a_2 \geqslant \cdots \geqslant a_n$,不等式

$$\sqrt{\sum_{k=1}^{n} a_k} \leqslant \sum_{k=1}^{n-1} \sqrt{k}(\sqrt{a_k} - \sqrt{a_{k+1}}) + \sqrt{n a_n} \qquad ①$$

成立.

对 n 用数学归纳法. $n=1$,对"空"取和的值为零,显然成立. 假设对某个 $n \geqslant 1$,每个非增、非负、长为 n 的实数列 ① 成立. 考察长为 $n+1$,其项满足条件 $a_1 \geqslant a_2 \geqslant \cdots \geqslant a_{n+1} \geqslant 0$ 的实数列,由归纳假设,对此数列的前 n 项,① 成立. 为此,如能证明

$$\sqrt{\sum_{k=1}^{n+1} a_k} - \sqrt{\sum_{k=1}^{n} a_k} \leqslant -\sqrt{n a_{n+1}} + \sqrt{(n+1) a_{n+1}} \qquad ②$$

把 ① 与 ② 相加,就可得到对序列 $a_1, a_2, \cdots, a_{n+1}$ 我们所要证明的结果. 现证 ②. 令 $S = \sum_{k=1}^{n} a_k, b = a_{n+1}$. 则欲证的 ② 成为 $\sqrt{S+b} - \sqrt{S} \leqslant -\sqrt{nb} + \sqrt{(n+1)b}$. 在 $b=0$ 时,显然成立. 如 $b > 0$,上式除以 $\sqrt{b}$,并设 $U = \frac{S}{b}$,得

$$\sqrt{U+1} - \sqrt{U} \leqslant \sqrt{n+1} - \sqrt{n}$$

它等价于 $\frac{1}{\sqrt{U+1} + \sqrt{U}} \leqslant \frac{1}{\sqrt{n+1} + \sqrt{n}}$. 因 $b = a_{n+1} \leqslant$

$\min\{a_1,\cdots,a_n\} \leqslant \dfrac{S}{n}$,所以 $U \geqslant n$,故此式成立,亦即 ② 成立.

证明 2 令 $x_k = \sqrt{a_k} - \sqrt{a_{k+1}}, k = 1, 2, \cdots, n$,则有
$$a_1 = (x_1 + \cdots + x_n)^2$$
$$a_2 = (x_2 + \cdots + x_n)^2$$
$$\vdots$$
$$a_n = x_n^2$$

把这些式子的右端展开后相加,有
$$\sum_{k=1}^n a_k = \sum_{k=1}^n k x_k^2 + 2 \sum_{1 \leqslant k < l \leqslant n} k x_k x_l \quad ③$$

$x_k x_l$ 在每一个 $a_1, a_2, \cdots, a_k$ 的展开式中恰好只出现一次,但不在 $a_{k+1}, \cdots, a_n$ 的展开式中出现,所以它的系数是 k. 把欲证的不等式的右端以 $x_k = \sqrt{a_k} - \sqrt{a_{k+1}}$ 代入,然后平方,即得
$$\left(\sum_{k=1}^n \sqrt{k} x_k\right)^2 = \sum_{k=1}^n k x_k^2 + 2 \sum_{1 \leqslant k < l \leqslant n} \sqrt{kl} x_k x_l \quad ④$$

③ 的值显然不大于 ④ 的值,所以要证的不等式成立.

注解 1 用阿贝尔(Abel)求和公式能把上面提供的不等式转化为
$$\sqrt{\sum_{k=1}^n a_k} \leqslant \sum_{k=1}^n \sqrt{a_k}(\sqrt{k} - \sqrt{k-1}) = \sum_{k=1}^n \sqrt{a_k} c_k \quad ⑤$$

此外 $c_k = \sqrt{k} - \sqrt{k-1}$. 由 $a_1 \geqslant \cdots \geqslant a_n, c_1 \geqslant \cdots \geqslant c_n$,诱使我们用切比雪夫(Tschebyscheff)不等式,于是有下面的估计
$$\sum_{k=1}^n \sqrt{a_k} c_k \geqslant \dfrac{1}{n} \sum_{k=1}^n \sqrt{a_k} \sum_{k=1}^n c_k = \dfrac{1}{\sqrt{n}} \sum_{k=1}^n \sqrt{a_k} \quad ⑥$$

但这没有多大用处. 一般来说,⑥ 的右边比 ⑤ 的左边是要小! 当然,不等式 ⑤ 可用归纳法证明,因此,我们又回到了证明 1.

注解 2 从证明 2 中不难看出有多于一个 x_k 不为 0 时,不等式成为等式当且仅当存在一个足标 m,使得 $a_1 = \cdots = a_m$,而当 $k > m$ 时,$a_k = 0$. 因此,可把等式成立的条件这一问题作为本题的第二问.

❷⓿ 设 D 是 $\triangle ABC$ 的边 BC 上的一个内点. AD 交 $\triangle ABC$ 外接圆于 X. P, Q 是 X 分别到 AB 和 AC 的垂足,Γ 是直径为 XD 的圆. 证明:PQ 与 Γ 相切当且仅当 $AB = AC$.

证明 设 A' 是外接圆直径上与 A 相对的点. 因 B, C 的对称性,不失一般性,可设 X 在 $\overarc{BA'}$ 上,则 Q 在射线 CA 上,而 P 在射线

AB 上,且位于外接圆的外部(图 38.24)(注意:点的这种安排,$\angle BCA$ 不是钝角).令 R 是 X 到 BC 的垂足,则点 P,R,Q 共线(X 关于 $\triangle ABC$ 的西蒙松(Simson)线).

令 E 是 A 到 BC 的垂足.设 D 在 E 与 C 之间,这只在 $AC>AB$ 时发生,则 R 在 D 与 C 之间.因此,PR 与 Γ 的直径 DX 相交,交点在 D 与 X 之间(图 38.25).所以,PR 也即 PQ 不能与 Γ 相切,结论成立.

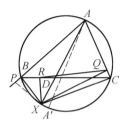

38.24

剩下的是 D 在 B 与 E 之间(可能与 E 重合)的情形.由此,R 在射线 DB 上.所以,D 在 RC 上.这时,如 Q 在 AC 上(当 $\triangle ABC$ 是锐角三角形时),则
$$\angle RXD = \angle RXQ - \angle QXD$$
$$\angle QXC = \angle DXC - \angle QXD$$
如 Q 在射线 AC 上,且在外接圆的外部,则上面等式中的减号需用加号代替.另一方面
$$\angle RXD - \angle QXC = \angle RXQ - \angle DXC \quad ①$$

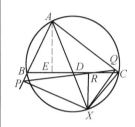

38.25

$\angle RXQ,\angle BCA$ 都是锐角,它们的两条边又两两垂直,因此,$\angle RXQ = \angle BCA$.注意到 $\angle DXC = \angle AXC = \angle CBA$,又因 $QRXC$ 是圆内接四边形,又有 $\angle QXC = \angle QRC$.等式 ① 就成为
$$\angle RXD - \angle QRC = \angle BCA - \angle CBA \quad ②$$

考察圆 Γ(图 38.26),因 $XR \perp BC$,所以 Γ 过点 R.又 Q,X 在 RC 的两侧,D 在 RC 上,可得 RQ 与 Γ 相切当且仅当 $\angle QRC = \angle RXD$.由 ②,这时结论也成立.

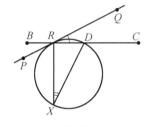

38.26

㉑ 设 $x_1,x_2,\cdots,x_n$ 是满足下列条件的实数
$$|x_1+x_2+\cdots+x_n|=1$$
且
$$|x_i| \leqslant \frac{n+1}{2}, i=1,2,\cdots,n$$
证明:存在 $x_1,x_2,\cdots,x_n$ 的一个排列 $y_1,y_2,\cdots,y_n$,使得
$$|y_1+2y_2+\cdots+ny_n| \leqslant \frac{n+1}{2}$$

注 本题为第 38 届国际数学奥林匹克竞赛题第 3 题.

㉒ (1)是否存在函数 $f:\mathbf{R} \to \mathbf{R},g:\mathbf{R} \to \mathbf{R}$ 使得对所有的 $x \in \mathbf{R}$,有 $f(g(x))=x^2,g(f(x))=x^3$?

(2)是否存在函数 $f:\mathbf{R} \to \mathbf{R},g:\mathbf{R} \to \mathbf{R}$ 使得对所有的 $x \in \mathbf{R}$,有 $f(g(x))=x^2,g(f(x))=x^4$?

解 (1) 如这样的函数 f,g 存在,由 $g(f(x))=x^3$,可知在 $x_1\neq x_2$ 时,$f(x_1)\neq f(x_2)$,特别是 $f(0),f(1),f(-1)$ 是三个不同的实数.另一方面,由题设要求,可得 $(f(x))^2=f(g(f(x)))=f(x^3)$.取 $x=0,1,-1$,则有 $f(0)=f(0)^2$,$f(1)=f(1)^2$,$f(-1)=f(-1)^2$.因此 $f(0),f(1),f(-1)$ 只能是 0 或 1.这一矛盾说明这样的 f,g 不存在.

(2) 这样的函数 f,g 存在.可构造下面的例子.

先对区间 $(1,+\infty)$,试着寻找 $F,G:(1,\infty)\to(1,\infty)$ 满足
$$F(G(x))=x^2, G(F(x))=x^4, x>1 \quad \text{①}$$

想法是由对数函数来改变这些函数的形式,因为对数可把平方运算变为加倍运算,把加倍运算(或乘以任意常数)变为位移一个常数(由于我们打算应用两次对数变换,故自变量的值必须大于1,这是先要把函数定义在区间 $(1,+\infty)$ 内的原因.然后把此定义域扩展到整个实数.这种做法是一种固定模式,这些将在此解答的最后来完成).

假设满足 ① 的上述函数 F,G 存在,由此可定义新的函数对
$$\varphi,\psi:\mathbf{R}\to\mathbf{R}:\varphi(x)=\log_2\log_2 F(2^{2^x})$$
$$\psi(x)=\log_2\log_2 G(2^{2^x}), x\in\mathbf{R}$$
这两个函数满足
$$\varphi(\psi(x))=x+1, \psi(\varphi(x))=x+2, x\in\mathbf{R} \quad \text{②}$$
反之,如 $\varphi,\psi:\mathbf{R}\to\mathbf{R}$,满足 ②,由 φ,ψ 可定义
$$F,G:(1,+\infty)\to(1,+\infty)$$
$$F(x)=2^{2^{\varphi(\log_2\log_2 x)}}, G(x)=2^{2^{\psi(\log_2\log_2 x)}} \quad \text{③}$$
且 F,G 满足 ①.

满足 ② 的 φ,ψ 可以找到,甚至可找到一类像线性函数一样简单的函数.设 $\varphi(x)=ax+b,\psi(x)=cx+d$,代入 ②,得知 φ,ψ 满足 (2) 当且仅当 $a=\dfrac{1}{2},c=2,2b+d=2$.如取 $b=1,d=0$,由 ③ 可得
$$F(x)=2^{1+\frac{1}{2}\log_2\log_2 x}, G(x)=2^{2\log_2\log_2 x}$$
它们定义在 $(1,+\infty)$ 上且满足 ①.值得注意的是还简化成
$$F(x)=2^{2\sqrt{\log_2 x}}, G(x)=2^{(\log_2 x)^2}, x>1$$
剩下的工作是把它们的定义域扩展到 $\mathbf{R}$,定义
$$\widetilde{F}(x)=\begin{cases} F(x), & x\in(1,+\infty) \\ \dfrac{1}{F\left(\dfrac{1}{x}\right)}, & x\in(0,1) \\ 1, & x=1 \end{cases}$$

$$\widetilde{G}(x) = \begin{cases} G(x), & x \in (1,\infty) \\ \dfrac{1}{G\left(\dfrac{1}{x}\right)}, & x \in (0,1) \\ 1, & x = 1 \end{cases}$$

则函数 $f(x)=\widetilde{F}(|x|), g(x)=\widetilde{G}(|x|)$，当 $x R\backslash\{0\}$ 时，$f(0)=g(0)=0$，满足 (2) 的题设条件.

㉓ 设 $ABCD$ 是凸四边形，O 是对角线 $ACBD$ 的交点，如 $OA\sin A + OC\sin C = OB\sin B + OD\sin D$，证明：$ABCD$ 是圆内接四边形.

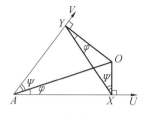

38.27

证明　先看这样的事实. 设 O 是 $\angle UAV$ 内部点，如图 $38.27\sim 38.29$. 令 $\angle OAU=\varphi, \angle OAV=\psi$，如 Y 分别是 O 在 AU, AV 上的正射影，则由正弦定理及 X,Y 在以 OA 为直径的圆上，可得

$$XY = OA\sin\angle UAV \qquad ①$$
$$XY = OX\cos\psi + OY\cos\varphi \qquad ②$$

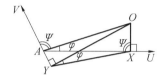

38.28

①，② 对可能的情形都成立. X 或 Y 可在 $\angle UAV$ 的对应边（$\angle A$ 的外部）的延长线上，也可能与 A 重合.

令 O 到 AB, BC, CD, DA 的正射影分别是 K, L, M, N. 则由①，题设条件就变成

$$NK + LM = KL + MN \qquad ③$$

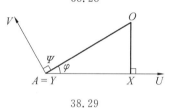

38.29

如图 38.30 所示引入角的记号，由 ② 可得

$$KL = OK\cos\alpha_2 + OL\cos\beta_2$$
$$MN = OM\cos\alpha_4 + ON\cos\beta_4$$
$$LM = OL\cos\alpha_3 + OM\cos\beta_3$$
$$NK = ON\cos\alpha_1 + OK\cos\beta_1$$

因此，③ 可改写成

$$OK(\cos\beta_1 - \cos\alpha_2) + OL(\cos\alpha_3 - \cos\beta_2) + $$
$$OM(\cos\beta_3 - \cos\alpha_4) + ON(\cos\alpha_1 - \cos\beta_4) = 0 \qquad ④$$

欲证四边形 $ABCD$ 是圆内接四边形，只要有 $\alpha_1=\beta_4$ 就够了. 不失一般性，假设 $\alpha_1\geqslant\beta_4$. 因为它们都等价于 A 在 $\triangle BCD$ 的外接圆内或圆上，故 $\beta_1\geqslant\alpha_2$. 另一方面，$\alpha_1+\beta_2=\alpha_3+\beta_4$，所以 $\alpha_3\geqslant\beta_2$. 类似有 $\beta_3\geqslant\alpha_4$. 因余弦函数在 $(0,\pi)$ 内是严格递减函数，由这四个角的不等式，可得

$$\cos\beta_1\leqslant\cos\alpha_2, \cos\alpha_3\leqslant\cos\beta_2, \cos\beta_3\leqslant\cos\alpha_4, \cos\alpha_1\leqslant\cos\beta_4$$
$$⑤$$

比较 ④ 与 ⑤，得到 $\beta_1=\alpha_2, \alpha_3=\beta_2, \beta_3=\alpha_4, \alpha_1=\beta_4$. 完成证明.

注:等式③可作为把本题转化为纯几何关系的起点.通常,这一近似情况是要有依赖条件的,所以,可考虑下面的题目:

设 $ABCD$ 是凸四边形,O 是其对角线 AC 和 BD 的交点.每一对角线与此四边形中每一边所成的角是锐角.如
$$OA\sin A + OC\sin C = OB\sin B + OD\sin D$$
证明:四边形 $ABCD$ 是圆内接四边形.

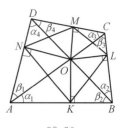
38.30

㉔ 对于每个正整数 n,将 n 表示成 2 的非负整数次方的和. 令 $f(n)$ 为正整数 n 的不同表示法的个数.

如果两个表示法的差别仅在于它们中各个数相加的次序不同,这两个表示法就被视为是相同的. 例如,$f(4)=4$,因为 4 恰有下列四种表示法
$$4;2+2;2+1+1;1+1+1+1$$
证明:对于任意整数 $n \geqslant 3$
$$2^{\frac{n^2}{4}} < f(2^n) < 2^{\frac{n^2}{2}}$$

注 此题解参见第 38 届国际数学奥林匹克竞赛题第 6 题.

㉕ $\triangle ABC$ 的 $\angle A, \angle B, \angle C$ 的角平分线分别交其外接圆于点 K, L, M,R 是边 AB 的内点. 点 P, Q 由条件定义:$RP \parallel AK$,$BP \perp BL$;$RQ \parallel BL$,$AQ \perp AK$. 证明:KP, LQ, MR 交于一点.

证明 如图 38.31,令 MR 交 $\triangle ABC$ 的外接圆 Γ 于点 X,则 X 就是 KP, LQ, MR 的交点.

设 I_a, I_b, I_c 和 I 分别是 $\triangle ABC$ 的旁心和内心. 直线 I_aI_c 是 $\angle B$ 的外角平分线,垂直于内角平分线 BL. 由 $BP \perp BL$,知 P 在 I_aI_c 上. 因 $\angle IKM = \angle BKM$,$\angle IMK = \angle BMK$,点 B 与 I 关于 KM 对称,故 $KM \parallel I_aI_c$.

考察 KX(当 X 与 K 重合时,"直线 KX"解释成在点 K 与 Γ 相切),因由 K 所作平行于 I_aI_c 的 Γ 的弦只有 KM,故 KX 不平行于 I_aI_c,X 不与 M 重合. 令 Y 是 KX 与 I_aI_c 的交点,我们要证 Y 与 P 重合,只要证明 $RY \parallel AK$. 注意到 Y 与 I_a 在 I_aI_c 上,且在 B 的同一侧,这是因为过 K 且与 BI_c 相交的直线必与较小的弧 $\overparen{BM}$ 相交. 然而 KY 交 Γ 于点 X,所以 Y 不在 BI_c 上,Y 在 BI_a 上.

其次,我们要证 B, R, X, Y 共圆. 以 α, β, γ 表示 $\triangle ABC$ 的三个角,容易验证以下等式成立
$$\angle MCK = 90° - \frac{\beta}{2}, \quad \angle ABI_a = 90° + \frac{\beta}{2}$$

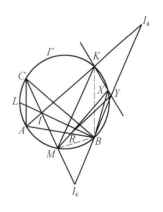
38.31

$$\angle AI_aB = \frac{\gamma}{2}$$

由前两式可得
$$\angle MCK + \angle RBY = \angle MCK + \angle ABI_a = 180°$$
由第三式可得
$$\angle RXB = \angle MXB = \angle MCB = \frac{\gamma}{2} = \angle AI_aB$$

暂时假设点 X 在由平行线 I_aI_c 与 KM 所作成的有限带内,则
$$\angle RXY = \angle MXY = 180° - \angle MXK = \angle MCK = 180° - \angle RBY$$
所以,B,R,X,Y 共圆.当 X 位于这个带的外部时,结论同样也成立,但对 $\angle RXY$ 的计算需做一些变动.于是,$\angle RYB = \angle RXB$.因而,$\angle RYB = \angle AI_aB$.由此 $RY \parallel AI_a$,也即 $RY \parallel AK$.按照 P 的定义,Y 与 P 重合,换言之,KP 过点 X,由对称性,LQ 也过点 X.

注:当 R 取遍 AB(含 A,B)时,结论也成立,证明基本上是一样的,但需区别更多的情况.这时,如我们的工作能结合有向直线和角来进行,烦冗的论述将可避免.为此,可考虑本题的以下形式:

$\triangle ABC$ 的 $\angle A,\angle B,\angle C$ 的角平分线分别交其外接圆于点 K,L,M.设 R 是 AB 上的点,过 R 平行于 AK,BL 的两直线分别交 $\triangle ABC$ 的 $\angle B,\angle A$ 的外角平分线于 P,Q.证明:KP,LQ,MR 共点.

㉖ 对每个整数 $n \geq 2$,试确定满足条件
$$a_0 = 1, a_i \leq a_{i+1} + a_{i+2}, i = 0, 1, \cdots, n-2$$
的和 $a_0 + a_1 + \cdots + a_n$ 的最小值,$a_0, a_1, \cdots, a_n$ 是非负数.

解 先看条件是 $a_i = a_{i+1} + a_{i+2}$ 的特殊情况.

记 $u = a_{n-1}, v = a_n$,则有 $a_k = F_{n-k}u + F_{n-k-1}v, k = 0, 1, \cdots, n-1$.此处的 F_i 是第 i 个斐波那契数($F_0 = 0, F_1 = 1, F_{i+2} = F_i + F_{i+1}$),则和的值
$$a_0 + a_1 + \cdots + a_n = (F_{n+2} - 1)u + F_{n+1}v$$

已知 $1 = a_0 = F_n u + F_{n-1}v$,容易验证 $\dfrac{F_{n+2}-1}{F_n} \leq \dfrac{F_{n+1}}{F_{n-1}}$.欲使和最小,令 $v = 0, u = \dfrac{1}{F_n}$,则数列
$$a_k = \frac{F_{n-k}}{F_n}, k = 0, 1, \cdots, n \qquad ①$$

的和为
$$M_n = \frac{F_{n+2} - 1}{F_n} \qquad ②$$

于是,我们猜想 M_n 就是要求的最小值. 用数学归纳法证明:

对每个 n, 和 $a_0+a_1+\cdots+a_n$ 不小于 2, 因为 $a_0=1, a_0\leqslant a_1+a_2$.

当 $n=2, n=3$ 时, ② 的值为 2, 所以在这两种情形, 猜测成立.

今固定一整数 $n\geqslant 4$, 假设对每个 $k, 2\leqslant k\leqslant n-1$ 满足条件 $c_0=1, c_i\leqslant c_{i+1}+c_{i+2}, i=0,1,\cdots,k-2$ 的非负数列 $c_0, c_1,\cdots, c_k$ 和 $c_0+c_1+\cdots+c_k\geqslant M_k$ 成立.

考察满足题设条件的非负数列 $a_0, a_1,\cdots, a_n$. 如 $a_1, a_2>0$ 和 $a_1+\cdots+a_n$ 可表示成下面两个形式
$$a_0+a_1+\cdots+a_n=1+a_1\left(1+\frac{a_2}{a_1}+\cdots+\frac{a_n}{a_1}\right)=$$
$$1+a_1+a_2\left(1+\frac{a_3}{a_2}+\cdots+\frac{a_n}{a_2}\right)$$

两个括号内的和满足归纳假设条件 ($k=n-1, k=n-2$), 所以, 有
$$a_0+a_1+\cdots+a_n\geqslant 1+a_1 M_{n-1} \qquad ③$$
$$a_0+a_1+\cdots+a_n\geqslant 1+a_1+a_2 M_{n-2} \qquad ④$$

如 $a_1=0$ 或 $a_2=0$, ③, ④ 也成立. 因 $a_2\geqslant 1-a_1$, 由 ④ 可得
$$a_0+a_1+\cdots+a_n\geqslant 1+M_{n-2}+a_1(1-M_{n-2})$$

再由 ③ 及上式, 得到
$$a_0+a_1+\cdots+a_n\geqslant \max\{f(a_1), g(a_1)\} \qquad ⑤$$

此处的 f, g 是线性函数 $f(x)=1+M_{n-1}x, g(x)=(1+M_{n-2})+(1-M_{n-2})x$. 因 f 递增, g 递减, 它们的图形交于唯一的点 $(\tilde{x}, \tilde{y})$, 并且
$$\max\{f(x), g(x)\}\geqslant \tilde{y}, \text{对每个实数 } x \qquad ⑥$$

令 $x=\dfrac{F_{n-1}}{F_n}$, 由 ① 知 x 的值是 a_1. 易证
$$f\left(\frac{F_{n-1}}{F_n}\right)=g\left(\frac{F_{n-1}}{F_n}\right)=\frac{F_{n+2}-1}{F_n}=M_n$$

因此, $\tilde{y}=M_n$. 由 ⑤, ⑥ 知 $a_0+\cdots+a_n\geqslant \tilde{y}=M_n$. 于是, 对每个 $n\geqslant 2, M_n$ 是和 $a_0+a_1+\cdots+a_n$ 的最小值.

第四编
第39届国际数学奥林匹克

第 39 届国际数学奥林匹克题解

中国台湾,1998

1 在凸四边形 $ABCD$ 中,两对角线 AC 与 BD 互相垂直,两对边 AB 与 DC 不平行. 点 P 为线段 AB 及 CD 的垂直平分线的交点,且 P 在四边形 $ABCD$ 的内部. 证明:$ABCD$ 为圆内接四边形的充分必要条件是 $\triangle ABP$ 与 $\triangle CDP$ 的面积相等.

卢森堡命题

证法 1 先证必要性. 即当 A,B,C,D 四点共圆时,有 $S_{\triangle ABP} = S_{\triangle CDP}$.

设两条垂直的对角线 AC 与 BD 交于一点 K,如图 39.1 所示. 从而
$$90° = \angle AKB = \angle DBC + \angle ACB =$$
$$\frac{1}{2}(\widehat{AB} \text{ 的度数} + \widehat{CD} \text{ 的度数}) = \frac{1}{2}(\angle APB + \angle CPD) \Rightarrow$$
$$\angle APB + \angle CPD = 180° \Rightarrow \sin \angle APB = \sin \angle CPD$$

又由于 A,B,C,D 共圆,且 AB 与 CD 不平行,故 P 为 $ABCD$ 外接圆的圆心. 从而,$PA = PB = PC = PD$. 所以
$$S_{\triangle ABP} = \frac{1}{2} PA \cdot PB \cdot \sin \angle APB =$$
$$\frac{1}{2} PC \cdot PD \cdot \sin \angle CPD = S_{\triangle CDP}$$

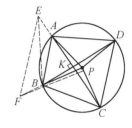

图 39.1

下证充分性. 即当 $S_{\triangle ABP} = S_{\triangle CDP}$ 时,有 A,B,C,D 四点共圆.

如果 $PA = PD$,那么,由 P 的定义可知 A,B,C,D 都在一个以 P 为圆心的圆周上.

否则,不失一般性,假设 $PA < PD$. 于是可在 KA 延长线上取一点 E,使 $PE = PD$;在 KB 延长线上取一点 F,使 $PF = PC$. 则凸四边形 $EDCF$ 满足 E,D,C,F 共圆,且对角线 $EC \perp FD$. 对其应用前述必要性的证明可知 $S_{\triangle PEF} = S_{\triangle PCD}$.

另一方面,无论 P 位置如何,总有直线 BP 与线段 AC 相交,可知 E 到直线 BP 的距离一定大于 A 到直线 BP 的距离 $\Rightarrow S_{\triangle ABP} < S_{\triangle EBP}$. 类似地,直线 EP 必与线段 BD 相交. 从而 F 到直线 PE 的距离一定大于 B 到直线 PE 的距离 $\Rightarrow S_{\triangle EFP} > S_{\triangle EBP}$. 从而,$S_{\triangle EFP} > S_{\triangle ABP} = S_{\triangle CDP}$. 与前述矛盾,故假设不成立. 故必有

$PA = PD$, 即 A, B, C, D 共圆.

综合以上两方面知, A, B, C, D 四点共圆的充分必要条件为 $\triangle ABP$ 与 $\triangle CDP$ 面积相等.

证法 2 记 AC 与 BD 交于点 E, 过点 P 作线段 AE, BE 之垂线, 垂足分别记为 M, N. 由 $AC \perp BD$ 可知 $PMEN$ 为矩形, 因此
$$PM = NE, PN = ME$$
由点 P 的选取可知 $PA = PB, PC = PD$, 为了证 A, B, C, D 四点共圆, 只要证明
$$PA = PB = PC = PD$$
下面先来计算 $\triangle ABP, \triangle CDP$ 之面积, 即
$$2S_{\triangle ABP} = 2S_{\triangle ABE} - 2S_{\triangle PAE} - 2S_{\triangle PBE} =$$
$$(AM + ME)(BN + NE) - (AM + ME)PM -$$
$$(BN + NE)PN = AM \cdot BN - PN \cdot NE =$$
$$AM \cdot BN - PN \cdot PM$$
$$2S_{\triangle CDP} = 2S_{\triangle ECD} + 2S_{\triangle PCE} + 2S_{\triangle PED} =$$
$$(CM - ME)(DN - EN) + (CM - ME)PM +$$
$$(DN - NE)PN = CM \cdot DN - NE \cdot EM =$$
$$CM \cdot DN - PN \cdot PM$$
所以 $2(S_{\triangle ABP} - S_{\triangle CDP}) = AM \cdot BN - CM \cdot DN$
因此, 为了证明 $S_{\triangle ABP} = S_{\triangle CDP}$ 当且仅当
$$AM \cdot BN = CM \cdot DN$$

设 $S_{\triangle ABP} = S_{\triangle CDP}$, 我们来证 $PA = PC$. 用反证法, 若 $PA \neq PC$. 由对称性, 不妨设 $PA > PC$. 由于 PM 为 $\triangle PAC$ 的过点 P 的高, 因此 $AM > CM$. 因为 $S_{\triangle ABP} = S_{\triangle CDP}$, 所以有 $AM \cdot BN = CM \cdot DN$, 所以 $DN > BN$; 由于 PN 为 $\triangle PBD$ 的过点 P 的高, 因此 $PD > PB$, 即 $PC > PA$. 这和 $PA > PC$ 矛盾, 所以证明了 $PA = PC$.

反之, 若 $PA = PB = PC = PD$, 分别考虑 $\triangle PAC$ 及 $\triangle PBD$ 有 $AM = MC, BN = ND$, 所以 $AM \cdot BN = MC \cdot ND, S_{\triangle ABP} = S_{\triangle CDP}$.

证法 3 如图 39.2 所示, 不妨设 BA 和 CD 交于点 Q, AC 与 BD 交于点 $G. E, F$ 分别为 AB 与 CD 的中点, H 为 EG 的延长线与 CD 的交点.

若 A, B, C, D 四点共圆, 由条件 GE 为 Rt$\triangle AGB$ 的斜边上的中线, 可知
$$\angle HGC = \angle AGE = \angle GAE = \angle BDC$$
从而 $\angle HGC + \angle HCG = \angle GDC + \angle DCG = 90°$
故 $EH \perp CD$. 所以 $EG // PF$. 同理可证 $GF // PE$. 于是四边

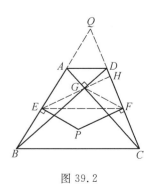

图 39.2

此证法属于许以超

$PFGE$ 为平行四边形. 此时, $PF = EG = \frac{1}{2}AB$, $PE = GF = \frac{1}{2}CD$.
这表明
$$S_{\triangle ABP} = \frac{1}{2}AB \cdot PE = \frac{1}{4}AB \cdot CD = \frac{1}{2}PF \cdot CD = S_{\triangle CDP}$$
必要性得证.

若 $S_{\triangle ABP} = S_{\triangle CDP}$, 则有
$$\frac{EG}{GF} = \frac{AB}{CD} = \frac{PF}{EP}$$
而在 $\triangle GEF$ 与 $\triangle PFE$ 中, 有
$$\angle EGF = \angle EGB + \angle BGC + \angle FGC = 90° + \angle QBD + \angle QCA =$$
$$90° + (\angle GDC - \angle Q) + \angle GCD =$$
$$180° - \angle Q = \angle EPF$$
从而 $\triangle GEF \sim \triangle PFE$, 而 $EF = EF$, 故 $\triangle GEF \cong \triangle PFE$. 由此易证四边形 $PFGE$ 为平行四边形. 于是 $EH \perp CD$, 这表明
$$\angle CDB = 90° - \angle DGH = 90° - \angle EGB = 90° - \angle ABG = \angle BAC$$
所以 A, B, C, D 四点共圆. 充分性获证.

> **❷** 在某项竞赛中, 共有 a 个参赛选手与 b 个裁判, 其中 $b \geq 3$ 且为奇数. 每个裁判对每个选手的评分只有 "通过" 或 "不及格" 两个等级. 设 k 是满足以下条件的整数: 任何两个裁判至多可对 k 个选手有完全相同的评分.
>
> 证明: $\frac{k}{a} \geq \frac{b-1}{2b}$.

印度命题

证法 1 首先, 如果两个裁判对某个参赛者有相同的评判, 我们就称其为一个 "同意". 由已知, 任意两个裁判最多对 k 个参赛者有相同的评判, 即任两个裁判最多产生 k 个 "同意" (设 "同意" 的点数为 n). 从而
$$n \leq k C_b^2 \qquad ①$$

另一方面, 对任意一个参赛者, 设有 A 个裁判判他通过, 而 B 个裁判判他不及格, 其中 $A + B = b$. 则对于这个参赛者, 有关他的 "同意" 个数为
$$C_A^2 + C_B^2 = \frac{A^2 + B^2 - (A+B)}{2} =$$
$$\frac{(A+B)^2 + (A-B)^2 - 2(A+B)}{4} =$$
$$\frac{b^2 - 2b + (A-B)^2}{4}$$

由于 b 是一个奇数, 故 $A - B$ 也应是一个奇数. 从而

$$\mathrm{C}_A^2 + \mathrm{C}_B^2 \geqslant \frac{b^2 - 2b + 1}{4} = \left(\frac{b-1}{2}\right)^2$$

这样
$$n \geqslant a\left(\frac{b-1}{2}\right)^2 \quad ②$$

由 ①,② 可知
$$a\left(\frac{b-1}{2}\right)^2 \leqslant k\mathrm{C}_b^2 \Rightarrow \frac{k}{a} \geqslant \frac{b-1}{2b}$$

证法 2 构造一个 $a \times b$ 的矩阵 (A_{ij}),其中 $A_{ij}(1 \leqslant i \leqslant a, 1 \leqslant j \leqslant b)$ 定义如下

$$A_{ij} = \begin{cases} 1, \text{若第 } j \text{ 个裁判对第 } i \text{ 个参赛者判为"通过"} \\ -1, \text{若第 } j \text{ 个裁判对第 } i \text{ 个参赛者判为"不及格"} \end{cases}$$

易知,第 j 个和第 n 个裁判对第 i 个参赛者判定相同时,有 $A_{ij}A_{in} = 1$,判定不相同时,$A_{ij}A_{in} = -1$.

设 k_{jn} 表示第 j 个和第 n 个裁判对所有参赛者判定相同的人数,则

$$a = 2k_{jn} - \sum_{i=1}^{a} A_{ij} A_{in}$$

而对任意 $1 \leqslant j < n \leqslant b$,有 $k_{jn} \leqslant k$,于是

$$\sum_{1 \leqslant j < n \leqslant b} a \leqslant \sum_{1 \leqslant j < n \leqslant b} (2k - \sum_{i=1}^{a} A_{ij} A_{in}) \quad ③$$

注意到
$$\sum_{1 \leqslant j < n \leqslant b} \sum_{i=1}^{a} A_{ij} A_{in} = \sum_{i=1}^{a} \sum_{1 \leqslant j < n \leqslant b} A_{ij} A_{in} = \frac{1}{2} \sum_{i=1}^{a} ((\sum_{m=1}^{b} A_{im})^2 - \sum_{m=1}^{b} A_{im}^2) = \frac{1}{2} \sum_{i=1}^{a} ((\sum_{m=1}^{b} A_{im})^2 - b) \quad ④$$

由于 b 为奇数,从而 $\sum_{m=1}^{b} A_{im} \neq 0$,于是式 ④ 右边大于等于

$$\frac{1}{2} \sum_{i=1}^{a} (1 - b) = \frac{1}{2} a(1-b)$$

结合式 ③ 有
$$a\mathrm{C}_b^2 \leqslant 2k\mathrm{C}_b^2 - \frac{1}{2}a(1-b)$$

由此可得
$$\frac{k}{a} \geqslant \frac{b-1}{2b}$$

此证法属于田廷彦

❸ 对任一正整数 n，令 $d(n)$ 表示 n 的正因数（包括 1 及 n 本身）的个数．试确定所有可能的正整数 k，使得有一个正整数 n 满足 $\dfrac{d(n^2)}{d(n)} = k$．

白俄罗斯命题

解法 1 首先，如果 k 是一个可能的正整数，即存在 $n \in \mathbf{N}$，使得
$$\frac{d(n^2)}{d(n)} = k$$
可设 n 的素数分解式为 $n = p_1^{\alpha_1} p_2^{\alpha_2} \cdots p_s^{\alpha_s}$，则有
$$d(n) = \prod_{i=1}^{s}(\alpha_i + 1)$$
而
$$d(n^2) = \prod_{i=1}^{s}(2\alpha_i + 1)$$
从而
$$\prod_{i=1}^{s}(2\alpha_i + 1) = k \prod_{i=1}^{s}(\alpha_i + 1)$$
由于左边是奇数，故 k 也应是奇数．

下面证明，所有的奇数都是可能的．

(1) 首先，如果一个数可以表示成 $\prod_{i=1}^{s} \dfrac{(2\alpha_i + 1)}{(\alpha_i + 1)}$ 的形式（其中 α_i 都是非负整数，$i = 1, 2, \cdots, s$)，那么，由于素数是无限多的，可取 s 个互异素数 $p_1, p_2, \cdots, p_s$，并取 $n = p_1^{\alpha_1} p_2^{\alpha_2} \cdots p_s^{\alpha_s}$，则有 $\dfrac{d(n^2)}{d(n)}$ 等于这个数．从而这个数是可能的．

(2) 类似地也可知，若自然数 k 是可能的，如果 $\prod_{i=1}^{s} \dfrac{(2\alpha_i + 1)}{(\alpha_i + 1)}, k \in \mathbf{N}$，那么这个数也是可能的．

下面用归纳法证明上面提出的那个命题．

由于 $\dfrac{d(1^2)}{d(1)} = 1$，故 1 是可能的．假设对小于等于 $2k-1$ 命题成立，则对于 $2k+1 (k \in \mathbf{N})$，设 $2k+2 = 2^m t$（m 是自然数，t 是奇数）．取
$$p = 2t(2^{m-1} - 1), \quad q = t(2^{m-1} p + 1) - 1$$
则
$$t\left(\frac{2p+1}{p+1}\right)\left(\frac{4p+1}{2p+1}\right) \cdots \left(\frac{2^{m-1}p+1}{2^{m-2}p+1}\right)\left(\frac{2q+1}{q+1}\right) =$$
$$t \cdot \frac{(2^{m-1}p+1)}{p+1} \cdot \frac{2t(2^{m-1}p+1) - 1}{t(2^{m-1}p+1)} =$$
$$\frac{2t(2^{m-1}p+1) - 1}{p+1} = 2^m t - \frac{2t(2^{m-1}-1)+1}{p+1} =$$
$$2^m t - 1 = 2k+1$$

由于 t 是小于 $2k+1$ 的奇数,故 t 是可能的.由上面的式子可知 $2k+1$ 也是可能的.从而,所有的正奇数都是可能的.

综合以上两个方面知,所有可能的数即为所有的正奇数.

解法 2 记 $n = p_1^{e_1} \cdots p_s^{e_s}$,其中 $1 < p_1 < \cdots < p_s$ 为素数,由函数 $d(n)$ 的定义可知 〔此解法属于许以超〕
$$d(n) = (e_1+1)(e_2+1)\cdots(e_n+1)$$
$$d(n^2) = (2e_1+1)(2e_2+1)\cdots(2e_n+1)$$

于是 $d(1) = d(1^2) = 1$,因此 $\dfrac{d(1^2)}{d(1)} = 1$.设 $n > 1$,有
$$\frac{d(n^2)}{d(n)} = \frac{(2e_1+1)(2e_2+1)\cdots(2e_s+1)}{(e_1+1)(e_2+1)\cdots(e_s+1)} = k$$

注意到分子为奇数.所以若对自然数 k,存在自然数 n,则 k 必须为奇数,且每个 e_i 必须为偶数.

我们来证明任取奇数 k,则必存在自然数 n 有 $\dfrac{d(n^2)}{d(n)} = k$.为此对 k 作归纳法,当 $k = 1$,取 $n = 1$ 即可.设对小于 k 的奇数 k_0,都有自然数 n_0, $\dfrac{d(n_0^2)}{d(n_0)} = k_0$.今任取奇数 k,$k \geqslant k_0$,则有
$$k = 2^e k_0 - 1, e \in \mathbf{N}$$

由 $d(n)$ 的定义可知:如果 $n = n'n''$,n' 和 n'' 互素,则
$$d(n) = d(n')d(n'')$$

今构造
$$e_1 = (2^e - 1)k_0 - 1, e_i = 2^{i-1}e_1, i = 1, 2, \cdots, e$$

取素数 $p_1, \cdots, p_e$ 和 k_0 互素.由此可构造数 n,即
$$n = p_1^{e_1} \cdots p_e^{e_e} n_0$$

则
$$\frac{d(n^2)}{d(n)} = \frac{d(p_1^{2e_1} \cdots p_e^{2e_e})d(n_0^2)}{d(p_1^{e_1} \cdots p_e^{e_e})d(n_0)} = \frac{(2e_1+1)\cdots(2e_e+1)}{(e_1+1)\cdots(e_e+1)} k_0 =$$
$$\frac{(2e_1+1)(2^2 e_1+1)\cdots(2^e e_1+1)}{(e_1+1)(2e_1+1)\cdots(2^{e-1}e_1+1)} k_0 = \frac{2^e e_1 + 1}{e_1 + 1} k_0$$

由于
$$e_1 = (2^e - 1)k_0 - 1$$
所以
$$\frac{d(n^2)}{d(n)} = \frac{2^e e_1 + 1}{e_1 + 1} = \frac{2^e(2^e-1)k_0 - 2^e + 1}{((2^e-1)k_0 - 1) + 1} =$$
$$\frac{(2^e-1)(2^e k_0 - 1)}{(2^e-1)k_0} = 2^e k_0 - 1 = k$$

由归纳法便证明了命题.结论为 k 是任意奇数.

解法 3 显然，$n=1$ 时，$\dfrac{d(n^2)}{d(n)}=1$，故 k 可以取 1.

若 $n>1$，设 n 的质因数分解为 $n=p_1^{\alpha_1}p_2^{\alpha_2}\cdots p_s^{\alpha_s}$，则
$$\dfrac{d(n^2)}{d(n)}=\dfrac{(2\alpha_1+1)(2\alpha_2+1)\cdots(2\alpha_s+1)}{(\alpha_1+1)(\alpha_2+1)\cdots(\alpha_s+1)}=$$
$$\dfrac{(2\beta_1-1)(2\beta_2-1)\cdots(2\beta_s-1)}{\beta_1\beta_2\cdots\beta_s}$$

其中 $\beta_i=\alpha_i+1, 1\leqslant i\leqslant s$

命题转化为求所有可以表示为如下形式的正整数 k，即
$$k=\dfrac{(2\beta_1-1)(2\beta_2-1)\cdots(2\beta_s-1)}{\beta_1\beta_2\cdots\beta_s} \qquad ③$$

其中，s 为自然数，β_i 为大于 1 的自然数. 为方便起见，我们称具有形式 ③ 的自然数 k 为"可表示的". 显然，如果 k_1 和 k_2 都是可表示的，则 $k_1\cdot k_2$ 也是可表示的. 并且，基于 ③ 的分子均为奇数，所以，β_i 均为大于 1 的奇数，且 k 必须为奇数.

下面用数学归纳法证明：所有的正奇数均是可以表示的.

注意到，$3=\dfrac{9}{5}\times\dfrac{5}{3}$，所以 3 是可表示的.

由于每个正奇数均可唯一地表示为 $2^{n+1}m+2^n-1$ 的形式，其中，n 为自然数，$m\geqslant 0$ 为整数（这一点只需将奇数表示为二进制，再将从右至左连续出现的所有的 1 合为 2^n-1 即可）. 我们假设所有小于 $2^{n+1}m+2^n-1$ 的奇数均为可表示的，下证 $2^{n+1}\cdot m+2^n-1$ 也是可表示的.

事实上，如果令
$$\beta_1=(2^n-1)(2m+1), \beta_{i+1}=2\beta_i-1, 1\leqslant i\leqslant n-1$$
则 $\beta_n-1=2^{n-1}(\beta_1-1), 2\beta_n-1=(2^n-1)(2^{n+1}m+2^n-1)$

于是 $A=\dfrac{(2\beta_1-1)}{\beta_1}\cdot\dfrac{(2\beta_2-1)}{\beta_2}\cdot\cdots\cdot\dfrac{(2\beta_n-1)}{\beta_n}=$
$$\dfrac{2\beta_n-1}{\beta_1}=\dfrac{2^{n+1}m+2^n-1}{2m+1}$$

注意到，当 $2^{n+1}m+2^n-1>1$ 时，有 $\beta_1>1$. 上式中，若 $m=0$，则表明 $2^{n+1}m+2^n-1$ 是可表示的，否则，由归纳假设 $2m+1$ 是可表示的，设 $2m+1$ 具有表示 B，则 AB 即为 $2^{n+1}m+2^n-1$ 的表示.

综上所述，满足条件的 k 为一切正奇数.

此解法属于田廷彦

❹ 试确定使 ab^2+b+7 整除 a^2b+a+b 的全部正整数对 (a,b).

英国命题

解法 1 若正整数对 (a,b) 满足 $ab^2+b+7\mid a^2b+a+b$，则 $ab^2+b+7\mid a(ab^2+b+7)-b(a^2b+a+b)=7a-b^2$

ⅰ 当 $7a - b^2 = 0$ 时,有 $7 \mid b$,设 $b = 7k(k \in \mathbf{N}^+)$,代入得 $a = 7k^2$,此时有
$$a^2 b + a + b = k(ab^2 + b + 7)$$
故 $(7k^2, 7k)$ 是解.

ⅱ 当 $7a - b^2 < 0$ 时,有
$$b^2 - 7a > 0 \Rightarrow b^2 - 7a \geqslant ab^2 + b + 7$$
但这是不可能的.

ⅲ 当 $7a - b^2 > 0$ 时,有
$$7a - b^2 \geqslant ab^2 + b + 7 \Rightarrow 7a > ab^2 \Rightarrow b = 1 \text{ 或 } 2$$
若 $b = 1$,则
$$a + 8 \mid a^2 + a + 1$$
而 $a^2 + a + 1 \equiv (-8)^2 + (-8) + 1 (\mod(a+8)) \equiv 57(\mod(a+8)) \Rightarrow$
$a + 8 = 19$ 或 $57 \Rightarrow a = 11$ 或 49

此时又得两组解
$$\begin{cases} a = 11 \\ b = 1 \end{cases}, \begin{cases} a = 49 \\ b = 1 \end{cases}$$

若 $b = 2$. 由
$$ab^2 + b + 7 \mid 7a - b^2 \Rightarrow 4a + 9 \mid 7a - 4$$
$$2(4a + 9) > 7a - 4$$
故只能
$$4a + 9 = 7a - 4$$
但这也不可能.

综合 ⅰ,ⅱ,ⅲ 知,所有解为
$$(11, 1), (49, 1), (7k^2, 7k), k \in \mathbf{N}^+$$

解法 2 将 a, b 用 x, y 表示,现有
$$y(x^2 y + x + y) - x(xy^2 + y + 7) = y^2 - 7x$$
若 $\qquad xy^2 + y + 7 \mid x^2 y + x + y$
则 $\qquad xy^2 + y + 7 \mid y^2 - 7x$
注意到 x, y 为正整数,下面分三种情形讨论.

ⅰ $y^2 > 7x$. 此时必须
$$y^2 - 7x \geqslant xy^2 + y + 7$$
即 $\qquad (x-1)y^2 + 7x + y + 7 \leqslant 0$
由于 x, y 为正整数,这时无解.

ⅱ $y^2 = 7x$. 于是 $7 \mid y$,记 $y = 7z$,代入得 $x = 7z^2$,因此
$$xy^2 + y + 7 = 7^3 z^4 + 7z + 7 = 7(7^2 z^4 + z + 1)$$
$$x^2 y + x + y = 7^3 z^5 + 7z^2 + 7z = 7z(7^2 z^4 + z + 1)$$
这证明了解为

此解法属于许以超

$(x,y)=(7z^2,7z), z=1,2,\cdots$

ⅲ $y^2 < 7x$. 此时必须
$$7x - y^2 \geqslant xy^2 + y + 7$$
即 $$7x \geqslant (x+1)y^2 + y + 7$$
当 $y \geqslant 3$ 又推出矛盾,所以只有 $y=1,2$.

设 $y=1$,则 $x+8 \mid 7x-1$,而
$$7x-1 = 7(x+8) - 57$$
所以 $x+8 \mid 57$. 由
$$57 = 1 \times 57 = 3 \times 19, x+8 \geqslant 8$$
可知 $x+8=57$ 或 $x+8=19$,即 $x=49$ 或 $x=11$,将 $(x,y)=(49,1),(11,1)$ 分别代入原式可证它们都是解.

设 $y=2$,则 $4x+9 \mid 7x-4$. 由 $4(7x-4)=7(4x+9)-79$,所以必须 $(4x+9) \mid 79$. 但是 79 为素数,又 $4x+9 \geqslant 9$,所以只有 $4x+9=79$. 这时正整数解 x 不存在,所以当 $y=2$ 时无解.

至此给出解为
$$(x,y) = (11,1), (49,1), (7z^2, 7z), z=1,2,\cdots$$

解法 3 由条件,显然
$$ab^2 + b + 7 \mid a^2b^2 + ab + b^2$$
而 $$a^2b^2 + ab + b^2 = a(ab^2+b+7) + b^2 - 7a$$
故 $$ab^2 + b + 7 \mid b^2 - 7a$$
下面分三种情形讨论.

ⅰ $b^2 - 7a > 0$. 此时
$$b^2 - 7a < b^2 < ab^2 + b + 7$$
矛盾.

ⅱ $b^2 = 7a$. 此时 a,b 应具有 $a=7k^2, b=7k, k \in \mathbf{N}^+$ 的形式. 显然 $(a,b)=(7k^2, 7k)$ 满足条件.

ⅲ $b^2 - 7a < 0$. 此时由
$$7a - b^2 \geqslant ab^2 + b + 7$$
可知 $b^2 < 7$,进而 $b=1$ 或 2. 当 $b=1$ 时,由条件
$$\frac{a^2+a+1}{a+8} = a - 7 + \frac{57}{a+8}$$
为自然数,可知 $a=11$ 或 49,得解 $(a,b)=(11,1)$ 或 $(49,1)$;当 $b=2$ 时,由 $\frac{7a-4}{4a+9}(<2)$ 为正整数,可知 $\frac{7a-4}{4a+9}=1$,此时 $a=\frac{13}{3}$,矛盾.

综上,所有解为
$$(a,b)=(11,1),(49,1),(7k^2,7k), k \in \mathbf{N}^+$$

此解法属于田廷彦

❺ 设 I 是 $\triangle ABC$ 的内心,并设 $\triangle ABC$ 的内切圆与三边 BC,CA,AB 分别相切于点 K,L,M. 过点 B 平行于 MK 的直线分别交直线 LM 及 LK 于点 R 和 S. 证明:$\angle RIS$ 是锐角.

乌克兰命题

证法 1 由 $RS \parallel MK$,有
$$\angle MBR = \angle KMB, \angle KBS = \angle MKB$$
而 BM 与 BK 是两条切线,则
$$BM = BK, \angle KMB = \angle MKB$$
所以
$$\angle MBR = \angle KBS$$
联结 IB,如图 39.3 所示,则 $IB \perp RS$. 熟知
$$\angle LMK = 90° - \frac{\angle C}{2} = \angle CKL = \angle BKS$$
所以
$$\angle BRM = \angle LMK = \angle BKS$$
从而
$$\triangle BMR \backsim \triangle BSK \Rightarrow \frac{BR}{BM} = \frac{BK}{BS}$$
故
$$BM \cdot BK = BR \cdot BS$$
即(r 为内切圆半径)
$$BR \cdot BS = BM^2 = IB^2 - r^2 < IB^2 \Rightarrow \angle RIS \text{ 是锐角}$$

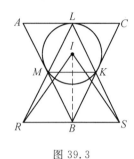

图 39.3

此证法属于许以超

证法 2 为了证 $\angle RIS$ 是锐角. 由余弦定理,只要证
$$RI^2 + SI^2 - RS^2 = 2RI \cdot SI \cdot \cos \angle RIS > 0$$
为此我们来计算 $RI^2 + SI^2 - RS^2$.

现有 $MK \parallel RS$,考虑 $\triangle BMR$ 及 $\triangle BSK$,于是
$$\angle MRB = \angle LMK = \frac{1}{2}(\pi - \angle C)$$
同理
$$\angle RMB = \angle AML = \frac{1}{2}(\pi - \angle A)$$
而
$$\angle MBR = \pi - \angle MRB - \angle RMB = \frac{1}{2}(\angle C + \angle A) = \frac{1}{2}(\pi - \angle B)$$
同理
$$\angle KSB = \angle LKM = \frac{1}{2}(\pi - \angle A)$$
$$\angle SKB = \angle LKC = \frac{1}{2}(\pi - \angle C)$$
$$\angle KBS = \frac{1}{2}(\pi - \angle B)$$

由正弦定理,有
$$\frac{BR}{\sin \angle RMB} = \frac{BM}{\sin \angle MRB}, \frac{BK}{\sin \angle KSB} = \frac{BS}{\sin \angle BKS}$$

因此 $$\frac{BR}{BM} = \frac{\cos\frac{A}{2}}{\cos\frac{C}{2}} = \frac{BK}{BS}$$

今 $BI \perp MK$，所以 $BI \perp RS$. 又 $MI \perp AB$，所以考虑 $\text{Rt}\triangle IRB, \text{Rt}\triangle ISB, \text{Rt}\triangle BIM$ 有
$$IR^2 + IS^2 - RS^2 = (IB^2 + RB^2) + (BI^2 + BS^2) - (BR + BS)^2 = 2BI^2 - 2BR \cdot BS$$
注意到 $BK = BM$，因此 $BR \cdot BS = BM^2$. 所以
$$IR^2 + IS^2 - RS^2 = 2(BI^2 - BM^2) = 2IM^2 > 0$$
所以证明了命题.

证法 3 如图 39.4 所示，联结 BI, MI, KI.

在 $\triangle BKS$ 与 $\triangle MLK$ 中，$\angle LKM = \angle KSB$，$\angle BKS = \angle LKC = \angle IMK$. 于是有 $\triangle BKS \backsim \triangle MLK$，从而 $\frac{BS}{BK} = \frac{LK}{LM}$.

同理可证，$\frac{BR}{BM} = \frac{LM}{LK}$. 可知
$$BR \cdot BS = BM \cdot BK$$

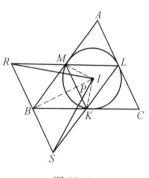

图 39.4

又显然 $BI \perp MK, BM = BK$，于是
$$BM \cdot BK = BM^2 < BI^2$$
即 $$BR \cdot BS < BI^2$$
这表明，在 BI 内存在点 P，使得
$$BR \cdot BS = BP^2$$
在 $\triangle RPS$ 中，应用射影定理的逆定理，可知 $\angle RPS = 90°$，于是点 I 在以 RS 为直径的圆外，从而 $\angle RIS < 90°$.

❻ 设 $\mathbf{N}^+$ 是全部正整数的集合，f 是从 $\mathbf{N}^+$ 映射到本身的函数，且对于 $\mathbf{N}^+$ 中的任何 s 与 t，皆满足 $f(t^2 f(s)) = s(f(t))^2$. 试在所有的函数 f 中，确定 $f(1\,998)$ 可能达到的最小值.

保加利亚命题

解法 1 对每一个满足题目条件的确定的函数 f，由已知
$$f(t^2 f(s)) = s(f(t))^2 \qquad ①$$
令 $t = 1$，代入得
$$f(f(s)) = s(f(1))^2 \qquad ②$$
再令 $s = 1$，代入①得
$$f(t^2 f(1)) = (f(t))^2 \qquad ③$$
现设 $f(1) = k$，则②，③两式可化为
$$f(f(s)) = k^2 s \qquad ④$$
$$f(kt^2) = (f(t))^2 \qquad ⑤$$

令 $s=1$ 代入 ④,得
$$f(k)=k^2$$
再令 $s=f(k)$ 代入 ①,得
$$f(t^2k^3)=k^2(f(t))^2$$
另一方面,由式 ⑤,得
$$f(t^2k^3)=f(k(kt)^2)=(f(kt))^2$$
比较两式得
$$(f(kt))^2=k^2(f(t))^2 \Rightarrow f(kt)=kf(t) \qquad ⑥$$
将 ⑥ 代入 ⑤ 得
$$kf(t^2)=(f(t))^2$$
类似有
$$kf(t^4)=(f(t^2))^2$$
$$\vdots$$
$$kf(t^{2^m})=(f(t^{2^{m-1}}))^2$$
将这列式子的第一个平方并与第二个比较得
$$k^3 f(t^4)=(f(t))^4$$
再平方并与第三式比较得
$$k^7 f(t^8)=(f(t))^8$$
依此类推,最后可得
$$(f(t))^{2^m}=k^{2^m-1}f(t^{2^m}) \qquad ⑦$$
其中,m 是任一个正整数.

则 k 的任一个素因子 p,有 $p^\alpha \| k$ 及 $p^\beta \| f(t)$.

由 ⑦ 得
$$\beta \cdot 2^m \geqslant \alpha(2^m-1)$$
即
$$\frac{\beta}{\alpha} \geqslant \frac{2^m-1}{2^m}$$
两边取极限得
$$\frac{\beta}{\alpha} \geqslant \lim_{m \to \infty} \frac{2^m-1}{2^m}=1 \Rightarrow \beta \geqslant \alpha$$
由此及 p 的任意性可知 $k \mid f(t)$.

下设 $g(t)=\dfrac{f(t)}{k}$,则 $g(t)$ 也是 $\mathbf{N}^+ \to \mathbf{N}^+$ 的函数.

由 ⑥ 得
$$f(t^2 f(s))=f(t^2 kg(s))=kf(t^2 g(s))=k^2 g(t^2 g(s))$$
及
$$s(f(t))^2=k^2 s(g(t))^2$$
再由 ① 即得
$$g(t^2 g(s))=s(g(t))^2 \qquad ⑧$$

这表明 g 也是一个满足题目条件的函数,且 $g(1)=1$. 从而,前面所得的关于 f 的结果对 g 都适用,且将其中的 k 换为 1. 于是,

由 ④, ⑤ 得
$$g(g(s)) = s \qquad ⑨$$
$$g(t^2) = (g(t))^2 \qquad ⑩$$
在 ⑧ 中用 $g(s)$ 代 s 可得
$$g(t^2 s) = g(s)(g(t))^2 \qquad ⑪$$
应用 ⑩ 与 ⑪ 得
$$(g(ab))^2 = g(a^2 b^2) = g(a^2)(g(b))^2 = (g(a)g(b))^2 \Rightarrow$$
$$g(ab) = g(a)g(b) \qquad ⑫$$

由 ⑨ 可看出 g 是单射,故对所有 $a > 1$ 都有 $g(a) > 1$. 再由 ⑫ 即知合数对应的函数值仍是合数,从而对素数 p, 由 $g(g(p)) = p \Rightarrow g(p)$ 是素数.

这样可知
$$f(1\,998) = kg(1\,998) = kg(2)g(3)^3 g(37) \geqslant$$
$$(2^3 \cdot 3 \cdot 5)k = 120k \geqslant 120$$

另一方面,作一个函数 f 如
$$\begin{cases} f(1) = 1 \\ f(2) = 2 \\ f(3) = 2 \\ f(5) = 37 \\ f(37) = 5 \\ f(p) = p \,(p \text{ 是其余的素数}) \\ f(n) = f(p_1)^{\alpha_1} f(p_2)^{\alpha_2} \cdots f(p_k)^{\alpha_k} \\ n = p_1^{\alpha_1} \cdots p_k^{\alpha_k} \text{ 是合数 } n \text{ 的素数分解式} \end{cases}$$

容易验证它满足题目条件,且 $f(1\,998) = 120$. 从而, $f(1\,998)$ 最小值是 120.

解法 2 取 $t = 1$, 记 $a = f(1) \in \mathbf{N}^+$, 有
$$f(f(s)) = a^2 s$$
取 $s = 1$ 有
$$f(at^2) = (f(t))^2$$
于是
$$(f(s)f(t))^2 = (f(s))^2 (f(t))^2 = (f(s))^2 f(at^2) =$$
$$f(s^2 f(f(at^2))) = f(s^2 a^2 (at)^2) =$$
$$f(a(ast)^2) = (f(ast))^2$$
注意到函数值都是正整数,因此有
$$f(s)f(t) = f(ast)$$
取 $t = 1$ 有
$$af(s) = f(as)$$

所以
$$f(s)f(t)=f(ast)=af(st)$$

下面证明对任意自然数 s,有 $a \mid f(s)$.事实上,我们先用归纳法来证明
$$(f(s))^n = a^{n-1}f(s^n), n=1,2,\cdots$$

显然,当 $n=1$,上式成立.设 n 时成立,有
$$(f(s))^{n+1}=f(s)(f(s))^n=a^{n-1}f(s)f(s^n)=a^{n-1}af(ss^n)$$
由归纳法便证明了断言.

今任取正整数 a 的素因子 p,设 $p^e \| f(s)$,符号"$\|$"表示 $p^e \mid f(s), p^{e+1} \nmid f(s)$.记 $p^f \| a$.由 $a^{n-1} \mid (f(s))^n$ 有 $ne \geqslant (n-1)f$.所以
$$e \geqslant f - \frac{f}{n}, n=1,2,\cdots$$

当 n 充分大时,$\frac{f}{n}$ 充分小.注意到 e,f 为正整数,所以证明了 $e \geqslant f$,记 $a \mid f(s)$.

记 $g(s)=a^{-1}f(s)$,则有下列 6 个结论.

(1) $g(1)=a^{-1}f(1)=1$.

(2) $g(s)g(t)=a^{-2}f(s)f(t)=a^{-1}f(st)=g(st)$.

(3) $g(as)=a^{-1}f(as)=a^{-1}af(s)=f(s)=ag(s)$.

(4) $g(g(s))=s$.

事实上,已知 $f(f(s))=a^2s$,所以 $ag(ag(s))=a^2s$,由 $g(at)=ag(t)$ 有 $a^2g(g(s))=a^2s$.这证明了断言.

(5) 当 p 为素数,则 $g(p)$ 也为素数.

事实上,假设若 $g(p)=uv$,则 $g(uv)=g(g(p))=p$,即 $g(u)g(v)=p$.由 p 为素数,所以 $g(u)=1,g(v)=p$ 或 $g(u)=p,g(v)=1$.

今若 $g(w)=1$,则 $g(g(w))=g(1)=1$,所以 $w=1$.至此证明了若 $g(p)=uv$,则 $u=1$ 或 $v=1$.即 $g(p)$ 为素数.

(6) 最后证 g 为一一映射.

事实上,由 $g(g(s))=s$,若 $s \neq t, g(s)=g(t)$,则 $g(g(s))=g(g(t))$,即 $s=t$.这导出矛盾.所以 g 一一映射.

至此我们知道函数 $g(n)$ 解很多,取出所有素数,任意确定素数对并排成
$$p_1,q_1,p_2,q_2,\cdots$$
则构造 g 如下,即
$$g(p_i)=q_i, g(q_i)=p_i, i=1,2,\cdots$$
则由任一自然数 n 的唯一素因数分解式
$$n=r_1^{e_1}r_2^{e_2}\cdots r_s^{e_s}$$
其中,$r_1,r_2,\cdots,r_s$ 为不同素数,则

$$g(n) = g(r_1)^{e_1} g(r_2)^{e_2} \cdots g(r_s)^{e_s}$$

所以给出了通解.

今 $1\,998 = 2 \times 3^3 \times 37$,为了使得 $f(1\,998)$ 取所有可能的函数 f 中值最小. 自然的, 我们取 $a = 1, g(2) = 3, g(3) = 2, g(37) = 5$. 于是

$$f(1\,998) = g(1\,998) = g(2) g(3)^3 g(37) = 3 \times 2^3 \times 5 = 120$$

即所求值为 120.

解法 3 首先,我们证明条件

$$f(t^2 f(s)) = s(f(t))^2$$

此证法属于田廷彦

等价于如下两个条件,即

$$\begin{cases} f(f(s)) = s(f(1))^2 & \text{⑬} \\ f(st) = \dfrac{f(s) f(t)}{f(1)} & \text{⑭} \end{cases}$$

事实上,由条件 ⑬,⑭ 得出 ① 是显然的;另一方面,在 ① 中, 令 $t = 1$,就有 $f(f(s)) = s(f(1))^2$,为证由 ① 可推出 ⑭,我们在 ① 中,用 $f(s)$ 代 s,并结合 ⑬,就有

$$f(t^2 s(f(1))^2) = f(t^2 f(f(s))) = f(s)(f(t))^2 \quad \text{⑮}$$

于是 $f(t^2)(f(1))^2 = f(t^2 (f(1))^2) = $
$$f(t^2 \cdot 1 \cdot (f(1))^2) = f(1)(f(t))^2$$

亦即有

$$f(t^2) = \frac{(f(t))^2}{f(1)} \quad \text{⑯}$$

当然 $$f(s^2 t^2) = \frac{(f(st))^2}{(f(1))^2}$$

并且由 ⑮ 有

$$f(s^2 t^2)(f(1))^2 = f(s^2 t^2 (f(1))^2) = f(t^2)(f(s))^2 = \frac{(f(t))^2}{f(1)} (f(s))^2$$

结合这两个式子,就有 ⑭ 成立.

其次,我们证明对任意 $t \in \mathbf{N}^+$, 有 $f(1) \mid f(t)$.

事实上,由 ⑭,⑯ 结合归纳法可知

$$f(t^n) = \left(\frac{f(t)}{f(1)} \right)^{n-1} f(t)$$

对任意自然数 n 成立. 若 $f(1) \nmid f(t)$,则存在 $f(1)$ 的质因子 p 及自然数 m, 使得 $p^m \mid f(1)$, 但 $p^m \nmid f(t)$, 从而当 $n > m$ 时,将有 $p^{m(n-1)} \nmid (f(t))^n$,这导致 $f(t^n) \notin \mathbf{N}^+$. 矛盾.

如果设 $f(t) = k_t f(1)$,进一步,还可证明, 当 $s \ne t$ 时, $k_s \ne k_t$(事实上,若 $k_s = k_t$, 则 $s(f(1))^2 = f(f(s)) = f(f(t)) = t(f(1))^2$, 从而 $s = t$). 特别地, $s > 1$ 时 $k_s > 1$.

最后,我们来求 $f(1\,998)$ 的最小值.

由于
$$f(1\,998) = f(2 \times 3^3 \times 37) = \frac{f(2)(f(3))^3 f(37)}{(f(1))^4} = k_2 k_3^3 k_{37} f(1)$$
由前所述，k_2, k_3, k_{37} 都大于 1，且两两不同，我们证明
$$f(1\,998) \geqslant 1 \times 2^3 \times 3 \times 5 = 120$$
事实上，只需说明 $f(1\,998) \neq 1 \times 2^3 \times 3 \times 4$，这是因为若 $f(1\,998) = 1 \times 2^3 \times 3 \times 4$，则 $f(3) = 2, f(1) = 1$，这时，$f(9) = \frac{(f(3))^2}{f(1)} = 4$，于是 k_2 与 k_{37} 均不能等于 4.

下面构造 $f: \mathbf{N}^+ \to \mathbf{N}^+$，使得 $f(1\,998) = 120$，从而说明了 $f(1\,998)$ 的最小值为 120. 我们构造的函数如下：$f(1) = 1, f(2) = 3, f(3) = 2, f(5) = 37, f(37) = 5, f(p) = p$，其中，$p$ 为不同于 2, 3, 5, 37 的素数，且对任意正整数 $s, t, f(st) = f(s)f(t)$. 则显然此 f 满足 ⑬ 和 ⑭，从而满足题设条件.

推广 这是一道极值问题，极值的确定依赖于函数 f 的选取，而 f 由函数方程

$$f(t^2 f(s)) = s(f(t))^2 \qquad ①$$

约束，因此解决问题的关键在于刻画函数方程 ① 的解的结构（这种刻画实际上给出了 ① 的通解）. 而为了求得通解，应该研究解的性质.

此推广属于肖果能、袁平之

一、方程 ① 的解的性质

设 f 是函数方程 ① 的一个解.

(1) 设
$$f^{(1)}(x) = f(x), f^{(n)}(x) = f(f^{(n-1)}(x)), n > 1$$
则
$$f^{(n)}(1) = (f(1))^n$$

证明 依定义已有
$$f^{(1)}(1) = f(1)$$
设 $k < n$，已有
$$f^{(k)}(1) = (f(1))^k$$
则在 ① 中取 $t = 1, s = f^{(n-1)}(1)$，可得
$$f^{(n)}(1) = f(f^{(n-1)}(1)) = f(f(f^{(n-2)}(1))) = f^{(n-2)}(1) \cdot (f(1))^2 = (f(1))^{n-2}(f(1))^2 = (f(1))^n$$

(2) $f(f(s)) = (f(1))^2 s (s \in \mathbf{N}^+)$.

证明 在 ① 中取 $t = 1$ 即得.

(3) 当且仅当 1 有原像时，f 是 $\mathbf{N}^+$ 到 $\mathbf{N}^+$ 的一一对应，此时必有 $f(1) = 1$ 且 $f^{-1} = f$.

证明 如果存在 k 使 $f(k) = 1$，则 $f(f(k)) = f(1)$. 由 (2) 得 $k(f(1))^2 = f(1)$，故有 $k = 1, f(1) = 1$，而 (2) 成为

$$f(f(s)) = s$$

于是 f 是 $\mathbf{N}^+$ 到 $\mathbf{N}^+$ 的一一对应且逆映射 $f^{-1} = f$. 充分性得证. 必要性明显.

(4) $f(ab)f(1) = f(a)f(b)(a, b \in \mathbf{N})$.

证明 在 ① 中取 $s = 1, t = a$, 得
$$f(a^2 f(1)) = (f(a))^2 \qquad ②$$

于是由(2)有
$$f((f(a))^2) = f(f(a^2 f(1))) = (f(1))^2 a^2 f(1) = a^2(f(1))^3 \qquad ③$$

因此
$$f(a^2 b^2 (f(1))^3) = f((ab)^2 f(f(1))) = f(f(1))(f(ab))^2 =$$
$$(f(1))^2 (f(ab))^2 \qquad ④$$
$$f(a^2 b^2 (f(1))^3) = f(a^2 f((f(b))^2)) = (f(b))^2 (f(a))^2 \qquad ⑤$$

比较 ④,⑤,即得(4).

(5) $f(1) \mid f(s)(s \in \mathbf{N}^+)$.

证明 若 $f(1) = 1$, 则(5)显然成立.

设 $f(1) > 1$, p 是 $f(1)$ 的一个质因数, 且
$$p^a \parallel f(1), a \in \mathbf{N}^+ \qquad ⑥$$

($p^a \parallel M$ 表示 $p^a \mid M$ 而 $p^{a+1} \nmid M$). 记
$$b = \min\{k \mid p^k \mid f(s), \text{对所有 } s \in \mathbf{N}^+\}$$

设 s 为适合 $p^b \parallel f(s)$ 的某个正整数. 由 b 的定义显然有 $p^b \mid f(s^2)$. 又由(4), 对任意 $s \in \mathbf{N}^+$, 均有
$$f(s^2) f(1) = (f(s))^2 \qquad ⑦$$

因此 $p^{a+b} \mid f(s^2) f(1)$, 即 $p^{a+b} \mid (f(s))^2$, 但 $p^{2b} \parallel (f(s))^2$, 故 $2b \geq a + b$, 从而 $b \geq a$, 于是得 $p^a \mid f(s)$, 由此可知(5)亦成立.

(6) 若 $f(s) = f(1)t$, 则 $f(t) = f(1)s$.

证明 由 $f(s) = f(1)t$ 及(5), 可知 t 为自然数. 由(1), (2), (4)得
$$f(f(s)) = s(f(1))^2$$
$$f(f(s)) = f(f(1)t) = \frac{1}{f(1)} f(f(1)) f(t) = f(1) f(t)$$

两式相比较, 即得 $f(t) = f(1)s$.

(7) 若 p 为素数且 $f(p) = qf(1)$, 则 q 为素数.

证明 设 $q = q_1 q_2$, 由(6), (4), 有
$$f(q) = f(1)p$$
$$f(q) = f(q_1 q_2) = f(q_1) f(q_2) / f(1)$$

故 $p = \dfrac{f(q_1)}{f(1)} \cdot \dfrac{f(q_2)}{f(1)}$, 但 p 是素数, 故 $\dfrac{f(q_1)}{f(1)} = 1$ 或 $\dfrac{f(q_2)}{f(1)} = 1$, 即
$$f(q_1) = f(1)$$
或
$$f(q_2) = f(1)$$

不妨设 $f(q_1) = f(1)$, 则由 (1), (2) 得
$$f(f(q_1)) = q_1(f(1))^2$$
$$f(f(q_1)) = f(f(1)) = (f(1))^2$$
故 $q_1 = 1$, 由此知 q 必为素数.

二、方程的通解

设 f 是 ① 的任一解.

设 N_1 为全体素数组成的集合, 由前面的性质 (6) 可知, 对每个 $p \in N_1$, 存在唯一的 $q \in N_1$, 使
$$f(p) = f(1)q$$
令
$$q = g(p) \qquad ⑧$$
g 是 N_1 到 N_1 的映射, 由 (7) 有
$$f(q) = f(1)p$$
故知 $g(q) = p$, 即
$$g(g(p)) = p \qquad ⑨$$
因而 g 是 N_1 到 N_1 的一一对应且满足
$$g^{-1} = g$$

由 (4), 当 p, q 为素数时
$$f(pq)f(1) = f(p)f(q) = f(1)qf(1)p = (f(1))^2 g(p)g(q)$$
故得
$$f(pq) = f(1)g(p)g(q) \qquad ⑩$$
若令
$$g(pq) = g(p)g(q) \qquad ⑪$$
则由 ⑩, ⑪ 得
$$f(pq) = f(1)g(pq) \qquad ⑫$$
特别地, 要使 ⑫ 对 $p = q = 1$ 成立, 必须令
$$g(1) = 1 \qquad ⑬$$

一般地, 对任意的 $x \in \mathbf{N}^+$, 设 x 的标准分解式为 $x = p_1^{a_1} \cdots p_r^{a_r}$, $p_1 \cdots p_r$ 为素数, 则令
$$g(x) = (g(p_1))^{a_1} \cdots (g(p_r))^{a_r} \qquad ⑭$$
此时将有
$$f(x) = f(1)g(x) \qquad ⑮$$
易知 g 是积性函数, 即满足
$$g(xy) = g(x)g(y), x, y \in \mathbf{N} \qquad ⑯$$
故由 (2) 及 ⑯ 可得
$$f(f(x)) = (f(1))^2 x$$
$$f(f(x)) = f(f(1)g(x)) = f(1)g(f(1)g(x)) =$$

$$f(1)g(f(1))g(g(x)) = f(1)g(f(1))x$$

比较两式,可得
$$g(f(1)) = f(1) \qquad ⑰$$

故 $f(1)$ 是映射 g 的不动点.

下面的定理刻画了函数方程 ① 的全部解的构成.

定理 1 函数方程 ① 的全体解可按如下的方式构造.

(1) 定义 N_1 到 N_1 的一一对应 g,使 $g^{-1} = g$.

(2) 定义 $g(1) = 1$,1 是 g 的一个不动点.

(3) 将 g 延拓为 $\mathbf{N}^+$ 到 $\mathbf{N}^+$ 的映射,对每个 $x \in \mathbf{N}^+$,x 的标准分解式为
$$x = p_1^{a_1} \cdots p_r^{a_r}, p_1 \cdots p_r \text{ 为素数}$$

定义 $\qquad g(x) = (g(p_1))^{a_1} \cdots (g(p_r))^{a_r}$

(4) 取 $g(x)$ 的一个不动点 $k:g(k) = k$.

(5) 作 $\mathbf{N}^+$ 到 $\mathbf{N}^+$ 的映射 f,即
$$f(x) = kg(x), x \in \mathbf{N}^+ \qquad ⑱$$

则 f 是方程 ① 的解.

定理 1 的证明 从前面的叙述可知 ① 的解具有定理所述的结构,故必要性成立. 现证充分性.

在 ⑱ 中取 $x = 1$ 且注意 $g(1) = 1$,可知 $f(1) = k$. 又由 (3) 可知在 $\mathbf{N}^+$ 上 g 为积性函数
$$g(ab) = g(a)g(b), a,b \in \mathbf{N}^+$$

由 f 的定义可知
$$kf(ab) = k \cdot kg(ab) = kg(a)kg(b) = f(a)f(b)$$

由此易得 $\qquad f(t)^2 = \dfrac{1}{k}(f(t))^2$

注意 k 是 g 的不动点,同样可得
$$f(f(s)) = kg(kg(s)) = kg(k)g(g(s)) = k^2 s$$

于是可得
$$f(t^2 f(s)) = \frac{1}{k} f(t^2) f(f(s)) = \frac{1}{k} \cdot \frac{1}{k} (f(t))^2 k^2 s = s(f(t))^2$$

故 f 确为 ① 的一个解.

三、竞赛题的解

由于 $1998 = 2 \times 3^3 \times 37$,故
$$f(1998) = f(1)g(2)(g(3))^3 g(37) \qquad ⑲$$

为取极小值,可令
$$f(1) = 1, g(2) = 3, g(3) = 2, g(37) = 5, g(5) = 37 \qquad ⑳$$

而对 $x \in N_1 \setminus \{2,3,5,37\}$,令 $g(x) = x$.

则 g 在 N_1 上定义且满足 $g^{-1} = g$. f 则按定理由 g 定全确定且满足 ①. 于是将 ⑳ 代入 ⑲ 即得所求的极小值为

$$f(1\,998)_{\min}=1\times 3\times 2^3\times 5=120$$

在前面,我们已经给出了函数方程 ① 的通解,因而解答了第 39 届 IMO 的压轴题. 本文进一步将上述方程推及一般,研究方程
$$f(t^m f(s))=sdf^n(t) \qquad ㉑$$
其中,m,n,d 为自然数. 显然,当 $m=n=2,d=1$ 时, ㉑ 化为 ①. 我们将研究 ㉑ 的解的性质,解的存在性,并在解存在时给出通解.

1. 解的性质

为了探求方程 ㉑ 的解存在的条件并给出通解,我们先讨论方程的解的性质.

设 f 是 ㉑ 的任一解.

(1) 下列各式成立:

ⅰ $f(f(1))=f^n(1)d$;

ⅱ $f(f(f(1)))=f^{n+1}(1)d$;

ⅲ $f(a^m f(1))=f^n(a)d$.

证明 在 ㉑ 中取 $s=t=1$ 得 ⅰ; 取 $t=1, s=f(1)$ 得 ⅱ; 取 $t=a, s=1$ 得 ⅲ.

(2) $f(ab)f(1)=f(a)f(b)$.

证明 由(1),ⅲ 及(2)得
$$f(f^n(a)d)=f(f(a^m f(1)))=a^m f(1)f^n(1)d=a^m f^{n+1}(1)d \qquad ㉒$$
于是可知
$$f(a^m b^m f^{n+1}(1)d)=f(f(f^n(ab)d))=f^n(ab)df^n(1)d \qquad ㉓$$
$$f(a^m b^m f^{n+1}(1)d)=f(a^m f(f^n(b)d))=f^n(b)df^n(a)d \qquad ㉔$$
两式相比较,即得(2).

由(2)及数学归纳法,易得

推论 对任意 $a\in \mathbf{N}^+, k\geqslant 2$,有
$$f^k(a)=f(a^k)f^{k-1}(1) \qquad ㉕$$

有了性质(1),(2),几乎逐字地重复一中的(5),(6),(7),可得下面的性质(3),(4),(5).

(3) $f(1)\mid f(s), s\in \mathbf{N}^+$.

(4) 若 $f(a)=bf(1)$,则 $f(b)=adf(1)(a,b\in\mathbf{N}^+)$.

(5) 若 p 为素数且 $f(p)=f(1)q$,则 q 为素数.

2. 解的存在性

下面的定理给出方程 ㉑ 的解存在时参数 m,n,d 应满足的充要条件.

定理 2 方程 ㉑ 的解存在的充要条件是 $d=1$ 且 $m=n$.

定理 2 的证明 先证明必要性.

设 ㉑ 有解 f,任取 $a\in \mathbf{N}^+$,设 $f(a)=bf(1)$. 由性质(4), $f(b)=adf(1)$,再一次运用性质(4),得
$$f(ad)=bdf(1) \qquad ㉖$$

另一方面，由性质(2)可得
$$f(ad) = \frac{f(a)f(d)}{f(1)} = \frac{bf(1)f(d)}{f(1)} = bf(d) \qquad ㉗$$
比较 ㉖ 与 ㉗，得
$$f(d) = df(1) \qquad ㉘$$
于是由性质(4)又有
$$f(d) = ddf(1) = d^2 f(1) \qquad ㉙$$
比较 ㉘ 与 ㉙，即得 $d = 1$.

在 ㉑ 取 $d = 1, s = 1$，得
$$f(a^m f(1)) = f^n(a) \qquad ㉚$$
另一方面，由性质(2)得(注意 $d=1$)
$$f(a^m f(1)) f^m(1) = f^m f(f(1)) = f^m(a) f^n(1) \qquad ㉛$$
比较 ㉚ 与 ㉛，得
$$f^n(a) f^m(1) = f^m(a) f^n(1) \qquad ㉜$$
令 $f(a) = qf(1)$ 代入，得
$$q^n f^{m+n}(1) = q^m f^{m+n}(1) \qquad ㉝$$
但 $f(t) \equiv c$（常数）显然不是 ㉑ 的解，故可设 $q \neq 1$，因而得到 $m = n$.

又当 $d = 1, m = n = 2$ 时，在文一中我们已给出 ㉗ 的全部解；当 $m = n$ 时，在一般情形下 ㉗ 的解将在下一段中全部构造，而定理的充分性亦由此得出.

3. 方程的通解

设 $m = n, d = 1$.

当 $m = n = 2$ 时，文一已构造了 ㉗ 的全部解.

当 $n \neq 2$ 时，重复文一中有关部分，同样可知解 f 有以下表现，即
$$f(x) = f(1)g(x) \qquad ㉞$$
其中，g 是全体素数的集合 N_1 到其自身的一一对应，满足 $g^{-1} = g$；而对每个 $x = p_1^{a_1} \cdots p_r^{a_r} \in \mathbf{N}^+$（$p_1, \cdots, p_r$ 为素数），$g(x)$ 由下式定义，即
$$g(x) = (g(p_1))^{a_1} \cdots (g(p_r))^{a_r} \qquad ㉟$$
进一步，我们证明下面的引理.

引理 当 $n \neq 2$ 时，对于 ㉑ 的解 f 必有 $f(1) = 1$.

引理的证明 由 $f(f(1)) = f^n(1)$ 可知
$$f(f(f(1))) = f(f^n(1)) = \frac{f^n(f(1))}{(f(1))^{n-1}} = \frac{f^{n^2}(1)}{f^{n-1}(1)} = f(f(1))^{n^2-n+1} \qquad ㊱$$

但又有
$$f(f(f(1))) = f^{n+1}(1) \qquad ㊲$$

比较 ㊱ 与 ㊲ 得

$$f^{n^2-n+1}(1)=f^{n+1}(1) \quad ㊳$$

故

$$n^2-2n=0 \text{ 或 } f(1)=1 \quad ㊴$$

即

$$n=2 \text{ 或 } f(1)=1 \quad ㊵$$

但 $n\neq 2$,故必有 $f(1)=1$.

此时,由 ㉞ 得 $g(1)=1$,于是,㉑ 的全部解由下面的定理刻画.

定理 3　当 $m=n,d=1$ 时,㉑ 有解,且

当 $m=n=2,d=1$ 时,全部解由文一给出;

当 $d=1,m=n\neq 2$ 时,㉑ 的解可按如下的方式构造.

(1) 在全体素数的集合 N_1 上定义 N_1 到 N_1 的一一对应 f,使 $f(1)=1,f^{-1}=f$.

(2) 将 f 延拓到自然数的集合 $\mathbf{N}$ 上:对每个 $x\in\mathbf{N}^+$,x 的标准分解式为 $x=p_1^{\alpha_1}\cdots p_r^{\alpha_r}$($p_1,\cdots,p_r$ 为素数),定义

$$f(x)=(f(p_1))^{\alpha_1}\cdots(f(p_r))^{\alpha_r} \quad ㊶$$

则 $f(x)$ 是 ㉑ 的解,且 ㊶ 给出了 ㉑ 的全部解.

定理3的证明　只需证 ㊶ 满足 ㉑. 易知由 ㊶ 定义的 $f(x)$ 是积性函数,即满足

$$f(ab)=f(a)f(b) \quad ㊷$$

注意到 $f=f^{-1}$,故对任意 s,均有 $f(f(s))=s$,于是可验证 f 满足方程 ㉑,即

$$f(t^n f(s))=f(t^n)f(f(s))=sf^n(t)$$

第39届国际数学奥林匹克英文原题

The thirty-ninth International Mathematical Olympiads was held from July 10th to July 21st 1998 in Taipei.

❶ In the convex quadrilateral $ABCD$, the diagnals AC and BD are perpendicular and the opposite sides AB and DC are not parallel. Suppose that the point P, where the perpendicular bisectors of AB and DC meet, is inside $ABCD$. Prove that $ABCD$ is a cyclic quadrilateral if and only if the triangles ABP and CDP have equal areas. (Luxembourg)

❷ In a competition, there are a contestants and b judges, where $b \geq 3$ is an odd integer. Each judge rates each contestants as either "pass" or "fail". Suppose k is a number such that, for any two judges, their ratings coincide for at most k contestants. Prove that $\dfrac{k}{a} \geq \dfrac{b-1}{2b}$. (India)

❸ For any positive integer n, let $d(n)$ denote the number of positive divisors of n (including 1 and n itself). Determine all positive integers k such that $\dfrac{d(n^2)}{d(n)} = k$, for some n. (Belarus)

❹ Determine all pairs (a,b) of positive integers such that $ab^2 + b + 7$ divides $a^2 b + a + b$. (United Kingdom)

❺ Let I be the incentre of triangle ABC. Let the incircle of ABC touch the sides BC, CA and AB at K, L and M, respectively. The line through B parallel to MK meets the lines LM and LK at R and S, respectively. Prove that $\angle RIS$ is acute. (Ukraine)

❻ Consider all functions f from the set **N** of all positive integers into itself satisfying
$$f(t^2 f(s)) = s(f(t))^2$$
for all s and t in **N**. Determine the least possible value of $f(1\,998)$.

(Bulgaria)

第39届国际数学奥林匹克各国成绩表

1998,中国台湾

名次	国家或地区	分数（满分252）	金牌	银牌	铜牌	参赛队人数
1.	伊朗	211	5	1	—	6
2.	保加利亚	195	3	3	—	6
3.	匈牙利	186	4	2	—	6
3.	美国	186	3	3	—	6
5.	中国台湾	184	3	2	1	6
6.	俄罗斯	175	2	3	1	6
7.	印度	174	3	3	—	6
8.	乌克兰	166	1	3	2	6
9.	越南	158	1	3	2	6
10.	南斯拉夫	156	—	5	—	6
11.	罗马尼亚	155	3	—	2	6
12.	韩国	154	2	2	2	6
13.	澳大利亚	146	—	4	2	6
14.	日本	139	1	1	3	6
15.	捷克	135	—	3	3	6
16.	德国	129	—	3	2	6
17.	土耳其	122	—	2	4	6
17.	英国	122	—	1	4	6
19.	白俄罗斯	118	—	1	4	6
20.	加拿大	113	1	1	2	6
21.	波兰	112	1	1	1	6
22.	克罗地亚	110	—	—	5	6
22.	新加坡	110	—	1	3	6
24.	以色列	104	—	—	5	6
25.	中国香港	102	—	1	3	6
26.	亚美尼亚	100	—	2	2	6
26.	法国	100	1	—	2	6
28.	南非	98	—	1	2	6
29.	阿根廷	97	1	—	3	6
30.	巴西	91	1	—	1	6
30.	蒙古	91	—	2	2	6
32.	希腊	90	—	2	1	6
33.	波斯尼亚－黑塞哥维那	88	—	1	2	6
33.	斯洛伐克	88	—	1	4	6

续表

名次	国家或地区	分数（满分252）	金牌	银牌	铜牌	参赛队人数
35.	哈萨克斯坦	81	—	—	2	6
36.	格鲁吉亚	78	—	—	3	6
37.	拉脱维亚	74	—	1	3	6
38.	意大利	72	—	—	3	6
39.	比利时	71	—	1	1	6
40.	马其顿	69	—	1	—	6
41.	哥伦比亚	66	1	—	—	6
42.	泰国	65	—	—	2	6
43.	爱沙尼亚	63	—	1	1	6
44.	墨西哥	62	—	1	—	6
44.	荷兰	62	—	1	—	6
46.	秘鲁	60	—	2	—	3
47.	瑞典	58	—	2	—	6
48.	奥地利	57	—	—	2	6
49.	新西兰	50	—	—	2	6
50.	摩尔多瓦	45	—	1	1	2
51.	斯洛文尼亚	44	—	—	1	6
52.	冰岛	42	—	—	—	6
53.	摩洛哥	42	—	—	—	6
54.	阿塞拜疆	41	—	—	1	5
55.	立陶宛	40	—	—	1	6
56.	塞浦路斯	39	—	—	1	4
57.	瑞士	37	—	—	—	6
58.	爱尔兰	36	—	—	1	6
58.	西班牙	36	—	—	1	6
58.	特立尼达—多巴哥	36	—	—	1	6
61.	挪威	33	—	—	—	6
62.	马来西亚	32	—	—	—	6
63.	芬兰	30	—	—	—	6
64.	中国澳门	29	—	—	—	5
65.	卢森堡	25	—	—	1	2
66.	丹麦	21	—	—	—	6
67.	古巴	19	—	—	1	1
68.	印尼	16	—	—	—	5
69.	吉尔吉斯斯坦	14	—	—	—	5
70.	菲律宾	11	—	—	—	4
70.	乌拉圭	11	—	—	—	6
72.	巴拉圭	6	—	—	—	5
72.	葡萄牙	6	—	—	—	6
74.	斯里兰卡	5	—	—	—	1
75.	委内瑞拉	1	—	—	—	2
76.	科威特	0	—	—	—	3

第 39 届国际数学奥林匹克预选题

中国台湾,1998

> **❶** 在凸四边形 $ABCD$ 中,两对角线 AC 与 BD 互相垂直,两对边 AB 与 DC 不平行. 点 P 为线段 AB 及 CD 的垂直平分线的交点,且 P 在四边形 $ABCD$ 的内部. 证明: $ABCD$ 为圆内接四边形的充分必要条件是 $\triangle ABP$ 与 $\triangle CDP$ 的面积相等.

注 本题为第 39 届国际数学奥林匹克竞赛题第 1 题.

> **❷** 已知 $ABCD$ 是圆内接四边形,E, F 分别为 AB, CD 上的点,且满足 $AE:EB = CF:FD$. 设 P 是线段 EF 上满足 $PE:PF = AB:CD$ 的点. 证明: $\triangle APD$ 和 $\triangle BPC$ 的面积之比不依赖于 E, F 的选择.

证明 若直线 AD, BC 不平行(图 39.5),设其交点为 S. 因为 $ABCD$ 为圆内接四边形,则 $\triangle ASB \sim \triangle CSD$. 从而,$\dfrac{AB}{AS} = \dfrac{CD}{CS}$.

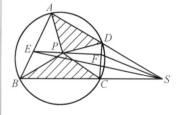

图 39.5

又因为 $\dfrac{AE}{EB} = \dfrac{CF}{FD}$,即 $\dfrac{AE}{AB} = \dfrac{CF}{CD}$,有 $\dfrac{AE}{AS} = \dfrac{CF}{CS}$,故 $\triangle ASE \sim \triangle CSF$.

所以,$\angle ASE = \angle CSF$,且
$$\frac{SE}{SF} = \frac{SA}{SC} = \frac{AB}{CD} = \frac{PE}{PF}$$

从而,$\angle ESP = \angle FSP$. 于是,$\angle ASP = \angle BSP$. 所以,P 到 AD, BC 的距离相等,故 $S_{\triangle APD} : S_{\triangle BPC} = AD : BC$ 为常数.

当 AD 平行于 BC 时(图 39.6),$ABCD$ 为等腰梯形,且 $AB = CD$,从而 $BE = DF$.

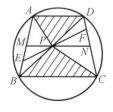

图 39.6

设 M, N 分别为 AB, CD 的中点,则 $ME = NF$,且 E, F 到 MN 的距离相等. 于是,EF 的中点 P 在 MN 上. 从而,P 到 AD 和 BC 的距离相等,故 $S_{\triangle APD} : S_{\triangle BPC} = AD : BC$.

❸ 设 I 是 $\triangle ABC$ 的内心，并设 $\triangle ABC$ 的内切圆与三边 BC, CA, AB 分别相切于点 K, L, M. 过点 B 平行于 MK 的直线分别交直线 LM 及 LK 于点 R 和 S. 证明：$\angle RIS$ 是锐角.

注 本题为第 39 届国际数学奥林匹克竞赛题第 5 题.

❹ 设 M, N 是 $\triangle ABC$ 内部的两个点，且满足 $\angle MAB = \angle NAC, \angle MBA = \angle NBC$.

证明：$\dfrac{AM \cdot AN}{AB \cdot AC} + \dfrac{BM \cdot BN}{BA \cdot BC} + \dfrac{CM \cdot CN}{CA \cdot CB} = 1$.

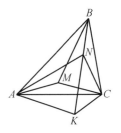

图 39.7

证明 如图 39.7，设 K 是射线 BN 上的点，且满足 $\angle BCK = \angle BMA$. 因为 $\angle BMA > \angle ACB$，则 K 在 $\triangle ABC$ 的外部. 又因 $\angle MBA = \angle CBK$，所以 $\triangle ABM \backsim \triangle KBC$，故

$$\frac{AB}{BK} = \frac{BM}{BC} = \frac{AM}{CK}$$

由 $\angle ABK = \angle MBC, \dfrac{AB}{KB} = \dfrac{BM}{BC}$，可得 $\triangle ABK \backsim \triangle MBC$. 于是

$$\frac{AB}{BM} = \frac{BK}{BC} = \frac{AK}{CM}$$

因为 $\angle CKN = \angle MAB = \angle NAC$，所以 A, N, C, K 四点共圆. 由托勒密(Ptolemy)定理，有

$$AC \cdot NK = AN \cdot CK + CN \cdot AK$$

或

$$AC(BK - BN) = AN \cdot CK + CN \cdot AK$$

将 $CK = \dfrac{AM \cdot BC}{BM}, AK = \dfrac{AB \cdot CM}{BM}, BK = \dfrac{AB \cdot BC}{BM}$ 代入，得

$$AC\left(\dfrac{AB \cdot BC}{BM} - BN\right) = \dfrac{AN \cdot AM \cdot BC}{BM} + \dfrac{CN \cdot AB \cdot CM}{BM}$$

即

$$\dfrac{AM \cdot AN}{AB \cdot AC} + \dfrac{BM \cdot BN}{BA \cdot BC} + \dfrac{CM \cdot CN}{CA \cdot CB} = 1$$

❺ 已知 $\triangle ABC$ 的垂心为 H，外心为 O，外接圆半径为 R. 设 A, B, C 分别关于直线 BC, CA, AB 的对称点为 D, E, F. 证明：D, E, F 三点共线的充分必要条件是 $OH = 2R$.

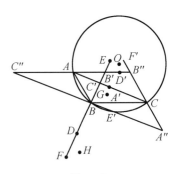

图 39.8

证明 如图 39.8，设 $\triangle ABC$ 的重心为 G，BC, CA, AB 的中点分别为 A', B', C'. 过 A, B, C 分别作 BC, CA, AB 的平行线，其交

点分别为 A'',B'',C''. 则 $\triangle A''B''C''$ 的重心为 G, 外心为 H. 设点 O 在直线 $B''C'',C''A'',A''B''$ 上的投影分别为 D',E',F'. 以 G 为位似中心, $-\dfrac{1}{2}$ 为位似比, 作位似变换 h, 其将 A,B,C,A'',B'',C'' 分别变换为 A',B',C',A,B,C.

由 $A'D' \perp BC$, 且 $AD:A'D' = 2:1 = GA:GA'$ 及 $\angle DAG = \angle D'A'G$, 有 $h(D) = D'$. 类似地可得 $h(E) = E', h(F) = F'$. 于是, D,E,F 三点共线等价于 D',E',F' 三点共线.

因 D',E',F' 分别是 O 在 $B''C'',C''A'',A''B''$ 上的投影, 由西姆松(Simson)定理, D',E',F' 三点共线的充分必要条件是 O 在 $\triangle A''B''C''$ 的外接圆上. 因为 $\triangle A''B''C''$ 的外接圆半径为 $2R$, 所以, O 在此圆上的充分必要条件是 $OH = 2R$.

❻ 设 $ABCDEF$ 是凸六边形, $\angle B + \angle D + \angle F = 360°$, 且 $\dfrac{AB}{BC} \cdot \dfrac{CD}{DE} \cdot \dfrac{EF}{FA} = 1$. 证明
$$\dfrac{BC}{CA} \cdot \dfrac{AE}{EF} \cdot \dfrac{FD}{DB} = 1.$$

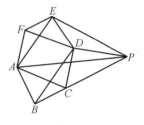

图 39.9

证明 如图 39.9, 设点 P 满足 $\angle FEA = \angle DEP, \angle EFA = \angle EDP$, 则 $\triangle FEA \backsim \triangle DEP$. 于是
$$\dfrac{FA}{EF} = \dfrac{DP}{DE} \qquad \text{①}$$
$$\dfrac{EF}{ED} = \dfrac{EA}{EP} \qquad \text{②}$$

由已知条件, 有 $\angle ABC = \angle PDC$, 又由 ① 得
$$\dfrac{AB}{BC} = \dfrac{DE \cdot FA}{CD \cdot EF} = \dfrac{DP}{CD} \qquad \text{③}$$

所以, $\triangle ABC \backsim \triangle PDC$. 故 $\angle BCA = \angle DCP$, 且 $\dfrac{CB}{CD} = \dfrac{CA}{CP}$.

因为 $\angle FED = \angle AEP$, 由 ② 知 $\triangle FED \backsim \triangle AEP$. 类似地, 由 $\angle BCD = \angle ACP$ 及 ③ 得 $\triangle BCD \backsim \triangle ACP$, 于是
$$\dfrac{FD}{EF} = \dfrac{PA}{AE}, \dfrac{BC}{DB} = \dfrac{CA}{PA}.$$

两式相乘, 即得所求.

❼ 已知 $\triangle ABC$ 满足 $\angle ACB = 2\angle ABC$. 设 D 是边 BC 上一点, 且 $CD = 2BD$. 延长线段 AD 至 E, 使 $AD = DE$. 证明: $\angle ECB + 180° = 2\angle EBC$.

证明 如图 39.10, 设 CD 的中点为 H, 则 $ABEH$ 是平行四

边形. 延长 BC 至 G, 使 $CG=CA$. 设 $BD=DH=HC=\dfrac{a}{3}$, $CA=b$, $AB=c$, $BE=AH=x$, $AD=DE=y$, $CE=z$.

因为
$$2\angle ABC = \angle ACB = \angle CGA + \angle CAG = 2\angle CGA = 2\angle CAG$$
所以
$$\triangle ABG \sim \triangle CAG$$
于是有
$$\frac{AB}{BG} = \frac{CA}{AG}$$
或
$$c^2 = b(a+b) \qquad ①$$

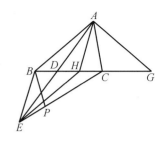

图 39.10

在 $\triangle ACD$, $\triangle ABH$, $\triangle CDE$ 中分别应用中线公式, 得
$$b^2 + y^2 = 2x^2 + \frac{2a^2}{9} \qquad ②$$
$$x^2 + c^2 = 2y^2 + \frac{2a^2}{9} \qquad ③$$
$$y^2 + z^2 = 2c^2 + \frac{2a^2}{9} \qquad ④$$

从式 ②, ③ 中消去 y, 有
$$x^2 + c^2 + 2b^2 = 4x^2 + \frac{2a^2}{3}$$

将式 ① 代入, 得
$$x^2 = \left(b + \frac{2a}{3}\right)\left(b - \frac{a}{3}\right) \qquad ⑤$$

从式 ③, ④ 中消去 y, 有
$$x^2 + c^2 + 2z^2 = 4c^2 + \frac{2a^2}{3}$$

将式 ①, ⑤ 代入, 可得 $z = b + \dfrac{2a}{3}$. 从而, 式 ⑤ 化为
$$x^2 = z(z-a)$$
或
$$BE^2 = CE(CE - BC) = CE \cdot EP$$

这里 P 是 CE 上一点, 且满足 $CP = BC$, 故 $\dfrac{BE}{CE} = \dfrac{EP}{BE}$.

因为 $\angle BEP = \angle CEB$, 所以 $\triangle BEP \sim \triangle CEB$. 从而, $\angle ECB = \angle EBP = \angle EBC - \dfrac{1}{2}(180° - \angle ECB)$. 化简后即得
$$\angle ECB + 180° = 2\angle EBC$$

❽ 如图 39.11，设 $\triangle ABC$ 满足 $\angle A=90°$，$\angle B<\angle C$. 过 A 作 $\triangle ABC$ 外接圆 ω 的切线，交直线 BC 于 D. 设 A 关于直线 BC 的对称点为 E，由 A 到 BE 所作垂线的垂足为 X，AX 的中点为 Y，BY 与 ω 交于点 Z. 证明：直线 BD 为 $\triangle ADZ$ 外接圆的切线.

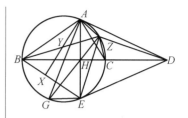

图 39.11

证明 设 GA 为 $\triangle ABC$ 外接圆的直径，H 为 AE 与 BD 的交点. 因 $\angle B<\angle C$，故 B,G 在 AE 的同侧.

由于 $\angle AEG=90°=\angle AXB$，$\angle AGE=\angle ABE=\angle ABX$，则
$$\triangle AGE \backsim \triangle ABX$$
故 $\angle GAE=\angle BAX$，$\dfrac{GA}{BA}=\dfrac{AE}{AX}$. 因为 H,Y 分别为 AE,AX 的中点，则 $\dfrac{AE}{AX}=\dfrac{AH}{AY}$. 所以，$\triangle AGH \backsim \triangle ABY$. 故 $\angle AGH=\angle ABY$.

设 GH 交 ω 于 Z'，则
$$\angle ABZ'=\angle AGZ'=\angle ABY=\angle ABZ$$
故 Z 与 Z' 重合. 从而 G,H,Z 三点共线.

因为 $\angle AZH=\angle AZG=90°$，$AD,DE$ 是 ω 的切线，所以
$$\angle DAZ=\angle AEZ,\quad \angle DEZ=\angle EAZ$$
$$\angle DHZ=90°-\angle AHZ=\angle EAZ=\angle DEZ$$
故 $ZHED$ 是圆内接四边形. 有 $\angle ZDH=\angle ZEA=\angle DAZ$，从而，$DB$ 为 $\triangle ADZ$ 外接圆的切线.

❾ 设 $a_1,a_2,\cdots,a_n$ 是正实数，且满足 $a_1+a_2+\cdots+a_n<1$. 证明
$$\frac{a_1a_2\cdots a_n[1-(a_1+a_2+\cdots+a_n)]}{(a_1+a_2+\cdots+a_n)(1-a_1)(1-a_2)\cdots(1-a_n)}\leqslant \frac{1}{n^{n+1}}$$

证明 设 $a_{n+1}=1-(a_1+a_2+\cdots+a_n)$. 显然，$a_{n+1}>0$. 于是得到和为 1 的 $n+1$ 个正数. 从而，不等式变为
$$n^{n+1}a_1a_2\cdots a_na_{n+1}\leqslant(1-a_1)(1-a_2)\cdots(1-a_n)(1-a_{n+1})$$
对于每一个 $i(i=1,2,\cdots,n+1)$，由均值不等式，有
$$1-a_i=a_1+\cdots+a_{i-1}+a_{i+1}+\cdots+a_{n+1}\geqslant$$
$$n\sqrt[n]{a_1\cdots a_{i-1}a_{i+1}\cdots a_{n+1}}=$$
$$n\sqrt[n]{\frac{a_1a_2\cdots a_na_{n+1}}{a_i}}$$
将这 $n+1$ 个不等式相乘，即得

$$(1-a_1)(1-a_2)\cdots(1-a_n)(1-a_{n+1}) \geqslant n^{n+1}\sqrt[n]{\frac{(a_1 a_2 \cdots a_n a_{n+1})^{n+1}}{a_1 a_2 \cdots a_n a_{n+1}}} =$$
$$n^{n+1} a_1 a_2 \cdots a_n a_{n+1}$$

如果 $n \geqslant 2$, 等号当且仅当 $a_1 = a_2 = \cdots = a_n$ 时成立, 即当且仅当 $a_1, a_2, \cdots, a_n$ 都等于 $\dfrac{1}{n+1}$ 时成立. 如果 $n=1$, 对任意的 $a_1 \in (0,1)$, 等式均成立.

❿ 设 $r_1, r_2, \cdots, r_n$ 为大于或等于 1 的实数. 证明
$$\frac{1}{r_1+1} + \frac{1}{r_2+1} + \cdots + \frac{1}{r_n+1} \geqslant \frac{n}{\sqrt[n]{r_1 r_2 \cdots r_n} + 1}$$

证明 $n=1$ 时, 不等式显然成立. 下面用数学归纳法证明 $n = 2^k (k=1,2,\cdots)$ 时, 不等式成立.

当 $k=1$ 时, 有
$$\frac{1}{r_1+1} + \frac{1}{r_2+1} - \frac{2}{\sqrt{r_1 r_2}+1} = \frac{(\sqrt{r_1 r_2}-1)(\sqrt{r_1}-\sqrt{r_2})^2}{(r_1+1)(r_2+1)(\sqrt{r_1 r_2}+1)} \geqslant 0$$

若当 $k=m$ 时, 不等式成立, 我们证明 $k=m+1$ 时结论也成立, 即若对 n 个数原不等式成立, 我们证明对 $2n$ 个数原不等式也成立.

如果 $r_1, r_2, \cdots, r_{2n} \geqslant 1$, 则有
$$\sum_{i=1}^{2n} \frac{1}{r_i+1} = \sum_{i=1}^{n} \frac{1}{r_i+1} + \sum_{i=n+1}^{2n} \frac{1}{r_i+1} \geqslant$$
$$\frac{n}{\sqrt[n]{r_1 r_2 \cdots r_n}+1} + \frac{n}{\sqrt[n]{r_{n+1} r_{n+2} \cdots r_{2n}}+1} \geqslant$$
$$\frac{2n}{\sqrt[2n]{r_1 r_2 \cdots r_{2n}}+1}$$

故当 $n = 2^k (k=1,2,\cdots)$ 时, 原不等式成立.

对任意自然数 n, 存在正整数 k, 满足 $m = 2^k > n$. 设 $r_{n+1} = r_{n+2} = \cdots = r_m = \sqrt[n]{r_1 r_2 \cdots r_n}$, 则
$$\frac{1}{r_1+1} + \cdots + \frac{1}{r_n+1} + \frac{m-n}{\sqrt[n]{r_1 r_2 \cdots r_n}+1} \geqslant \frac{m}{\sqrt[n]{r_1 r_2 \cdots r_n}+1}$$

即原不等式成立.

⓫ 设 x, y, z 是正实数, 且 $xyz=1$. 证明
$$\frac{x^3}{(1+y)(1+z)} + \frac{y^3}{(1+z)(1+x)} + \frac{z^3}{(1+x)(1+y)} \geqslant \frac{3}{4}$$

证法 1 原不等式等价于

$$x^4 + x^3 + y^4 + y^3 + z^4 + z^3 \geqslant \frac{3}{4}(x+1)(y+1)(z+1)$$

由于对任意正数 u,v,w,有 $u^3 + v^3 + w^3 \geqslant 3uvw$,我们来证明更强的不等式

$$x^4 + x^3 + y^4 + y^3 + z^4 + z^3 \geqslant \frac{1}{4}[(x+1)^3 + (y+1)^3 + (z+1)^3]$$

成立.

设 $f(t) = t^4 + t^3 - \frac{1}{4}(t+1)^3, g(t) = (t+1)(4t^2 + 3t + 1)$,

则 $f(t) = \frac{1}{4}(t-1)g(t)$,且 $g(t)$ 在 $(0, +\infty)$ 上是严格递增函数.

因为

$$x^4 + x^3 + y^4 + y^3 + z^4 + z^3 - \frac{1}{4}[(x+1)^3 + (y+1)^3 + (z+1)^3] =$$

$$f(x) + f(y) + f(z) = \frac{1}{4}(x-1)g(x) + \frac{1}{4}(y-1)g(y) + \frac{1}{4}(z-1)g(z)$$

只要证明最后一个表达式非负即可.

假设 $x \geqslant y \geqslant z$,则 $g(x) \geqslant g(y) \geqslant g(z) > 0$. 由 $xyz=1$,得 $x \geqslant 1, z \leqslant 1$.

因为

$$(x-1)g(x) \geqslant (x-1)g(y), (z-1)g(y) \leqslant (z-1)g(z)$$

所以

$$\frac{1}{4}(x-1)g(x) + \frac{1}{4}(y-1)g(y) + \frac{1}{4}(z-1)g(z) \geqslant$$

$$\frac{1}{4}[(x-1)+(y-1)+(z-1)]g(y) = \frac{1}{4}(x+y+z-3)g(y) \geqslant$$

$$\frac{1}{4}(3\sqrt[3]{xyz} - 3)g(y) = 0$$

故原不等式成立,等号当且仅当 $x=y=z$ 时成立.

证法 2 假设 $x \leqslant y \leqslant z$,则

$$\frac{1}{(1+y)(1+z)} \leqslant \frac{1}{(1+z)(1+x)} \leqslant \frac{1}{(1+x)(1+y)}$$

由切比雪夫(Tschebyscheff)不等式,有

$$\frac{x^3}{(1+y)(1+z)} + \frac{y^3}{(1+z)(1+x)} + \frac{z^3}{(1+x)(1+y)} \geqslant$$

$$\frac{1}{3}(x^3 + y^3 + z^3)$$

$$\left[\frac{1}{(1+y)(1+z)}+\frac{1}{(1+z)(1+x)}+\frac{1}{(1+x)(1+y)}\right]=$$
$$\frac{1}{3}(x^3+y^3+z^3) \cdot \frac{3+(x+y+z)}{(1+x)(1+y)(1+z)}$$

令 $\frac{1}{3}(x+y+z)=a$,由琴生(Jensen)不等式及均值不等式,得
$$\frac{1}{3}(x^3+y^3+z^3) \geqslant a^3, x+y+z \geqslant 3\sqrt[3]{xyz}=3$$
$$(1+x)(1+y)(1+z) \leqslant \left[\frac{(1+x)+(1+y)+(1+z)}{3}\right]^3 = (1+a)^3$$

所以
$$\frac{x^3}{(1+y)(1+z)}+\frac{y^3}{(1+z)(1+x)}+\frac{z^3}{(1+x)(1+y)} \geqslant$$
$$a^3 \cdot \frac{3+3}{(1+a)^3}$$

只要证明 $\frac{6a^3}{(1+a)^3} \geqslant \frac{3}{4}$.

由于 $a \geqslant 1$,上式显然成立.等号当且仅当 $x=y=z=1$ 时成立.

> **❿** 已知整数 $n \geqslant k \geqslant 0$,定义数 $c(n,k)$:
> $c(n,0)=c(n,n)=1, n \geqslant 0$ 时;
> $c(n+1,k)=2^k c(n,k)+c(n,k-1), n \geqslant k \geqslant 1$ 时.
> 证明:$c(n,k)=c(n,n-k)$ 对所有满足 $n \geqslant k \geqslant 0$ 的整数 n,k 成立.

证明 对 $m \geqslant 1$,设
$$f(m)=(2^1-1)(2^2-1)\cdots(2^m-1), f(0)=1$$
令 $a(n,k)=\frac{f(n)}{f(k)f(n-k)}$,则对 $n \geqslant 0$,有 $a(n,0)=a(n,n)=1$.又因为 $f(m)(2^{m+1}-1)=f(m+1)$ 对所有 $m \geqslant 0$ 成立,于是
$$2^k a(n,k)+a(n,k-1)=2^k \frac{f(n)}{f(k)f(n-k)}+$$
$$\frac{f(n)}{f(k-1)f(n-k+1)}=$$
$$f(n)\frac{2^k(2^{n-k+1}-1)+(2^k-1)}{f(k)f(n-k+1)}=$$
$$\frac{f(n)(2^{n+1}-1)}{f(k)f(n-k+1)}=a(n+1,k)$$

对所有 $n \geqslant k \geqslant 1$ 成立.

所以，$a(n,k)$ 和 $c(n,k)$ 满足同样的递归公式. 故 $c(n,k) = a(n,k)$.

由于 $a(n,k) = a(n,n-k)$ 对所有 $n \geq k \geq 0$ 成立，则 $c(n,k) = c(n,n-k)$ 对所有 $n \geq k \geq 0$ 也成立.

⓭ 设 N 是全部正整数的集合，f 是从 N 映射到本身的函数，且对于 N 中的任何 s 与 t，皆满足 $(t^2 f(s)) = s(f(t))^2$. 试在所有的函数 f 中，确定 $f(1\,998)$ 可能达到的最小值.

注 本题为第 39 届国际数学奥林匹克竞赛题第 6 题.

⓮ 试确定使 ab^2+b+7 整除 a^2b+a+b 的正整数对 (a,b).

注 本题为第 39 届国际数学奥林匹克竞赛题第 4 题.

⓯ 求所有实数对 (a,b)，使对所有正整数 n 满足 $a[bn] = b[an]$，其中 $[x]$ 表示不超过 x 的最大整数.

解法 1 显然，当 $ab=0$，或 $a=b$，或 a,b 都是整数时，所有实数对 (a,b) 满足条件.

下面证明仅有这些解.

设 $ab \neq 0, a \neq b$，且对 $n=1,2,\cdots, a[bn] = b[an]$. 我们证明 a,b 都是整数.

若 a 不是整数，则 b 也不是整数. 设 $a = k+\alpha$，其中 $k=[a]$，$0 < \alpha < 1$，则存在唯一的整数 $l \geq 1$，满足 $l\alpha < 1 \leq (l+1)\alpha$. 由 $l\alpha < 1$ 及 $\alpha < 1$，易知 $(l+1)\alpha \leq 2$.

显然，$\dfrac{a}{b}$ 是一有理数，设其最简分式为 $\dfrac{a}{b} = \dfrac{p}{q}$，其中 p,q 为互素的整数，则 $a[bn] = b[an]$ 可改写为
$$p[bn] = q[an]$$
对所有 $n=1,2,\cdots$ 成立. 这表明，对每一个 $n=1,2,\cdots$，p 可以整除 $[an]$. 当 $n=1$ 时，有 p 整除 $[a]=k$. 设 $n=l$ 及 $n=l+1$，因 $0 < l\alpha < 1$ 及 $1 \leq (l+1)\alpha < 2$，有
$$[al] = [kl + l\alpha] = kl$$
$$[a(l+1)] = [k(l+1) + (l+1)\alpha] = k(l+1) + 1$$
所以 p 整除 kl 及 $k(l+1)+1 = kl+k+1$. 又由于 p 整除 k，则 p 只能等于 ± 1. 由对称性，$q = \pm 1$，故 $\dfrac{a}{b} = \dfrac{p}{q} = \pm 1$. 因为 $a \neq b$，所以 $a = -b$. 于是 $[-an] = -[an]$ 对 $n=1,2,\cdots$ 成立. 由于 a 不是

整数,这是不可能成立的,如 $n=1$ 时,有 $[-a]\neq-[a]$,矛盾,故 a, b 都是整数.

解法2 假设 $a[bn]=b[an]$ 对所有正整数 n 成立,且 $ab\neq 0$, $a\neq b$. 我们证明 a 和 b 都是整数.

由于对任意实数 x, $2[x]\leqslant 2x<2[x]+2$,所以
$$2[x]=[2x], 或 2[x]+1=[2x]$$
下面证明对任意整数 r,有
$$[2^r a]=2^r[a] 及 [2^r b]=2^r[b]$$
$n=2$ 时,有 $a[2b]=b[2a]$. 如果 $[2a]=2[a]+1$,则 $a[2b]=b[2a]=2[a]b+b=2a[b]+b$. 故 $[2b]=2[b]+\dfrac{b}{a}$. 所以 $\dfrac{b}{a}=1$,即 $a=b$. 矛盾. 因此,$[2a]=2[a]$. 同理可得 $[2b]=2[b]$.

假设对正整数 r,有 $[2^r a]=2^r[a]$,$[2^r b]=2^r[b]$,当 $n=2^{r+1}$ 时,有 $a[2^{r+1}b]=b[2^{r+1}a]$. 如果 $[2^{r+1}a]=2[2^r a]+1$,则 $a[2^{r+1}b]=b[2^{r+1}a]=2[2^r a]b+b=2^{r+1}[a]b+b=2^{r+1}a[b]+b$,故 $[2^{r+1}b]=2^{r+1}[b]+\dfrac{b}{a}$.

所以 $\dfrac{b}{a}=1$,即 $a=b$,矛盾. 因此,$[2^{r+1}a]=2^{r+1}[a]$. 同理可得 $[2^{r+1}b]=2^{r+1}[b]$. 于是,我们用归纳法证明了对所有正整数 r,$[2^r a]=2^r[a]$ 及 $[2^r b]=2^r[b]$ 成立.

所以 $2^r[a]\leqslant 2^r a<2^r[a]+1$,即 $[a]\leqslant a<[a]+\dfrac{1}{2^r}$ 对所有正整数 r 成立. 因此,$a=[a]$. 同理可证 $b=[b]$,故 a 和 b 都是整数.

❶⓺ 求最小的整数 $n(n\geqslant 4)$,满足从任意 n 个不同的整数中能选出四个不同的数 a,b,c,d,使 $a+b-c-d$ 可以被 20 整除.

解 我们先考虑模 20 的不同剩余类. 对有 k 个元素的集合,共有 $\dfrac{1}{2}k(k-1)$ 个整数对,如果 $\dfrac{1}{2}k(k-1)>20$,即 $k\geqslant 7$,则存在两对 (a,b) 和 (c,d),使 $a+b\equiv c+d\pmod{20}$,且 a,b,c,d 互不相同.

一般地,我们考虑一个由 9 个不同元素构成的集合. 假设在这个集合中有 7 个或更多的元素属于模 20 的不同剩余类,则由前面的推导可知,能找出四个不同的数 a,b,c,d,使 $a+b-c-d$ 被 20 整除. 假设在这个集合中至多有属于模 20 的六个不同的剩余类,则一定存在 4 个数,对模 20 是同余的,或有两对数分别对模 20 是

同余的. 对这两种情况, 我们仍能找出 a,b,c,d, 使 $a+b-c-d$ 被 20 整除.

对于 8 个元素的集合, 如
$$\{0,20,40,1,2,4,7,12\}$$
我们证明其不满足题目要求的性质. 这些数模 20 的剩余分别为 $0,0,0,1,2,4,7,12$. 这些剩余具有性质: 每一个数比任意两个较小的数之和要大, 而任意两个数之和比 20 小. 设 a,b,c,d 是这集合中四个不同的数, 并把 20 和 40 看作 0. 假设 a 是被选的四个数中最大的一个, 则 $0 < a-c-d < a+b-c-d \leqslant a+b < 20$. 故 $a+b-c-d$ 不被 20 整除.

所求 n 的最小值为 9.

❶⓻ 整数列 $a_1, a_2, a_3, \cdots$ 定义如下: $a_1 = 1$, 对于 $n \geqslant 1$, a_{n+1} 是比 a_n 大的最小整数, 且对所有的 $i,j,k \in \{1,2,\cdots,n+1\}$, 满足 $a_i + a_j \neq 3a_k$. 求 a_{1998}.

解 我们先求出最初的几个 a_n.

$a_1 = 1$.

由于 $1 + 2 = 3 \times 1$, 则 $a_2 \neq 2$. $a_2 = 3, a_3 = 4$.

由于 $4 + 5 = 3 + 6 = 3 \times 3$, 则 $a_4 \neq 5, a_4 \neq 6$. $a_4 = 7$.

由于 $1 + 8 = 3 \times 3, 3 + 9 = 3 \times 4$, 则 $a_5 \neq 8, a_5 \neq 9$. $a_5 = 10$.

由于 $1 + 11 = 3 \times 4$, 则 $a_6 \neq 11$. $a_6 = 12, a_7 = 13$.

由于 $7 + 14 = 3 \times 7, 15 + 15 = 3 \times 10$, 则 $a_8 \neq 14, a_8 \neq 15$. $a_8 = 16$.

由于 $13 + 17 = 3 \times 10, 18 + 3 = 3 \times 7$, 则 $a_9 \neq 17, a_9 \neq 18$. $a_9 = 19$.

由于 $1 + 20 = 3 \times 7$, 则 $a_{10} \neq 20$. $a_{10} = 21, a_{11} = 22$.

由于 $7 + 23 = 3 \times 10, 24 + 24 = 3 \times 16$, 则 $a_{12} \neq 23, a_{12} \neq 24$. $a_{12} = 25$.

到此为止, 我们得到 a_n 的前 12 个值, 且列表如下:

n:	1	2	3	4	5	6	7	8	9	10	11	12
a_n:	1	3	4	7	10	12	13	16	19	21	22	25

若将每四项看成一组, 则每组中的项可以从其前面的一组中的每一项加 9 得到. 下面我们来验证 a_n 满足下列公式
$$a_{4r+1} = 9r+1, a_{4r+2} = 9r+3$$
$$a_{4r+3} = 9r+4, a_{4r+4} = 9r+7$$
其中 $r = 0,1,2,\cdots$.

当 $n = 0,1,2$ 时, 结论成立.

假设对 $r=0,1,\cdots,m(m\geqslant 2)$ 结论成立，则 $a_1,a_2,\cdots,a_{4m+4}$ 中没有一项模 3 余 2，且在区间 $[1,9m+7]$ 中，所有模 3 余 1 的数都出现在如上的数列中．

因为 $(9m+8)+4=3(3m+4)$，而 $3m+4\equiv 1\pmod 3$ 在如上的数列中，所以 $a_{4m+5}\neq 9m+8$．类似地，因为 $(9m+9)+3=3(3m+4)$，所以 $a_{4m+5}\neq 9m+9$．实际上，$a_{4m+5}=9m+10$．因为若 $(9m+10)+y=3z$，则 $y\equiv 2\pmod 3$，而 y 不在如上的数列，矛盾．

因为 $(9m+11)+1=3(3m+4)$，所以 $a_{4m+6}\neq 9m+11$．实际上，$a_{4m+6}=9m+12$．因为若 $(9m+12)+y=3z$，则 $y\equiv 0\pmod 3$，故 $y=9r+3$．而 $(9m+12)+(9r+3)=3(3m+3r+5)$，但 $3m+3r+5\equiv 2\pmod 3$ 不在如上的数列中，矛盾．

因为在如上的数列中没有 $y\equiv 2\pmod 3$，所以 $a_{4m+7}=9m+13$．

因为 $(9m+14)+7=3(3m+7)$，而 $3m+7\equiv 1\pmod 3$ 在如上的数列中，所以 $a_{4m+8}\neq 9m+14$．类似地，因为 $(9m+15)+(9m+15)=3(6m+10)$，而 $6m+10\equiv 1\pmod 3$ 在如上的数列中，所以 $a_{4m+8}\neq 9m+15$．

最后，因为在如上的数列中没有 $y\equiv 2\pmod 3$，所以 $a_{4m+8}=9m+16$．

由数学归纳法，关于 a_n 的公式成立．

由于 $1\,998=4\times 499+2$，所以
$$a_{1\,998}=9\times 499+3=4\,494$$

⓲ 求所有正整数 n，满足对所求的正整数 n，存在一个整数 m，使 2^n-1 是 m^2+9 的因子．

解 如果 n 不是 2 的整数次幂，则其有一个奇因子 $l\geqslant 3$．因为 2^l-1 整除 2^n-1，则 2^l-1 也整除 m^2+9．对任意 $l\geqslant 3$，有 $2^l-1\equiv -1\pmod 4$，于是 2^l-1 有一个素因子 p 模 4 与 -1 同余，即 $p\equiv -1\pmod 4$．假设 p 不是 3．因为 p 整除 m^2+3^2，由费马(Fermat)小定理，有
$$1\equiv m^{p-1}\equiv (m^2)^{\frac{p-1}{2}}\equiv (-9)^{\frac{p-1}{2}}\equiv -3^{p-1}\equiv -1\pmod p$$
这不可能成立，因此，若 l 存在，则 p 只能是 3．又因为 l 是奇数，所以 $2^l\equiv -1\not\equiv 1\pmod 3$，即 2^l-1 不是 3 的倍数，矛盾．

所以，n 一定满足 2 的整数次幂的形式．如果 $n=2^k$，则有
$$2^n-1=3(2^2+1)(2^{2^2}+1)\cdots(2^{2^{k-1}}+1)$$

如果 2^n-1 整除 m^2+9，则对每个 $l=1,2,\cdots,k-1,2^{2^l}+1$ 整除 m^2+9．若 $\alpha\neq\beta$，则 $2^{2^\alpha}+1$ 与 $2^{2^\beta}+1$ 互素．实际上，设 $\alpha>\beta,d$

是 $2^{2^\alpha}+1$ 与 $2^{2^\beta}+1$ 的最大公因子,则 $2^{2^\alpha} \equiv (2^{2^\beta})^{2^{\alpha-\beta}} \equiv 1 \pmod{d}$. 而 $2^{2^\alpha} \equiv -1 \pmod{d}$,因此 $d=1$.

因为对每个 $l=0,1,\cdots,k-2,2^{2^l}+1$ 两两互素,由中国剩余定理,存在正整数 c,使
$$c \equiv 2^{2^l} \pmod{2^{2^{l+1}}+1}$$
于是,$c^2+1 \equiv 0 \pmod{2^{2^{l+1}}+1}$ 对 $l=0,1,\cdots,k-2$ 成立. 所以,2^n-1 整除 $(3c)^2+9$.

因此,对某个 $m,2^n-1$ 整除 m^2+9 当且仅当 n 是 2 的整数幂.

❶⓽ 对任一正整数 n,令 $d(n)$ 表示 n 的正因数(包括 1 及 n 本身)的个数. 试确定所有可能的正整数 k,使得有一个正整数 n 满足 $\dfrac{d(n^2)}{d(n)}=k$.

注 本题为第 39 届国际数学奥林匹克竞赛题第 3 题.

❷⓪ 证明对每个正整数 n,存在一个正整数,满足下列性质:
(1) 它有 n 位数;
(2) 它的每位数字都不是零;
(3) 它能被其各位数字之和整除.

证明 如果 $n=3^l$,构造最简单的 n 位数为 $\underbrace{11\cdots 1}_{3^l}$. 显然,$l=0$ 时满足条件. 假设 $\underbrace{11\cdots 1}_{3^l}$ 能被 3^l 整除,由于

$$\underbrace{11\cdots 1}_{3^l} = \frac{1}{9}(10^{3^{l+1}}-1) = \frac{1}{9}(10^{3^l}-1)(10^{2\times 3^l}+10^{3^l}+1) =$$

$$\underbrace{11\cdots 1}_{3^l} \times (10^{2\times 3^l}+10^{3^l}+1)$$

由归纳假设,$\underbrace{11\cdots 1}_{3^l}$ 能被 3^l 整除,而 $10^{2\times 3^l}+10^{3^l}+1$ 能被 3 整除,故 $\underbrace{11\cdots 1}_{3^{l+1}}$ 能被 3^{l+1} 整除. 所以对任意非负整数 l,结论成立.

对一般情况下的 n,若有某个自然数 $k \geq \dfrac{n}{2}$,设 $j=n-k$,且用任意 j 位数 $a_1 a_2 \cdots a_j$ 乘以 $\underbrace{99\cdots 9}_{k}$,其满足 $1 \leq j \leq k, a_j \neq 0$,故有

$$a_1 a_2 \cdots a_j \times \underbrace{99\cdots 9}_{k} = (10^k-1) \times a_1 a_2 \cdots a_j =$$

$$a_1 a_2 \cdots a_j \underbrace{00\cdots 0}_{k} - a_1 a_2 \cdots a_j =$$
$$a_1 a_2 \cdots a_{j-1}(a_j-1)\underbrace{99\cdots 9}_{k-j}(9-a_1)\cdots$$
$$(9-a_{j-1})(10-a_j)$$

其中 n 位数,各位数字之和为
$$\sum_{i=1}^{j-1}[a_i+(9-a_i)]+9\times(k-j)+[(a_j-1)+(10-a_j)]=9k$$
这一结果不依赖于 $a_1 a_2\cdots a_j$ 的选择,也不依赖于 j 本身,因此,我们可以根据要求自由地选择.

设 n 为任意正整数,存在 l,使 $3^l \leqslant n \leqslant 3^{l+1}$. 我们已经证明 $n=3^l$ 时结论成立.

如果 $3^l<n\leqslant 2\times 3^l$,设 $k=3^l, j=n-3^l$,则 $1\leqslant j\leqslant k, j+k=n$. 适当选取 $a_1 a_2\cdots a_j$,如 $\underbrace{11\cdots 12}_{j-1}$,我们得到积
$$\underbrace{11\cdots 12}_{j-1}\times\underbrace{99\cdots 9}_{k}=\underbrace{11\cdots 1}_{j}\underbrace{99\cdots 9}_{k-j}\underbrace{88\cdots 8}_{j}$$
其是 n 位数,各位数字之和为 $9k=9\times 3^l$,且每位数字都不是零. 由于 $\underbrace{99\cdots 9}_{k}=9\times\underbrace{11\cdots 1}_{3^l}$,且 $\underbrace{11\cdots 1}_{3^l}$ 能被 3^l 整除,故所构造的 n 位数能被 $9k$ 整除.

类似地,如果 $2\times 3^l<n<3^{l+1}$,设 $k=2\times 3^l, j=n-2\times 3^l$,则 $1\leqslant j\leqslant k, j+k=n$. 选取 $a_1 a_2\cdots a_j=\underbrace{22\cdots 2}_{j}$,我们得到积
$$\underbrace{22\cdots 2}_{j}\times\underbrace{99\cdots 9}_{k}=\underbrace{22\cdots 21}_{j-1}\underbrace{99\cdots 9}_{k-j}\underbrace{77\cdots 78}_{j-1}$$
其是 n 位数,各位数字之和为 $9k=2\times 9\times 3^l$,且每位数字都不是零. 由于这个 n 位数是偶数,$\underbrace{99\cdots 9}_{2\times 3^l}=9\times\underbrace{11\cdots 1}_{3^l}\times(1+10^{3^l})$ 能被 9×3^l 整除,故所构造的 n 位数能被 $9k$ 整除.

㉑ 已知非负整数序列 $a_0, a_1, a_2, \cdots$ 是递增序列,且每一个非负整数能被唯一地表示为 $a_i+2a_j+4a_k$,其中 i,j,k 为任意非负整数. 求 a_{1998}.

解 由唯一性知具有以上性质的每个序列都是严格递增的. 下面证明这样的序列最多有一个. 假设存在两个序列 $x_0<x_1<\cdots<x_n<\cdots$ 和 $y_0<y_1<\cdots<y_n<\cdots$,对某些 n 有 $x_n\neq y_n$. 设 n 是满足 $x_n\neq y_n$ 中最小的一个脚标,由于 $x_0=y_0=0$,则 n 是正整数. 设 $x_{n-1}<y_n<x_n$,则存在非负整数 i,j,k,使 $y_n=x_i+2x_j+4x_k$. 因为 $y_n<x_n$,所以 i,j,k 都比 n 小. 故 $x_i=y_i, x_j=y_j,$

$x_k = y_k$，于是，$y_n = y_i + 2y_j + 4y_k$. 而 y_n 也可以表示为 $y_n = y_n + 2y_0 + 4y_0$，与唯一性矛盾.

我们先求出最初的几项
$$a_0 = 0, a_1 = 1$$

对于 $m \leqslant 7$，有 $m = x_0 + 2x_1 + 4x_2$，这里 $x_i = 0$ 或 $1(i=0,1,2)$，于是有 $a_2 = 8, a_3 = 9$.

对于 $m \leqslant 63$，有 $m = x_0 + 2x_1 + 2^2 x_2 + 2^3 x_3 + 2^4 x_4 + 2^5 x_5$，这里 $x_i = 0$ 或 $1(i=0,1,\cdots,5)$，于是 $m = (x_0 + 2^3 x_3) + 2(x_1 + 2^3 x_4) + 4(x_4 + 2^3 x_5)$. 由于 $x_i + 8x_{i+3} = 0, 1, 8$ 或 9，且 $9 + 2 \times 9 + 4 \times 9 = 63$，所以 $a_4 = 64, a_5 = 65$.

一般地，对任意正整数 m，能被唯一地写成 $\sum_{i=0}^{+\infty} 2^i x_i$，其中 $x_i = 0$ 或 1，于是
$$m = (x_0 + 2^3 x_3 + 2^6 x_6 + \cdots) + 2(x_1 + 2^3 x_4 + 2^6 x_7 + \cdots) + 4(x_2 + 2^3 x_5 + 2^6 x_8 + \cdots)$$
故有 $a_n = y_0 + 8y_1 + 8^2 y_2 + 8^3 y_3 + \cdots$，这里 $y_i = 0$ 或 1.

因为 a_n 是严格递增的，将 n 写为 $n = n_0 + 2n_1 + 2^2 n_2 + \cdots$，其中 $n_i = 0$ 或 1，则
$$a_n = n_0 + 8n_1 + 8^2 n_2 + \cdots$$
特别地，$1998 = 2 + 2^2 + 2^3 + 2^6 + 2^7 + 2^8 + 2^9 + 2^{10}$，则
$$a_{1998} = 8 + 8^2 + 8^3 + 8^6 + 8^7 + 8^8 + 8^9 + 8^{10}$$

㉒ 已知一个矩阵列，其每一行及每一列的所有数之和为整数. 证明可将矩阵列中的每个非整数 x，变为 $[x]$ 或 $\langle x \rangle$，使每一行及每一列的所有数之和保持不变. 其中 $[x]$ 表示不超过 x 的最大整数，$\langle x \rangle$ 表示不小于 x 的最小整数.

证明 我们先将所有非整数的值 x 改为 $[x]$，并记之为"一". 然后，我们一列一列地把每列所有数之和恢复为原值. 这一点通过改变任意选取的某些 $[x]$ 为 $\langle x \rangle$ 来达到，并记之为"+". 最后，我们在不扰乱每列所有数之和的前提下，恢复原每一行所有数之和. 将每一行所有数之和的改变量的绝对值的和记为 δ，则其一定是偶数. 我们要使其为 0，如果 $\delta > 0$，下面我们证明通过每次的改变，使 δ 减少 2.

对于 R 行和 S 行，若存在一列 C，使 $R \cap C$ 处所记符号为"+"，$S \cap C$ 处所记符号为"一"，我们称 R 行与 S 行是"可达"行，C 列为"可达"列. 假设第一行所有数之和比原矩阵列中第一行所有数之和大，则这一行至少有一个"+"号. 因为每一列所有数之和已恢

复为原值,所以在包含如上"+"的那一列中存在一个"—"号.假设这个"—"号在第二行,那么,第一行与第二行是"可达"的.如果第二行所有数之和比原矩阵列中第二行所有数之和小,我们交换前面确定的在"可达"列中的"+"号和"—"号.这将使 δ 减少 2.假设第二行所有数之和不比原矩阵列中第二行所有数之和小,则第二行一定还有一个"+"号,于是存在一行与第二行是"可达"的.重复上面的过程,最后要得到一行,其所有数之和比原矩阵列中这一行所有数之和小,我们交换前面确定的一串在一些"可达"列中的所有"+"号和"—"号,则使 δ 减小 2.下面我们来证明这一结论.

将所有直接的或间接的与第一行是"可达"的行及第一行本身的并记为 A,其他所有的行记为 B.设 C 是任意一列,如果 $A \cap C$ 不含有一个"+"号,则所有不含"+"号的 $A \cap C$ 的数之和没有增加.如果 $A \cap C$ 至少含有一个"+"号,则 $B \cap C$ 不包含"—"号,因为若 B 内某行包含"—"号,则这一行一定与包含"+"号的那一行是"可达"的,因此,这一行应属于 A,矛盾.故所有 $B \cap C$ 的数之和没有减少,从而所有 $A \cap C$ 的数之和没有增加.于是,可得所有 A 的数之和没有增加.因为第一行所有数之和比原矩阵列中第一行所有数之和大,则在 A 中一定存在一行,其所有数之和比原矩阵列中这一行所有数之和小.

❷3 已知 n 是大于 2 的整数.如果一个正整数是 1 或能由 1 运用具有下列性质的一系列运算得到:
① 运算是加法或乘法;
② 加法和乘法被交替使用;
③ 每次加法运算,可以自由选择加 2 或加 n;
④ 每次乘法运算,可以自由选择乘 2 或乘 n.
则称这个数是"可达"的.如果一个正整数不能由此得到,则称这个数是"不可达"的.证明:
(1) 如果 $n \geqslant 9$,有无穷多"不可达"的整数;
(2) 如果 $n = 3$,除 7 之外所有正整数都是"可达"的.

证明 (1) 如果 n 是偶数,则所有比 $n+1$ 大的奇数都是"不可达"的.如果 n 是奇数,假设 a 是由 b 利用加法得到的,b 是由 c 利用乘法得到的,则 $b = 2c$ 或 nc,$a = 2c+2, 2c+n, nc+2$ 或 $nc+n$.于是 $a \equiv 2c+2 \pmod{n-2}$.如果 $a \equiv -2 \pmod{n-2}$,则 $c \equiv -2 \pmod{n-2}$,$b \equiv -4 \pmod{n-2}$.下面证明对所有正整数 k,$kn(n-2)-2$ 是"不可达"的.

注意到 $kn(n-2)-2$ 不能被 2 或 n 整除,如果 $kn(n-2)-2$ 是"可达"的,则最后一个运算是加法,它模 $n-2$ 余 -2.回溯其产

生过程所得的数模 $n-2$ 的余数只能是 -2 或 -4. 因为这过程最终会停止到 1,于是,我们有
$$1 \equiv -2(\bmod(n-2)) \text{ 或 } 1 \equiv -4(\bmod(n-2))$$
所以 $n=3,5,7$, 与 $n \geqslant 9$ 矛盾.

(2) 如果一个正整数是"可达"的,且最后一次运算是加法,则称这个数是"加"的. 如果最后一次运算是乘法,则称这个数是"乘"的. 因为 2 和 3 的最小公倍数是 6,我们考虑模 6 的同余类,并证明下面的结论.

(i) 所有形如 $6k$ 的数既是"加"的又是"乘"的.

(ii) 所有形如 $6k+1$ 的数除了 1 和 7 是"加"的.

(iii) 所有形如 $6k+2$ 的数除了 2 是"加"的.

(iv) 所有形如 $6k+3$ 的数是"加"的.

(v) 所有形如 $6k+4$ 的数除了 4 是"乘"的.

(vi) 所有形如 $6k+5$ 的数是"加"的.

我们同时对这六个结论关于 k 用数学归纳法.

对 $k \leqslant 1$, 由于 $3=1+2, 5=1 \times 3+2, 6=1 \times 3+3$, 可得结论成立.

假设所有六个结论直到 $k-1(k \geqslant 2)$ 都是正确的,下面证明 k 的情形.

(i) $6k=(6(k-1)+4)+2=3k \times 2$. 因为 $6(k-1)+4$ 是"乘"的,所以 $6k$ 是"加"的. 因为 $3k=6l$ 或 $6l+3(l<k)$ 是"加"的,所以 $6k$ 是"乘"的.

(ii) $6k+1=(6(k-1)+4)+3$. 因为 $6(k-1)+4$ 是"乘"的,所以 $6k+1$ 是"加"的.

(iii) 因为 $6k$ 是"乘"的,所以 $6k+2$ 是"加"的.

(iv) 因为 $6k$ 是"乘"的,所以 $6k+3$ 是"加"的.

(v) $6k+4=(3k+2) \times 2$. 因为 $3k+2=6l+2$ 或 $6l+5(1 \leqslant l<k)$ 是"加"的,所以 $6k+4$ 是"乘"的.

(vi) $6k+5=(2k+1) \times 3+2$. 因为 $2k+1=6l+1, 6l+3$ 或 $6l+5(1 \leqslant l<k)$ 除了 7 是"加"的,所以 $6k+5$ 除了 23 是"加"的. 而 $23=((1 \times 2+2) \times 2+2) \times 2+3$,也是"加"的.

完成归纳证明. 现在 1 是已知的,$2=1 \times 2, 4=1 \times 2+2$,所以 7 是唯一的"不可达"的数.

㉔ 写着 1 至 9 的九张卡片随意排成一行，我们可以选择相邻的且满足其上的数字是按递减或递增的次序排列的任意张卡片，并将其次序颠倒排放，则称之为一次操作. 例如，916532748 选取 653 将其变为 356，则原排列经过一次操作后变为 913562748. 证明：最多进行 12 次操作，可以将九张卡片排成一行，其上的数字是递减或递增的.

证明 设 $g(\pi)$ 是对 n 个不同的数所组成的一个排列 π，使其单调化所需操作次数的最小值，$f(n)$ 是 π 经历所有 $n!$ 个排列后 $g(\pi)$ 的最大值. 下面我们证明 $f(n) \leqslant f(n-1) + 2$.

对 $\{1,2,\cdots,n\}$ 的任何一个排列，设第一个元素是 k，在不超过 $f(n-1)$ 次操作中，排列可以被变为 $\langle k,1,\cdots,k-1,k+1,\cdots,n\rangle$ 或 $\langle k,n,\cdots,k+1,k-1,\cdots,4\rangle$. 前者可经两次操作分别变为 $\langle k,k-1,\cdots,1,k+1,\cdots,n\rangle$ 及 $\langle 1,\cdots,k-1,k,k+1,\cdots,n\rangle$，后者也可经两次操作分别变为 $\langle k,k+1,\cdots,n,k-1,\cdots,1\rangle$ 及 $\langle n,\cdots,k+1,k,k-1,\cdots,1\rangle$.

因此，$f(n) \leqslant f(n-1) + 2$.

要证明 $f(9) \leqslant 12$，只要证明 $f(5) \leqslant 4$.

易知 $f(3)=1$. 考虑 $\{1,2,3,4\}$ 的一个排列，如果 1 或 4 是第一个或第四个元素，则最多进行一次操作可使其他三个元素单调化. 然后最多进行一次操作可使所有四个元素的排列单调化. 对于剩下的四个排列，$\langle 2,1,4,3\rangle$ 和 $\langle 3,4,1,2\rangle$ 可以进行两次操作被单调化，$\langle 2,4,1,3\rangle$ 需要进行三次操作，且我们可以选择最后排列为递减或递增的情形，即是 $\langle 1,2,3,4\rangle$ 还是 $\langle 4,3,2,1\rangle$

$$\langle 2,4,1,3\rangle \to \langle 2,1,4,3\rangle \to \langle 1,2,4,3\rangle \to \langle 1,2,3,4\rangle$$

或

$$\langle 2,4,1,3\rangle \to \langle 4,2,1,3\rangle \to \langle 4,2,3,1\rangle \to \langle 4,3,2,1\rangle$$

对于 $\langle 3,1,4,2\rangle$ 我们会得到同样的结论，所以任何四个不同的数所组成的排列最多进行三次操作可以将原排列单调化为两种情形.

我们现在考虑 $\{1,2,3,4,5\}$ 的任意排列. 如果 1 或 5 是第一个或第五个元素，则最多进行三次操作把其他四个元素以某种要求的情形单调化，且使全部排列也是单调的. 如果 1 和 5 都不是第一个和第五个元素，则至少它们中的一个是第二个或第四个元素，进行一次操作，把 1 或 5 变到外部，使 1 或 5 成为第一个或第五个元素，于是如前面的分析，最多进行三次操作即可完成单调化. 于是，$f(5) \leqslant 4$，故 $f(9) \leqslant 12$.

㉕ 设 $U=\{1,2,\cdots,n\}$,其中 $n\geqslant 3$,S 是 U 的一个子集,如果不属于 S 的一个元素出现在 U 的一个排列的某处,使它处在 S 中的两个元素之间,我们称 S 是由 U "分裂"出的.例如,13 542 可以"分裂"出 $\{1,2,3\}$,不能"分裂"出 $\{3,4,5\}$.证明:对 U 的任意 $n-2$ 个子集,每个子集至少有 2 个,至多有 $n-1$ 个元素,存在 U 的一个排列,可以"分裂"出所有如上所述的 $n-2$ 个子集.

证明 我们对 n 采用数学归纳法.

$n=3$ 时,包含两个元素的子集族 $\{i,j\}$ 可以由排列 $\langle i,k,j\rangle$ "分裂"出来.这里 k 是 U 的第三个元素.

假设当 $n\geqslant 3$ 时结论成立.设 $U=\{1,2,\cdots,n+1\}$,$\mathscr{F}$ 为由 $n-1$ 个子集组成的子集族,每个子集至少有两个至多有 n 个元素.

假设 $\mathscr{F}$ 包含 k 个有 2 个元素的子集,l 个有 n 个元素的子集,则 $k+l\leqslant n-1$.因为 U 中至多有 k 个元素不止一次在有 2 个元素的子集中出现,则在有 2 个元素的子集中至多出现一次的元素的个数至少有 $(n+1)-k\geqslant(n+1)-(n-1-l)=l+2$ 个.因为不包含在 l 个有 n 个元素的子集中的元素的个数只有 l 个,则在这 $l+2$ 个元素中存在一个,属于所有 l 个有 n 个元素的子集.因此,我们证明了下面的结论.U 中一定存在一个元素,其属于所有 l 个有 n 个元素的子集,但至多属于一个有 2 个元素的子集.

不妨假设这个元素是 $n+1$,否则可以重新编号.当去掉这个元素,则 $\mathscr{F}$ 中的所有有 n 个元素的子集变为 $\{1,2,\cdots,n\}$ 的有 $n-1$ 个元素的子集,$\mathscr{F}$ 中有 2 个元素的子集至多有一个变为单元素集.

如果有这样一个单元集 $\{i\}$,由归纳假设,存在 $\{1,2,\cdots,n\}$ 的一个排列 π,使其"分裂"出其他所有 $n-2$ 个子集.通过加 $n+1$ 至 π 中,使 $n+1$ 在任意满足与 i 不相邻的地方,则得到一个排列,其"分裂"出 $\mathscr{F}$ 中所有 $n-1$ 个子集.

如果没有这样一个单元素集,则在 $n-1$ 个子集中任选一个 S.由归纳假设,存在 $\{1,2,\cdots,n\}$ 的一个排列 π,使其"分裂"出其他所有 $n-2$ 个子集,通过加 $n+1$ 至 π 中,使 $n+1$ 在 S 中两个元素之间的任何地方,则得到一个排列,其"分裂"出 $\mathscr{F}$ 中所有 $n-1$ 个子集.

因此,对任意 $n(n\geqslant 3)$ 结论成立.

㉖ 在某项竞赛中,共有 a 个参赛选手与 b 个裁判,其中 $b \geq 3$ 且为奇数. 每个裁判对每个选手的评分只有"通过"或"不及格"两个等级. 设 k 是满足以下条件的整数:任何两个裁判至多可对 k 个选手有完全相同的评分. 证明:$\dfrac{k}{a} \geq \dfrac{b-1}{2b}$.

注 本题为第 39 届国际数学奥林匹克竞赛题第 2 题.

㉗ 已知平面上十个点,其中没有三点在一条直线上. 每两点之间连一线段,每条线段被染上 k 种颜色之一,且满足:对于十个点中的任意 k 个点,两两所连的线段被染上所有 k 种颜色. 求所有可能满足条件的整数 k,其中 $1 \leq k \leq 10$.

解 我们先证明 $k \leq 4$ 是不可能的. 对于 $k=1$ 和 $k=2$ 无需证明. $k=3$ 时,取一顶点 A,与 A 相连的九条边,所以一定有两条边同色,不妨设为 AB, AC. 因此,由顶点 A, B, C 所构成的完全图不包含三种颜色,故 $k=3$ 是不可能的.

$k=4$ 时,若有一点,不妨设为 A,与 A 相连的线段中至少有四条同色,不妨设为 AB, AC, AD, AE,且设为蓝色. 联结 B, C, D, E 的六条边中一定有蓝色的边,不妨设为 BC,则 A, B, C, D 所构成的完全图中至少有四条蓝边,与包含四种颜色矛盾.

若每个点所引的九条边中至多有三条是同色的,由抽屉原则,确有三条是同色的. 不妨假设是由点 A 引出的,三条同色线段分别为 AB, AC, AD,且为蓝色的,于是 BC, BD, CD 中的每一条不能再是蓝色的. 由于其他六个点中的任意三点与 A 的连线中没有蓝色的,因此,其他六个点中的任意三点两两所连的线段中一定有一条被染上蓝色. 由拉姆塞(Ramsey)定理,在这六个点中一定存在三个点,它们两两所连的线段全是蓝色的,不妨设为 E, F, G,又因为 B, C, D, E 所构成的完全图中一定有蓝边,而前面已经得到 BC, BD, CD 不是蓝边,因此,不妨假设 DE 是蓝色的. 可是再由 D, E, F, G 所构成的完全图中至少有四条边是蓝色的,与包含四种颜色矛盾.

综上所述,$k \leq 4$ 是不可能的.

下面证明 $k \geq 5$ 是可能的. 对于 $k=10$ 无需证明. 下面对于 $6 \leq k \leq 9$,我们直接给出一种构造的情形. 设已知的十个顶点分别为 $0, 1, \cdots, 9$. 对于将要出现的和式,我们取模 9 的同余. 将连接顶点 i 和顶点 j 的边染上第 $i+j$ 种颜色,其中 $0 \leq i < j \leq 8$,将连接顶点 9 和顶点 i 的边染上第 $2i$ 种颜色,其中 $0 \leq i \leq 8$. 如此染法

满足九种颜色均出现,每种颜色出现五次,且每种颜色的边包含了所有的十个顶点,我们称由每一种颜色的边组成的图为子图.

下面证明这种染法具有要求的性质.如果 $k<9$,则用多余的颜色所染的边可以被忽略.对于每一种颜色,顶点被分成 5 对,且每对之间的连线段被染上那种颜色.在十个已知点中任取 k 个点所构成的完全图中,由于 $k \geqslant 6$,故由抽屉原则一定有两个点来自那种颜色被分成的五对中的一对.所以这个完全图每种颜色都有一条边.

对于 $k=5$,我们直接给出一种构造的情形.设已知的十个顶点分别为 $0,1,\cdots,9$.每个子图包括由四个顶点所构成的完全图及三条边,且包含了所有十个顶点.其他四个子图由循环排列所得,如下表:

第一个子图	02	05	09	25	29	59	13	67	48
第二个子图	24	27	21	47	41	71	35	89	60
第三个子图	46	49	43	69	63	93	57	01	82
第四个子图	68	61	65	81	85	15	79	23	04
第五个子图	80	83	87	03	07	37	91	45	26

这种染法具有要求的性质.因为对于每一种颜色,顶点被分成四部分,其中一部分有四个顶点,另外三部分各有两个顶点,且包含了所有十个顶点,每一部分中的点两两所连的线段被染上这种颜色.在十个已知点中任取五个点所构成的完全图中,由抽屉原则一定有两个点来自那种颜色被分成的四部分中的一部分.所以这个完全图每种颜色都有一条边.

❷⓼ 一种单人纸牌游戏有 mn 张一面是白、一面是黑的牌,在一张 $m\times n$ 的矩形板上玩.开始时矩形板上的 $mn-1$ 个小正方形上放着白面朝上的牌,只有一个角上的小正方形放着一张黑面朝上的牌.在每一次操作中,我们可以拿掉一张黑面朝上的牌,但必须将与这张牌所在的小正方形有一条公共边的所有小正方形上的(即相邻的)牌翻过来.求所有的正整数对 (m,n),使所有的牌都能从矩形板上拿掉.

证明 假设拿掉所有的牌是可能的.每一次操作,记录下与被拿掉的这张牌相邻的已经被拿掉的牌的数目,设这些数的和为 σ.

第一张牌被拿掉记录下的数为 0.然后,对于被拿掉的每一张牌,开始时是白的,由于与它相邻的奇数张牌被拿掉,它才变为黑色,于是被记录下的是一个奇数.因此,σ 是 $mn-1$ 个奇数的和,从而有
$$\sigma \equiv mn - 1 \pmod{2}$$

另一方面,我们考虑一对相邻的牌.这两张牌不管先拿掉哪一张,当另一张最后被拿掉时,被记录下的是先被拿掉的那一张的数目,即 1.因此,σ 等于矩形板上所有相邻的小正方形对的数目,即
$$\sigma = m(n-1) + n(m-1)$$

为了使所有的牌被拿走,一定有
$$mn - 1 \equiv m(n-1) + n(m-1) \pmod{2}$$

这等价于 $(m-1)(n-1)$ 是偶数.于是,要拿掉所有牌的必要条件是 m 和 n 中至少有一个是奇数.

下面我们证明这个条件也是充分的.由对称性,不妨假设 $m = 2k-1$.记牌所在的位置为 (i,j),其中 $1 \leqslant i \leqslant m, 1 \leqslant j \leqslant n$,并假设 $(1,1)$ 处的牌是黑面朝上的.我们按顺序拿掉 $(i,1)$ 处的牌,$i = 1, 2, \cdots, m$.如果 $n = 1$,则结论成立.假设 $n \geqslant 2$,则每个 $(i,2)$ 处的牌都是黑面朝上的.我们按顺序拿掉 $(2i-1,2)$ 处的牌,$i = 1, 2, \cdots, k$,每个 $(2i,2)$ 处的牌被翻了两次,所以还是黑面朝上,然后再把这些牌拿掉.如果 $n = 2$,则结论成立.否则,每个 $(i,3)$ 处的牌都是黑面朝上的.重复上面的过程,直至给定的 n.

综上所述,使所有的牌都能从矩形板上拿掉的正整数对 (m, n) 满足:m 和 n 中至少有一个是奇数.

第五编
第40届国际数学奥林匹克

第 40 届国际数学奥林匹克题解

罗马尼亚,1999

❶ 确定平面上所有至少包含三个点的有限点集 S,它们满足下述条件:对于 S 中任意两个互不相同的点 A 和 B,线段 AB 的垂直平分线是 S 的一个对称轴.

爱沙尼亚命题

解 设 G 为 S 的重心. 对 S 中任意两点 A,B,记 r_{AB} 为 S 关于线段 AB 的垂直平分线的对称映射. 因为 $r_{AB}(S)=S$,所以 $r_{AB}(G)=G$,这说明 S 中每个点到 G 的距离都相等,因而 S 中的点全在一个圆周上,它们构成一个凸多边形 $A_1A_2\cdots A_n(n\geqslant 3)$.

因为 S 的对称映射 $r_{A_1A_3}$ 把以 A_1A_3 为边界的两个半平面分别映成它们自己,所以有 $r_{A_1A_3}(A_2)=A_2$,即得 $A_1A_2=A_2A_3$.

同理可证
$$A_2A_3=A_3A_4=A_4A_5=\cdots=A_nA_1$$
这说明 $A_1A_2\cdots A_n$ 是一个正 n 边形.

反之易验证,正 $n(n\geqslant 3)$ 边形的顶点集合满足题目要求. 因此,S 为正多边形的顶点集合.

❷ 设 n 是一个固定的整数,$n\geqslant 2$.

(1) 确定最小常数 c,使得不等式
$$\sum_{1\leqslant i<j\leqslant n}x_ix_j(x_i^2+x_j^2)\leqslant c(\sum_{1\leqslant i\leqslant n}x_i)^4$$
对所有的非负实数 $x_1,\cdots,x_n\geqslant 0$ 都成立;

(2) 对于这个常数 c,确定等号成立的充要条件.

波兰命题

解法 1 由于不等式是齐次对称的,我们可以设 $x_1\geqslant x_2\geqslant\cdots\geqslant x_n\geqslant 0$ 且 $\sum_{i=1}^n x_i=1$. 这时只需讨论
$$F(x_1,\cdots,x_n)=\sum_{i<j}x_ix_j(x_i^2+x_j^2)$$
的最大值.

假设 $x_1,\cdots,x_n$ 中最后一个非零数为 $x_{k+1}(k\geqslant 2)$. 将
$$x=(x_1,\cdots,x_k,x_{k+1},0,\cdots,0)$$

调整为
$$x' = (x_1, \cdots, x_{k-1}, x_k, x_{k+1}, 0, \cdots, 0)$$
相应的函数值

$$F(x') - F(x) = x_k x_{k+1}(3(x_k + x_{k-1})\sum_{i=1}^{k-1} x_i - x_k^2 - x_{k+1}^2) =$$
$$x_k x_{k+1}(3(x_k + x_{k+1})(1 - x_k - x_{k+1}) - x_k^2 - x_{k+1}^2) =$$
$$x_k x_{k+1}((x_k + x_{k+1})(3 - 4(x_k + x_{k+1})) + 2x_k x_{k+1})$$

因为 $\quad 1 \geqslant x_1 + x_k + x_{k+1} \geqslant \frac{1}{2}(x_k + x_{k+1}) + x_k + x_{k+1}$

所以 $\quad \dfrac{2}{3} \geqslant x_k + x_{k+1}$

因此 $\quad F(x') - F(x) > 0$

换言之,将 x 调整为 x' 时,函数值 F 严格增加.

对于任意 $x = (x_1, \cdots, x_n)$,经过若干次调整,最终可得
$$F(x) \leqslant F(a, b, 0, \cdots, 0) = ab(a^2 + b^2) =$$
$$\frac{1}{2}(2ab)(1 - 2ab) \leqslant \frac{1}{8} = F\left(\frac{1}{2}, \frac{1}{2}, 0, \cdots, 0\right)$$

可见所求之常数 c 等于 $\dfrac{1}{8}$. 等号成立的充要条件为两个 x_i 相等(可以为 0),而其余的 x_j 均等于 0.

解法 2 符号 $\sum\limits_{1 \leqslant i < j \leqslant n} f(x_i, x_j)$ 表示对所有下标满足 $1 \leqslant i < j \leqslant n$ 的项 $f(x_i, x_j)$ 求和,下文中简记为 $\sum f(x_i, x_j)$.

(1) 当非负实数 $x_1, x_2, \cdots, x_n$ 不全为 0 时,记
$$x = \frac{\sum x_i x_j}{(\sum\limits_{i=1}^{n} x_i)^2}, y = \frac{\sum x_i x_j x_k (x_i + x_j + x_k)}{(\sum\limits_{i=1}^{n} x_i)^4}$$

因为 $\sum x_i x_j (x_i^2 + x_j^2) = \sum x_i x_j \left(\left(\sum\limits_{k=1}^{n} x_k\right)^2 - 2\sum x_i x_j - \sum\limits_{\substack{k=1 \\ k \neq i,j}}^{n} x_k^2 \right) =$
$$\sum x_i x_j \left(\sum\limits_{k=1}^{n} x_k\right)^2 - 2\left(\sum x_i x_j\right)^2 -$$
$$\sum x_i x_j x_k (x_i + x_j + x_k) \Rightarrow$$
$$c \geqslant -2x^2 + x - y$$

因为 $-2x^2 + x - y \leqslant \dfrac{1}{8}$,其符号成立的充分必要条件是 $x = \dfrac{1}{4}$ 且 $y = 0$. 所以 $c \geqslant \dfrac{1}{8}$,$c_{\min} = \dfrac{1}{8}$,当 $x_1 = x_2 = \cdots = x_n = 0$ 时也适合.

(2) 当 $c = \dfrac{1}{8}$ 时,$x = \dfrac{1}{4}$ 且 $y = 0$ 的充分必要条件是

$$\left(\sum_{i=1}^{n} x_i\right)^2 = 4 \sum x_i x_j$$

且 $\sum x_i x_j x_k (x_i + x_j + x_k) = 0 \Leftrightarrow \sum_{i=1}^{n} x_i^2 = 2 \sum x_i x_j$

$$\sum x_i x_j x_k = 0$$

因为 $\sum x_i x_j x_k = 0 \Leftrightarrow x_1, x_2, \cdots, x_n$ 中任意 3 项之积为 0，即其中最多有两项 x_i, x_j 不为 0，此时

$$\sum_{i=1}^{n} x_i^2 = 2 \sum x_i x_j \Leftrightarrow x_i^2 + x_j^2 = 2 x_i x_j \Leftrightarrow x_i = x_j$$

因此，$x = \dfrac{1}{4}$ 且 $y = 0$ 的充分必要条件是 $x_1, x_2, \cdots, x_n$ 中有两项相等（可以为 0），其余全为 0.

❸ 设 n 是一个固定的正偶数. 考虑一块 $n \times n$ 的正方板，它被分成 n^2 个单位正方格. 板上两个不同的正方格如果有一条公共边，就称它们为相邻的.

将板上 N 个单位正方格作上标记，使得板上的任意正方格（作上标记的或者没有作上标记的）都与至少一个作上标记的正方格相邻.

确定 N 的最小值.

白俄罗斯命题

解 设 $n = 2k$. 首先将正方板黑白相间地涂成像国际象棋棋盘那样. 设 $f(n)$ 为所求的 N 的最小值，$f_w(n)$ 为必须作上标记的白格子的最小数目，使得任一黑格子都有一个作上标记的白格子与之相邻. 同样地，定义 $f_b(n)$ 为必须作上标记的黑格子的最小数目，使得任一白格子都有一个作上标记的黑格子与之相邻. 由于 n 为偶数，"棋盘"是对称的. 故有

$$f_w(n) = f_b(n)$$
$$f(n) = f_w(n) + f_b(n)$$

为方便起见，将"棋盘"按照最长的黑格子对角线水平放置，则各行黑格子的数目分别为 $2, 4, \cdots, 2k, \cdots, 4, 2$.

在含有 $4i - 2$ 个黑格子的那行下面，将奇数位置的白格子作上标记. 当该行在对角线上方时，共有 $2i$ 个白格子作上了标记，如图 40.1 所示；而当该行在对角线下方时，共有 $2i - 1$ 个白格子作上了标记，如图 40.2 所示. 因而作上了标记的白格子总个数为

$$2 + 4 + \cdots + k + \cdots + 3 + 1 = \dfrac{k(k+1)}{2}$$

易见这时每个黑格子都与一个作上标记的白格子相邻，故得

$$f_w(n) \leqslant \dfrac{k(k+1)}{2}$$

图 40.1

图 40.2

考虑这 $\frac{k(k+1)}{2}$ 个作上标记的白格子. 它们中的任意两个没有相邻的公共黑格子, 所以, 至少还需要将 $\frac{k(k+1)}{2}$ 个黑格子作上标记, 以保证这些白格子中的每一个都有一个作上标记的黑格子与之相邻. 从而
$$f_b(n) \geqslant \frac{k(k+1)}{2}$$
故
$$f_w(n) = f_b(n) = \frac{k(k+1)}{2}$$
因此
$$f(n) = k(k+1)$$

❹ 确定所有的正整数对 (n,p), 满足 p 是一个素数, $n \leqslant 2p$, 且 $(p-1)^n + 1$ 能够被 n^{p-1} 整除. （中国台湾命题）

解 显然, $(1,p)$ 和 $(2,2)$ 满足题意, 故下面考虑 $n \geqslant 2, p \geqslant 3$ 的情形.

因为 $(p-1)^n + 1$ 是奇数, 所以 n 也是奇数, 从而 $n < 2p$. 记 q 为 n 的最小素因子, 则 $q \mid (p-1)^n + 1$, 知 $(p-1)^n \equiv -1 \pmod{q}$, 且 $(q, p-1) = 1$. 由 q 的选取知 $(n, p-1) = 1$, 于是存在整数 u, v, 使得
$$un + v(q-1) = 1$$
根据费马小定理
$$p - 1 \equiv (p-1)^{un}(p-1)^{v(q-1)} \equiv (-1)^u 1^v \pmod{q}$$
因为 u 必为奇数, 所以 $p - 1 \equiv -1 \pmod{q}$. 这说明 $q \mid p$, 进而有 $q = p$. 故证得 $n = p$.

于是, 我们得到
$$p^{p-1} \mid (p-1)^p + 1 = $$
$$p^2 \left(p^{p-2} - \binom{p}{1} p^{p-3} + \cdots + \binom{p}{p-3} p - \binom{p}{p-2} + 1 \right)$$

在上式的外括号中, 除最后一项外, 均可被 p 整除. 这说明 $p - 1 \leqslant 2$, 即得 $p = 3$.

综上所述, 所有的解为 $(2,2), (3,3)$ 和 $(1,p)$, 其中 p 为任意素数.

❺ 两个圆 Γ_1 和 Γ_2 被包含在圆 Γ 内, 且分别与圆 Γ 相切于两个不同的点 M 和 N. Γ_1 经过 Γ_2 的圆心, 经过 Γ_1 和 Γ_2 的两个交点的直线与 Γ 相交于点 A 和 B, 直线 MA 和 MB 分别与 Γ_1 相交于点 C 和 D. （俄罗斯命题）

证明: CD 与 Γ_2 相切.

证法 1 先证明一个引理.

引理 已知圆 Γ_1 被包含在圆 Γ 内且与圆 Γ 相切于点 U. 圆 Γ 的一条弦 PQ 与 Γ_1 相切于点 V. 设 W 为 Γ 上不包含点 U 的弧 $\overset{\frown}{PQ}$ 的中点, 则 U,V,W 三点共线, 且有 $WU \cdot WV = WP^2$.

引理的证明 如图 40.3 所示, 以点 U 为位似中心, 将圆 Γ_1 变为圆 Γ 的位似变换把 PQ 变成 Γ 的一条平行于 PQ 的切线, 就是经过点 W 的切线. 因此, U,V,W 三点共线.

又因 $\angle QPW = \angle WUP$, 故 $\triangle UWP \backsim \triangle PWV$. 于是 $WU \cdot WV = WP^2$. 证毕.

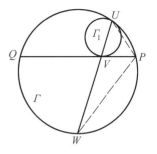

图 40.3

如图 40.4 所示, 设 O_1, O_2 分别为圆 Γ_1, Γ_2 的圆心, t_1 和 t_2 为它们的两条公切线. 设 α, β 分别为圆 Γ 上如同引理那样被 t_1, t_2 截出的弧.

根据引理, 弧 α, β 的中点关于圆 Γ_1, Γ_2 的幂相等, 所以它们落在 Γ_1, Γ_2 的根轴上. 这说明点 A 和 B 分别是弧 α 和 β 的中点. 又由引理可知 C, D 分别为 t_1 和 t_2 在圆 Γ_1 上的切点.

令 H 是以 M 为位似中心, 将圆 Γ_1 变成圆 Γ 的位似变换, 则 H 把 CD 变成 AB. 于是 $AB \parallel CD$. 这说明 $CD \perp O_1O_2$ 且 O_2 是圆 Γ_1 上某一段 CD 弧的中点.

记 X 为 t_1 与圆 Γ_1 的切点, 则

$$\angle XCO_2 = \frac{1}{2} \angle CO_1O_2 = \angle DCO_2.$$

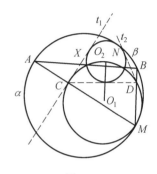

图 40.4

因此 O_2 在 $\angle XCD$ 的角平分线上, 进而证得 CD 与圆 Γ_2 相切.

证法 2 如图 40.5 所示, 设 O_1, O_2 分别为圆 Γ_1, Γ_2 的圆心, 圆 Γ_1 与 Γ_2 交于 G, H, l_1 和 l_2 分别为切于 M, N 的两条外公切线, l_3 为切于 B 的圆 Γ 的切线并交 l_2 和 l_1 于 P, Q 两点. 联结 BN 交圆 Γ_2 于 E, 联结 MN, DE, O_1O_2, O_2E.

由 $\angle 4 = \angle A = \angle QMB = \angle MCD$ 得, $CD \parallel AB$, 因此 $\angle 5 = \angle EDC$, 但 $O_1O_2 \perp AB$, 则 $O_1O_2 \perp CD$ 于 F, O_2 为 $\overset{\frown}{CD}$ 的中点, 于是 $\angle O_2CD = \angle O_2DC$.

对于圆 Γ_1 和圆 Γ_2 有
$$BG \cdot BH = BD \cdot BM = BE \cdot BN$$
即 $\dfrac{BE}{BM} = \dfrac{BD}{BN}$, 而 $\angle DBE = \angle NBM$, 因此 $\triangle BDE \backsim \triangle BNM$, $\angle 1 = \angle 2, \angle 3 = \angle 6$. 但 $\angle 6 = \angle A$, 于是 $\angle 3 = \angle 4, PQ \parallel DE$, 所以 $\angle PBA = \angle 5 = \angle AMB$, 即 $\angle EDC = \angle AMB$, 故 DE 为圆 Γ_2 的切线, D 为切点.

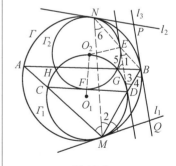

图 40.5

同理可证 $\angle PNB = \angle NGE$, 所以 DE 切圆 Γ_2 于 E.

对于圆 Γ_1 有

$$\angle EDO_2 = \frac{1}{2}\angle DO_1O_2 = \angle O_2CD = \angle O_2DC$$

即 DO_2 平分 $\angle EDC$，因此 $O_2E = O_2F$. 故 CD 与圆 Γ_2 相切.

证法 3 如图 40.6 所示，设 O, O_1, O_2 分别为圆 $\Gamma, \Gamma_1, \Gamma_2$ 的圆心，圆 Γ_1 和 Γ_2 相交于 G, H 两点；联结 MN, OM, ON, BN 交圆 O_2 于 E，联结 O_2E, O_1O_2；过 O 作圆 O 的直径 $A'B$，过 O_1 作圆 O_1 的直径 $C'D$，则 A', C', M 三点共线.

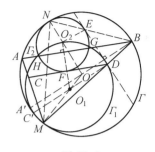

图 40.6

易知 O, O_1, M 和 O, O_2, N 分别共线，则由 $\angle O_1DM = \angle O_1MD = \angle OMB = \angle OBM$ 可得 $C'D \parallel A'B$，于是 $\angle MC'D = \angle A'$，而 $\angle MC'D = \angle MCD, \angle A' = \angle A$，所以 $\angle MCD = \angle A$，$CD \parallel AB$；但 $O_1O_2 \perp AB$，则 $O_1O_2 \perp CD$ 于 F，O_2 为 $\overset{\frown}{CD}$ 的中点，即 $\angle O_2CD = \angle O_2DC$.

由

$$\angle O_2EN = \angle O_2NE = \angle ONB = \angle OBN$$

可得 $O_2E \parallel A'B$，所以 $O_2E \parallel A'B \parallel C'D$.

因为

$$BE \cdot BN = BG \cdot BH = BD \cdot BM$$

所以 M, N, E, D 四点共圆，于是 $\angle BDE = \angle BNM$.

由外心性质知

$$\angle BNM = \frac{1}{2}\angle BOM = \frac{1}{2}(180° - 2\angle OBM) = 90° - \angle OBM$$

即

$$\angle BDE + \angle OBM = 90°$$

所以 $A'B \perp DE, O_2E \perp DE, C'D \perp DE$，故 DE 为圆 O_1 及圆 O_2 的公切线. 下同证法 1.

此证法属于吴长明、胡根宝

证法 4 如图 40.7 所示，设圆 $\Gamma, \Gamma_1, \Gamma_2$ 的半径分别为 R, R_1, R_2，圆心分别为 O, O_1, O_2，联结 ON, OM，则 O, O_1, M 和 O, O_2, N 三点共线，于是

$$O_1O = R - R_1, \quad O_2O = R - R_2$$

作圆 O 的直径 ME 交圆 O_1 于 F，连 AE, CF, BE, DF, O_1O_2，则

$$CF \parallel AE, DF \parallel BE, \frac{MC}{MA} = \frac{MF}{ME} = \frac{2R_1}{2R} = \frac{R_1}{R}, \frac{MD}{MB} = \frac{MF}{ME} = \frac{R_1}{R}$$

即 $\dfrac{MC}{MA} = \dfrac{MD}{MB}$. 于是 $CD \parallel AB$. 但 $O_1O_2 \perp AB$，因此

$$O_1O_2 \perp CD, \frac{CD}{AB} = \frac{MC}{MA} = \frac{R_1}{R}$$

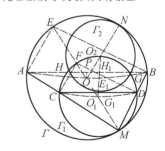

图 40.7

过 O 作 $OP \perp AB$ 于 $P, OE_1 \perp O_1O_2$ 于 E_1，联结 O_1C, O_1D, OA, OB. 设 O_1O_2 交 CD 于 G_1，交 AB 于 H_1，则四边形 OE_1H_1P 为

矩形，因此
$$OP = E_1H_1 = O_1O_2 - O_1E_1 - O_2H_1$$
由
$$\frac{O_1C}{OA} = \frac{O_1D}{OB} = \frac{R_1}{R} = \frac{CD}{AB}$$
得
$$\triangle O_1CD \sim \triangle OAB$$
于是
$$\frac{O_1G_1}{OP} = \frac{CD}{AB} = \frac{R_1}{R}$$
所以
$$O_1G_1 = \frac{R_1}{R}(R_1 - O_1E_1 - O_2H_1) \qquad ①$$

在圆 O_1 中由勾股定理及相交弦定理得
$$HH_1^2 = O_2H^2 - O_2H_1^2 = O_2H_1(2R_1 - O_2H_1)$$
即
$$O_2H_1 = \frac{R_2^2}{2R_1} \qquad ②$$

在 $\text{Rt}\triangle OO_2E_1$ 和 $\text{Rt}\triangle OO_1E_1$ 中，由
$$(R-R_2)^2 - O_2E_1^2 = (R-R_1)^2 - O_1E_1^2, O_2E_1 + O_1E_1 = R_1$$
可得
$$O_1E_1 = \frac{2R_1^2 - R_2^2 - 2R(R_1 - R_2)}{2R_1} \qquad ③$$

将 ②,③ 代入得
$$O_1G_1 = \frac{R_1}{R}\left(R_1 - \frac{R_2^2}{2R_1} - \frac{2R_1^2 - R_2^2 - 2R(R_1-R_2)}{2R_1}\right) =$$
$$\frac{R_1}{R} \cdot \frac{2R(R_1-R_2)}{2R_1} = R_1 - R_2$$
所以
$$O_2G_1 = R_1 - (R_1 - R_2) = R_2$$
故 CD 为圆 O_2 的切线.

❻ 确定所有的函数 $f: \mathbf{R} \to \mathbf{R}$，其中 $\mathbf{R}$ 是实数集，使得对任意 $x, y \in \mathbf{R}$，恒有
$$f(x - f(y)) = f(f(y)) + xf(y) + f(x) - 1$$
成立.

日本命题

解 记 $A = \text{Im} f$ 为函数 f 的象集合，$c = f(0)$. 对于 $x = y = 0$，可得
$$f(-c) = f(c) + c - 1$$
所以 $c \neq 0$. 取 $x = f(y)$，得
$$f(x) = \frac{c+1}{2} - \frac{x^2}{2} \qquad ①$$

对任意 $x \in A$ 成立. 取 $y=0$,得
$$\{f(x-c)-f(x) \mid x \in \mathbf{R}\}=\{cx+f(c)-1 \mid x \in \mathbf{R}\}=\mathbf{R}$$
因为 $c \neq 0$,由此可知,对任意 $x \in \mathbf{R}$,存在 $y_1, y_2 \in A$,使得 $x=y_1-y_2$. 根据式①,有
$$f(x)=f(y_1-y_2)=f(y_2)+y_1 y_2+f(y_1)-1=$$
$$\frac{c+1}{2}-\frac{y_2^2}{2}+y_1 y_2+\frac{c+1}{2}-\frac{y_1^2}{2}-1=$$
$$c-\frac{(y_1-y_2)^2}{2}=c-\frac{x^2}{2} \qquad ②$$
比较①,②两式可得 $c=1$.

从而,对任意 $x \in \mathbf{R}$ 有
$$f(x)=1-\frac{x^2}{2}$$
反之,易验证 $1-\frac{x^2}{2}$ 满足题意. 故所求的函数为
$$f(x)=1-\frac{x^2}{2}$$

第 40 届国际数学奥林匹克英文原题

The fortieth International Mathematical Olympiads was held from July 10th to July 22nd in the capital city of Bucharest. During first period, the Jury meetings were hosted in the resort Poiana Brasov of Carpathian mountains.

❶ Determine all finite sets S of at least three points in the plane which satisfy the following condition:

for any two distinct points A and B is S, the perpendicular bisector of the line segment AB is an axis of symmetry for S. (Estonia)

❷ Let n be a fixed integer, with $n \geq 2$.

(1) Determine the least constant C such that the inequality
$$\sum_{1 \leq i < j \leq n} x_i x_j (x_i^2 + x_j^2) \leq C \left(\sum_{1 \leq i \leq n} x_i \right)^4$$
holds for all real numbers $x_1, \cdots, x_n \geq 0$.

(2) For this constant C, determine when equality holds. (Poland)

❸ Consider an $n \times n$ square board, where n is a fixed even positive integer. The board is divided into n^2 unit squares. We say that two different squares on the board are adjacent if they have a common side.

N unit squares on the board are marked in such a way that every square (marked or unmarked) on the board is adjacent to at least one marked square.

Determine the smallest possible value of N. (Belarus)

❹ Determine all pairs (n, p) of positive integers such that p is a prime, $n \leqslant 2p$ and $(p-1)^n + 1$ is divisible by n^{p-1}.

(Taiwan)

❺ Two circles Γ_1 and Γ_2 are contained inside the circle Γ and are tangent to Γ at the distinct points M and N, respectively. Γ_1 passes through the centre of Γ_2. The line passing through the two points of intersection of Γ_1 and Γ_2 meets Γ at A and B. The lines MA and MB meet Γ_1 at C and D, respectively.

Prove that CD is tangent to Γ_2.

(Russia)

❻ Determine all functions $f: \mathbf{R} \to \mathbf{R}$ such that
$$f(x - f(y)) = f(f(y)) + xf(y) + f(x) - 1$$
for all $x, y \in \mathbf{R}$.

(Japan)

第40届国际数学奥林匹克各国成绩表

1999，罗马尼亚

名次	国家或地区	分数（满分252）	奖牌 金牌	银牌	铜牌	参赛队人数
1.	中国	182	4	2	—	6
1.	俄罗斯	182	4	2	—	6
3.	越南	177	3	3	—	6
4.	罗马尼亚	173	3	3	—	6
5.	保加利亚	170	3	3	—	6
6.	白俄罗斯	167	3	3	—	6
7.	韩国	164	3	3	—	6
8.	伊朗	159	2	4	—	6
9.	中国台湾	153	1	5	—	6
10.	美国	150	2	3	1	6
11.	匈牙利	147	1	4	1	6
12.	乌克兰	136	2	2	1	6
13.	日本	135	2	4	—	6
14.	南斯拉夫	130	1	2	3	6
15.	澳大利亚	116	1	1	3	6
16.	土耳其	109	1	1	4	6
17.	德国	108	—	2	4	6
18.	印度	107	—	3	3	6
19.	波兰	104	1	—	5	6
20.	英国	100	—	3	2	6
21.	斯洛伐克	88	—	2	3	6
22.	拉脱维亚	86	1	1	—	6
23.	意大利	82	—	1	2	6
24.	瑞士	79	—	1	3	6
25.	以色列	78	—	—	5	6
25.	蒙古	78	—	2	1	6
27.	古巴	77	—	1	4	6
27.	南非	77	—	1	1	6
29.	奥地利	75	—	1	2	6
29.	巴西	75	—	—	4	6

续表

名次	国家或地区	分数（满分252）	金牌	银牌	铜牌	参赛队人数
31.	加拿大	74	—	—	3	6
31.	荷兰	74	—	—	4	6
33.	法国	73	—	1	2	6
33.	中国香港	73	—	—	4	6
35.	哈萨克斯坦	72	—	—	4	6
36.	马其顿	71	—	—	5	6
36.	新加坡	71	—	—	4	5
38.	格鲁吉亚	68	—	1	1	6
39.	亚美尼亚	67	—	—	3	6
39.	挪威	67	—	1	2	6
41.	克罗地亚	66	—	—	2	6
41.	瑞典	66	—	—	3	6
43.	波斯尼亚－黑塞哥维那	65	—	—	3	6
43.	芬兰	65	—	1	—	6
45.	阿根廷	63	—	—	3	6
46.	西班牙	60	—	—	1	6
47.	希腊	57	—	2	—	6
47.	泰国	57	—	—	3	6
49.	哥伦比亚	55	—	1	1	6
49.	捷克	55	—	—	1	6
51.	立陶宛	54	—	—	2	6
52.	墨西哥	53	—	—	1	6
52.	新西兰	53	—	—	1	6
54.	比利时	51	—	—	2	6
54.	丹麦	51	—	—	2	5
56.	摩尔多瓦	50	—	—	1	6
57.	摩洛哥	48	—	—	1	6
58.	斯洛文尼亚	46	—	—	2	6
59.	乌兹别克斯坦	42	—	—	—	6
60.	冰岛	41	—	—	1	6
60.	中国澳门	41	—	—	—	6
62.	爱尔兰	38	—	—	1	6
63.	马来西亚	37	—	—	—	6
64.	塞浦路斯	35	—	—	—	6
64.	印尼	35	—	—	—	6
66.	阿尔巴尼亚	34	—	—	—	5
66.	阿塞拜疆	34	—	—	1	6
68.	特立尼达－多巴哥	33	—	—	—	6
69.	爱沙尼亚	30	—	—	1	4
70.	葡萄牙	29	—	—	—	6

续表

名次	国家或地区	分数（满分252）	金牌	银牌	铜牌	参赛队人数
71.	卢森堡	26	—	—	1	2
72.	乌拉圭	25	—	—	—	5
73.	菲律宾	24	—	—	—	4
74.	突尼斯	22	—	—	—	4
75.	危地马拉	19	—	—	—	6
76.	吉尔吉斯斯坦	15	—	—	—	5
77.	土库曼斯坦	13	—	—	—	2
78.	科威特	10	—	—	—	4
78.	秘鲁	10	—	—	—	2
80.	委内瑞拉	8	—	—	—	2
81.	斯里兰卡	6	—	—	—	1

第 40 届国际数学奥林匹克预选题

❶ 设 n 是一个固定的整数,$n \geqslant 2$.

(1) 确定最小常数 c,使得不等式 $\sum_{1 \leqslant i < j \leqslant n} x_i x_j (x_i^2 + x_j^2) \leqslant c(\sum_{1 \leqslant i \leqslant n} x_i)^4$ 对所有的非负实数 $x_1, \cdots, x_n \geqslant 0$ 都成立.

(2) 对于这个常数 c,确定等号成立的充要条件.

注 本题为第 40 届国际数学奥林匹克竞赛题第 2 题.

❷ 将 1 到 n^2 这 n^2 个自然数随机地排列在 $n \times n$ 的正方形方格内,其中 $n \geqslant 2$. 对于在同一行或同一列中的任一对数,计算较大的数与较小的数之比. 这 $n^2(n-1)$ 个分数中的最小值称为这种排列的"特征值". 求"特征值"的最大值.

解 首先证明,对任一排列 A,其特征值 $c(A) \leqslant \dfrac{n+1}{n}$.

如果最大的 n 个自然数 $n^2 - n + 1, n^2 - n + 2, \cdots, n^2 - 1, n^2$ 中有两个在某行或某列中,则

$$c(A) \leqslant \frac{a}{b} \leqslant \frac{n^2}{n^2 - n + 1} < \frac{n+1}{n}$$

其中 a, b 分别是这行或列中的两个最大数,且 $a > b$.

如果所有这 n 个大数在不同的行和列中,当它们中的一个数与 $n^2 - n$ 在同一行或同一列中时,有

$$c(A) \leqslant \frac{a}{n^2 - n} \leqslant \frac{n^2 - 1}{n^2 - n} = \frac{n+1}{n}$$

其中 a 为与 $n^2 - n$ 在同一行、同一列中的两个最大数中的较小的一个.

对于排列

$$a_{ij} = \begin{cases} i + n(j - i - 1), & \text{当 } i < j \text{ 时} \\ i + n(n - i + j - 1), & \text{当 } i \geqslant j \text{ 时} \end{cases}$$

则 $c(A) = \dfrac{n+1}{n}$.

实际上,在同一行的任意两个数的差是 n 的倍数. 所以
$$\frac{a_{ik}}{a_{ij}}=\frac{a_{ij}+hn}{a_{ij}}\geqslant\frac{a_{ij}+n}{a_{ij}}=1+\frac{n}{a_{ij}}\geqslant 1+\frac{n}{n^2-n}=\frac{n^2}{n^2-n}>\frac{n+1}{n}$$
在第一列,可得公差为 $d=n-1$ 的等差数列
$$n\leqslant(n-1)+n\leqslant(n-2)+2n\leqslant\cdots\leqslant$$
$$2+(n-2)n\leqslant1+(n-1)n$$
于是,可得
$$\frac{a_{i1}}{a_{k1}}=\frac{1+id}{1+kd}\geqslant\frac{1+nd}{1+(n-1)d}=\frac{n^2-n+1}{n^2-2n+2}\geqslant\frac{n+1}{n}$$
当 $n=2$ 时,最后的一个等号成立.

在第 $j=2,\cdots,n-1$ 列,从小到大排列为
$$j-1,j-2+n,j-3+2n,\cdots,1+(j-2)n,$$
$$n+(j-1)n,\cdots,j+(n-1)n$$
其中前 $j-1$ 项为公差为 $d=n-1$ 的等差数列,后 $n-j+1$ 项仍为公差为 $d=n-1$ 的等差数列,第 j 项与第 $j-1$ 项的差为 $2n-1$. 于是,可得
$$\frac{a_{ij}}{a_{kj}}\geqslant\frac{j+(n-1)n}{j+1+(n-2)n}\geqslant\frac{n+1}{n}$$
当 $j=n-1$ 时,最后的一个等号成立.

在第 n 列,当 $n\geqslant 3$ 时,$\frac{a_{in}}{a_{kn}}\geqslant\frac{n-1}{n-2}>\frac{n+1}{n}$. 因此,$c(A)=\frac{n+1}{n}$.

---

❸ $n(n\geqslant 2)$ 个女孩玩一种游戏,她们每个人手里有一个球. 对于可以组合成的 C_n^2 对女孩中的每一对,以任意次序交换她们手中的球. 如果最后每个女孩手中都不是自己原来的球,则称之为"好局";如果最后每个女孩手中都是自己原来的球,则称之为"坏局". 求 n 的值,使 n 个女孩玩的游戏存在"好局"或"坏局".

解 将 n 个女孩玩的游戏看成是集合 $\{1,2,\cdots,n\}$ 中 $N=C_n^2$ 个不同的元素对 (i,j) 之间的对换,每个对换分别记为 $t_1,t_2,\cdots,t_N$. 如果置换 $P=t_N\circ t_{N-1}\circ\cdots\circ t_2\circ t_1$ 没有不动点,则是"好局";如果 P 是恒等变换,则是"坏局".

(1) 当且仅当 $n\neq 3$ 时,n 个女孩玩的游戏存在"好局".

$n=3$ 时,女孩手中的球设为 a,b,c,记对换 $t_1=(a,b)$,$t_2=(a,c)$,$t_3=(b,c)$,则置换 $P_0=t_3\circ t_2\circ t_1=(a,c)$. 所以,$b$ 是不动点.

对于 n,作对换 $(n-1,n),(n-2,n),(n-2,n-1),\cdots,(2,n)$,$(2,n-1),\cdots,(2,4),(2,3),(1,n),\cdots,(1,3),(1,2)$. 由数学归纳

法可得置换
$$P = (1,2) \circ (1,3) \circ \cdots \circ (1,n) \circ (2,3) \circ \cdots \circ (2,n) \circ \cdots \circ$$
$$(n-2, n-1) \circ (n-2, n) \circ (n-1, n) =$$
$$\begin{pmatrix} 1 & 2 & \cdots & n \\ 2 & 3 & \cdots & 1 \end{pmatrix} \circ \begin{pmatrix} 1 & 2 & 3 & \cdots & i & \cdots & n \\ 1 & n & n-1 & \cdots & n-i+2 & \cdots & 2 \end{pmatrix} =$$
$$\begin{pmatrix} 1 & 2 & \cdots & i & \cdots & n \\ n & n-1 & \cdots & n-i+1 & \cdots & 1 \end{pmatrix}$$

当 $n = 2k$ 时，由于 $i \neq 2k - i + 1$，所以没有不动点.

当 $n = 2k+1$ 时，$k \geqslant 2$，先作对换 $(k+1, 2k+1), \cdots,$ $(2k, 2k+1), (k, 2k+1), \cdots, (1, 2k+1)$，再作上面的置换 P，则置换

$$P_1 = P \circ (1, 2k+1) \circ \cdots \circ (k, 2k+1) \circ (2k, 2k+1) \circ \cdots \circ$$
$$(k+1, 2k+1) =$$
$$\begin{pmatrix} 1 & 2 & \cdots & k-1 & k & k+1 & \cdots & 2k & 2k+1 \\ 2k & 2k-1 & \cdots & k+2 & k+1 & k & \cdots & 1 & 2k+1 \end{pmatrix} \circ$$
$$\begin{pmatrix} 1 & 2 & \cdots & k-1 & k & k+1 & k+2 & \cdots & 2k & 2k+1 \\ 2 & 3 & \cdots & k & 2k & 2k+1 & k+1 & \cdots & 2k-1 & 1 \end{pmatrix} =$$
$$\begin{pmatrix} 1 & 2 & \cdots & k-1 & k & k+1 & k+2 & \cdots & 2k & 2k+1 \\ 2k-1 & 2k-2 & \cdots & k+1 & 2k+1 & 2k & k & \cdots & 2 & 1 \end{pmatrix}$$

因为 $k \neq 1$，即有 $k+1 \neq 2k$，故没有不动点.

(2) 当且仅当 $n = 4k$ 或 $4k+1$ 时，n 个女孩玩的游戏存在"坏局".

如果有一种方法，经过偶数次对换后，可将排列 $i_1 i_2 \cdots i_n$ 变为标准排列 $12 \cdots n$，则称排列 $i_1 i_2 \cdots i_n$ 为偶排列. 同理，定义奇排列，且每一个对换改变列的奇偶性.

由置换 P 是恒等变换，故是偶排列，因此，$C_n^2 = \dfrac{n(n-1)}{2}$ 是偶数，即 $n = 4k$ 或 $4k+1$.

如果 $n = 4$，则置换 $P_2 = (3,4) \circ (1,3) \circ (2,4) \circ (2,3) \circ (1,4) \circ (1,2)$ 为恒等变换.

对于两个四人组之间，我们有置换
$$P_3 = (4,7) \circ (3,7) \circ (4,6) \circ (1,6) \circ (2,8) \circ (3,8) \circ (2,7) \circ$$
$$(2,6) \circ (4,5) \circ (4,8) \circ (1,7) \circ (1,8) \circ (3,5) \circ (3,6) \circ$$
$$(2,5) \circ (1,5)$$

为恒等变换.

由 P_2, P_3 两种置换，可以得到 $4k$ 个女孩玩的游戏存在"坏局". 将 $4k$ 个女孩分成 k 组，每组 4 人，在每组中进行置换 P_2，在任意两组之间进行置换 P_3，则可得由 C_{4k}^2 个对换合成的恒等变换.

对于 $4k+1$ 个女孩时，可以利用 $4k$ 个女孩时的结论. 在每个

四人组中加入一个人,则通过下面的对换所合成的置换不改变原来的置换,即

$P_4 = [(3,5) \circ (3,4) \circ (4,5)] \circ (1,3) \circ (2,4) \circ (2,3) \circ (1,4) \circ$
$\quad [(1,5) \circ (1,2) \circ (2,5)] =$
$\quad (3,4) \circ (1,3) \circ (2,4) \circ (2,3) \circ (1,4) \circ (1,2) = P_2$

仍为恒等变换.

❹ 证明正整数集不能分成三个没有公共元素的非空子集,使得从两个不同的子集中各任取一个正整数 x, y,而 $x^2 - xy + y^2$ 属于第三个子集.

证明 设 $f(x, y) = x^2 - xy + y^2$. 假设正整数集能分成满足条件的三个非空子集

$$\mathbf{N}^+ = A \cup B \cup C$$

不妨假设 $1 \in A, b \in B, c \in C$,其中 $b < c$,且 $1, b, c$ 分别是这三个子集中最小的元素,从而有 $1, 2, \cdots, b-1 \in A$.

引理 1 x, y 和 $x + y$ 不可能属于三个不同的子集.

证明 如果 $x \in A, y \in B, x + y \in C$,则
$$z = f(x + y, x) = f(x + y, y)$$
既属于 B 又属于 A,矛盾.

引理 2 子集 C 包含一个 b 的倍数. 如果子集 C 所包含的 b 的倍数中最小的一个为 kb,则 $(k-1)b \in B$.

证明 设 r 是 c 模 b 的余数,如果 $r = 0$,则 $c = nb \in C$. 如果 $r > 0$,因为 c 是 C 中最小的数,所以 $c - r \notin C$. 又因为 $r \leqslant b - 1$,所以 $r \in A$. 由于 $r + (c - r) = c$,由引理 1,$c - r \notin B$. 于是,$c - r \in A$. 由 $b \in B$,得
$$f(c - r, b) = (c - r)^2 - (c - r)b + b^2 = n^2 b^2 - nb + b^2 = mb \in C$$

若 $kb \in C$,其中 k 是满足 $nb \in C$ 的 n 的最小值,且 $b + (k-1)b = kb$,由引理 1,$(k-1)b \notin A$. 又因为 $(k-1)b \notin C$,所以 $(k-1)b \in B$.

引理 3 对于任意正整数 n,则
$$(nk - 1)b + 1 \in A, nkb + 1 \in A$$

证明 对 n 用数学归纳法.

$n = 1$ 时,因为 $1 \in A, (k-1)b \in B$,由引理 1,$(k-1)b + 1 \notin C$. 又因为 $b - 1 \in A, kb \in C$,由引理 1,$(k-1)b + 1 \notin B$. 所以,$(k-1)b + 1 \in A$.

同理,因为 $(k-1)b + 1 \in A, b \in B, kb + 1 \notin C$,又因为 $1 \in A, kb \in C, kb + 1 \notin B$,所以,$kb + 1 \in A$.

假设 $[(n-1)k - 1]b + 1 \in A, (n-1)kb + 1 \in A$,由于 $(n -$

$1)kb+1 \in A, (k-1)b \in B, (nk-1)b+1 \notin C$. 又因为 $[(n-1)k-1]b+1 \in A, kb \in C, (nk-1)b+1 \notin B$, 所以, $(nk-1)b+1 \in A$.

同理,由于 $(nk-1)b+1 \in A, b \in B, nkb+1 \notin C$. 又因为 $(n-1)kb+1 \in A, kb \in C, nkb+1 \notin B$, 所以, $nkb+1 \in A$.

综上所述,引理 3 成立.

因为 $kb+1 \in A, kb \in C$,则
$$f(kb+1, kb) = (kb+1)kb+1$$

由引理 3, $f(kb+1, kb) \in A$, 与 $f(kb+1, kb) \in B$ 矛盾.

❺ 确定所有的函数 $f: \mathbf{R} \to \mathbf{R}$, 其中 $\mathbf{R}$ 是实数集, 使得对任意 $x, y \in \mathbf{R}$, 恒有
$$f(x-f(y)) = f(f(y)) + xf(y) + f(x) - 1$$
成立.

注 本题为第 40 届国际数学奥林匹克竞赛题第 6 题.

❻ 已知 $a_1 \leqslant a_2 \leqslant \cdots \leqslant a_n$ 为 $n(n \geqslant 3)$ 个实数,遵循下面的操作:

(1) 将这些数按某种次序放在一个圆环上;

(2) 从这个圆环上删去一个数;

(3) 如果恰有两个数留在圆环上,则设 S 是这两个数的和. 如果在圆环上有不少于 3 个数,则将其上按逆时针排列的 p 个实数 $x_1, x_2, \cdots, x_p$ 分别变成 $x_1+x_2, x_2+x_3, \cdots, x_p+x_1$. 以后再从步骤(2)开始. 证明:用这种方法计算出的 S 的最大值
$$S_{\max} = \sum_{k=2}^{n} C_{n-2}^{\left[\frac{k}{2}\right]-1} a_k$$

证明 首先证明,按下列次序放在圆环上的数,且每次删去最小的数,则 S 可以达到 $S_{\max}$. 将 n 个实数摆放在圆环上的方式为:在 a_1 按逆时针方向上分别按次序摆放 $a_2, a_4, \cdots$, 在 a_1 按顺时针方向上分别按次序摆放 $a_3, a_5, \cdots$, 并记为方式 I.

用数学归纳法. $n=3$ 时,去掉 a_1, 则
$$S_3 = a_2 + a_3 = C_1^0 a_2 + C_1^0 a_3$$

假设 n 时 S_n 可达到 $S_{\max}$, 对于 $n+1$ 个实数时,将 $a_1, a_2, \cdots, a_{n+1}$ 按前面所采用的方法 I 摆放,去掉 a_1, 并由步骤(3),可得 n 个实数 $b_1, b_2, \cdots, b_n$, 且仍如方式 I 摆放, 其中
$$b_1 = a_2 + a_3 \leqslant b_2 = a_2 + a_4 \leqslant b_3 = a_3 + a_5 \leqslant \cdots \leqslant b_k =$$

$$a_k + a_{k+2} \leqslant b_{k+1} = a_{k+1} + a_{k+3} \leqslant \cdots \leqslant b_{n-1} =$$
$$a_{n-1} + a_{n+1} \leqslant b_n = a_n + a_{n+1}$$

由归纳假设

$$S_{n+1}(a_1, a_2, \cdots, a_{n+1}) = S_n(b_1, b_2, \cdots, b_n) = \sum_{k=2}^{n} C_{n-2}^{[\frac{k}{2}]-1} b_k =$$
$$\sum_{k=2}^{n-1} C_{n-2}^{[\frac{k}{2}]-1} (a_k + a_{k+2}) + C_{n-2}^{[\frac{n}{2}]-1} (a_n + a_{n+1}) =$$
$$a_2 + a_3 + \sum_{k=4}^{n-1} C_{n-2}^{[\frac{k}{2}]-1} a_k + \sum_{k=4}^{n+1} C_{n-2}^{[\frac{k}{2}]-2} a_k +$$
$$C_{n-2}^{[\frac{n}{2}]-1} (a_n + a_{n+1}) =$$
$$a_2 + a_3 + \sum_{k=4}^{n-1} (C_{n-2}^{[\frac{k}{2}]-1} + C_{n-2}^{[\frac{k}{2}]-2}) a_k +$$
$$C_{n-2}^{[\frac{n}{2}]-2} a_n + C_{n-2}^{[\frac{n+1}{2}]-2} a_{n+1} +$$
$$C_{n-2}^{[\frac{n}{2}]-1} (a_n + a_{n+1}) =$$
$$a_2 + a_3 + \sum_{k=4}^{n-1} C_{n-1}^{[\frac{k}{2}]-1} a_k + C_{n-1}^{[\frac{n}{2}]-1} a_n +$$
$$(C_{n-2}^{[\frac{n+1}{2}]-2} + C_{n-2}^{[\frac{n}{2}]-1}) a_{n+1}$$

由于 $\left[\dfrac{n}{2}\right] + \left[\dfrac{n+1}{2}\right] = n$，则

$$C_{n-2}^{[\frac{n+1}{2}]-2} + C_{n-2}^{[\frac{n}{2}]-2} = C_{n-2}^{[\frac{n+1}{2}]-2} + C_{n-2}^{n-[\frac{n}{2}]-1} =$$
$$C_{n-2}^{[\frac{n+1}{2}]-2} + C_{n-2}^{[\frac{n+1}{2}]-1} = C_{n-1}^{[\frac{n+1}{2}]-1}$$

故

$$S_{n+1}(a_1, a_2, \cdots, a_{n+1}) = a_2 + a_3 + \sum_{k=4}^{n-1} C_{n-1}^{[\frac{k}{2}]-1} a_k + C_{n-1}^{[\frac{n}{2}]-1} a_n + C_{n-1}^{[\frac{n+1}{2}]-1}$$

故

$$S_{n+1}(a_1, a_2, \cdots, a_{n+1}) = a_2 + a_3 + \sum_{k=4}^{n-1} C_{n-1}^{[\frac{k}{2}]-1} a_k + C_{n-1}^{[\frac{n}{2}]-1} a_n +$$
$$C_{n-1}^{[\frac{n+1}{2}]-1} a_{n+1} =$$
$$C_{n-1}^0 a_2 + C_{n-1}^0 a_3 + \sum_{k=4}^{n+1} C_{n-1}^{[\frac{k}{2}]-1} a_k =$$
$$\sum_{k=2}^{n+1} C_{n-1}^{[\frac{k}{2}]-1} a_k$$

下面证明对任意 $a_1 \leqslant a_2 \leqslant \cdots \leqslant a_n$ 及任意选择的步骤(1)和步骤(2)，有

$$S(a_1, a_2, \cdots, a_n) \leqslant S_{\max}(a_1, a_2, \cdots, a_n)$$

对于每个 k 元数组 $(x_1, x_2, \cdots, x_k) \in R^k$，用相同元素组成的 k 元数组 $(x'_1, x'_2, \cdots, x'_n)$ 是以递增的次序排列的，定义 $(x_1, x_2, \cdots, x_k) \leqslant (y_1, y_2, \cdots, y_n)$，当且仅当

$$x'_k \leqslant y'_k$$

$$x'_k + x'_{k-1} \leqslant y'_k + y'_{k-1}$$
$$\vdots$$
$$x'_k + x'_{k-1} + \cdots + x'_1 \leqslant y'_k + y'_{k-1} + \cdots + y'_1$$

引理 $x_1, x_2, \cdots, x_k$ 及 $y_1 \leqslant y_2 \leqslant \cdots \leqslant y_k (k \geqslant 3)$ 是实数,满足 $(x_1, x_2, \cdots, x_k) \leqslant (y_1, y_2, \cdots, y_k)$. 设 $(z_1, z_2, \cdots, z_{k-1})$ 是从 $(x_1, x_2, \cdots, x_k)$ 经过步骤(1),(2),(3)得到的 $k-1$ 元数组,则
$$(z_1, z_2, \cdots, z_{k-1}) \leqslant (y_2 + y_3, y_2 + y_4, \cdots, y_{k-2} + y_k, y_{k-1} + y_k)$$

证明 考虑到和式 $z'_{k-1} + z'_{k-2} + \cdots + z'_i (i \geqslant 2)$ 包含 $2(k-i)$ 项形如 x_p 的数,每个 x_p 最多出现两次,x_p 中的两个只出现一次,所以
$$z'_{k-1} + z'_{k-2} + \cdots + z'_i \leqslant 2(x'_k + x'_{k+1} + \cdots + x'_{i+2}) + x'_{i+1} + x'_i \leqslant$$
$$2(y_k + y_{k-1} + \cdots + y_{i+2}) + y_{i+1} + y_i =$$
$$(y_{k-1} + y_k) + (y_{k-2} + y_k) +$$
$$(y_{k-3} + y_{k-1}) + \cdots +$$
$$(y_{i+1} + y_{i+3}) + (y_i + y_{i+2})$$

又 $z'_{k-1} + z'_{k-2} + \cdots + z'_1 \leqslant 2(x'_k + x'_{k-1} + \cdots + x'_2) \leqslant$
$$2(y_k + y_{k-1} + \cdots + y_2) =$$
$$(y_{k-1} + y_k) + (y_{k-2} + y_k) +$$
$$(y_{k-3} + y_{k-1}) + \cdots +$$
$$(y_2 + y_4) + (y_2 + y_3)$$

故引理成立.

设 $(a_1, a_2, \cdots, a_n)$ 运用所规定的方式经过 k 次随机操作后得到的 $n-k$ 元数组为 $(a_1^{(k)}, a_2^{(k)}, \cdots, a_{n-k}^{(k)})$,$(b_1^{(k)}, b_2^{(k)}, \cdots, b_{n-k}^{(k)})$ 是 $(a_1, a_2, \cdots, a_n)$ 运用得到 $S_{\max}$ 的方式 I 经过 k 次操作后得到的 $n-k$ 元数组.

设 $b_1^{(0)} \leqslant b_2^{(0)} \leqslant \cdots \leqslant b_n^{(0)}$,由 $b_1^{(k)} \leqslant b_2^{(k)} \leqslant \cdots \leqslant b_{n-k}^{(k)}$ 可得 $b_1^{(k+1)} \leqslant b_2^{(k+1)} \leqslant \cdots \leqslant b_{n-k-1}^{(k+1)}$.

因为 $(a_1^{(0)}, a_2^{(0)}, \cdots, a_n^{(0)}) \leqslant (b_1^{(0)}, b_2^{(0)}, \cdots, b_n^{(0)})$,由引理利用数学归纳法可得
$$(a_1^{(k)}, a_2^{(k)}, \cdots, a_{n-k}^{(k)}) \leqslant (b_1^{(k)}, b_2^{(k)}, \cdots, b_{n-k}^{(k)}), k=1,2,\cdots,n-2$$
即
$$S(a_1, a_2, \cdots, a_3) = a_1^{(n-2)} + a_2^{(n-2)} \leqslant b_1^{(n-2)} + b_2^{(n-2)} =$$
$$S_{\max}(a_1, a_2, \cdots, a_n)$$

❼ 设 n 为大于等于 1 的整数,在 $x-y$ 平面上由 $(0,0)$ 到 (n,n) 的一条"路"是一条折线,这条折线从 $(0,0)$ 开始每次或者向右(记为 E)或者向上(记为 N)运动一个单位,直到到达 (n,n). 所有运动都在满足 $x \geqslant y$ 的半平面内进行. 在一条"路"中形如 EN 的两个相邻的运动称为一"步". 证明从 $(0,0)$ 到 (n,n) 恰有 s 步 $(n \geqslant s \geqslant 1)$ 的路有 $\dfrac{1}{s}C_{n-1}^{s-1}C_{n}^{s-1}$ 条.

证明 将一条从 $(0,0)$ 到 (n,n) 有 s 步的路称为 (n,s) 型路. 设 $f(n,s)$ 表示 (n,s) 型的路的数目,$g(n,s)=\dfrac{1}{s}C_{n-1}^{s-1}C_{n}^{s-1}$,我们对 n 用数学归纳法证明

$$f(n,s)=g(n,s), s=1,2,\cdots,n$$

显然有 $f(1,1)=1=g(1,1)$, $f(2,1)=1=g(2,1)$, $f(2,2)=1=g(2,2)$.

$n \geqslant 2$ 时,假设 $f(m,s)=g(m,s)$,其中 $1 \leqslant s \leqslant m \leqslant n$,易知 $f(n+1,1)=1=g(n+1,1)$. 下面证明 $f(n+1,s+1)=g(n+1,s+1)$,其中 $1 \leqslant s \leqslant n$.

我们称一条 (n,s) 型路和一条 $(n+1,s+1)$ 型路相关联,如果 $(n+1,s+1)$ 型路可以由 (n,s) 型路通过将 EN 插在两个形如 EE,NN,NE 的相邻运动之间,或通过将 EN 加在这条路的两端获得;称一条 $(n,s+1)$ 型路和一条 $(n+1,s+1)$ 型路相关联,如果 $(n+1,s+1)$ 型路可以由 $(n,s+1)$ 型路通过将 EN 插在 EN 之间获得.

每条 (n,s) 型路与 $2n+1-s$ 条不同的 $(n+1,s+1)$ 型路相关联,每条 $(n,s+1)$ 型路与 $s+1$ 条不同的 $(n+1,s+1)$ 型路相关联,每条 $(n+1,s+1)$ 型路恰与 $s+1$ 条 (n,s) 型路或 $(n,s+1)$ 型路相关联. 所以,有

$$(s+1)f(n+1,s+1)=(2n+1-s)f(n,s)+(s+1)f(n,s+1)$$

容易验证

$$(s+1)g(n+1,s+1)=(2n+1-s)g(n,s)+(s+1)g(n,s+1)$$

所以,$f(n+1,s+1)=g(n+1,s+1)$.

❽ (1) 若一个 $5 \times n$ 的矩形能被 n 块由 5 个小正方形组成的形如图 40.8 的两种纸板覆盖,证明 n 是偶数.

(2) 证明用 $2k$ 块纸板覆盖 $5 \times 2k (k \geqslant 3)$ 的矩形至少有 $2 \times 3^{k-1}$ 种方法,其中对称地摆放认为是不同的.

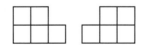

图 40.8

证明 (1) 将 $5\times n$ 的矩形的第一、三、五行染成红色,第二、四行染成白色,则共有 $3n$ 个红色的小正方形和 $2n$ 个白色的小正方形. 由于每块纸板最多覆盖 3 个红色的小正方形,因此要使 $5\times n$ 的矩形能被 n 块纸板覆盖,每块纸板恰覆盖了 3 个红色的小正方形、2 个白色的小正方形. 因为两个白色的小正方形在同一行,所以白色的行中一定有偶数个小正方形,从而 n 是偶数.

(2) 设 a_k 为用 $2k$ 块纸板覆盖 $5\times 2k$ 的矩形所有可能的方法的种数,p_k 是这些种覆盖中不包含覆盖了一个较小的 $5\times 2i$ 的矩形的数目.

如图 40.9,$p_1\geqslant 2, p_2\geqslant 2, p_3\geqslant 4$,进而有 $p_{3n}\geqslant 4, p_{3n+1}\geqslant 2, p_{3n+2}\geqslant 2$. 考虑 $5\times 2k$ 的矩形左边 $5\times 2i (i=1,2,\cdots,k-1)$ 的矩形,有

$$a_k = p_1 a_{k-1} + p_2 a_{k-2} + \cdots + p_{k-1} a_1 + p_k \geqslant$$
$$2a_{k-1} + 2a_{k-2} + \cdots + 2a_1 + 2$$

设数列 $b_1=1, b_k=2b_{k-1}+2b_{k-2}+\cdots+2b_1+2$,易知

$$b_k - b_{k-1} = 2b_{k-1}$$

所以,$a_k \geqslant b_k \geqslant 2\times 3^{k-1}$.

$P_{3n}\geqslant 4$

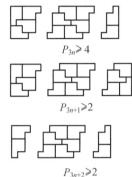

$P_{3n+1}\geqslant 2$

$P_{3n+2}\geqslant 2$

图 40.9

> **❾** 一个生物学家观察一只变色龙捉苍蝇,变色龙每捉一只苍蝇都要休息一会儿. 生物学家注意到:(i) 变色龙休息了一分钟后捉到了第一只苍蝇;(ii) 捉第 $2m$ 只苍蝇之前休息的时间与捉第 m 只苍蝇之前休息的时间相同,且比捉第 $2m+1$ 只苍蝇之前休息的时间少一分钟;(iii) 当变色龙停止休息时能立即捉到一只苍蝇. 问:
> (1) 变色龙第一次休息 9 分钟之前,它共捉了多少只苍蝇?
> (2) 多少分钟之后,变色龙捉到第 98 只苍蝇?
> (3) 1 999 分钟之后,变色龙共捉了多少只苍蝇?

解 设捉第 m 只苍蝇之前变色龙休息的时间为 $r(m)$,则 $r(1)=1, r(2m)=r(m), r(2m+1)=r(m)+1$. 这表明 $r(m)$ 等于数 m 的二进制表示中 1 的数目.

设 $t(m)$ 为变色龙捉到第 m 只苍蝇的时刻,$f(n)$ 为 n 分钟后变色龙一共捉到的苍蝇的数目,对每个自然数 m,有

$$t(m) = \sum_{i=1}^{m} r(i), \quad f(t(m)) = m$$

于是,可得下列递归式

$$t(2m+1) = 2t(m) + m + 1$$

$$t(2m) = 2t(m) + m - r(m)$$
$$t(2^p m) = 2^p t(m) + pm 2^{p-1} - (2^p - 1) r(m)$$

其中第一个公式是由下列两式

$$\sum_{i=1}^{m} r(2i) = \sum_{i=1}^{m} r(i) = t(m)$$

$$\sum_{i=0}^{m} r(2i+1) = 1 + \sum_{i=1}^{m} [r(i) + 1] = t(m) + m + 1$$

相加而得. 第二个公式由下式而得

$$t(2m) = t(2m+1) - r(2m+1) =$$
$$2t(m) + m + 1 - [r(m) + 1] =$$
$$2t(m) + m - r(m)$$

第三个公式是对 p 用数学归纳法并利用第二个公式而得.

(1) 即求 m, 使 $r(m+1) = 9$. 在二进制中, 有 9 个 1 的最小数为 $\underbrace{\overline{11\cdots 1}_2}_{9 \uparrow 1} = 2^9 - 1 = 511$. 所以, $m = 510$.

(2) 由于 $t(98) = 2t(49) + 49 - r(49)$, $r(49) = 2t(24) + 25$. $t(24) = 2^3 t(3) + 3 \times 3 \times 2^2 - (2^3 - 1) r(3)$, $r(1) = r(2) = 1$, $r(3) = 2$, $r(49) r(\overline{110001}_2) = 3$. 所以, $t(3) = 4$, $t(24) = 54$, $t(49) = 133$, $t(98) = 312$.

(3) 因为当且仅当 $n \in [t(m), t(m+1)]$ 时, $f(n) = m$, 即求 m_0, 使

$$t(m_0) \leqslant 1\ 999 < t(m_0 + 1)$$

由于 $t(2^p - 1) = t(2(2^{p-1} - 1) + 1) = 2t(2^{p-1} - 1) + 2^{p-1}$, 所以, $t(2^p - 1) = p 2^{p-1}$, 且

$$t(2^p) = 2^p t(1) + p 2^{p-1} - (2^p - 1) r(1) = p \cdot 2^{p-1} + 1$$

$$t(\underbrace{\overline{11\cdots 1}}_{q \uparrow 1} \underbrace{00\cdots 0}_{p \uparrow 0} {}_2) = t(2^p (2^q - 1)) =$$

$$2^p t(2^q - 1) + p(2^q - 1) 2^{p-1} - (2^p - 1) r(2^q - 1) =$$
$$2^p \cdot q \cdot 2^{q-1} + p(2^q - 1) 2^{p-1} - (2^p - 1) q =$$
$$(p+q) 2^{p+q-1} - p \cdot 2^{p-1} - q \cdot 2^p + q$$

由 $t(2^8) = 8 \times 2^7 + 1 < 1\ 999 < 9 \times 2^8 + 1 = t(2^9)$

可得 $2^8 < m_0 < 2^9$

于是, m_0 二进制表示有 9 位数, 设 $q = 3$, $p = 6$ 及 $q = 4$, $p = 5$, 则分别有

$$t(\overline{111000000}_2) = 9 \times 2^8 - 6 \times 2^5 - 3 \times 2^6 + 3 = 1\ 923$$
$$t(\overline{111100000}_2) = 9 \times 2^8 - 5 \times 2^4 - 4 \times 2^5 + 4 = 2\ 100$$

所以, m_0 在二进制表示中前 4 个数码为 1110.

因为 $t(\overline{111010000}_2) = 2\ 004$, $t(\overline{111001111}_2) = 2\ 000$, $t(\overline{111001110}_2) = 1\ 993$, 所以 $f(1\ 999) = \overline{111001110}_2 = 462$.

❿ 设 $S=\{0,1,2,\cdots,N^2-1\}$，A 是 S 的一个 N 元子集．证明：存在 S 的一个 N 元子集 B，使得集合 $A+B=\{a+b\mid a\in A, b\in B\}$ 中的元素模 N^2 的余数的数目不少于 S 中元素的一半．

证明 设 $|X|$ 为子集 $X\subset S$ 中元素的个数；$\overline{X}$ 为 $S-X$，是 X 的补集；C_i 是 $a+i$ 模 N^2 的余数所构成的集合，其中 $a\in A, i\in S$．

由于 $|C_i|=N$，$\bigcup_{i\in S} C_i=S$，则每个 $x\in S$ 恰出现在 N 个集合 C_i 中，下面用两种方法计算集合

$$\{(x,(i_1<i_2<\cdots<i_N))\mid x\in S; x\notin C_{i_1}, x\notin C_{i_2},\cdots, x\notin C_{i_N}\}$$

一方面，$\sum_{x\in S}|\{(i_1<i_2<\cdots<i_N)\mid x\notin C_{i_1}, x\notin C_{i_2},\cdots, x\notin C_{i_N}\}|=\sum_{x\in S}C_{N^2-N}^N=C_{N^2-N}^N|S|$．

另一方面，$\sum_{i_1<i_2<\cdots<i_N}|\{x\in S\mid x\notin C_{i_1}, x\notin C_{i_2},\cdots, x\notin C_{i_N}\}|=$

$\sum_{i_1<i_2<\cdots<i_N}|\overline{C}_{i_1}\cap \overline{C}_{i_2}\cap\cdots\cap \overline{C}_{i_N}|=C_{N^2-N}^N|S|$．于是，有

$$\sum_{0\leqslant i_1<i_2<\cdots<i_N\leqslant N^2-1}|C_{i_1}\cup C_{i_2}\cup\cdots\cup C_{i_N}|=$$

$$\sum_{0\leqslant i_1<i_2<\cdots<i_N\leqslant N^2-1}(|S|-|\overline{C}_{i_1}\cap \overline{C}_{i_2}\cap\cdots\cap \overline{C}_{i_N}|)=$$

$$C_{N^2}^N|S|-C_{N^2-N}^N|S|=(C_{N^2}^N-C_{N^2-N}^N)N^2$$

所以，存在 $0\leqslant i_1<i_2<\cdots<i_N\leqslant N^2-1$，使得

$$|C_{i_1}\cup C_{i_2}\cup\cdots\cup C_{i_N}|\geqslant \left(1-\frac{C_{N^2-N}^N}{C_{N^2}^N}\right)N^2$$

因为

$$\frac{C_{N^2}^N}{C_{N^2-N}^N}=\frac{N^2(N^2-1)\cdots(N^2-N+1)}{(N^2-N)(N^2-N-1)\cdots(N^2-2N+1)}\geqslant$$

$$\left(\frac{N^2}{N^2-N}\right)^N=\left(1+\frac{1}{N-1}\right)^N=$$

$$1+\frac{N}{N-1}+\cdots+\left(\frac{1}{N-1}\right)^N>2$$

故 $|C_{i_1}\cup C_{i_2}\cup\cdots\cup C_{i_N}|>(1-\frac{1}{2})N^2=\frac{N^2}{2}$．于是，集合 $B=\{i_1,i_2,\cdots,i_N\}$ 满足要求．

❶❶ 设 n 是一个固定的正偶数. 考虑一块 $n \times n$ 的正方板,它被分成 n^2 个单位正方格,板上两个不同的正方格如果有一条公共边,就称它们为相邻的.

将板上 N 个单位正方格作上标记,使得板上的任意正方格(作上标记的或者没有作上标记的)都与至少一个作上标记的正方格相邻.

确定 N 的最小值.

注 本题为第 40 届国际数学奥林匹克竞赛题第 3 题.

❶❷ 假设每个整数被染上红、蓝、绿或黄色的一种,x,y 是奇数,且 $|x| \neq |y|$. 证明:存在两个同色的整数,它们的差等于 $x,y,x+y$ 或 $x-y$ 中的一个.

证明 假设存在一个颜色函数 $f: Z \to \{R,B,G,Y\}$,使得对任意整数 a,有

$$f\{a, a+x, a+y, a+x+y\} = \{R,B,G,Y\}$$

其中 R 表示红色,B 表示蓝色,G 表示绿色,Y 表示黄色. 设 $g: Z \times Z \to \{R,B,G,Y\}$,且

$$g(i,j) = f(ix+jy)$$

于是,在平面直角坐标系中的每个单位正方形的顶点有四种不同的颜色.

(1) 如果存在一列整数对 $i \times Z$,使得 $g|_{i \times Z}$ 不是以 2 为周期的周期函数,则存在一行整数对 $Z \times j$,使得 $g|_{Z \times j}$ 是以 2 为周期的周期函数.

实际上,如果 $g|_{i \times Z}$ 不是以 2 为周期的周期函数,则在这一列中一定有三个相邻的整点的颜色互不相同,不妨设为

$$\begin{matrix} & Y \\ & R \\ RYR & & YRYR \\ \end{matrix}$$

相邻的单位正方形的顶点,有 GBG,进而有 $BGBGB$ 等. 于是,我们

$$\begin{matrix} YRY & & RYRYR \end{matrix}$$

得到三行整数对,使得 g 分别限制在这三行上的函数是以 2 为周期的周期函数.

(2) 如果对于一个整数 i,$g_i = g|_{Z \times i}$ 是以 2 为周期的周期函数,则对每一个 $j \in Z$,$g_j = g|_{Z \times j}$ 是以 2 为周期的周期函数. 若 $i \equiv j \pmod 2$,则 g_i 的值域与 g_j 的值域相同;若 $i \not\equiv j \pmod 2$,则 g_j

的值域为与 g_i 的值域相异的另两个值.

实际上,对于第 i 行上的整点,不妨假设为 $\cdots RBRBRB\cdots$,运用单位正方形顶点的性质,有 $\begin{array}{c}\cdots YGYGY\cdots\\ \cdots RBRBR\cdots\end{array}$,进而有

$$\begin{array}{ccc}\cdots RBRBR\cdots & & \cdots BRBRB\cdots\\ \cdots YGYGY\cdots & \text{或} & \cdots YGYGY\cdots\\ \cdots RBRBR\cdots & & \cdots RBRBR\cdots\end{array}$$

对于第 i 行下面的情况,可以得到同样的结论.

改变行和列可得与(1),(2)同样的结论. 假设行是以 2 为周期的,且 $g(0,0)=R,g(1,0)=B$. 于是 $g(y,0)=B$,其中 y 是奇数. 若 x 为奇数,则 $g(Z\times\{x\})=\{Y,G\}$,由于 $g(y,0)=f(x,y)=g(0,x)$. 矛盾.

---

❸ 已知素数 $p>3$,对于集合 $\{0,1,2,\cdots,p-1\}$ 的每个非空子集 T,设 $E(T)$ 是所有 $p-1$ 元数组 $(x_1,x_2,\cdots,x_{p-1})$ 组成的集合,其中每一个 $x_i\in T$,且 $x_1+2x_2+\cdots+(p-1)x_{p-1}$ 可以被 p 整除. 设 $|E(T)|$ 表示 $E(T)$ 中元素的个数. 证明
$$|E(\{0,1,3\})|\geqslant |E(\{0,1,2\})|$$
当且仅当 $p=5$ 时等号成立.

证明 设 $f(x)=1+x+x^2$,$F(x)=f(x)f(x^2)\cdots f(x^{p-1})$ 为 $p(p-1)$ 次多项式,则

$$F(x)=\sum_{n=0}^{p(p-1)}a_n x^n$$

其中 a_n 是对于每个 $x_i\in\{0,1,2\}$,满足 $x_1+2x_2+\cdots+(p-1)x_{p-1}=n$ 的 $p-1$ 元数组 $(x_1,x_2,\cdots,x_{p-1})$ 的个数. 因此,$|E(\{0,1,2\})|$ 是满足 n 可以被 p 整除的若干个 a_n 的和.

设 $\omega=\cos\dfrac{2\pi}{p}+i\sin\dfrac{2\pi}{p}$,则 $1,\omega,\omega^2,\cdots,\omega^{p-1}$ 是方程 $x^p=1$ 的 n 个根,且

$$1+\omega^j+\omega^{2j}+\cdots+\omega^{(p-1)j}=\begin{cases}p, & p\mid j\\ 0, & p\nmid j\end{cases}$$

将 $x=1,\omega,\cdots,\omega^{p-1}$ 分别代入 $F(x)$ 中,则

$$F(1)+F(\omega)+\cdots+F(\omega^{p-1})=\sum_{n=0}^{p(p-1)}a_n(1^n+\omega^n+\omega^{2n}+\cdots+\omega^{(p-1)n})=p\mid E(\{0,1,2\})\mid$$

由于 $F(1)=3^{p-1}$,对于所有满足 $p\nmid j$ 的 j,$1,\omega^j,\omega^{2j},\cdots,\omega^{(p-1)j}$ 是 $1,\omega,\omega^2,\cdots,\omega^{p-1}$ 的一个排列,所以

$$F(\omega) = F(\omega^2) = \cdots = F(\omega^{p-1}) = (1+\omega+\omega^2)\cdots(1+\omega^{p-1}+\omega^{2(p-1)}) =$$
$$\frac{1-\omega^3}{1-\omega} \cdot \frac{1-\omega^6}{1-\omega^2} \cdot \cdots \cdot \frac{1-\omega^{3(p-1)}}{1-\omega^{p-1}} = 1$$

于是, $|E(\{0,1,2\})| = \frac{1}{p}(3^{p-1}+p-1)$.

设 $g(x) = 1+x+x^3, G(x) = g(x)g(x^2)\cdots g(x^{p-1})$. 同理可得

$$|E(\{0,1,3\})| = \frac{1}{p}(G(1)+(p-1)G(\omega)) =$$
$$\frac{1}{p}(3^{p-1}+(p-1)G(\omega))$$

因此, 只需证明 $G(\omega) \geqslant 1$, 当且仅当 $p=5$ 时等号成立.

设 $h(x) = x^3+x+1 = (x-\lambda)(x-\mu)(x-\nu)$, 这里 λ,μ,ν 是复数. 因为当 $x>0$ 时 $h(x)>0$, 则 $h(x)$ 有一个负实根, 不妨设为 λ, 又由于 $\lambda+\mu+\nu=0$, 所以共轭复根 $\mu, \nu = \bar{\mu}$ 具有正的实部.

设 $u(x) = \prod_{j=1}^{p-1}(x-\omega^j) = \frac{x^p-1}{x-1}$, 则

$$G(\omega) = \prod_{j=1}^{p-1}(1+\omega^j+\omega^{3j}) = \prod_{j=1}^{p-1}(\omega^j-\lambda)(\omega^j-\mu)(\omega^j-\nu) =$$
$$\frac{\lambda^p-1}{\lambda-1} \cdot \frac{\mu^p-1}{\mu-1} \cdot \frac{\nu^p-1}{\nu-1} = u(\lambda)u(\mu)u(\nu)$$

因为 $\lambda^3+\lambda+1=0$, 则对每个正整数 k, 有
$$\lambda^{k+3}+\lambda^{k+1}+\lambda^k = 0$$
对于 μ, ν 有同样的结论. 由于 $\lambda+\mu+\nu=0, \lambda^2+\mu^2+\nu^2 = (\lambda+\mu+\nu)^2 - 2(\lambda\mu+\mu\nu+\nu\lambda) = -2$, 利用数学归纳法, 对所有正整数 r, 有 $\lambda^r+\mu^r+\nu^r$ 是整数.

假设 $G(\omega) = 1$, 则
$$(\lambda^p-1)(\mu^p-1)(\nu^p-1) = (\lambda-1)(\mu-1)(\nu-1) = -h(1) = -3$$

设 $q = \lambda^p+\mu^p+\nu^p$, 并且
$$\lambda^p\mu^p\nu^p = (\lambda\mu\nu)^p = (-1)^p = -1$$

将其代入上式可得 $\lambda^p\mu^p+\mu^p\nu^p+\nu^p\lambda^p = 1+q$. 故 λ^p, μ^p, ν^p 是三次方程
$$m(x) = x^3 - qx^2 + (1+q)x + 1 = 0$$
的根.

由于 $h(-1)<0, h(-\frac{1}{2})>0$, 所以 $-1<\lambda<-\frac{1}{2}$. 如果 $q<0$, 对于 $x = \lambda^p$, 有 $x^3-qx^2 = x^2(x-q)>0, (1+q)x \geqslant 0$, 故 $m(\lambda^p)>0$. 如果 $q=0$, 则 $m(x) = x^3+x+1$, 故其实根为 λ, 因此 $p=1$, 矛盾. 所以, $q \geqslant 1$.

如图 40.10,对于 $-1 \leqslant x \leqslant 0$,则 $q(x^2-x)$ 非负. x^3+x+1 是严格单调增加的,且 $\lambda^3+\lambda+1=0$, λ^p 是 $y=x^3+x+1$ 和 $y=q(x^2-x)$ 在区间 $[-1,0]$ 的交点 P 的横坐标.于是当 p 增加时(λ^{up} 更接近于零时),则 q 也增加.

如果 $p=5$
$$g(\omega)=1+\omega+\omega^3=-\omega^2-\omega^4=-\omega^2(1+\omega^2)$$
于是
$$G(\omega)=\prod_{j=1}^{p-1}(-\omega^{2j})(1+\omega^{2j})=\prod_{j=1}^{p-1}(1+\omega^{2j})\Rightarrow$$
$$\prod_{j=1}^{p-1}(1+\omega^j)=\prod_{j=1}^{p-1}(-1-\omega^j)=u(-1)=1$$

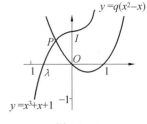

图 40.10

考虑到 $\lambda^5=-\lambda^2(\lambda+1)=-\lambda^2+\lambda+1$,对于 μ,ν 有相同的结论,于是
$$q=\lambda^5+\mu^5+\nu^5=-(\lambda^2+\mu^2+\nu^2)+(\lambda+\mu+\nu)+3=5$$

由于 q 随着 p 的增大而增大,且 $p=5$ 是满足 $p>3$ 的最小素数,故 $q\geqslant 5$,且 $q=5$ 时,有 $p=5$.

假设 $q\geqslant 6$,考虑 $m(x)=x^3+x+1-q(x^2-x)$. 由于 $m(-1)=-1-2q<0, m(0)=1>0, m(2)=11-2q<0$,对于足够大的 $x>0$,有 $m(x)>0$,因此 $m(x)=0$ 有三个不同的实根. 但是 $m(x)=0$ 的根是 λ^p, μ^p 和 $\nu^p=\overline{\mu^p}$,所以,如果 μ^p 是实数,则 ν^p 也是实数,且与 μ^p 相等,因此有重根,与有三个不同的实根矛盾,故 $q=5$. 因此,$p=5$ 是由 $G(\omega)=1$ 唯一确定的.

由于 $\overline{\omega^j}=\cos\dfrac{2j\pi}{p}-\mathrm{i}\sin\dfrac{2j\pi}{p}=\cos\dfrac{2(p-j)\pi}{p}+\mathrm{i}\sin\dfrac{2(p-j)\pi}{p}=\omega^{p-j}$,所以 $\overline{g(\omega^j)}=g(\omega^{p-j}), g(\omega^j)g(\omega^{p-j})=g(\omega^j)\overline{g(\omega^j)}\geqslant 0$. 从而,$G(\omega)\geqslant 0$. 若 $G(\omega)=0$,则存在 $k\in\{1,2,\cdots,p-1\}$,使 $g(\omega^k)=0$,这不可能成立. 因此,$G(\omega)>0$.

又因 $|E(\{0,1,3\})|=\dfrac{1}{p}(3^{p-1}+(p-1)G(\omega))$ 是整数,且 $p\mid(3^{p-1}-1)$,故
$$\frac{1}{p}(1+(p-1)G(\omega))\geqslant 1$$
即 $G(\omega)\geqslant 1$. 从而有
$$|E(\{0,1,3\})|\geqslant|E(\{0,1,2\})|$$
当且仅当 $p=5$ 时等号成立.

❹ 已知 M 是 $\triangle ABC$ 内任意一点. 证明:$\min\{MA, MB, MC\}+MA+MB+MC<AB+AC+BC$.

证明 先证明一个引理.

引理 M 是凸四边形 $ABCD$ 内的一点,则
$$MA + MB < AD + DC + CB$$

引理证明 如图 40.11,设 AM 交四边形 $ABCD$ 于 N,不妨假设 N 在 CD 上,则
$$MA + MB < MA + MN + NB \leqslant$$
$$AN + NC + CB \leqslant$$
$$AD + DN + NC + CB =$$
$$AD + DC + CB$$

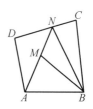

图 40.11

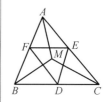

图 40.12

如图 40.12,设 $\triangle DEF$ 是 $\triangle ABC$ 三边的中点所构成的三角形,且 $\triangle ABC$ 分成四个区域,每个区域至少被凸四边形 $ABDE$, $BCEF$, $CAFD$ 中的两个所覆盖. 不妨假设 M 属于四边形 $ABDE$ 和 $BCEF$,则
$$MA + MB < BD + DE + EA$$
$$MB + MC < CE + EF + FB$$

将两式相加,得
$$MB + MA + MB + MC < AB + AC + BC$$

从而结论成立.

> **⑮** 对于由平面上五个点所构成的点集,任意三点不共线,任意四点不共圆. 如果过三个点作圆,使得圆内、圆外各有一个已知点,则称该圆为"分离者". 证明:"分离者"的数目为 4.

证明 设以点集中的一个点为反演中心将其他四个点变为 A, B, C, D,则经过反演中心的"分离者"被变为经过 A, B, C, D 中两个点的一条直线,且使其他两点在该直线的两侧;不经过反演中心的"分离者"被变为一个经过 A, B, C, D 中三个点的圆,且包含剩下的那个点.

设 K 是由点集 $\{A, B, C, D\}$ 构成的凸包.

(1) K 是一个四边形,不妨设为 $ABCD$,则"分离者"是四边形 $ABCD$ 的两条对角线 AC, BD 所对应的圆,及 $\triangle ABC, \triangle ABD$ 中 $\angle ACB$ 与 $\angle ADB$ 较小的那个三角形和 $\triangle CDA, \triangle CDB$ 中 $\angle CAD$ 与 $\angle CBD$ 较小的那个三角形的外接圆所对应的圆.

(2) K 是一个三角形,不妨设为 $\triangle ABC$,则"分离者"是直线 DA, DB, DC 及 $\triangle ABC$ 的外接圆所对应的圆.

译者注:该题若是问"分离者"的个数,则是我国第六届国家集训队选拔考试试题.

❶⑥ 空间点集 S 被称为"完全对称"的,如果 S 中至少有三个点,且满足条件:S 中任意两个不同的点 A,B,线段 AB 的中垂面是点集 S 的一个对称平面. 证明:如果一个"完全对称"的点集是有限点集,则它要么是正多边形的顶点,要么是正四面体的顶点,要么是正八面体的顶点.

注:点集 S 为平面点集时为本届 IMO 第 1 题.

证明 设 r_{PQ} 为以线段 PQ 的中垂面为对称平面的对称变换,G 为 S 的重心. 对于任意 $A,B \in S$,由 $r_{AB}(S)=S$,有 $r_{AB}(G)=G$. 所以,S 中所有点与点 G 等距,这表明 S 在一个球面 $\sum$ 上.

(1) S 为一平面点集. 设 S 在平面 $\prod$ 上,则 S 属于圆周 $\sum \cap \prod$,其顶点构成凸多边形 $A_1 A_2 \cdots A_n$,以 $A_1 A_3$ 的中垂线为对称轴的对称变换将每个边界为 $A_1 A_3$ 的半平面变为其自身,于是点 $r_{A_1 A_3}(A_2)$ 只能是 A_2,所以 $A_1 A_2 = A_2 A_3$.

同理,$A_2 A_3 = A_3 A_4 = \cdots = A_n A_1$. 因为 S 在圆周上,故凸多边形 $A_1 A_2 \cdots A_n$ 是正多边形.

(2) S 中的点不共面,即 S 中的点是凸多面体 P 的顶点. P 的每个面 $A_1 A_2 \cdots A_k$ 在每个以 $r_{A_i A_j}(1 \leqslant i < j \leqslant k)$ 变换下是不变的,所以,由 (1) 知凸多边形 $A_1 A_2 \cdots A_k$ 是正多边形.

对于 $A,B \in S, r_{AB}$ 将 P 的一个面变为 P 自身的一个面.

设 P 的一个顶点为 V(图 40.13),P 由 V 引出的棱为 VV_1, $VV_2, \cdots, VV_s$,使得 VV_1 与 VV_2,VV_2 与 VV_3,$\cdots$,VV_s 与 VV_1 分别在同一平面上. 考虑到边界为 $V_1 V_3$ 且包含点 V_2 的半平面和边界为 $V_1 V_3$ 且包含点 V 的半平面与 P 的交分别为 $\triangle V_1 V_2 V_3$ 和 $\triangle V_1 V_3 V$,对称变换 $r_{V_1 V_3}$ 将这两个半平面变为其自身,所以其将 V_2 和 V 变为 V_2 和 V. 因此,$r_{V_1 V_3}$ 将包含 VV_2, VV_3 的平面变为包含 VV_2, VV_1 的平面. 于是这两个面全等.

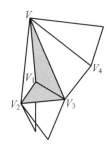

图 40.13

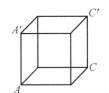

图 40.14

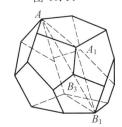

图 40.15

同理,P 的每两个有公共边的面全等,这表明 P 的所有面都全等. 将每两个相邻的面所具有的一条公共棱看成是"链",则任意两个面均可以由"链"相连,所以 P 是正多面体.

下面证明 P 不是正方体、正十二面体和正二十面体.

如图 40.14,对于正方体,对称变换 $r_{AC'}$ 应使矩形 $ACC'A'$ 保持不变,但这是不可能的.

如图 40.15,对于正十二面体,对称变换 $r_{A_3 B_1}$ 应使矩形 $A_1 A_3 B_3 B_1$ 保持不变,同样是不可能的.

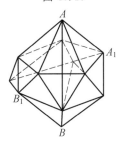

图 40.16

如图 40.16,对于正二十面体,对称变换 r_{AB} 应使矩形

AA_1BB_1 保持不变,也不可能.

⑰ 对 $\triangle ABC$,设点 X 在边 AB 上,使 $\dfrac{AX}{XB}=\dfrac{4}{5}$;点 Y 在线段 CX 上,使 $CY=2YX$;点 Z 在 CA 的延长线上,使 $\angle CXZ=180°-\angle ABC$. 用 $\sum$ 表示所有满足 $\angle XYZ=45°$ 的 $\triangle ABC$ 的集合. 证明: $\sum$ 中的所有三角形相似,并求最小角的度数.

证明 先证明一个引理.

引理 如图 40.17, 在 $\triangle ABC$ 中, X 为 AB 上的点,且 $XA:XB=m:n$, $\angle CXB=\alpha$, $\angle ACX=\beta$, 则

$$(m+n)\cot\alpha = n\cot A + m\cot B \quad \text{①}$$
$$m\cot\beta = (m+n)\cot C + n\cot A \quad \text{②}$$

引理证明 设 $CF=h$ 是边 AB 上的高线,则
$$AX=|\overrightarrow{AF}+\overrightarrow{FX}|=h\cot A - h\cot\alpha$$
$$BX=|\overrightarrow{BF}+\overrightarrow{FX}|=h\cot B + h\cot\alpha$$

其中 $\overrightarrow{AF},\overrightarrow{FX},\overrightarrow{BF}$ 表示有向线段.

由 $nXA=mXB$,则易知式 ① 成立.

作 $XT \parallel BC$ 交 AC 于 T,则
$$\angle XTA=\angle C, CT:TA=n:m$$

在 $\triangle AXC$ 中用式 ①,即得式 ② 成立.

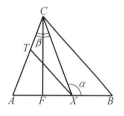

图 40.17

如图 40.18, 在 $\triangle ABC$ 中, 由式 ② 得
$$4\cot\angle ACX = 9\cot C + 5\cot A$$

在 $\triangle ZXC$ 中,由式 ① 得
$$\cot\angle ACX - 2\cot\angle CXZ = 3\cot\angle XYZ = 3$$

因为 $\angle CXZ=180°-\angle B$

所以 $\dfrac{1}{4}(9\cot C + 5\cot A) + 2\cot B = 3$

即 $5\cot A + 8\cot B + 9\cot C = 12$

设 $\cot A=x, \cot B=y, \cot C=z$, 则
$$5x+8y+9z=12$$

因为 $\cot A\cot B+\cot B\cot C+\cot C\cot A=1$, 即 $xy+yz+zx=1$, 消去 z, 有
$$(x+y)(12-5x-8y)+9xy=9$$

即 $(4y+x-3)^2+9(x-1)^2=0$

所以 $x=1, y=\dfrac{1}{2}, z=\dfrac{1}{3}$.

因此, $\sum$ 中的所有三角形相似,且最小角为 $\angle A=45°$.

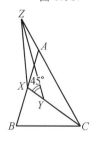

图 40.18

❽ 已知 $\triangle ABC$ 的内心为 I,圆 O_1,圆 O_2,圆 O_3 分别过 B,C,A,C 和 A,B 且与圆 I 直交,圆 O_1 与圆 O_2 相交于另一点 C',同理可得点 B' 和点 A'. 证明:$\triangle A'B'C'$ 的外接圆半径等于圆 I 半径的 $\frac{1}{2}$.

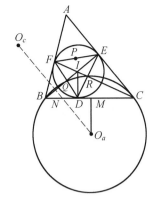

图 40.19

证明 设 $\triangle ABC$ 内切圆半径为 r,其与 BC,CA,AB 的切点分别为 D,E,F. P,Q,R 分别是线段 EF,FD,DE 的中点(图 40.19).

由于 $\triangle IBD$ 与 $\triangle IDQ$ 均为直角三角形,故有
$$IQ \cdot IB = ID^2 = r^2$$
同理,$IR \cdot IC = r^2$. 所以 B,C,R,Q 四点共圆.

由于点 Q,R 分别在 IB,IC 的内部,则 I 在圆 $BQRC$ 的外部,I 关于圆 $BQRC$ 的圆幂为 $IB \cdot IQ = r^2$,从而该圆与圆 I 直交.

同理,圆 $CRPA$,圆 $APQB$ 也与圆 I 直交.

故 A',B',C' 就是 P,Q,R,且 $\triangle PQR$ 外接圆的半径等于圆 I 半径的 $\frac{1}{2}$.

❾ 两个圆 Γ_1 和 Γ_2 被包含在圆 Γ 内,且分别与圆 Γ 相切于两个不同的点 M 和 N. Γ_1 经过 Γ_2 的圆心,经过 Γ_1 和 Γ_2 的两个交点的直线与 Γ 相交于点 A 和 B. 直线 MA 和 MB 分别与 Γ_1 相交于点 C 和 D.

证明:CD 与 Γ_2 相切.

注 本题为第 40 届国际数学奥林匹克竞赛题第 5 题.

❿ 设 M 是凸四边形 $ABCD$ 内一点,使得 $MA = MC$,$\angle AMB = \angle MAD + \angle MCD$,$\angle CMD = \angle MCB + \angle MAB$.
证明
$$AB \cdot CM = BC \cdot MD, BM \cdot AD = MA \cdot CD$$

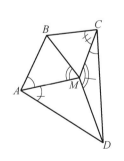

图 40.20

证明 构造凸四边形 $PQRS$ 和其内一点 T,使 $\triangle PTQ \cong \triangle AMB$,$\triangle QTR \sim \triangle AMD$,$\triangle PTS \sim \triangle CMD$(图 40.20,图 40.21).

因为 $$PT = MA = MC$$
所以 $$TS = \frac{MD \cdot PT}{MC} = MD$$

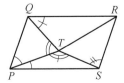

图 40.21

又因为
$$\frac{TR}{MD}=\frac{TQ}{AM} \text{ 及 } TQ=MB$$
所以
$$\frac{TR}{TS}=\frac{MD \cdot TQ}{AM \cdot MD}=\frac{MB}{MC}$$
因为
$$\angle STR=\angle BMC$$
所以
$$\triangle RTS \backsim \triangle BMC$$
故
$$\angle QPS+\angle RSP=\angle QPT+\angle TPS+\angle TSP+\angle TSR=$$
$$\angle MAB+\angle MCB+\angle TPS+\angle TSP=$$
$$\angle CMD+\angle TPS+\angle TSP=$$
$$\angle PTS+\angle TPS+\angle TSP=180°$$
同理
$$\angle RQP+\angle SPQ=180°$$
所以,四边形 $PQRS$ 是平行四边形. 于是, $PQ=RS$, $QR=PS$,
即得
$$AB=PQ=RS=\frac{BC \cdot TS}{MC}=\frac{BC \cdot MD}{MC}$$
$$CD=\frac{CD \cdot TS}{MD}=PS=QR=\frac{AD \cdot QT}{AM}=\frac{AD \cdot BM}{AM}$$

㉑ 点 A,B,C 分 $\triangle ABC$ 的外接圆圆 O 的圆周为三段弧,设 X 是弧 AB 上的一个动点. I_1,I_2 为 $\triangle CAX$ 和 $\triangle CBX$ 的内心. 证明: $\triangle XI_1I_2$ 的外接圆与圆 O 交于 X 之外的一个定点.

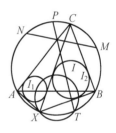

图 40.22

证明 如图 40.22,设 M 是弧 BC 的中点,则
$$MI_2=MB$$
设 I 为 $\triangle ABC$ 的内心,则 $MI_2=MB=MC=MI$. 故 I_2,B,C,I 在以 M 为圆心的圆周上.

同理,设 N 是弧 AC 的中点,则 A,I_1,I,C 在以 N 为圆心的圆周上. 作 $CP // MN$,与圆 O 交于点 P,连 PI 与圆 O 交于点 T,则
$$MI=MC=NP, MP=NC=NI$$
从而,四边形 $MPNI$ 是平行四边形. 因此, $S_{\triangle MPT}=S_{\triangle NPT}$. 故
$$MP \cdot MT=NP \cdot NT$$
即
$$NC \cdot MT=MC \cdot NT$$
所以
$$\frac{NT}{NI_1}=\frac{MT}{MI_2}$$
因为 $\angle I_1NT=\angle XNT=\angle XMT=\angle I_2MT$
所以
$$\triangle NI_1T \backsim \triangle MI_2T$$

$$\angle NTI_1 = \angle MTI_2$$
$$\angle I_1XI_2 = \angle MTN = \angle I_1TI_2$$

因此，X, I_1, I_2, T 四点共圆，即对弧 AB 上任意一点 X，$\triangle XI_1I_2$ 的外接圆经过圆 O 上的定点 T.

㉒ 确定所有的正整数对 (n, p)，满足：p 是一个质数，$n \leqslant 2p$，且 $(p-1)^n + 1$ 能够被 n^{p-1} 整除.

注 本题为第 40 届国际数学奥林匹克竞赛题第 4 题.

㉓ 证明：每个正有理数都能被表示成 $\dfrac{a^3 + b^3}{c^3 + d^3}$ 的形式，其中 a, b, c, d 是正整数.

证明 对于区间 $(1, 2)$ 内的有理数 $\dfrac{m}{n}$，其中 m, n 是自然数，我们选择正整数 a, b, d，使 $b \neq d$，且 $a^2 - ab + b^2 = a^2 - ad + d^2$，即 $b + d = a$，则

$$\frac{a^3 + b^3}{a^3 + d^3} = \frac{a + b}{a + d} = \frac{a + b}{2a - b}$$

设 $a + b = 3m, 2a - b = 3n$，则 $a = m + n, b = 2m - n$. 其中 $d = a - b = 2n - m > 0$，且 $b > d$，因此结论成立.

对于任一正有理数 r，则存在正整数 p, q，使

$$1 < \frac{p}{q}\sqrt[3]{r} < \sqrt[3]{2}$$

即

$$1 < \frac{p^3}{q^3} \cdot r < 2$$

于是，存在正整数 a, b, d，使

$$\frac{p^3}{q^3} \cdot r = \frac{a^3 + b^3}{a^3 + d^3}$$

故

$$r = \frac{(aq)^3 + (bq)^3}{(ap)^3 + (dp)^3}$$

㉔ 证明：存在两个严格递增的整数列 $\{a_n\}$ 和 $\{b_n\}$，使得对于任意自然数 n，有 $a_n(a_n + 1)$ 整除 $b_n^2 + 1$.

证明 先证明一个引理.

引理 如果 $c, d \in \mathbf{N}$，且 $d^2 \mid c^2 + 1$，则存在 $b \in \mathbf{N}$，使得
$$d^2(d^2 + 1) \mid b^2 + 1$$

引理证明 由于 $d^2 \mid (c+d^2c-d^3)^2+1, d^2+1 \mid (c+d^2c-d^3)^2+1$, 取 $b=c+d^2c-d^3$ 即可.

设 $d_n=2^{2n}+1, c_n=2^{nd_n}$, 则
$$c_n^2+1=(2^{2n})^{d_n}+1=(d_n-1)^{d_n}+1$$
可以被 d_n^2 整除.

由引理, 存在 b_n, 使 $d_n^2(d_n^2+1)$ 可以整除 b_n^2+1. 设 $a_n=d_n^2$, 则 $a_n(a_n+1) \mid b_n^2+1$, 且 $\{a_n\}$ 和 $\{b_n\}$ 递增.

㉕ 设 S 是所有满足下列条件的素数 p 组成的集合: $\frac{1}{p}$ 的小数部分中最小循环节中数码的个数是 3 的倍数, 即对于每个 $p \in S$, 存在最小的正整数 $r=r(p)$, 使
$$\frac{1}{p}=0.a_1a_2\cdots a_{3r}a_1a_2\cdots a_{3r}\cdots$$
对于每个 $p \in S$ 和任意整数 $k \geqslant 1$, 定义
$$f(k,p)=a_k+a_{k+r(p)}+a_{k+2r(p)}$$
(1) 证明集合 S 中有无穷多个元素.
(2) 对于 $k \geqslant 1$ 及 $p \in S$, 求 $f(k,p)$ 的最大值.

解 (1) $\frac{1}{p}$ 的最小循环节长度是满足 10^d-1 可被 p 整除的最小整数 d, 其中 $d \geqslant 1$.

设 q 是素数, $N_q=10^{2q}+10^q+1$, 则 $N_q \equiv 3 \pmod 9$. 设 p_q 是 $\frac{N_q}{3}$ 的一个素因子, 则 p_q 不能被 3 整除. 因为 N_q 是 $10^{3q}-1$ 的因子, $\frac{1}{p_q}$ 的循环节的长度为 $3q$, 所以 $\frac{1}{p_q}$ 的最小循环节的长度是 $3q$ 的因子.

若最小循环节的长度为 q, 则由 $10^q \equiv 1 \pmod{p_q}$ 得, $N_q=10^{2q}+10^q+1 \equiv 3 \not\equiv 0 \pmod{p_q}$. 矛盾.

若最小循环节的长度为 3, 只能有一种情况, 即 p_q 是 $10^3-1=3^3 \times 37$ 的因子, 即 $p_q=37$. 此时
$$N_q=3\times 37 \equiv 3 \pmod 4$$
而 $N_q=10^{2q}+10^q+1 \equiv 1 \pmod 4$, 矛盾.

于是, 对每个素数 q, 我们能找到一个素数 p_q, 使得 $\frac{1}{p_q}$ 的小数部分的最小循环节的长度为 $3q$.

(2) 设素数 $p \in S, 3r(p)$ 是 $\frac{1}{p}$ 的最小循环节的长度, p 是 $10^{3r(p)}-1$ 的因子, 但不是 $10^{r(p)-1}$ 的因子, 所以, p 是 $N_{r(p)}=$

$10^{2r(p)}+10^{r(p)}+1$ 的因子.

设 $\dfrac{1}{p}=0.a_1a_2a_3\cdots$，$x_j=\dfrac{10^{j-1}}{p}$，$y_j=\{x_j\}=0.a_ja_{j+1}a_{j+2}\cdots$，其中 $\{x\}$ 表示 x 的小数部分，则 $a_j<10y_j$. 于是
$$f(k,p)=a_k+a_{k+r(p)}+a_{k+2r(p)}<10(y_k+y_{k+r(p)}+y_{k+2r(p)})$$

由于 $x_k+x_{k+r(p)}+x_{k+2r(p)}=\dfrac{10^{k-1}N_{r(p)}}{p}$ 是整数，所以 $y_k+y_{k+r(p)}+y_{k+2r(p)}$ 也是整数，且是小于 3 的整数，即
$$y_k+y_{k+r(p)}+y_{k+2r(p)}\leqslant 2$$

从而，$f(k,p)<20$. 因此，$f(k,p)$ 的最大值不超过 19. 由于 $f(2,7)=4+8+7=19$，故所求最大值为 19.

> **㉖** 设 n,k 是正整数，且 n 不能被 3 整除，$k\geqslant n$. 证明：存在正整数 m，使得 m 可被 n 整除，且它的各位数字之和是 k.

证明 设 $n=2^a5^bp$，其中 a,b 是非负整数，且 $(p,10)=1$. 只要证明存在正整数 M，满足 $p\mid M$，且 M 的各位数字之和等于 k. 实际上，只要设 $m=M\cdot 10^c$，其中 $c=\max\{a,b\}$ 即可.

因为 $(p,10)=1$，由欧拉（Euler）定理，存在正整数 $d\geqslant 2$，使得
$$10^d\equiv 1(\bmod p)$$

对于每个非负整数 i,j，有
$$10^{id}\equiv 1(\bmod p),\ 10^{jd+1}\equiv 10(\bmod p)$$

设 $M=\sum_{i=1}^{u}10^{id}+\sum_{j=1}^{v}10^{jd+1}$，其中如果 u 或 v 是 0，则对应的和为 0.

由于 $M\equiv u+10v(\bmod p)$，设

$$\begin{cases}u+v=k\\ p\mid u+10v\end{cases}\quad\quad ①\\ \quad\quad ②$$

其等价于

$$\begin{cases}u+v=k\\ p\mid k+9v\end{cases}\quad\quad ③$$

因为 $(p,3)=1$，则 $k,k+9,k+18,\cdots,k+9(p-1)$ 模 p 的剩余之一一定是零. 于是，存在某个正整数 v_0，且 $0\leqslant v_0<p$，满足式 ③. 设 $u_0=k-v_0$，则由 u_0,v_0 所确定的 M 满足前面所要求的条件.

㉗ 证明:对于每个实数 M,存在一个含有无穷多项的等差数列,使得:

(1) 每项是一个正整数,公差不能被 10 整除;

(2) 每项的各位数字之和超过 M.

证明 我们证明这个等差数列的公差为 $10^m + 1$ 的形式,其中 m 为正整数.

设 a_0 是一个正整数
$$a_n = a_0 + n(10^m + 1) = \overline{b_s b_{s-1} \cdots b_0}$$
这里 s 和数字 $b_0, b_1, \cdots, b_s$ 依赖于 n.

若 $l \equiv k \pmod{2m}$,设 $l = 2mt + k$,则
$$10^l = 10^{2mt+k} = (10^m + 1 - 1)^{2t} \cdot 10^k \equiv 10^k \pmod{10^m + 1}$$

于是,$a_0 \equiv a_n = \overline{b_s b_{s-1} \cdots b_0} \equiv \sum_{i=0}^{2m-1} c_i 10^i \pmod{10^m + 1}$,其中 $c_i = b_i + b_{2m+i} + b_{4m+i} + \cdots, i = 0, 1, \cdots, 2m-1$.

令 N 是大于 M 的正整数,满足
$$c_0 + c_1 + \cdots + c_{2m-1} \leqslant N$$
的非负整数解 $(c_0, c_1, \cdots, c_{2m-1})$ 的个数等于严格递增数列
$$0 \leqslant c_0 < c_0 + c_1 + 1 < c_0 + c_1 + c_2 + 2 < \cdots <$$
$$c_0 + c_1 + \cdots + c_{2m-1} + 2m - 1 \leqslant N + 2m - 1$$
的数目,进而等于集合 $\{0, 1, \cdots, N + 2m - 1\}$ 的含有 $2m$ 个元素的子集的数目,即
$$K_{N,2m} = C_{2m+N}^{2m} = C_{2m+N}^{N} = \frac{(2m+N)(2m+N-1)\cdots(2m+1)}{N!}$$

对于足够大的 m,则有 $K_{N,2m} < 10^m$. 取 $a_0 \in \{1, 2, \cdots, 10^m\}$,使得 a_0 与集合
$$\{\overline{c_{2m-1} c_{2m-2} \cdots c_0} \mid c_0 + c_1 + \cdots + c_{2m-1} \leqslant N\}$$
中的任意元素模 $10^m + 1$ 不同余. 因此,a_0 的各位数字之和大于 N. 从而,a_n 的各位数字之和也大于 N.

附 录
IMO 背景介绍

第 1 章 引 言

第 1 节 国际数学奥林匹克

国际数学奥林匹克(IMO)是高中学生最重要和最有威望的数学竞赛。它在全面提高高中学生的数学兴趣和发现他们之中的数学尖子方面起了重要作用。

在开始时，IMO 是(范围和规模)要比今天小得多的竞赛。在 1959 年，只有 7 个国家参加第一届 IMO，它们是：保加利亚，捷克斯洛伐克，民主德国，匈牙利，波兰，罗马尼亚和苏联。从此之后，这一竞赛就每年举行一次。渐渐的，东方国家，西欧国家，直至各大洲的世界各地许多国家都加入进来(唯一的一次未能举办竞赛的年份是 1980 年，那一年由于财政原因，没有一个国家有意主持这一竞赛。今天这已不算一个问题，而且主办国要提前好几年排队)。到第 45 届在雅典举办 IMO 时，已有不少于 85 个国家参加。

竞赛的形式很快就稳定下来并且以后就不变了。每个国家可派出 6 个参赛队员，每个队员都单独参赛(即没有任何队友协助或合作)。每个国家也派出一位领队，他参加试题筛选并和其队员隔离直到竞赛结束，而副领队则负责照看队员。

IMO 的竞赛共持续两天。每天学生们用四个半小时解题，两天总共要做 6 道题。通常每天的第一道题是最容易的而最后一道题是最难的，虽然有许多著名的例外(IMO1996—5 是奥林匹克竞赛题中最难的问题之一，在 700 个学生中，仅有 6 人做出来了这道题!)。每题 7 分，最高分是 42 分。

每个参赛者的每道题的得分是激烈争论的结果，并且，最终，判卷人所达成的协议由主办国签名，而各国的领队和副领队则捍卫本国队员的得分公平和利益不受损失。这一评分体系保证得出的成绩是相对客观的，分数的误差极少超过 2 或 3 点。

各国自然地比较彼此的比分，只设个人奖，即奖牌和荣誉奖，在 IMO 中仅有少于 $\frac{1}{12}$ 的参赛者被授予金牌，少于 $\frac{1}{4}$ 的参赛者被授予金牌或银牌以及少于 $\frac{1}{2}$ 的参赛者被授予金牌，银牌或者铜牌。在没被授予奖牌的学生之中，对至少有一个问题得满分的那些人授予荣誉奖。这一确定得奖的系统运行的相当完好。一方面它保证有严格的标准并且对参赛者分出适当的层次使得每个参赛者有某种可以尽力争取的目标。另一方面，它也保证竞赛有不依赖于竞赛题的难易差别的很大程度的宽容度。

根据统计，最难的奥林匹克竞赛是 1971 年，然后依次是 1996 年，1993 年和 1999 年。得分最低的是 1977 年，然后依次是 1960 年和 1999 年。

竞赛题的筛选分几步进行。首先参赛国向 IMO 的主办国提交他们提出的供选择用的候选题，这些问题必须是以前未使用过的，且不是众所周知的新鲜问题。主办国不提出备选问题。命题委员会从所收到的问题(称为长问题单，即第一轮预选题)中选出一些问题(称为短问题单)提交由各国领队组成的 IMO 裁判团,裁判团再从第二轮预选题中选出 6 道题作为 IMO 的竞赛题.

除了数学竞赛外,IMO 也是一次非常大型的社交活动. 在竞赛之后,学生们有三天时间享受主办国组织的游览活动以及与世界各地的 IMO 参加者们互动和交往. 所有这些都确实是令人难忘的体验.

第 2 节　IMO 竞赛

已出版了很多 IMO 竞赛题的书[65]. 然而除此之外的第一轮预选题和第二轮预选题尚未被系统加以收集整理和出版,因此这一领域中的专家们对其中很多问题尚不知道. 在参考文献中可以找到部分预选题,不过收集的通常是单独某年的预选题. 参考文献[1],[30],[41],[60]包括了一些多年的问题. 大体上,这些书包括了本书的大约 50% 的问题.

本书的目的是把我们全面收集的 IMO 预选题收在一本书中. 它由所有的预选题组成,包括从第 10 届以及第 12 届到第 44 届的第二轮预选题和第 19 届竞赛中的第一轮预选题. 我们没有第 9 届和第 11 届的第二轮预选题,并且我们也未能发现那两届 IMO 竞赛题是否是从第一轮预选题选出的或是否存在未被保存的第二轮预选题. 由于 IMO 的组织者通常不向参赛国的代表提供第一轮预选题,因此我们收集的题目是不全的. 在 1989 年题目的末尾收集了许多分散的第一轮预选题,以后有效的第一轮预选题的收集活动就结束了. 前八届的问题选取自参考文献[60].

本书的结构如下:如果可能的话,在每一年的问题中,和第一轮预选题或第二轮预选题一起,都单独列出了 IMO 竞赛题. 对所有的第二轮预选题都给出了解答. IMO 竞赛题的解答被包括在第二轮预选题的解答中. 除了在南斯拉夫举行的两届 IMO(由于爱国原因)之外,对第一轮预选题未给出解答,由于那将使得本书的篇幅不合理的加长. 由所收集的问题所决定,本书对奥林匹克训练营的教授和辅导教练是有益的和适用的. 对每个问题,我们都用一组三个字母的编码指出了出题的国家. 在附录中给出了全部的对应国的编码. 我们也指出了第二轮预选题中有哪些题被选作了竞赛题. 我们在解答中有时也偶尔直接地对其他问题做一些参考和注解. 通过在题号上附加 LL,SL,IMO 我们指出了题目的年号,是属于第一轮预选题、第二轮预选题还是竞赛题,例如(SL89—15)表示这道题是 1989 年第二轮预选题的第 15 题.

我们也给出了一个在我们的证明中没有明显地引用和导出的所有公式和定理一个概略的列表. 由于我们主要关注仅用于本书证明中的定理,我们相信这个列表中所收入的都是解决 IMO 问题时最有用的定理.

在一本书中收集如此之多的问题需要大量的编辑工作,我们对原来叙述不够确切和清楚的问题作了重新叙述,对原来不是用英语表达的问题做了翻译. 某些解答是来自作者和其他资源,而另一些解是本书作者所做.

许多非原始的解答显然在收入本书之前已被编辑. 我们不能保证本书的问题完全地对应于实际的第一轮预选题或第二轮预选题的名单. 然而我们相信本书的编辑已尽可能接近于原来的名单.

第 2 章 基本概念和事实

下面是本书中经常用到的概念和定理的一个列表. 我们推荐读者在(也许)进一步阅读其他文献前首先阅读这一列表并熟悉它们.

第 1 节 代数

2.1.1 多项式

定理 2.1 二次方程 $ax^2 + bx + c = 0 (a, b, c \in \mathbf{R}, a \neq 0)$ 有解
$$x_{1,2} = \frac{-b \pm \sqrt{b^2 - 4ac}}{2}$$

二次方程的判别式 D 定义为 $D^2 = b^2 - 4ac$,当 $D < 0$ 时,解是复数,并且是共轭的,当 $D = 0$ 时,解退化成一个实数解,当 $D > 0$ 时,方程有两个不同的实数解.

定义 2.2 二项式系数 $\binom{n}{k}, n, k \in \mathbf{N}_0, k \leqslant n$ 定义为
$$\binom{n}{k} = \frac{n!}{i!(n-i)!}$$

对 $i > 0$,它们满足

$$\binom{n}{i} + \binom{n}{i-1} = \binom{n+1}{i}$$

以及

$$\binom{n}{0} + \binom{n}{1} + \cdots + \binom{n}{n} = 2^n$$

$$\binom{n}{0} - \binom{n}{1} + \cdots + (-1)^n \binom{n}{n} = 0$$

$$\binom{n+m}{k} = \sum_{i=0}^{k} \binom{n}{i} \binom{m}{k-i}$$

定理 2.3 ((Newton)二项式公式) 对 $x, y \in \mathbf{C}$ 和 $n \in \mathbf{N}$
$$(x + y)^n = \sum_{i=0}^{n} \binom{n}{i} x^{n-i} y^i$$

定理 2.4 (Bezout(裴蜀)定理) 多项式 $P(x)$ 可被二项式 $x - a (a \in \mathbf{C})$ 整除的充分必要条件是 $P(a) = 0$.

定理 2.5 (有理根定理) 如果 $x = \dfrac{p}{q}$ 是整系数多项式 $P(x) = a_n x^n + \cdots + a_0$ 的根,且 $(p, q) = 1$,则 $p \mid a_0, q \mid a_n$.

定理 2.6 (代数基本定理) 每个非常数的复系数多项式有一个复根.

定理 2.7 （Eisenstein(爱森斯坦) 判据）设 $P(x) = a_n x^n + \cdots + a_1 x + a_0$ 是一个整系数多项式，如果存在一个素数 p 和一个整数 $k \in \{0, 1, \cdots, n-1\}$，使得 $p \mid a_0, a_1, \cdots, a_k, p \nmid a_{k+1}$ 以及 $p^2 \nmid a_0$，那么存在 $P(x)$ 的不可约因子 $Q(x)$，其次数至少是 k. 特别，如果 $k = n-1$，则 $P(x)$ 是不可约的.

定义 2.8 $x_1, \cdots, x_n$ 的对称多项式是一个在 $x_1, \cdots, x_n$ 的任意排列下不变的多项式，初等对称多项式是 $\sigma_k(x_1, \cdots, x_k) = \sum x_{i_1, \cdots, i_n}$（分别对 $\{1, 2, \cdots, n\}$ 的 $k-$元素子集 $\{i_1, i_2, \cdots, i_k\}$ 求和）.

定理 2.9 （对称多项式定理）每个 $x_1, \cdots, x_n$ 的对称多项式都可用初等对称多项式 $\sigma_1, \cdots, \sigma_n$ 表出.

定理 2.10 （Vieta(韦达) 公式）设 $\alpha_1, \cdots, \alpha_n$ 和 $c_1, \cdots, c_n$ 都是复数，使得
$$(x - \alpha_1)(x - \alpha_2) \cdots (x - \alpha_n) = x^n + c_1 x^{n-1} + c_2 x^{n-2} + \cdots + c_n$$
那么对 $k = 1, 2, \cdots, n$
$$c_k = (-1)^k \sigma_k(\alpha_1, \cdots, \alpha_n)$$

定理 2.11 （Newton 对称多项式公式）设 $\sigma_k = \sigma_k(x_1, \cdots, x_k)$ 以及 $s_k = x_1^k + x_2^k + \cdots + x_n^k$，其中 $x_1, \cdots, x_n$ 是复数，那么
$$k\sigma_k = s_1 \sigma_{k-1} + s_2 \sigma_{k-2} + \cdots + (-1)^k s_{k-1} \sigma_1 + (-1)^k s_k$$

2.1.2 递推关系

定义 2.12 一个递推关系是指一个由序列 $x_n, n \in \mathbf{N}$ 的前面的元素的函数确定的如下的关系
$$x_n + a_1 x_{n-1} + \cdots + a_k x_{n-k} = 0 \ (n \geq k)$$
如果其中的系数 $a_1, \cdots, a_k$ 都是不依赖于 n 的常数，则上述关系称为 k 阶的线性齐次递推关系. 定义此关系的特征多项式为 $P(x) = x^k + a_1 x^{k-1} + \cdots + a_k$.

定理 2.13 利用上述定义中的记号，设 $P(x)$ 的标准因子分解式为
$$P(x) = (x - \alpha_1)^{k_1} (x - \alpha_2)^{k_2} \cdots (x - \alpha_r)^{k_r}$$
其中 $\alpha_1, \cdots, \alpha_r$ 是不同的复数，而 $k_1, \cdots, k_r$ 是正整数，那么这个递推关系的一般解由公式
$$x_n = p_1(n) \alpha_1^n + p_2(n) \alpha_2^n + \cdots + p_r(n) \alpha_r^n$$
给出，其中 p_i 是次数为 k_i 的多项式. 特别，如果 $P(x)$ 有 k 个不同的根，那么所有的 p_i 都是常数.

如果 $x_0, \cdots, x_{k-1}$ 已被设定，那么多项式的系数是唯一确定的.

2.1.3 不等式

定理 2.14 平方函数总是正的，即 $x^2 \geq 0 (\forall x \in \mathbf{R})$. 把 x 换成不同的表达式，可以得出以下的不等式.

定理 2.15 （Bernoulli(伯努利) 不等式）

1. 如果 $n \geq 1$ 是一个整数，$x > -1$ 是实数，那么 $(1+x)^n \geq 1 + nx$；
2. 如果 $\alpha > 1$ 或 $\alpha < 0$，那么对 $x > -1$ 成立不等式：$(1+x)^\alpha \geq 1 + \alpha x$；
3. 如果 $\alpha \in (0, 1)$，那么对 $x > -1$ 成立不等式：$(1+x)^\alpha \leq 1 + \alpha x$.

定理 2.16 （平均不等式）对正实数 $x_1,\cdots,x_n$,成立 $QM \geqslant AM \geqslant GM \geqslant HM$,其中

$$QM = \sqrt{\frac{x_1^2 + \cdots + x_n^2}{n}}, \quad AM = \frac{x_1 + \cdots + x_n}{n}$$

$$GM = \sqrt[n]{x_1 \cdots x_n}, \quad HM = \frac{n}{\frac{1}{x_1} + \cdots + \frac{1}{x_n}}$$

所有不等式的等号都当且仅当 $x_1 = x_2 = \cdots = x_n$,数 QM, AM, GM 和 HM 分别被称为平方平均,算术平均,几何平均以及调和平均.

定理 2.17 （一般的平均不等式）. 设 $x_1,\cdots,x_n$ 是正实数,对 $p \in \mathbf{R}$,定义 $x_1,\cdots,x_n$ 的 p 阶平均为

$$M_p = \left(\frac{x_1^p + \cdots + x_n^p}{n}\right)^{\frac{1}{p}}, \quad \text{如果 } p \neq 0$$

以及 $\quad M_q = \lim_{p \to q} M_p, \quad$ 如果 $q \in \{\pm \infty, 0\}$

特别, $\max x_i, QM, AM, GM, HM$ 和 $\min x_i$ 分别是 $M_\infty, M_2, M_1, M_0, M_{-1}$ 和 $M_{-\infty}$,那么

$$M_p \leqslant M_q, \quad \text{只要 } p \leqslant q$$

定理 2.18 （Cauchy-Schwarz(柯西－许瓦兹)不等式）. 设 $a_i, b_i, i = 1, 2, \cdots, n$ 是实数,则

$$\left(\sum_{i=1}^n a_i b_i\right)^2 \leqslant \left(\sum_{i=1}^n a_i^2\right)\left(\sum_{i=1}^n b_i^2\right)$$

当且仅当存在 $c \in \mathbf{R}$ 使得 $b_i = ca_i, i = 1, \cdots, n$ 时,等号成立.

定理 2.19 （Hölder(和尔窦)不等式）设 $a_i, b_i, i = 1, 2, \cdots, n$ 是非负实数, p, q 是使得 $\frac{1}{p} + \frac{1}{q} = 1$ 的正实数,则

$$\sum_{i=1}^n a_i b_i \leqslant \left(\sum_{i=1}^n a_i^p\right)^{\frac{1}{p}} \left(\sum_{i=1}^n b_i^q\right)^{\frac{1}{q}}$$

当且仅当存在 $c \in \mathbf{R}$ 使得 $b_i = ca_i, i = 1, \cdots, n$ 时,等号成立. Cauchy-Schwarz(柯西－许瓦兹)不等式是 Hölder(和尔窦)不等式在 $p = q = 2$ 时的特殊情况.

定理 2.20 （Minkovski(闵科夫斯基)不等式）设 $a_i, b_i, i = 1, 2, \cdots, n$ 是非负实数, p 是任意不小于 1 的实数,则

$$\left(\sum_{i=1}^n (a_i + b_i)^p\right)^{\frac{1}{p}} \leqslant \left(\sum_{i=1}^n a_i^p\right)^{\frac{1}{p}} + \left(\sum_{i=1}^n b_i^p\right)^{\frac{1}{p}}$$

当 $p > 1$ 时,当且仅当存在 $c \in \mathbf{R}$ 使得 $b_i = ca_i, i = 1, \cdots, n$ 时,等号成立,当 $p = 1$ 时,等号总是成立.

定理 2.21 （Chebyshev(切比雪夫)不等式）. 设 $a_1 \geqslant a_2 \geqslant \cdots \geqslant a_n$ 以及 $b_1 \geqslant b_2 \geqslant \cdots \geqslant b_n$ 是实数,则

$$n\sum_{i=1}^n a_i b_i \geqslant \left(\sum_{i=1}^n a_i\right)\left(\sum_{i=1}^n b_i\right) \geqslant n\sum_{i=1}^n a_i b_{n+1-i}$$

当 $a_1 = a_2 = \cdots = a_n$ 或 $b_1 = b_2 = \cdots = b_n$ 时,上面的两个不等式的等号同时成立.

定义 2.22 定义在区间 I 上的实函数 f 称为是凸的,如果对所有的 $x, y \in I$ 和所有使得 $\alpha + \beta = 1$ 的 $\alpha, \beta > 0$,都有 $f(\alpha x + \beta y) \leqslant \alpha f(x) + \beta f(y)$,函数 f 称为是凹的,如果成立

相反的不等式,即如果 $-f$ 是凸的.

定理 2.23　如果 f 在区间 I 上连续,那么 f 在区间 I 是凸函数的充分必要条件是对所有 $x,y \in I$,成立

$$f\left(\frac{x+y}{2}\right) \leqslant \frac{f(x)+f(y)}{2}$$

定理 2.24　如果 f 是可微的,那么 f 是凸函数的充分必要条件是它的导函数 f' 是不减的.类似的,可微函数 f 是凹函数的充分必要条件是它的导函数 f' 是不增的.

定理 2.25　(Jenson(琴生)不等式)如果 $f:I \to R$ 是凸函数,那么对所有的 $\alpha_i \geqslant 0$,$\alpha_1 + \cdots + \alpha_n = 1$ 和所有的 $x_i \in I$ 成立不等式

$$f(\alpha_1 x_1 + \cdots + \alpha_n x_n) \leqslant \alpha_1 f(x_1) + \cdots + \alpha_n f(x_n)$$

对于凹函数,成立相反的不等式.

定理 2.26　(Muirhead(穆黑)不等式)设 $x_1, x_2, \cdots, x_n \in \mathbf{R}^+$,对正实数的 n 元组 $a = (a_1, a_2, \cdots, a_n)$,定义

$$T_a(x_1, \cdots, x_n) = \sum y_1^{a_1} \cdots y_n^{a_n}$$

是对 $x_1, x_2, \cdots, x_n$ 的所有排列 $y_1, y_2, \cdots, y_n$ 求和.称 n 元组 a 是优超 n 元组 b 的,如果

$$a_1 + a_2 + \cdots + a_n = b_1 + b_2 + \cdots + b_n$$

并且对 $k=1,\cdots,n-1$

$$a_1 + \cdots + a_k \geqslant b_1 + \cdots + b_k$$

如果不增的 n 元组 a 优超不增的 n 元组 b,那么成立以下不等式

$$T_a(x_1, \cdots, x_n) \geqslant T_b(x_1, \cdots, x_n)$$

等号当且仅当 $x_1 = x_2 = \cdots = x_n$ 时成立.

定理 2.27　(Schur(舒尔)不等式)利用对 Muirhead(穆黑)不等式使用的记号

$$T_{\lambda+2\mu,0,0}(x_1,x_2,x_3) + T_{\lambda,\mu,\mu}(x_1,x_2,x_3) \geqslant 2T_{\lambda+\mu,\mu,0}(x_1,x_2,x_3)$$

其中 $\lambda, \mu \in \mathbf{R}^+$,等号当且仅当 $x_1 = x_2 = x_3$ 或 $x_1 = x_2, x_3 = 0$(以及类似情况)时成立.

2.1.4　群和域

定义 2.28　群是一个具有满足以下条件的运算 $*$ 的非空集合 G:
(1) 对所有的 $a,b,c \in G, a*(b*c) = (a*b)*c$;
(2) 存在一个唯一的加法元 $e \in G$ 使得对所有的 $a \in G$ 有 $e*a = a*e = a$;
(3) 对每一个 $a \in G$,存在一个唯一的逆元 $a^{-1} = b \in G$ 使得 $a*b = b*a = e$.

如果 $n \in \mathbf{Z}$,则当 $n \geqslant 0$ 时,定义 a^n 为 $a*a*\cdots*a(n$ 次$)$,否则定义为 $(a^{-1})^{-n}$.

定义 2.29　群 $\Gamma = (G, *)$ 称为是交换的或阿贝尔群,如果对任意 $a,b \in G, a*b = b*a$.

定义 2.30　集合 A 生成群 $(G, *)$,如果 G 的每个元用 A 的元素的幂和运算 $*$ 得出.换句话说,如果 A 是群 G 的生成子,那么每个元素 $g \in G$ 就可被写成 $a_1^{i_1} * \cdots * a_n^{i_n}$,其中对 $j = 1, 2, \cdots, n a_j \in A$ 而 $i_j \in \mathbf{Z}$.

定义 2.31　当存在使得 $a^n = e$ 的 n 时,$a \in G$ 的阶是使得 $a^n = e$ 成立的最小的 $n \in \mathbf{N}$.一个群的阶是指其元素的个数,如果群的每个元素的阶都是有限的,则称其为有限阶的.

定义 2.32　(Lagrange(拉格朗日)定理)在有限群中,元素的阶必整除群的阶.

定义 2.33 一个环是一个具有两种运算 + 和 · 的非空集合 R 使得 $(R, +)$ 是阿贝尔群,并且对任意 $a, b, c \in R$,有

(1) $(a \cdot b) \cdot c = a \cdot (b \cdot c)$;

(2) $(a+b) \cdot c = a \cdot c + b \cdot c$ 以及 $c \cdot (a+b) = c \cdot a + c \cdot b$.

一个环称为是交换的,如果对任意 $a, b \in R, a \cdot b = b \cdot a$,并且具有乘法单位元 $i \in R$,使得对所有的 $a \in R, i \cdot a = a \cdot i$.

定义 2.34 一个域是一个具有单位元的交换环,在这种环中,每个不是加法单位元的元素 a 有乘法逆 a^{-1},使得 $a \cdot a^{-1} = a^{-1} \cdot a = i$.

定理 2.35 下面是一些群,环和域的通常的例子:

群: $(\mathbf{Z}_n, +), (\mathbf{Z}_p \backslash \{0\}, \cdot), (\mathbf{Q}, +), (\mathbf{R}, +), (\mathbf{R} \backslash \{0\}, \cdot)$;

环: $(\mathbf{Z}_n, +, \cdot), (\mathbf{Z}, +, \cdot), (\mathbf{Z}[x], +, \cdot), (\mathbf{R}[x], +, \cdot)$;

域: $(\mathbf{Z}_p, +, \cdot), (\mathbf{Q}, +, \cdot), (\mathbf{Q}(\sqrt{2}), +, \cdot), (\mathbf{R}, +, \cdot), (\mathbf{C}, +, \cdot)$.

第 2 节 分析

定义 2.36 说序列 $\{a_n\}_{n=1}^{\infty}$ 有极限 $a = \lim\limits_{n \to \infty} a_n$(也记为 $a_n \to a$),如果对任意 $\varepsilon > 0$,都存在 $n_\varepsilon \in \mathbf{N}$,使得当 $n \geqslant n_\varepsilon$ 时,成立 $|a_n - a| < \varepsilon$.

说函数 $f : (a, b) \to \mathbf{R}$ 有极限 $y = \lim\limits_{x \to c} f(x)$,如果对任意 $\varepsilon > 0$,都存在 $\delta > 0$,使得对任意 $x \in (a, b), 0 < |x - c| < \delta$,都有 $|f(x) - y| < \varepsilon$.

定义 2.37 称序列 x_n 收敛到 $x \in \mathbf{R}$,如果 $\lim\limits_{n \to \infty} x_n = x$,级数 $\sum\limits_{n=1}^{\infty} x_n$ 收敛到 $s \in \mathbf{R}$ 的含义为 $\lim\limits_{m \to \infty} \sum\limits_{n=1}^{m} x_n = s$. 一个不收敛的序列或级数称为是发散的.

定理 2.38 如果序列 a_n 单调并且有界,则它必是收敛的.

定义 2.39 称函数 f 在区间 $[a, b]$ 上是连续的,如果对每个 $x_0 \in [a, b], \lim\limits_{x \to x_0} f(x) = f(x_0)$.

定义 2.40 称函数 $f : (a, b) \to \mathbf{R}$ 在点 $x_0 \in (a, b)$ 是可微的,如果以下极限存在
$$f'(x_0) = \lim_{x \to x_0} \frac{f(x) - f(x_0)}{x - x_0}$$

称函数在 (a, b) 上是可微的,如果它在每一点 $x_0 \in (a, b)$ 都是可微的. 函数 f' 称为是函数 f 的导数,类似的,可定义 f' 的导数 f'',它称为函数 f 的二阶导数,等等.

定理 2.41 可微函数是连续的. 如果 f 和 g 都是可微的,那么 $fg, \alpha f + \beta g (\alpha, \beta \in \mathbf{R})$, $f \circ g, \dfrac{1}{f}$(如果 $f \neq 0$), f^{-1}(如果它可被有意义的定义)都是可微的. 并且成立

$$(\alpha f + \beta g)' = \alpha f' + \beta g'$$
$$(fg)' = f'g + fg'$$
$$(f \circ g)' = (f' \circ g) \cdot g'$$
$$\left(\frac{1}{f}\right)' = -\frac{f'}{f^2}$$

$$\left(\frac{f}{g}\right)' = \frac{f'g - fg'}{g^2}$$

$$(f^{-1})' = \frac{1}{(f' \circ f^{-1})}$$

定理 2.42 以下是一些初等函数的导数(a 表示实常数)

$$(x^a)' = ax^{a-1}$$

$$(\ln x)' = \frac{1}{x}$$

$$(a^x)' = a^x \ln a$$

$$(\sin x)' = \cos x$$

$$(\cos x)' = -\sin x$$

定理 2.43 (Fermat(费马)定理) 设 $f:[a,b] \to \mathbf{R}$ 是可微函数,且函数 f 在此区间内达到其极大值或极小值. 如果 $x_0 \in (a,b)$ 是一个极值点(即函数在此点达到极大值或极小值),那么 $f'(x_0) = 0$.

定理 2.44 (Roll(罗尔)定理) 设 $f(x)$ 是定义在 $[a,b]$ 上的连续可微函数,且 $f(a) = f(b) = 0$,则存在 $c \in (a,b)$,使得 $f'(c) = 0$.

定义 2.45 定义在 $\mathbf{R}^n$ 的开子集 D 上的可微函数 $f_1, f_2, \cdots, f_k$ 称为是相关的,如果存在非零的可微函数 $F: \mathbf{R}^k \to \mathbf{R}$ 使得 $F(f_1, \cdots, f_k)$ 在 D 的某个开子集上恒同于 0.

定义 2.46 函数 $f_1, \cdots, f_k: D \to \mathbf{R}$ 是独立的充分必要条件为 $k \times n$ 矩阵 $\left[\frac{\partial f_i}{\partial x_j}\right]_{i,j}$ 的秩为 k,即在某个点,它有 k 行是线性无关的.

定理 2.47 (Lagrange(拉格朗日)乘数) 设 D 是 $\mathbf{R}^n$ 的开子集,且 $f, f_1, \cdots, f_k: D \to \mathbf{R}$ 是独立无关的可微函数. 设点 a 是函数 f 在 D 内的一个极值点,使得 $f_1 = f_2 = \cdots = f_n = 0$,则存在实数 $\lambda_1, \cdots, \lambda_k$ (所谓的拉格朗日乘数)使得 a 是函数 $F = f + \lambda_1 f_1 + \cdots + \lambda_k f_k$ 的平衡点,即在点 a 使得 F 的偏导数为 0 的点.

定义 2.48 设 f 是定义在 $[a,b]$ 上的实函数,且设 $a = x_0 \leqslant x_1 \leqslant \cdots \leqslant x_n = b$ 以及 $\xi_k \in [x_{k-1}, x_k]$,和 $S = \sum_{k=1}^{n}(x_k - x_{k-1})f(\xi_k)$ 称为 Darboux(达布)和,如果 $I = \lim_{\delta \to 0} S$ 存在(其中 $\delta = \max_k(x_k - x_{k-1})$),则称 f 是可积的,并称 I 是它的积分. 每个连续函数在有限区间上都是可积的.

第 3 节 几何

2.3.1 三角形的几何

定义 2.49 三角形的垂心是其高线的交点.

定义 2.50 三角形的外心是其外接圆的圆心,它是三角形各边的垂直平分线的交点.

定义 2.51 三角形的内心是其内切圆的圆心,它是其各角的角平分线的交点.

定义 2.52 三角形的重心是其各边中线的交点.

定理 2.53 对每个非退化的三角形,垂心,外心,内心,重心都是良定义的.

定理 2.54　(Euler(欧拉)线) 任意三角形的垂心 H,重心 G 和外心 O 位于一条直线上(欧拉线),且满足 $\overrightarrow{HG}=2\overrightarrow{GO}$.

定理 2.55　(9 点圆). 三角形从顶点 A,B,C 向对边所引的垂足,AB,BC,CA,AH,BH,CH 各线段的中点位于一个圆上(9 点圆).

定理 2.56　(Feuerbach(费尔巴哈)定理) 三角形的 9 点圆和其内切圆和三个外切圆相切.

定理 2.57　给了 $\triangle ABC$,设 $\triangle ABC'$,$\triangle AB'C$ 和 $\triangle A'BC$ 是向外的等边三角形,则 AA',BB',CC' 交于一点,称为 Torricelli(托里拆利) 点.

定义 2.58　设 ABC 是一个三角形,P 是一点,而 X,Y,Z 分别是从 P 向 BC,AC,AB 所引垂线的垂足,则 $\triangle XYZ$ 称为 $\triangle ABC$ 的对应于点 P 的 Pedal(佩多) 三角形.

定理 2.59　(Simson(西姆松)线) 当且仅当点 P 位于 ABC 的外接圆上时,Pedal(佩多) 三角形是退化的,即 X,Y,Z 共线,点 X,Y,Z 共线时,它们所在的直线称为 Simson(西姆松)线.

定理 2.60　(Carnot(卡农)定理) 从 X,Y,Z 分别向 BC,CA,AB 所作的垂线共点的充分必要条件是
$$BX^2 - XC^2 + CY^2 - YA^2 + AZ^2 - ZB^2 = 0$$

定理 2.61　(Desargue(戴沙格)定理) 设 $A_1B_1C_1$ 和 $A_2B_2C_2$ 是两个三角形. 直线 A_1A_2,B_1B_2,C_1C_2 共点或互相平行的充分必要条件是 $A = B_1C_2 \cap B_2C_1$,$B = C_1A_2 \cap A_1C_2$,$C = A_1B_2 \cap A_2B_1$ 共线.

2.3.2　向量几何

定义 2.62　对任意两个空间中的向量 $\boldsymbol{a},\boldsymbol{b}$,定义其数量积(又称点积)为 $\boldsymbol{a} \cdot \boldsymbol{b} = |\boldsymbol{a}||\boldsymbol{b}| \cdot \cos\varphi$,而其向量积为 $\boldsymbol{a} \times \boldsymbol{b} = \boldsymbol{p}$,其中 $\varphi = \angle(\boldsymbol{a},\boldsymbol{b})$,而 $\boldsymbol{p}$ 是一个长度为 $|\boldsymbol{p}| = |\boldsymbol{a}||\boldsymbol{b}| \cdot \sin\varphi$ 的向量,它垂直于由 $\boldsymbol{a}$ 和 $\boldsymbol{b}$ 所确定的平面,并使得有顺序的三个向量 $\boldsymbol{a},\boldsymbol{b},\boldsymbol{p}$ 是正定向的(注意如果 $\boldsymbol{a}$ 和 $\boldsymbol{b}$ 共线,则 $\boldsymbol{a} \times \boldsymbol{b} = \boldsymbol{0}$). 这些积关于两个向量都是线性的. 数量积是交换的,而向量积是反交换的,即 $\boldsymbol{a} \times \boldsymbol{b} = -\boldsymbol{b} \times \boldsymbol{a}$. 我们也定义三个向量 $\boldsymbol{a},\boldsymbol{b},\boldsymbol{c}$ 的混合积为 $[\boldsymbol{a},\boldsymbol{b},\boldsymbol{c}] = (\boldsymbol{a} \times \boldsymbol{b}) \cdot \boldsymbol{c}$.

原书注:向量 $\boldsymbol{a}$ 和 $\boldsymbol{b}$ 的数量积有时也表示成 $\langle \boldsymbol{a},\boldsymbol{b} \rangle$.

定理 2.63　(Thale(泰勒斯)定理) 设直线 AA' 和 BB' 交于点 $O,A' \neq O \neq B'$. 那么 $AB \parallel A'B' \Leftrightarrow \dfrac{\overrightarrow{OA}}{\overrightarrow{OA'}} = \dfrac{\overrightarrow{OB}}{\overrightarrow{OB'}}$,(其中 $\dfrac{a}{b}$ 表示两个非零的共线向量的比例).

定理 2.64　(Ceva(塞瓦)定理) 设 ABC 是一个三角形,而 X,Y,Z 分别是直线 BC,CA,AB 上不同于 A,B,C 的点,那么直线 AX,BY,CZ 共点的充分必要条件是
$$\frac{\overrightarrow{BX}}{\overrightarrow{XC}} \cdot \frac{\overrightarrow{CY}}{\overrightarrow{YA}} \cdot \frac{\overrightarrow{AZ}}{\overrightarrow{ZB}} = 1$$

或等价的
$$\frac{\sin\angle BAX}{\sin\angle XAC} \cdot \frac{\sin\angle CBY}{\sin\angle YBA} \cdot \frac{\sin\angle ACZ}{\sin\angle ZCB} = 1$$

(最后的表达式称为三角形式的 Ceva(塞瓦)定理).

定理 2.65　(Menelaus(梅尼劳斯)定理)利用 Ceva(塞瓦)定理中的记号,点 X,Y,Z 共线的充分必要条件是

$$\frac{\overrightarrow{BX}}{\overrightarrow{XC}}\cdot\frac{\overrightarrow{CY}}{\overrightarrow{YA}}\cdot\frac{\overrightarrow{AZ}}{\overrightarrow{ZB}}=-1$$

定理 2.66　(Stewart(斯特瓦尔特)定理)设 D 是直线 BC 上任意一点,则

$$AD^2 = \frac{\overrightarrow{DC}}{\overrightarrow{BC}}BD^2 + \frac{\overrightarrow{BD}}{\overrightarrow{BC}}CD^2 - \overrightarrow{BD}\cdot\overrightarrow{DC}$$

特别,如果 D 是 BC 的中点,则

$$4AD^2 = 2AB^2 + 2AC^2 - BC^2$$

2.3.3　重心

定义 2.67　一个质点 (A,m) 是指一个具有质量 $m>0$ 的点 A.

定义 2.68　质点系 $(A_i,m_i),i=1,2,\cdots,n$ 的质心(重心)是指一个使得 $\sum_i m_i \overrightarrow{TA_i}=0$ 的点.

定理 2.69　(Leibniz(莱布兹)定理)设 T 是总质量为 $m=m_1+\cdots+m_n$ 的质点系 $\{(A_i,m_i)\mid i=1,2,\cdots,n\}$ 的质心,并设 X 是任意一个点,那么

$$\sum_{i=1}^n m_i XA_i^2 = \sum_{i=1}^n m_i TA_i^2 + mXT^2$$

特别,如果 T 是 $\triangle ABC$ 的重心,而 X 是任意一个点,那么

$$AX^2 + BX^2 + CX^2 = AT^2 + BT^2 + CT^2 + 3XT^2$$

2.3.4　四边形

定理 2.70　四边形 $ABCD$ 是共圆的(即 $ABCD$ 存在一个外接圆)的充分必要条件是

$$\angle ACB = \angle ADB$$

或

$$\angle ADC + \angle ABC = 180°$$

定理 2.71　(Ptolemy(托勒玫)定理)凸四边形 $ABCD$ 共圆的充分必要条件是

$$AC\cdot BD = AB\cdot CD + AD\cdot BC$$

对任意四边形 $ABCD$ 则成立 Ptolemy(托勒玫)不等式(见 2.3.7 几何不等式).

定理 2.72　(Casey(开世)定理)设四个圆 k_1,k_2,k_3,k_4 都和圆 k 相切.如果圆 k_i 和 k_j 都和圆 k 内切或外切,那么设 t_{ij} 表示由圆 k_i 和 k_j $(i,j\in\{1,2,3,4\})$ 所确定的外公切线的长度,否则设 t_{ij} 表示内公切线的长度.那么乘积 $t_{12}t_{34}, t_{13}t_{24}$ 以及 $t_{14}t_{23}$ 之一是其余二者之和.

圆 k_1,k_2,k_3,k_4 中的某些圆可能退化成一个点,特别设 A,B,C 是圆 k 上的三个点,圆 k 和圆 k' 在一个不包含点 B 的 AC 弧上相切,那么我们有 $AC\cdot b=AB\cdot c+BC\cdot a$,其中 a,b 和 c 分别是从点 A,B 和 C 向 AC 所作的切线的长度.Ptolemy(托勒玫)定理是 Casey(开世)定理在四个圆都退化时的特殊情况.

定理 2.73　凸四边形 $ABCD$ 相切(即 $ABCD$ 存在一个内切圆)的充分必要条件是

$$AB + CD = BC + DA$$

定理 2.74　对空间中任意四点 A,B,C,D, $AC\perp BD$ 的充分必要条件是

$$AB^2 + CD^2 = BC^2 + DA^2$$

定理 2.75 （Newton（牛顿）定理）设 $ABCD$ 是四边形，$AD \cap BC = E$, $AB \cap DC = F$（那种点 A,B,C,D,E,F 构成一个完全四边形）. 那么 AC,BD 和 EF 的中点是共线的. 如果 $ABCD$ 相切, 那么其内心也在这条直线上.

定理 2.76 （Brocard（布罗卡）定理）设 $ABCD$ 是圆心为 O 的圆内接四边形, 并设 $P = AB \cap CD$, $Q = AD \cap BC$, $R = AC \cap BD$, 那么 O 是 $\triangle PQR$ 的垂心.

2.3.5 圆的几何

定理 2.77 （Pascal（帕斯卡）定理）如果 A_1,A_2,A_3,B_1,B_2,B_3 是圆 γ 上不同的点, 那么点 $X_1 = A_2B_3 \cap A_3B_2$, $X_2 = A_1B_3 \cap A_3B_1$ 和 $X_3 = A_1B_2 \cap A_2B_1$ 是共线的. 在 γ 是两条直线的特殊情况下, 这一结果称为 Pappus（帕普斯）定理.

定理 2.78 （Brianchon（布里安桑）定理）设 $ABCDEF$ 是任意圆内接凸六边形, 那么 AD,BE 和 CF 交于一点.

定理 2.79 （蝴蝶定理）设 AB 是圆 k 上的一条线段, C 是它的中点. 设 p 和 q 是通过 C 的两条不同的直线, 分别与圆 k 在 AB 的一侧交于 P 和 Q, 而在另一侧交于 P' 和 Q', 设 E 和 F 分别是 PQ' 和 $P'Q$ 与 AB 的交点, 那么 $CE = CF$.

定义 2.80 点 X 关于圆 $k(O,r)$ 的幂定义为 $P(X) = OX^2 - r^2$. 设 l 是任一条通过 X 并交圆 k 于 A 和 B 的线（当 l 是切线时, $A = B$）, 有 $P(X) = \overrightarrow{XA} \cdot \overrightarrow{XB}$.

定义 2.81 两个圆的根轴是关于这两个圆的幂相同的点的轨迹. 圆 $k_1(O_1,r_1)$ 和 $k_2(O_2,r_2)$ 的根轴垂直于 O_1O_2. 三个不同的圆的根轴是共点的或互相平行的. 如果根轴是共点的, 则它们的交点称为根心.

定义 2.82 一条不通过点 O 的直线 l 关于圆 $k(O,r)$ 的极点是一个位于 l 的与 O 相反一侧的使得 $OA \perp l$, 且 $d(O,l) \cdot OA = r^2$ 的点 A. 特别, 如果 l 和 k 交于两点, 则它的极点就是过这两个点的切线的交点.

定义 2.83 用上面的定义中的记号, 称点 A 的极线是 l, 特别, 如果 A 是 k 外面的一点, 而 AM,AN 是 k 的切线（$M,N \in k$）, 那么 MN 就是 A 的极线.

可以对一般的圆锥曲线类似的定义极点和极线的概念.

定理 2.84 如果点 A 属于点 B 的极线, 则点 B 也属于点 A 的极线.

2.3.6 反演

定义 2.85 一个平面 π 围绕圆 $k(O,r)$（圆属于 π）的反演是一个从集合 $\pi \setminus \{O\}$ 到自身的变换, 它把每个点 P 变为一个在 $\pi \setminus \{O\}$ 上使得 $OP \cdot OP' = r^2$ 的点. 在下面的叙述中, 我们将默认排除点 O.

定理 2.86 在反演下, 圆 k 上的点不动, 圆内的点变为圆外的点, 反之亦然.

定理 2.87 如果 A,B 两点在反演下变为 A',B' 两点, 那么 $\angle OAB = \angle OB'A'$, $ABB'A'$ 共圆且此圆垂直于 k. 一个垂直于 k 的圆变为自身, 反演保持连续曲线（包括直线和圆）之间的角度不变.

定理 2.88 反演把一条不包含 O 的直线变为一个包含 O 的圆, 包含 O 的直线变成自身. 不包含 O 的圆变为不包含 O 的圆, 包含 O 的圆变为不包含 O 的直线.

2.3.7 几何不等式

定理 2.89 (三角不等式) 对平面上的任意三个点 A, B, C
$$AB + BC \geqslant AC$$
当等号成立时 A, B, C 共线,且按照这一次序从左到右排列时,等号成立.

定理 2.90 (Ptolemy(托勒玫) 不等式) 对任意四个点 A, B, C, D 成立
$$AC \cdot BD \leqslant AB \cdot CD + AD \cdot BC$$

定理 2.91 (平行四边形不等式) 对任意四个点 A, B, C, D 成立
$$AB^2 + BC^2 + CD^2 + DA^2 \geqslant AC^2 + BD^2$$
当且仅当 $ABCD$ 是一个平行四边形时等号成立.

定理 2.92 如果 $\triangle ABC$ 的所有的角都小于或等于 $120°$ 时,那么当 X 是 Torricelli(托里拆利) 点时,$AX + BX + CX$ 最小,在相反的情况下,X 是钝角的顶点. 使得 $AX^2 + BX^2 + CX^2$ 最小的点 X_2 是重心(见 Leibniz(莱布尼兹) 定理).

定理 2.93 (Erdös-Mordell(爱尔多斯－摩德尔不等式). 设 P 是 $\triangle ABC$ 内一点,而 P 在 BC, AC, AB 上的投影分别是 X, Y, Z,那么
$$PA + PB + PC \geqslant 2(PX + PY + PZ)$$
当且仅当 $\triangle ABC$ 是等边三角形以及 P 是其中心时等号成立.

2.3.8 三角

定义 2.94 三角圆是圆心在坐标平面的原点的单位圆. 设 A 是点 $(1,0)$ 而 $P(x,y)$ 是三角圆上使得 $\angle AOP = \alpha$ 的点. 那么我们定义
$$\sin \alpha = y, \cos \alpha = x, \tan \alpha = \frac{y}{x}, \cot \alpha = \frac{x}{y}$$

定理 2.95 函数 $\sin$ 和 $\cos$ 是周期为 2π 的周期函数,函数 $\tan$ 和 $\cot$ 是周期为 π 的周期函数,成立以下简单公式
$$\sin^2 x + \cos^2 x = 1, \sin 0 = \sin \pi = 0$$
$$\sin(-x) = -\sin x, \cos(-x) = \cos x$$
$$\sin\left(\frac{\pi}{2}\right) = 1, \sin\left(\frac{\pi}{4}\right) = \frac{\sqrt{2}}{2}, \sin\left(\frac{\pi}{6}\right) = \frac{1}{2}$$
$$\cos x = \sin\left(\frac{\pi}{2} - x\right)$$
从这些公式易于导出其他的公式.

定理 2.96 对三角函数成立以下加法公式
$$\sin(\alpha \pm \beta) = \sin \alpha \cos \beta \pm \cos \alpha \sin \beta$$
$$\cos(\alpha \pm \beta) = \cos \alpha \cos \beta \mp \sin \alpha \sin \beta$$
$$\tan(\alpha \pm \beta) = \frac{\tan \alpha \pm \tan \beta}{1 \mp \tan \alpha \tan \beta}$$
$$\cot(\alpha \pm \beta) = \frac{\cot \alpha \cot \beta \mp 1}{\cot \alpha \pm \cot \beta}$$

定理 2.97 对三角函数成立以下倍角公式

$$\sin 2x = 2\sin x\cos x, \sin 3x = 3\sin x - 4\sin^3 x$$
$$\cos 2x = 2\cos^2 x - 1, \cos 3x = 4\cos^3 x - 3\cos x$$
$$\tan 2x = \frac{2\tan x}{1-\tan^2 x}, \tan 3x = \frac{3\tan x - \tan^3 x}{1 - 3\tan^2 x}$$

定理 2.98 对任意 $x \in \mathbf{R}$, $\sin x = \dfrac{2t}{1+t^2}$, $\cos x = \dfrac{1-t^2}{1+t^2}$, 其中 $t = \tan\dfrac{x}{2}$.

定理 2.99 积化和差公式
$$2\cos\alpha\cos\beta = \cos(\alpha+\beta) + \cos(\alpha-\beta)$$
$$2\sin\alpha\cos\beta = \sin(\alpha+\beta) + \sin(\alpha-\beta)$$
$$2\sin\alpha\sin\beta = \cos(\alpha-\beta) - \cos(\alpha-\beta)$$

定理 2.100 三角形的角 α,β,γ 满足
$$\cos^2\alpha + \cos^2\beta + \cos^2\gamma + 2\cos\alpha\cos\beta\cos\gamma = 1$$
$$\tan\alpha + \tan\beta + \tan\gamma = \tan\alpha\tan\beta\tan\gamma$$

定理 2.101 (De Moivre(棣(译者注:音立)模佛)公式)
$$(\cos x + \mathrm{i}\sin x)^n = \cos nx + \mathrm{i}\sin nx$$
其中 $\mathrm{i}^2 = -1$.

2.3.9 几何公式

定理 2.102 (Heron(海伦)公式) 设三角形的边长为 a,b,c, 半周长为 s, 则它的面积可用这些量表成
$$S = \sqrt{s(s-a)(s-b)(s-c)} = \frac{1}{4}\sqrt{2a^2b^2 + 2a^2c^2 + 2b^2c^2 - a^4 - b^4 - c^4}$$

定理 2.103 (正弦定理) 三角形的边 a,b,c 和角 α,β,γ 满足
$$\frac{a}{\sin\alpha} = \frac{b}{\sin\beta} = \frac{c}{\sin\gamma} = 2R$$
其中 R 是 $\triangle ABC$ 的外接圆半径.

定理 2.104 (余弦定理) 三角形的边和角满足
$$c^2 = a^2 + b^2 - 2ab\cos\gamma$$

定理 2.105 $\triangle ABC$ 的外接圆半径 R 和内切圆半径 r 满足
$$R = \frac{abc}{4S}$$
和
$$r = \frac{2S}{a+b+c} = R(\cos\alpha + \cos\beta + \cos\gamma - 1)$$

如果 x,y,z 表示一个锐角三角形的外心到各边的距离, 则
$$x + y + z = R + r$$

定理 2.106 (Euler(欧拉)公式) 设 O 和 I 分别是 $\triangle ABC$ 的外心和内心, 则
$$OI^2 = R(R - 2r)$$
其中 R 和 r 分别是 $\triangle ABC$ 的外接圆半径和内切圆半径, 因此 $R \geqslant 2r$.

定理 2.107 设四边形的边长为 a,b,c,d, 半周长为 p, 在顶点 A,C 处的内角分别为 α,γ, 则其面积为

$$S = \sqrt{(p-a)(p-b)(p-c)(p-d) - abcd\cos^2\frac{\alpha+\gamma}{2}}$$

如果 $ABCD$ 是共圆的,则上述公式成为
$$S = \sqrt{(p-a)(p-b)(p-c)(p-d)}$$

定理 2.108 (pedal(匹多)三角形的 Euler(欧拉)定理) 设 X,Y,Z 是从点 P 向 $\triangle ABC$ 的各边所引的垂足. 又设 O 是 $\triangle ABC$ 的外接圆的圆心,R 是其半径,则
$$S_{\triangle XYZ} = \frac{1}{4}\left|1 - \frac{OP^2}{R^2}\right|S_{\triangle ABC}$$

此外,当且仅当 P 位于 $\triangle ABC$ 的外接圆(见 Simson(西姆松)线)上时,$S_{\triangle XYZ} = 0$.

定理 2.109 设 $\boldsymbol{a} = (a_1, a_2, a_3), \boldsymbol{b} = (b_1, b_2, b_3), \boldsymbol{c} = (c_1, c_2, c_3)$ 是坐标空间中的三个向量,那么
$$\boldsymbol{a} \cdot \boldsymbol{b} = a_1b_1 + a_2b_2 + a_3b_3$$
$$\boldsymbol{a} \times \boldsymbol{b} = (a_1b_2 - a_2b_1, a_2b_3 - a_3b_2, a_3b_1 - a_1b_3)$$
$$[\boldsymbol{a}, \boldsymbol{b}, \boldsymbol{c}] = \begin{vmatrix} a_1 & a_2 & a_3 \\ b_1 & b_2 & b_3 \\ c_1 & c_2 & c_3 \end{vmatrix}$$

定理 2.110 $\triangle ABC$ 的面积和四面体 $ABCD$ 的体积分别等于
$$|\overrightarrow{AB} \times \overrightarrow{AC}|$$
和
$$|[\overrightarrow{AB}, \overrightarrow{AC}, \overrightarrow{AD}]|$$

定理 2.111 (Cavalieri(卡瓦列里)原理) 如果两个立体被同一个平面所截的截面的面积总是相等的,则这两个立体的体积相等.

第 4 节 数 论

2.4.1 可除性和同余

定义 2.112 $a, b \in \mathbf{N}$ 的最大公因数 $(a,b) = \gcd(a,b)$ 是可以整除 a 和 b 的最大整数. 如果 $(a,b) = 1$,则称正整数 a 和 b 是互素的. $a, b \in \mathbf{N}$ 的最小公倍数 $[a,b] = \text{lcm}(a,b)$ 是可以被 a 和 b 整除的最小整数. 成立
$$[a,b](a,b) = ab$$
上面的概念容易推广到两个数以上的情况,即我们也可以定义 $(a_1, a_2, \cdots, a_n)$ 和 $[a_1, a_2, \cdots, a_n]$.

定理 2.113 (Euclid(欧几里得)算法) 由于 $(a,b) = (|a-b|, a) = (|a-b|, b)$,由此通过每次把 a 和 b 换成 $|a-b|$ 和 $\min\{a,b\}$ 而得出一条从正整数 a 和 b 获得 (a,b) 的链,直到最后两个数成为相等的数. 这一算法可被推广到两个数以上的情况.

定理 2.114 (Euclid(欧几里得)算法的推论). 对每对 $a, b \in \mathbf{N}$,存在 $x, y \in \mathbf{Z}$ 使得 $ax + by = (a,b)$,(a,b) 是使得这个式子成立的最小正整数.

定理 2.115 (Euclid(欧几里得)算法的第二个推论). 设 $a, m, n \in \mathbf{N}, a > 1$,则成立
$$(a^m - 1, a^n - 1) = a^{(m,n)} - 1$$

定理 2.116 （算数基本定理）每个正整数当不计素数的次序时都可以用唯一的方式被表成素数的乘积.

定理 2.117 算数基本定理对某些其他的数环也成立,例如 $\mathbf{Z}[i]=\{a+bi\mid a,b\in \mathbf{Z}\}$, $\mathbf{Z}[\sqrt{2}],\mathbf{Z}[\sqrt{-2}],\mathbf{Z}[\omega]$（其中 ω 是 1 的 3 次复根）. 在这些情况下,因数分解当不计次序和 1 的因子时是唯一的.

定义 2.118 称整数 a,b 在模 n 下同余,如果 $n\mid a-b$,我们把这一事实记为 $a\equiv b\pmod{n}$.

定理 2.119 （中国剩余定理）如果 $m_1,m_2,\cdots,m_k$ 是两两互素的正整数,而 $a_1,a_2,\cdots,a_k$ 和 $c_1,c_2,\cdots,c_k$ 是使得 $(a_i,m_i)=1(i=1,2,\cdots,k)$ 的整数,那么同余式组
$$a_i x\equiv c_i(\bmod m_i), i=1,2,\cdots,k$$
在模 $m_1 m_2\cdots m_k$ 下有唯一解.

2.4.2 指数同余

定理 2.120 （Wilson(威尔逊)定理）如果 p 是素数,则 $p\mid (p-1)!+1$.

定理 2.121 （Fermat(费尔马)小定理）设 p 是一个素数,而 a 是一个使得 $(a,p)=1$ 的整数,则
$$a^{p-1}\equiv 1\pmod{p}$$
这个定理是 Euler(欧拉)定理的特殊情况.

定义 2.122 对 $n\in \mathbf{N}$,定义 Euler(欧拉)函数是在所有小于 n 的整数中与 n 互素的整数的个数. 成立以下公式
$$\varphi(n)=n\left(1-\frac{1}{p_1}\right)\cdots\left(1-\frac{1}{p_k}\right)$$
其中 $n=p_1^{a_1}\cdots p_k^{a_k}$ 是 n 的素因子分解式.

定理 2.113 （Euler(欧拉)定理）设 n 是自然数,而 a 是一个使得 $(a,n)=1$ 的整数,那么
$$a^{\varphi(n)}\equiv 1\pmod{n}$$

定理 2.114 （元根的存在性）. 设 p 是一个素数,则存在一个 $g\in\{1,2,\cdots p-1\}$（称为模 p 的元根）使得在模 p 下,集合 $\{1,g,g^2,\cdots,g^{p-2}\}$ 与集合 $\{1,2,\cdots p-1\}$ 重合.

定义 2.115 设 p 是一个素数,而 α 是一个非负整数,称 p^α 是 p 的可整除 a 的恰好的幂（而 α 是一个恰好的指数）,如果 $p^\alpha\mid a$,而 $p^{\alpha+1}\nmid a$.

定理 2.16 设 a,n 是正整数,而 p 是一个奇素数,如果 $p^\alpha(\alpha\in\mathbf{N})$ 是 p 的可整除 $a-1$ 的恰好的幂,那么对任意整数 $\beta\geqslant 0$,当且仅当 $p^\beta\mid n$ 时,$p^{\alpha+\beta}\mid a^n-1$（见 SL1997—14）.

对 $p=2$ 成立类似的命题. 如果 $2^\alpha(\alpha\in\mathbf{N})$ 是 p 的可整除 a^2-1 的恰好的幂,那么对任意整数 $\beta\geqslant 0$,当且仅当 $2^{\beta+1}\mid n$ 时,$2^{\alpha+\beta}\mid a^n-1$（见 SL1989—27）.

2.4.2 二次 Diophantine(丢番图)方程

定理 2.127 $a^2+b^2=c^2$ 的整数解由 $a=t(m^2-n^2),b=2tmn,c=t(m^2+n^2)$ 给出（假设 b 是偶数）,其中 $t,m,n\in\mathbf{Z}$. 三元组 (a,b,c) 称为毕达哥拉斯数（译者注:在我国称为勾股数）（如果 $(a,b,c)=1$,则称为本原的毕达哥拉斯数（勾股数））.

定义 2.128 设 $D \in \mathbf{N}$ 是一个非完全平方数,则称不定方程
$$x^2 - Dy^2 = 1$$
是 Pell(贝尔) 方程,其中 $x, y \in \mathbf{Z}$.

定理 2.129 如果 (x_0, y_0) 是 Pell(贝尔) 方程 $x^2 - Dy^2 = 1$ 在 $\mathbf{N}$ 中的最小解,则其所有的整数解 (x, y) 由 $x + y\sqrt{D} = \pm(x_0 + y_0\sqrt{D})^n, n \in \mathbf{Z}$ 给出.

定义 2.130 整数 a 称为是模 p 的平方剩余,如果存在 $x \in \mathbf{Z}$,使得 $x^2 \equiv a \pmod{p}$,否则称为模 p 的非平方剩余.

定义 2.131 对整数 a 和素数 p 定义 Legendre(勒让德) 符号为
$$\left(\frac{a}{p}\right) = \begin{cases} 1, & \text{如果 } a \text{ 是模 } p \text{ 的二次剩余,且 } p \nmid a \\ 0, & \text{如果 } p \mid a \\ -1, & \text{其他情况} \end{cases}$$

显然如果 $p \nmid a$ 则
$$\left(\frac{a}{p}\right) = \left(\frac{a+p}{p}\right), \left(\frac{a^2}{p}\right) = 1$$

Legendre(勒让德) 符号是积性的,即
$$\left(\frac{a}{p}\right)\left(\frac{b}{p}\right) = \left(\frac{ab}{p}\right)$$

定理 2.132 (Euler(欧拉)判据) 对奇素数 p 和不能被 p 整除的整数 a
$$\left(\frac{a}{p}\right) \equiv a^{\frac{p-1}{2}} \pmod{p}$$

定理 2.133 对素数 $p > 3$,$\left(\frac{-1}{p}\right)$,$\left(\frac{2}{p}\right)$ 和 $\left(\frac{-3}{p}\right)$ 等于 1 的充分必要条件分别为 $p \equiv 1 \pmod{4}$,$p \equiv \pm 1 \pmod{8}$ 和 $p \equiv 1 \pmod{6}$.

定理 2.134 (Gauss(高斯)互反律) 对任意两个不同的奇素数 p 和 q,成立
$$\left(\frac{p}{q}\right)\left(\frac{q}{p}\right) = (-1)^{\frac{p-1}{2} \cdot \frac{q-1}{2}}$$

定义 2.135 对整数 a 和奇的正整数 b,定义 Jacobi(雅可比) 符号如下
$$\left(\frac{a}{b}\right) = \left(\frac{a}{p_1}\right)^{a_1} \cdots \left(\frac{a}{p_k}\right)^{a_k}$$

其中 $b = p_1^{a_1} \cdots p_k^{a_k}$ 是 b 的素因子分解式.

定理 2.136 如果 $\left(\frac{a}{b}\right) = -1$,那么 a 是模 b 的非二次剩余,但是逆命题不成立. 对 Jacobi(雅可比) 符号来说,除了 Euler(欧拉) 判据之外,Legendre(勒让德) 符号的所有其余性质都保留成立.

2.4.4 Farey(法雷) 序列

定义 2.137 设 n 是任意正整数,Farey(法雷) 序列 F_n 是由满足 $0 \leqslant a \leqslant b \leqslant n$,$(a, b) = 1$ 的所有从小到大排列的有理数 $\frac{a}{b}$ 所形成的序列. 例如 $F_3 = \left\{\frac{0}{1}, \frac{1}{3}, \frac{1}{2}, \frac{2}{3}, \frac{1}{1}\right\}$.

定理 2.138 如果 $\frac{p_1}{q_1}, \frac{p_2}{q_2}$ 和 $\frac{p_3}{q_3}$ 是 Farey(法雷) 序列中三个相继的项,则

$$p_2q_1 - p_1q_2 = 1$$
$$\frac{p_1+p_3}{q_1+q_3} = \frac{p_2}{q_2}$$

第 5 节　组　合

2.5.1　对象的计数

许多组合问题涉及对满足某种性质的集合中的对象计数,这些性质可以归结为以下概念的应用.

定义 2.139　k 个元素的阶为 n 的选排列是一个从 $\{1,2,\cdots,k\}$ 到 $\{1,2,\cdots,n\}$ 的映射.对给定的 n 和 k,不同的选排列的数目是 $V_n^k = \dfrac{n!}{(n-k)!}$.

定义 2.140　k 个元素的阶为 n 的可重复的选排列是一个从 $\{1,2,\cdots,k\}$ 到 $\{1,2,\cdots,n\}$ 的任意的映射.对给定的 n 和 k,不同的可重复的选排列的数目是 $\overline{V}_n^k = k^n$.

定义 2.141　阶为 n 的全排列是 $\{1,2,\cdots,n\}$ 到自身的一个一对一映射(即当 $k=n$ 时的选排列的特殊情况),对给定的 n,不同的全排列的数目是 $P_n = n!$.

定义 2.142　k 个元素的阶为 n 的组合是 $\{1,2,\cdots,n\}$ 的一个 k 元素的子集,对给定的 n 和 k,不同的组合数是 $\mathrm{C}_n^k = \dbinom{n}{k}$.

定义 2.143　一个阶为 n 可重复的全排列是一个 $\{1,2,\cdots,n\}$ 到 n 个元素的积集的一个一对一映射.一个积集是一个其中的某些元素被允许是不可区分的集合,(例如,$\{1,1,2,3\}$.

如果 $\{1,2,\cdots,s\}$ 表示积集中不同的元素组成的集合,并且在积集中元素 i 出现 α_i 次,那么不同的可重复的全排列的数目是

$$P_{n,\alpha_1,\cdots,\alpha_s} = \frac{n!}{\alpha_1!\ \alpha_2!\ \cdots\alpha_s!}$$

组合是积集有两个不同元素的可重复的全排列的特殊情况.

定理 2.144　(鸽笼原理)如果把元素数目为 $kn+1$ 的集合分成 n 个互不相交的子集,则其中至少有一个子集至少要包含 $k+1$ 个元素.

定理 2.145　(容斥原理)设 $S_1,S_2,\cdots,S_n$ 是集合 S 的一族子集,那么 S 中那些不属于所给子集族的元素的数目由以下公式给出

$$|S\setminus(S_1\cup\cdots\cup S_n)| = |S| - \sum_{k=1}^{n}\sum_{1\leqslant i_1<\cdots<i_k\leqslant n}(-1)^k|S_{i_1}\cap\cdots\cap S_{i_k}|$$

2.5.2　图论

定义 2.146　一个图 $G=(V,E)$ 是一个顶点 V 和 V 中某些元素对,即边的积集 E 所组成的集合.对 $x,y \in V$,当 $(x,y) \in E$ 时,称顶点 x 和 y 被一条边所连接,或称这一对顶点是这条边的端点.

一个积集为 E 的图可归结为一个真集合(即其顶点至多被一条边所连接),一个其中没

有一个定点是被自身所连接的图称为是一个真图.

有限图是一个 $|E|$ 和 $|V|$ 都有限的图.

定义 2.147　一个有向图是一个 E 中的有方向的图.

定义 2.148　一个包含了 n 个顶点并且每个顶点都有边与其连接的真图称为是一个完全图.

定义 2.149　k 分图(当 $k=2$ 时,称为 2 − 分图)$K_{i_1,i_2,\cdots,i_k}$ 是那样一个图,其顶点 V 可分成 k 个非空的互不相交的,元素个数分别为 $i_1,i_2,\cdots,i_k$ 的子集,使得 V 的子集 W 中的每个顶点 x 仅和不在 W 中的顶点相连接.

定义 2.150　顶点 x 的阶 $d(x)$ 是 x 作为一条边的端点的次数(那样,自连接的边中就要数两次). 孤立的顶点是阶为 0 的顶点.

定理 2.151　对图 $G=(V,E)$,成立等式
$$\sum_{x \in V} d(x) = 2 \mid E \mid$$

作为一个推论,有奇数阶的顶点的个数是偶数.

定义 2.152　图的一条路径是一个顶点的有限序列,使得其中每一个顶点都与其前一个顶点相连. 路径的长度是它通过的边的数目. 一条回路是一条终点与起点重合的路径. 一个环是一条在其中没有一个顶点出现两次(除了起点/终点之外)的回路.

定义 2.153　图 $G=(V,E)$ 的子图 $G'=(V',E')$ 是那样一个图,在其中 $V' \subset V$ 而 E' 仅包含 E 的连接 V' 中的点的边. 图的一个连通分支是一个连通的子图,其中没有一个顶点与此分之外的顶点相连.

定义 2.154　一个树是一个在其中没有环的连通图.

定理 2.155　一个有 n 个顶点的树恰有 $n-1$ 条边且至少有两个阶为 2 的顶点.

定义 2.156　Euler(欧拉) 路是其中每条边恰出现一次的路径. 与此类似,Euler(欧拉) 环是环形的 Euler(欧拉) 路.

定理 2.157　有限连通图 G 有一条 Euler(欧拉) 路的充分必要条件是:

(1) 如果每个顶点的阶数是偶数,那么 G 包含一条 Euler(欧拉) 环;

(2) 如果除了两个顶点之外,所有顶点的阶数都是偶数,那么 G 包含一条不是环路的 Euler(欧拉) 路(其起点和终点就是那两个奇数阶的顶点).

定义 2.158　Hamilton(哈密尔顿) 环是一个图 G 的每个顶点恰被包含一次的回路(一个平凡的事实是,这个回路也是一个环).

目前还没有发现判定一个图是否是 Hamilton(哈密尔顿) 环的简单法则.

定理 2.159　设 G 是一个有 n 个顶点的图,如果 G 的任何两个不相邻顶点的阶数之和都大于 n,则 G 有一个 Hamilton(哈密尔顿) 回路.

定理 2.160　(Ramsey(雷姆塞) 定理). 设 $r \geqslant 1$ 而 $q_1,q_2,\cdots,q_s \geqslant r$. 如果 K_n 的所有子图 K_r 都分成了 s 个不同的集合,记为 $A_1,A_2,\cdots,A_s$,那么存在一个最小的正整数 $N(q_1,q_2,\cdots,q_s;r)$ 使得当 $n > N$ 时,对某个 i,存在一个 K_{q_i} 的完全子图,它的子图 K_r 都属于 A_i. 对 $r=2$,这对应于把 K_n 的边用 s 种不同的颜色染色,并寻求子图 K_{q_i} 的第 i 种颜色的单色子图[73].

定理 2.161　利用上面定理的记号,有

$$N(p,q;r) \leqslant N(N(p-1,q;r), N(p,q-1;r);r-1)+1$$

特别
$$N(p,q,2) \leqslant N(p-1,q;2) + N(p,q-1;2)$$

已知 N 的以下值
$$N(p,q;1) = p+q-1$$
$$N(2,p;2) = p$$
$$N(3,3;2)=6, N(3,4;2)=9, N(3,5;2)=14, N(3,6;2)=18$$
$$N(3,7;)=23, N(3,8;2)=28, N(3,9;2)=36$$
$$N(4,4;2)=18, N(4,5;2)=25^{[73]}$$

定理 2.162　（Turan（图灵）定理）如果一个有 $n=t(p-1)+r$ 个顶点的简单图的边多于 $f(n,p)$ 条，其中 $f(n,p) = \dfrac{(p-1)n^2 - r(p-1-r)}{2(p-1)}$，那么它包含子图 K_p. 有 $f(n,p)$ 个顶点而不含 K_p 的图是一个完全的多重图，它有 r 个元素个数为 $t+1$ 的子集和 $p-1-r$ 个元素个数为 t 的子集[73].

定义 2.163　平面图是一个可被嵌入一个平面的图，使得它的顶点可用平面上的点表示，而边可用平面上连接顶点的线（不一定是直的）来表示，而各边互不相交.

定理 2.164　一个有 n 个顶点的平面图至多有 $3n-6$ 条边.

定理 2.165　（Kuratowski（库拉托夫斯基）定理）K_5 和 $K_{3,3}$ 都不是平面图. 每个非平面图都包含一个和这两个图之一同胚的子图.

定理 2.166　（Euler（欧拉公式））设 E 是凸多面体的边数，F 是它的面数，而 V 是它的顶点数，则
$$E+2 = F+V$$

对平面图成立同样的公式（这时 F 代表平面图中的区域数）.

参 考 文 献

[1] 洛桑斯基 E,鲁索 C.制胜数学奥林匹克[M].侯文华,张连芳,译.刘嘉焜,校.北京:科学出版社,2003.
[2] 王向东,苏化明,王方汉.不等式·理论·方法[M].郑州:河南教育出版社,1994.
[3] 中国科协青少年工作部,中国数学会.1978～1986 年国际奥林匹克数学竞赛题及解答[M].北京:科学普及出版社,1989.
[4] 单墫,等.数学奥林匹克竞赛题解精编[M].南京:南京大学出版社;上海:学林出版社,2001.
[5] 顾可敬.1979～1980 中学国际数学竞赛题解[M].长沙:湖南科学技术出版社,1981.
[6] 顾可敬.1981 年国内外数学竞赛题解选集[M].长沙:湖南科学技术出版社,1982.
[7] 石华,卫成.80 年代国际中学生数学竞赛试题详解[M].长沙:湖南教育出版社,1990.
[8] 梅向明.国际数学奥林匹克 30 年[M].北京:中国计量出版社,1989.
[9] 单墫,葛军.国际数学竞赛解题方法[M].北京:中国少年儿童出版社,1990.
[10] 丁石孙.乘电梯·翻硬币·游迷宫·下象棋[M].北京:北京大学出版社,1993.
[11] 丁石孙.登山·赝币·红绿灯[M].北京:北京大学出版社,1997.
[12] 黄宣国.数学奥林匹克大集[M].上海:上海教育出版社,1997.
[13] 常庚哲.国际数学奥林匹克三十年[M].北京:中国展望出版社,1989.
[14] 丁石孙.归纳·递推·无字证明·坐标·复数[M].北京:北京大学出版社,1995.
[15] 裘宗沪.数学奥林匹克试题集锦[M].上海:华东师范大学出版社,2005.
[16] 裘宗沪.数学奥林匹克试题集锦[M].上海:华东师范大学出版社,2004.
[17] 数学奥林匹克工作室.最新竞赛试题选编及解析(高中数学卷)[M].北京:首都师范大学出版社,2001.
[18] 第 31 届 IMO 选题委员会.第 31 届国际数学奥林匹克试题、备选题及解答[M].济南:山东教育出版社,1990.
[19] 常庚哲.数学竞赛(2)[M].长沙:湖南教育出版社,1989.
[20] 常庚哲.数学竞赛(20)[M].长沙:湖南教育出版社,1994.
[21] 杨森茂,陈圣德.第一届至第二十二届国际中学生数学竞赛题解[M].福州:福建科学技术出版社,1983.
[22] 江苏师范学院数学系.国际数学奥林匹克[M].南京:江苏科学技术出版社,1980.
[23] 恩格尔 A.解决问题的策略[M].舒五昌,冯志刚,译.上海:上海教育出版社,2005.
[24] 王连笑.解数学竞赛题的常用策略[M].上海:上海教育出版社,2005.
[25] 江仁俊,应成瑑,蔡训武.国际数学竞赛试题讲解[M].武汉:湖北人民出版社,1980.
[26] 单墫.第二十五届国际数学竞赛[J].数学通讯,1985(3).
[27] 付玉章.第二十九届 IMO 试题及解答[J].中学数学,1988(10).

参考文献
References

[28] 苏亚贵.正则组合包含连续自然数的个数[J].数学通报,1982(8).

[29] 王根章.一道 IMO 试题的嵌入证法[J].中学数学教学.1999(5).

[30] 舒五昌.第 37 届 IMO 试题解答[J].中等数学,1996(5).

[31] 杨卫平,王卫华.第 42 届 IMO 第 2 题的再探究[J].中学数学研究,2005(5).

[32] 陈永高.第 45 届 IMO 试题解答[J].中等数学,2004(5).

[33] 周金峰,谷焕春.IMO 42-2 的进一步推广[J].数学通讯,2004(9).

[34] 魏维.第 42 届国际数学奥林匹克试题解答集锦[J].中学数学,2002(2).

[35] 程华.42 届 IMO 两道几何题另解[J].福建中学数学,2001(6).

[36] 张国清.第 39 届 IMO 试题第一题充分性的证明[J].中等数学,1999(2).

[37] 傅善林.第 42 届 IMO 第五题的推广[J].中等数学,2003(6).

[38] 龚浩生,宋庆.IMO 42-2 的推广[J].中学数学,2002(1).

[39] 厉倩.一道 IMO 试题的推广[J].中学数学研究,2002(10).

[40] 邹明.第 40 届 IMO 一赛题的简解[J].中等数学,2001(3).

[41] 许以超.第 39 届国际数学奥林匹克试题及解答[J].数学通报,1999(3).

[42] 余茂迪,宫宋家.用解析法巧解一道 IMO 试题[J].中学数学教学,1997(4).

[43] 宋庆.IMO5-5 的推广[J].中学数学教学,1997(5).

[44] 余世平.从 IMO 试题谈公式 $C_{2n}^{n} = \sum_{i=0}^{n}(C_n^i)^2$ 之应用[J].数学通讯,1997(12).

[45] 徐彦明.第 42 届 IMO 第 2 题的另一种推广[J].中学教研(数学).2002(10).

[46] 张伟军.第 41 届 IMO 两赛题的证明与评注[J].中学数学月刊,2000(11).

[47] 许静,孔令恩.第 41 届 IMO 第 6 题的解析证法[J].数学通讯,2001(7).

[48] 魏亚清.一道 IMO 赛题的九种证法[J].中学教研(数学),2002(6).

[49] 陈四川.IMO-38 试题 2 的纯几何解法[J].福建中学数学,1997(6).

[50] 常庚哲,单墫,程龙.第二十二届国际数学竞赛试题及解答[J].数学通报,1981(9).

[51] 李长明.一道 IMO 试题的背景及证法讨论[J].中学数学教学,2000(1).

[52] 王凤春.一道 IMO 试题的简证[J].中学数学研究,1998(10).

[53] 罗增儒.IMO 42-2 的探索过程[J].中学数学教学参考,2002(7).

[54] 嵇仲韶.第 39 届 IMO 一道预选题的推广[J].中学数学杂志(高中),1999(6).

[55] 王杰.第 40 届 IMO 试题解答[J].中等数学,1999(5).

[56] 舒五昌.第三十七届 IMO 试题及解答(上)[J].数学通报,1997(2).

[57] 舒五昌.第三十七届 IMO 试题及解答(下)[J].数学通报,1997(3).

[58] 黄志全.一道 IMO 试题的纯平几证法研究[J].数学教学通讯,2000(5).

[59] 段智毅,秦永.IMO-41 第 2 题另证[J].中学数学教学参考,2000(11).

[60] 杨仁宽.一道 IMO 试题的简证[J].数学教学通讯,1998(3).

[61] 相生亚,裘良.第 42 届 IMO 试题第 2 题的推广、证明及其它[J].中学数学研究,2002(2).

[62] 熊斌.第 46 届 IMO 试题解答[J].中等数学,2005(9).

[63] 谢峰,谢宏华.第 34 届 IMO 第 2 题的解答与推广[J].中等数学,1994(1).

[64] 熊斌,冯志刚.第 39 届国际数学奥林匹克[J].数学通讯,1998(12).

[65] 朱恒杰.一道 IMO 试题的推广[J].中学数学杂志,1996(4).

[66] 肖果能,袁平之.第 39 届 IMO 一道试题的研究(Ⅰ)[J].湖南数学通讯,1998(5).

[67] 肖果能,袁平之.第 39 届 IMO 一道试题的研究(Ⅱ)[J].湖南数学通讯,1998(6).

[68] 杨克昌.一个数列不等式——IMO23－3 的推广[J].湖南数学通讯,1998(3).

[69] 吴长明,胡根宝.一道第 40 届 IMO 试题的探究[J].中学数学研究,2000(6).

[70] 仲翔.第二十六届国际数学奥林匹克(续)[J].数学通讯,1985(11).

[71] 程善明.一道 IMO 赛题的纯几何证法与推广[J].中学数学教学,1998(4).

[72] 刘元树.一道 IMO 试题解法的再探讨[J].中学数学研究,1998(12).

[73] 刘连顺,仝瑞平.一道 IMO 试题解法新探[J].中学数学研究,1998(8).

[74] 王凤春.一道 IMO 试题的简证[J].中学数学研究,1998(10).

[75] 李长明.一道 IMO 试题的背景及证法讨论[J].中学数学教学,2000(1).

[76] 方廷刚.综合法简证一道 IMO 预选题[J].中学生数学,1999(2).

[77] 吴伟朝.对函数方程 $f(x^l \cdot f^{[m]}(y)+x^n)=x^l \cdot y+f^n(x)$ 的研究[M]//湖南教育出版社编.数学竞赛(22).长沙:湖南教育出版社,1994.

[78] 湘普.第 31 届国际数学奥林匹克试题解答[M]//湖南教育出版社编.数学竞赛(6～9).长沙:湖南教育出版社,1991.

[79] 陈永高.第 45 届 IMO 试题解答[J].中等数学,2004(5).

[80] 程俊.一道 IMO 试题的推广及简证[J].中等数学,2004(5).

[81] 蒋茂森.$2k$ 阶银矩阵的存在性和构造法[J].中等数学,1998(3).

[82] 单墫.散步问题与银矩阵[J].中等数学,1999(3).

[83] 张必胜.初等数论在 IMO 中应用研究[D].西安:西北大学研究生院,2010.

[84] 刘宝成,刘卫利.国际奥林匹克数学竞赛题与费马小定理[J].河北北方学院学报:自然科学版,2008,24(1):13－15,20.

[85] 卓成海.抓住"关键" 把握"异同"——对一道国际奥赛题的再探究[J].中学数学;高中版,2013(11):77－78.

[86] 李耀文.均值代换在解竞赛题中的应用[J].中等数学;2010(8):2－5.

[87] 吴军.妙用广义权方和不等式证明 IMO 试题[J].数理化解题研究;高中版,2014(8).16.

[88] 王庆金.一道 IMO 平面几何题溯源[J].中学数学研究;2014(1):50.

[89] 秦建华.一道 IMO 试题的另解与探究[J].中学教学参考;2014(8):40.

[90] 张上伟,陈华梅,吴康.一道取整函数 IMO 试题的推广[J].中学数学研究;华南师范大学版,2013(23):42－43

[91] 尹广金.一道美国数学奥林匹克试题的引伸[J].中学数学研究.2013(11):50.

[92] 熊斌,李秋生.第 54 届 IMO 试题解答[J].中等数学.2013(9):20－27.

[93] 杨同伟.一道 IMO 试题的向量解法及推广[J].中学生数学.2012(23):30.

[94] 李凤清,徐志军.第 42 届 IMO 第二题的证明与加强[J] 四川职业技术学院学报.2012(5):153－154.

[95] 熊斌.第 52 届 IMO 试题解答[J].中等数学.2011(9):16－20.

[96] 董志明.多元变量 局部调整——一道 IMO 试题的新解与推广[J].中等数学.2011

(9):96-98.

[97] 李建潮. 一道 IMO 试题的再加强与猜想的加强[J]. 河北理科教学研究. 2011(1):43-44.

[98] 边欣. 一道 IMO 试题的加强[J]. 数学通讯. 下半月,2012.(22):59-60.

[99] 郑日锋. 一个优美不等式与一道 IMO 试题同出一辙[J] 中等数学. 2011(3):18-19.

[100] 李建潮. 一道 IMO 试题的再加强与猜想的加强[J] 河北理科教学研究. 2011(1):43-44.

[101] 李长朴. 一道国际数学奥林匹克试题的拓展[J]. 数学学习与研究. 2010(23):95.

[102] 李歆. 对一道 IMO 试题的探究[J]. 数学教学. 2010(11):47-48.

[103] 王森生. 对一道 IMO 试题猜想的再加强及证明[J]. 福建中学数学. 2010(10):48.

[104] 郝志刚. 一道国际数学竞赛题的探究[J]. 数学通讯. 2010(Z2):117-118.

[105] 王业和. 一道 IMO 试题的证明与推广[J]. 中学教研(数学). 2010(10):46-47.

[106] 张蕾. 一道 IMO 试题的商榷与猜想[J]. 青春岁月. 2010(18):121.

[107] 张俊. 一道 IMO 试题的又一漂亮推广[J]. 中学数学月刊. 2010(8):43.

[108] 秦庆雄,范花妹. 一道第 42 届 IMO 试题加强的另一简证[J]. 数学通讯. 2010(14):59.

[109] 李建潮. 一道 IMO 试题的引申与瓦西列夫不等式[J] 河北理科教学研究 2010(3):1-3.

[110] 边欣. 一道第 46 届 IMO 试题的加强[J]. 数学教学. 2010(5):41-43.

[111] 杨万芳. 对一道 IMO 试题的探究[J] 福建中学数学. 2010(4):49.

[112] 熊睿. 对一道 IMO 试题的探究[J]. 中等数学. 2010(4):23.

[113] 徐国辉,舒红霞. 一道第 42 届 IMO 试题的再加强[J]. 数学通讯. 2010(8):61.

[114] 周峻民,郑慧娟. 一道 IMO 试题的证明及其推广[J]. 中学教研.数学,2011(12):41-43.

[115] 陈鸿斌. 一道 IMO 试题的加强与推广[J]. 中学数学研究. 2011(11):49-50.

[116] 袁安全. 一道 IMO 试题的巧证[J]. 中学生数学. 2010(8):35.

[117] 边欣. 一道第 50 届 IMO 试题的探究[J]. 数学教学. 2010(3):10-12.

[118] 陈智国.关于 IMO25-1 的推广[J]. 人力资源管理. 2010(2):112-113.

[119] 薛相林. 一道 IMO 试题的类比拓广及简解[J].中学数学研究. 2010(1):49.

[120] 王增强. 一道第 42 届 IMO 试题加强的简证[J]. 数学通讯. 2010(2):61.

[121] 邵广钱. 一道 IMO 试题的另解[J]. 中学数学月刊. 2009(10):43-44.

[122] 侯典峰. 一道 IMO 试题的加强与推广[J] 中学数学. 2009(23):22-23.

[123] 朱华伟,付云皓. 第 50 届 IMO 试题解答[J]. 中等数学. 2009(9):18-21.

[124] 边欣. 一道 IMO 试题的推广及简证[J]. 数学教学. 2009(9):27,29.

[125] 朱华伟. 第 50 届 IMO 试题[J]. 中等数学. 2009(8):50.

[126] 刘凯峰,龚浩生. 一道 IMO 试题的隔离与推广[J]. 中等数学. 2009(7):19-20.

[127] 宋庆. 一道第 42 届 IMO 试题的加强[J]. 数学通讯. 2009(10):43.

[128] 李建潮. 偶得一道 IMO 试题的指数推广[J]. 数学通讯. 2009(10):44.

[129] 吴立宝,李长会. 一道 IMO 竞赛试题的证明[J]. 数学教学通讯. 2009(12):64.

[130] 徐章韬. 一道 30 届 IMO 试题的别解[J]. 中学数学杂志. 2009(3):45.

[131] 张俊. 一道 IMO 试题引发的探索[J]. 数学通讯. 2009(4):31.

[132] 曹程锦. 一道第 49 届 IMO 试题的解题分析[J]. 数学通讯. 2008(23):41.

[133] 刘松华,孙明辉,刘凯年. "化蝶"——一道 IMO 试题证明的探索[J]. 中学数学杂志. 2008(12):54-55.

[134] 安振平. 两道数学竞赛试题的链接[J]. 中小学数学. 高中版. 2008(10):45.

[135] 李建潮. 一道 IMO 试题引发的思索[J]. 中小学数学. 高中版, 2008(9):44-45.

[136] 熊斌,冯志刚. 第 49 届 IMO 试题解答[J] 中等数学. 2008(9):封底.

[137] 边欣. 一道 IMO 试题结果的加强及应用[J]. 中学数学月刊. 2008(9):29-30.

[138] 熊斌,冯志刚. 第 49 届 IMO 试题[J] 中等数学. 2008(8):封底.

[139] 沈毅. 一道 IMO 试题的推广[J]. 中学数学月刊. 2008(8):49.

[140] 令标. 一道 48 届 IMO 试题引申的别证[J]. 中学数学杂志. 2008(8):44-45.

[141] 吕建恒. 第 48 届 IMO 试题 4 的简证[J]. 中学数学月刊. 2008(7):40.

[142] 熊光汉. 对一道 IMO 试题的探究[J]. 中学数学杂志. 2008(6):56.

[143] 沈毅,罗元建. 对一道 IMO 赛题的探析[J]. 中学教研. 数学, 2008(5):42-43.

[144] 厉倩. 两道 IMO 试题探秘[J] 数理天地. 高中版, 2008(4):21-22.

[145] 徐章韬. 从方差的角度解析一道 IMO 试题[J]. 中学数学杂志. 2008(3):29.

[146] 令标. 一道 IMO 试题的别证[J]. 中学数学教学. 2008(2):63-64.

[147] 李耀文. 一道 IMO 试题的别证[J]. 中学数学月刊. 2008(2):52.

[148] 张伟新. 一道 IMO 试题的两种纯几何解法[J]. 中学数学月刊. 2007(11):48.

[149] 朱华伟. 第 48 届 IMO 试题解答[J]. 中等数学. 2007(9):20-22.

[150] 朱华伟. 第 48 届 IMO 试题 [J]. 中等数学. 2007(8):封底.

[151] 边欣. 一道 IMO 试题结果的加强[J]. 数学教学. 2007(3):49.

[152] 丁兴春. 一道 IMO 试题的推广[J]. 中学数学研究. 2006(10):49-50.

[153] 李胜宏. 第 47 届 IMO 试题解答[J]. 中等数学. 2006(9):22-24.

[154] 李胜宏. 第 47 届 IMO 试题 [J]. 中等数学. 2006(8):封底.

[155] 傅启铭. 一道美国 IMO 试题变形后的推广[J]. 遵义师范学院学报. 2006(1):74-75.

[156] 熊斌. 第 46 届 IMO 试题[J] 中等数学. 2005(8):50

[157] 文开庭. 一道 IMO 赛题的新隔离推广及其应用[J]. 毕节师范高等专科学校学报. 综合版, 2005(2):59-62.

[158] 熊斌,李建泉. 第 53 届 IMO 预选题(四)[J]. 中等数学;2013(12):21-25.

[159] 熊斌,李建泉. 第 53 届 IMO 预选题(三)[J]. 中等数学;2013(11):22-27.

[160] 熊斌,李建泉. 第 53 届 IMO 预选题(二)[J]. 中等数学;2013(10):18-23

[161] 熊斌,李建泉. 第 53 届 IMO 预选题(一)[J]. 中等数学;2013(9):28-32.

[162] 王建荣,王旭. 简证一道 IMO 预选题[J]. 中等数学;2012(2):16-17.

[163] 熊斌,李建泉. 第 52 届 IMO 预选题(四)[J]. 中等数学;2012(12):18-22.

[164] 熊斌,李建泉. 第 52 届 IMO 预选题(三)[J]. 中等数学;2012(11):18-22.

[165] 李建泉. 第 51 届 IMO 预选题(四)[J]. 中等数学;2011(11):17-20.

[166] 李建泉. 第 51 届 IMO 预选题(三)[J]. 中等数学;2011(10):16-19.

[167] 李建泉. 第51届IMO预选题(二)[J]. 中等数学;2011(9):20-27.
[168] 李建泉. 第51届IMO预选题(一)[J]. 中等数学;2011(8):17-20.
[169] 高凯. 浅析一道IMO预选题[J]. 中等数学;2011(3):.16-18.
[170] 娄姗姗. 利用等价形式证明一道IMO预选题[J]. 中等数学;2011(1):13,封底.
[171] 李奋平. 从最小数入手证明一道IMO预选题[J]. 中等数学;2011(1):14.
[172] 李赛. 一道IMO预选题的另证[J]. 中等数学;2011(1):15.
[173] 李建泉. 第50届IMO预选题(四)[J]. 中等数学;2010(11):19-22.
[174] 李建泉. 第50届IMO预选题(三)[J]. 中等数学;2010(10):19-22.
[175] 李建泉. 第50届IMO预选题(二)[J]. 中等数学;2010(9):21-27.
[176] 李建泉. 第50届IMO预选题(一)[J]. 中等数学;2010(8):19-22.
[177] 沈毅. 一道49届IMO预选题的推广[J]. 中学数学月刊.2010(04):45.
[178] 宋强. 一道第47届IMO预选题的简证[J]. 中等数学 2009(11):12.
[179] 李建泉. 第49届IMO预选题(四)[J]. 中等数学 2009(11):19-23.
[180] 李建泉. 第49届IMO预选题(三)[J]. 中等数学 2009(10):19-23.
[181] 李建泉. 第49届IMO预选题(二)[J]. 中等数学;2009(9):22-25.
[182] 李建泉. 第49届IMO预选题(一)[J]. 中等数学;2009(8):18-22.
[183] 李慧,郭璋. 一道IMO预选题的证明与推广[J]. 数学通讯;2009(22):45-47.
[184] 杨学枝. 一道IMO预选题的拓展与推广[J]. 中等数学;2009(7):18-19.
[185] 吴光耀,李世杰. 一道IMO预选题的推广[J]. 上海中学数学;2009(05):48.
[186] 李建泉. 第48届IMO预选题(四)[J]. 中等数学 2008(11):18-24.
[187] 李建泉. 第48届IMO预选题(三)[J]. 中等数学;2008(10):18-23.
[188] 李建泉. 第48届IMO预选题(二)[J]. 中等数学;2008(9):21-24.
[189] 李建泉. 第48届IMO预选题(一)[J]. 中等数学;2008(8):22-26.
[190] 苏化明. 一道IMO预选题的探讨[J]. 中等数学;2007(9):46-48.
[191] 李建泉. 第47届IMO预选题(下)[J]. 中等数学;2007(11):17-22.
[192] 李建泉. 第47届IMO预选题(中)[J]. 中等数学;2007(10):18-23.
[193] 李建泉. 第47届IMO预选题(上)[J]. 中等数学;2007(9):24-27.
[194] 沈毅. 一道IMO预选题的再探索[J]. 中学数学教学;2008(1):58-60;
[195] 刘才华. 一道IMO预选题的简证[J]. 中等数学;2007(8):24.
[196] 苏化明. 一道IMO预选题的探讨[J]. 中等数学;2007(9):19-20.
[197] 李建泉. 第46届IMO预选题(下)[J]. 中等数学;2006(11):19-24.
[198] 李建泉. 第46届IMO预选题(中)[J]. 中等数学;2006(10):22-25.
[199] 李建泉. 第46届IMO预选题(上)[J]. 中等数学;2006(9):25-28.
[200] 贯福春. 吴娃双舞醉芙蓉——一道IMO预选题赏析[J]. 中学生数学;2006(18):21,18.
[201] 杨学枝. 一道IMO预选题的推广[J]. 中等数学;2006(5):17.
[202] 邹宇,沈文选. 一道IMO预选题的再推广[J]. 中学数学研究;2006(4):49-50.
[203] 苏炜杰. 一道IMO预选题的简证[J]. 中等数学;2006(2):21.
[204] 李建泉. 第45届IMO预选题(下)[J]. 中等数学;2005(11):28-30.

[205] 李建泉. 第45届IMO预选题(中)[J]. 中等数学;2005(10):32-36.

[206] 李建泉. 第45届IMO预选题(上)[J]. 中等数学;2005(9):23-29.

[207] 苏化明. 一道IMO预选题的探索[J]. 中等数学;2005(9):9-10.

[208] 谷焕春,周金峰. 一道IMO预选题的推广[J]. 中等数学;2005(2):20.

[209] 李建泉. 第44届IMO预选题(下)[J]. 中等数学;2004(6):25-30.

[210] 李建泉. 第44届IMO预选题(上)[J]. 中等数学;2004(5):27-32.

[211] 方廷刚. 复数法简证一道IMO预选题[J]. 中学数学月刊;2004(11):42.

[212] 李建泉. 第43届IMO预选题(下)[J]. 中等数学;2003(6):28-30.

[213] 李建泉. 第43届IMO预选题(上)[J]. 中等数学;2003(5):25-31.

[214] 孙毅. 一道IMO预选题的简解[J]. 中等数学;2003(5):19.

[215] 宿晓阳. 一道IMO预选题的推广[J]. 中学数学月刊;2002(12):40.

[216] 李建泉. 第42届IMO预选题(下)[J]. 中等数学;2002(6):32-36.

[217] 李建泉. 第42届IMO预选题(上)[J]. 中等数学;2002(5):24-29.

[218] 宋庆,黄伟民. 一道IMO预选题的推广[J]. 中等数学;2002(6):43.

[219] 李建泉. 第41届IMO预选题(下)[J]. 中等数学;2002(1):33-39.

[220] 李建泉. 第41届IMO预选题(中)[J]. 中等数学;2001(6):34-37.

[221] 李建泉. 第41届IMO预选题(上)[J]. 中等数学;2001(5):32-36.

[222] 方廷刚. 一道IMO预选题再解[J]. 中学数学月刊;2002(05):43.

[223] 蒋太煌. 第39届IMO预选题8的简证[J]. 中等数学;2001(5):22-23.

[224] 张赟. 一道IMO预选题的推广[J]. 中等数学;2001(2):26.

[225] 林运成. 第39届IMO预选题8别证[J]. 中等数学;2001(1):22.

[226] 李建泉. 第40届IMO预选题(上)[J]. 中等数学;2000(5):33-36.

[227] 李建泉. 第40届IMO预选题(中)[J]. 中等数学;2000(6):35-37.

[228] 李建泉. 第41届IMO预选题(下)[J]. 中等数学;2001(1):35-39.

[229] 李来敏. 一道IMO预选题的三种初等证法及推广[J]. 中学数学教学;2000(3):38-39.

[230] 李来敏. 一道IMO预选题的两种证法[J]. 中学数学月刊;2000(3):48.

[231] 张善立. 一道IMO预选题的指数推广[J]. 中等数学;1999(5):24.

[232] 云保奇. 一道IMO预选题的另一个结论[J]. 中等数学;1999(4):21.

[233] 辛慧. 第38届IMO预选题解答(上)[J]. 中等数学;1998(5):28-31.

[234] 李直. 第38届IMO预选题解答(中)[J]. 中等数学;1998(6):31-35.

[235] 冼声. 第38届IMO预选题解答(中)[J]. 中等数学;1999(1):32-38.

[236] 石卫国. 一道IMO预选题的推广[J]. 陕西教育学院学报;1998(4):72-73.

[237] 张赟. 一道IMO预选题的引申[J]. 中等数学;1998(3):22-23.

[238] 安金鹏,李宝毅. 第37届IMO预选题及解答(上)[J]. 中等数学;1997(6):33-37.

[239] 安金鹏,李宝毅. 第37届IMO预选题及解答(下)[J]. 中等数学;1998(1):34-40.

[240] 刘江枫,李学武. 第37届IMO预选题[J]. 中等数学;1997(5):30-32.

[241] 党庆寿. 一道IMO预选题的简解[J]. 中学数学月刊;1997(8):43-44.

[242] 黄汉生. 一道IMO预选题的加强[J]. 中等数学;1997(3):17.

[243] 贝嘉禄.一道国际竞赛预选题的加强[J].中学数学月刊;1997(6):26-27.

[244] 王富英.一道IMO预选题的推广及其应用[J].中学数学教学参;1997(8~9):74-75.

[245] 孙哲.一道IMO预选题的简证与加强[J].中等数学;1996(3):18.

[246] 李学武.第36届IMO预选题及解答(下)[J].中等数学;1996(6):26-29,37.

[247] 张善立.一道IMO预选题的简证[J].中等数学;1996(10):36.

[248] 李建泉.利用根轴的性质解一道IMO预选题[J].中等数学;1996(4):14.

[249] 黄虎.一道IMO预选题妙解及推广[J].中等数学;1996(4):15.

[250] 严鹏.一道IMO预选题探讨[J].中等数学;1996(2):16.

[251] 杨桂芝.第34届IMO预选题解答(上)[J].中等数学;1995(6):28-31.

[252] 杨桂芝.第34届IMO预选题解答(中)[J].中等数学;1996(1):29-31.

[253] 杨桂芝.第34届IMO预选题解答(下)[J].中等数学;1996(2):21-23.

[254] 舒金银.一道IMO预选题简证[J].中等数学;1995(1):16-17.

[255] 黄宣国,夏兴国.第35届IMO预选题[J].中等数学;1994(5):19-20.

[256] 苏淳,严镇军.第33届IMO预选题[J].中等数学;1993(2):19-20.

[257] 耿立顺.一道IMO预选题的简单解法[J].中学教研;1992(05):26.

[258] 苏化明.谈一道IMO预选题[J].中学教研;1992(05):28-30.

[259] 黄玉民.第32届IMO预选题及解答[J].中等数学;1992(1):22-34.

[260] 朱华伟.一道IMO预选题的溯源及推广[J].中学数学;1991(03):45-46.

[261] 蔡玉书.一道IMO预选题的推广[J].中等数学;1990(6):9.

[262] 第31届IMO选题委员会.第31届IMO预选题解答[J].中等数学;1990(5):7-22,封底.

[263] 单墫,刘亚强.第30届IMO预选题解答[J].中等数学;1989(5):6-17.

[264] 苏化明.一道IMO预选题的推广及应用[J].中等数学;1989(4):16-19.

后记 | Postscript

　　行为的背后是动机,编一部洋洋80万言的书一定要有很强的动机才行,借后记不妨和盘托出.

　　首先,这是一本源于"匮乏"的书.1976年编者初中一年级,时值"文化大革命"刚刚结束,物质产品与精神产品极度匮乏,学校里薄薄的数学教科书只有几个极简单的习题,根本满足不了学习的需要.当时全国书荒,偌大的书店无书可寻,学生无题可做,在这种情况下,笔者的班主任郭清泉老师便组织学生自编习题集.如果说忠诚党的教育事业不仅仅是一个口号的话,那么郭老师确实做到了.在其个人生活极为困顿的岁月里,他拿出多年珍藏的数学课外书领着一批初中学生开始选题、刻钢板、推油辊.很快一本本散发着油墨清香的习题集便发到了每个同学的手中,喜悦之情难以名状,正如高尔基所说:"像饥饿的人扑到了面包上."当时电力紧张经常停电,晚上写作业时常点蜡烛,冬夜,烛光如豆,寒气逼人,伏案演算着自己编的数学题,沉醉其中,物我两忘.30年后同样的冬夜,灯光如昼,温暖如夏,坐拥书城,竟茫然不知所措,此时方觉匮乏原来也是一种美(想想西南联大当时在山洞里、在防空洞中,学数学学成了多少大师级人物.日本战后恢复期产生了三位物理学诺贝尔奖获得者,如汤川秀树等,以及高木贞治、小平邦彦、广中平佑的成长都证明了这一点),可惜现在的学生永远也体验不到那种意境了(中国人也许是世界上最讲究意境的,所谓"雪夜闭门读禁书",也是一种意境),所以编此书颇有怀旧之感.有趣的是后来这次经历竟在笔者身上产生了"异化",抄习题的乐趣多于做习题,比为买椟还珠不以为过,四处收集含有习题的数学著作,从吉米多维奇到菲赫金哥尔茨,从斯米尔诺夫到维诺格拉朵夫,从笹部贞市郎到哈尔莫斯,乐此不疲.凡30年几近偏执,朋友戏称:"这是一种不需治疗的精神病."虽然如此,毕竟染此"病症"后容易忽视生活中那些原本的乐趣.这有些像葛朗台用金币碰撞的叮当声取代了花金币的真实快感一样.匮乏带给人的除了美感之外,更多的是恐惧.中国科学院数学研究所数论室主任徐广善先生来哈尔滨工业大学讲课,课余时曾透露过陈景润先生生前的一个小秘密(曹珍富教授转述,编者未加核实).陈先生的一只抽屉中存有多只快生锈的上海牌手表.这个不可思议的现象源于当年陈先生所经历过的可怕的匮乏.大学刚毕业,分到北京四中,后被迫离开,衣食无着,生活窘迫,后虽好转,但那次经历给陈先生留下了深刻记忆,为防止以后再次陷于匮乏,就买了当时陈先生认为在中国最能保值增值的上海牌手表,以备不测.像经历过饥饿的田鼠会疯狂地往洞里搬运食物一样,经历过如饥似渴却无题可做的编者在潜意识中总是觉得题少,只有手中有大量习题集,心里才觉安稳.所以很多时候表面看是一种热爱,但更深层次却是恐惧,是缺少富足感的体现.

  其次,这是一本源于"传承"的书.哈尔滨作为全国解放最早的城市,开展数学竞赛活动也是很早的,早期哈尔滨工业大学的吴从炘教授、黑龙江大学的颜秉海教授、船舶工程学院(现哈尔滨工程大学)的戴遗山教授、哈尔滨师范大学的吕庆祝教授作为先行者为哈尔滨的数学竞赛活动打下了基础,定下了格调.中期哈尔滨市教育学院王翠满教授、王万祥教授、时承权教授,哈尔滨师专的冯宝琦教授、陆子采教授,哈尔滨师范大学的贾广聚教授,黑龙江大学的王路群教授、曹重光教授,哈三中的周建成老师,哈一中的尚杰老师,哈师大附中的沙洪泽校长,哈六中的董乃培老师,为此作出了长期的努力.20世纪80年代中期开始,一批中青年数学工作者开始加入,主要有哈尔滨工业大学的曹珍富教授、哈师大附中的李修福老师及笔者.90年代中期,哈尔滨的数学奥林匹克活动渐入佳境,又有像哈师大附中刘利益等老师加入进来,但在高等学校中由于搞数学竞赛研究既不算科研又不计入工作量,所以再坚持难免会被边缘化,于是研究人员逐渐以中学教师为主,在高校中近乎绝迹.值得指出的是本书的另一位编译者冯贝叶研究员是一位职业数学家,也曾在中学当过数学教师,虽已从中科院数学研究所退休,但老当益壮,笔耕不辍,老有所为,堪称楷模.

第三，这是一本源于"氛围"的书。很难想象速滑运动员产生于非洲，也无法相信深山古刹之外会有高僧。环境与氛围至关重要。在整个社会日益功利化、世俗化、利益化、平面化的大背景下，编者师友们所营造的小的氛围影响着其中每个人的道路选择，以学有专长为荣，不学无术为耻的价值观点互相感染、共同坚守，用韩波博士的话讲，这已是我们这台计算机上的硬件。赖于此，本书的出炉便在情理之中，所以理应致以敬意，借此向王忠玉博士、张本祥博士、郭梦书博士、吕书臣博士、康大臣博士、刘孝廷博士、刘晓燕博士、王延青博士、钟德寿博士、薛小平博士、韩波博士、李龙锁博士、刘绍武博士对笔者多年的关心与鼓励致以诚挚的谢意，特别是尚琥教授在编者即将放弃之际给予的坚定的支持。

第四，这是一个"蝴蝶效应"的产物。如果说人的成长过程具有一点动力系统迭代的特征的话，那么其方程一定是非线性的，即对初始条件具有敏感依赖的，俗称"蝴蝶效应"。简单说就是一个微小的"扰动"会改变人生的轨迹，如著名拓扑学家，纽结大师王诗宬 1977 年时还是一个喜欢中国文学史的插队知青，一次他到北京去游玩，坐 332 路车去颐和园，看见"北京大学"四个字，就跳下车进入校门，当时他的脑子中正在想一个简单的数学问题（大多数时候他都是在推敲几句诗），就是六个人的聚会上总有三个人认识或三个人不认识（用数学术语说就是 6 阶 2 色完全图中必有单色 3 阶子图存在），然后碰到一个老师，就问他，他说你去问姜伯驹老师（我国著名数学家姜亮夫之子），姜伯驹老师的办公室就在我办公室对面。而当他找到姜伯驹教授时，姜伯驹说为什么不来试试学数学，于是一句话，一辈子，有了今天北京大学数学所的王诗宬副所长（《世纪大讲堂》，第 2 辑，辽宁人民出版社，2003：128—149）。可以设想假如他遇到的是季羡林或俞平伯，今天该会是怎样。同样可以设想，如果编者初中的班主任老师是一位体育老师，足球健将的话，那么今天可能会多一位超级球迷"罗西"，少一位执着的业余数学爱好者，也绝不会有本书的出现。

第五，这也是一本源于"尴尬"的书。编者高中就读于一所具有数学竞赛传统的学校，班主任是学校主抓数学竞赛的沙洪泽老师。当时成立数学兴趣小组时，同学们非常踊跃，但名额有限，可能是沙老师早已发现编者并无数学天分所以不被选中，再次申请并请姐姐（在同校高二年级）去求情均未果。遂产生逆反心理，后来坚持以数学谋生，果真由于天资不足，屡战屡败，虽自我鼓励，屡败再屡战，但其结果仍如寒山子诗所说："用力磨碌砖，那堪将作镜。"直至而立之年，幡然悔悟，但

"贼船"既上,回头已晚,彻底告别又心有不甘,于是以业余身份尴尬地游走于业界近15年,才有今天此书问世.

看来如果当初沙老师增加一个名额让编者尝试一下,后再知难而退,结果可能会皆大欢喜.但有趣的是当年竞赛小组的人竟无一人学数学专业,也无一人从事数学工作.看来教育是很值得研究的,"欲擒故纵"也不失为一种好方法.沙老师后来也放弃了数学教学工作,从事领导工作,转而研究教育,颇有所得,还出版了专著《教育——为了人的幸福》(教育科学出版社,2005),对此进行了深入研究.

最后,这也是一本源于"信心"的书.近几年,一些媒体为了吸引眼球,不惜把中国在国际上处于领先地位的数学奥林匹克妖魔化且多方打压,此时编写这本题集是有一定经济风险的.但编者坚信中国人对数学是热爱的.利玛窦、金尼阁指出:"多少世纪以来,上帝表现了不只用一种方法把人们吸引到他身边.垂钓人类的渔人以自己特殊的方法吸引人们的灵魂落入他的网中,也就不足为奇了.任何可能认为伦理学、物理学和数学在教会工作中并不重要的人,都是不知道中国人的口味的,他们缓慢地服用有益的精神药物,除非它有知识的佐料增添味道."(利玛窦,金尼阁,著.《利玛窦中国札记》.何高济,王遵仲,李申,译.何兆武,校.中华书局,1983,P347).中国的广大中学生对数学竞赛活动是热爱的,是能够被数学所吸引的,对此我们有充分的信心.而且,奥林匹克之于中国就像围棋之于日本,足球之于巴西,瑜伽之于印度一样,在世界上有品牌优势.2001年笔者去新西兰探亲,在奥克兰的一份中文报纸上看到一则广告,赫然写着中国内地教练专教奥数,打电话过去询问,对方声音甜美,颇富乐感,原来是毕业于沈阳音乐学院的女学生,在新西兰找工作四处碰壁后,想起在大学念书期间勤工俭学时曾辅导过小学生奥数,所以,便想一试身手,果真有家长把小孩送来,她便也以教练自居,可见数学奥林匹克已经成为一种类似于中国制造的品牌.出版这样的书,担心何来呢!

数学无国界,它是人类最共性的语言.数学超理性多呈冰冷状,所以一个个性化的,充满个体真情实感的后记是需要的,虽然难免有自恋之嫌,但毕竟带来一丝人气.

刘培杰
2014年9月

刘培杰数学工作室
已出版(即将出版)图书目录——初等数学

书 名	出版时间	定 价	编号
新编中学数学解题方法全书(高中版)上卷(第2版)	2018—08	58.00	951
新编中学数学解题方法全书(高中版)中卷(第2版)	2018—08	68.00	952
新编中学数学解题方法全书(高中版)下卷(一)(第2版)	2018—08	58.00	953
新编中学数学解题方法全书(高中版)下卷(二)(第2版)	2018—08	58.00	954
新编中学数学解题方法全书(高中版)下卷(三)(第2版)	2018—08	68.00	955
新编中学数学解题方法全书(初中版)上卷	2008—01	28.00	29
新编中学数学解题方法全书(初中版)中卷	2010—07	38.00	75
新编中学数学解题方法全书(高考复习卷)	2010—01	48.00	67
新编中学数学解题方法全书(高考真题卷)	2010—01	38.00	62
新编中学数学解题方法全书(高考精华卷)	2011—03	68.00	118
新编平面解析几何解题方法全书(专题讲座卷)	2010—01	18.00	61
新编中学数学解题方法全书(自主招生卷)	2013—08	88.00	261
数学奥林匹克与数学文化(第一辑)	2006—05	48.00	4
数学奥林匹克与数学文化(第二辑)(竞赛卷)	2008—01	48.00	19
数学奥林匹克与数学文化(第二辑)(文化卷)	2008—07	58.00	36'
数学奥林匹克与数学文化(第三辑)(竞赛卷)	2010—01	48.00	59
数学奥林匹克与数学文化(第四辑)(竞赛卷)	2011—08	58.00	87
数学奥林匹克与数学文化(第五辑)	2015—06	98.00	370
世界著名平面几何经典著作钩沉——几何作图专题卷(共3卷)	2022—01	198.00	1460
世界著名平面几何经典著作钩沉(民国平面几何老课本)	2011—03	38.00	113
世界著名平面几何经典著作钩沉(建国初期平面三角老课本)	2015—08	38.00	507
世界著名解析几何经典著作钩沉——平面解析几何卷	2014—01	38.00	264
世界著名数论经典著作钩沉(算术卷)	2012—01	28.00	125
世界著名数学经典著作钩沉——立体几何卷	2011—02	28.00	88
世界著名三角学经典著作钩沉(平面三角卷Ⅰ)	2010—06	28.00	69
世界著名三角学经典著作钩沉(平面三角卷Ⅱ)	2011—01	38.00	78
世界著名初等数论经典著作钩沉(理论和实用算术卷)	2011—07	38.00	126
发展你的空间想象力(第3版)	2021—01	98.00	1464
空间想象力进阶	2019—05	68.00	1062
走向国际数学奥林匹克的平面几何试题诠释.第1卷	2019—07	88.00	1043
走向国际数学奥林匹克的平面几何试题诠释.第2卷	2019—09	78.00	1044
走向国际数学奥林匹克的平面几何试题诠释.第3卷	2019—03	78.00	1045
走向国际数学奥林匹克的平面几何试题诠释.第4卷	2019—09	98.00	1046
平面几何证明方法全书	2007—08	35.00	1
平面几何证明方法全书习题解答(第2版)	2006—12	18.00	10
平面几何天天练上卷·基础篇(直线型)	2013—01	58.00	208
平面几何天天练中卷·基础篇(涉及圆)	2013—01	28.00	234
平面几何天天练下卷·提高篇	2013—01	58.00	237
平面几何专题研究	2013—07	98.00	258
几何学习题集	2020—10	48.00	1217
通过解题学习代数几何	2021—04	88.00	1301

刘培杰数学工作室
已出版(即将出版)图书目录——初等数学

书 名	出版时间	定 价	编号
最新世界各国数学奥林匹克中的平面几何试题	2007—09	38.00	14
数学竞赛平面几何典型题及新颖解	2010—07	48.00	74
初等数学复习及研究(平面几何)	2008—09	68.00	38
初等数学复习及研究(立体几何)	2010—06	38.00	71
初等数学复习及研究(平面几何)习题解答	2009—01	58.00	42
几何学教程(平面几何卷)	2011—03	68.00	90
几何学教程(立体几何卷)	2011—07	68.00	130
几何变换与几何证题	2010—06	88.00	70
计算方法与几何证题	2011—06	28.00	129
立体几何技巧与方法	2014—04	88.00	293
几何瑰宝——平面几何500名题暨1500条定理(上、下)	2021—07	168.00	1358
三角形的解法与应用	2012—07	18.00	183
近代的三角形几何学	2012—07	48.00	184
一般折线几何学	2015—08	48.00	503
三角形的五心	2009—06	28.00	51
三角形的六心及其应用	2015—10	68.00	542
三角形趣谈	2012—08	28.00	212
解三角形	2014—01	28.00	265
探秘三角形:一次数学旅行	2021—10	68.00	1387
三角学专门教程	2014—09	28.00	387
图天下几何新题试卷.初中(第2版)	2017—11	58.00	855
圆锥曲线习题集(上册)	2013—06	68.00	255
圆锥曲线习题集(中册)	2015—01	78.00	434
圆锥曲线习题集(下册·第1卷)	2016—10	78.00	683
圆锥曲线习题集(下册·第2卷)	2018—01	98.00	853
圆锥曲线习题集(下册·第3卷)	2019—10	128.00	1113
圆锥曲线的思想方法	2021—08	48.00	1379
圆锥曲线的八个主要问题	2021—10	48.00	1415
论九点圆	2015—05	88.00	645
近代欧氏几何学	2012—03	48.00	162
罗巴切夫斯基几何学及几何基础概要	2012—07	28.00	188
罗巴切夫斯基几何学初步	2015—06	28.00	474
用三角、解析几何、复数、向量计算解数学竞赛几何题	2015—03	48.00	455
美国中学几何教程	2015—04	88.00	458
三线坐标与三角形特征点	2015—04	98.00	460
坐标几何学基础.第1卷,笛卡儿坐标	2021—08	48.00	1398
坐标几何学基础.第2卷,三线坐标	2021—09	28.00	1399
平面解析几何方法与研究(第1卷)	2015—05	18.00	471
平面解析几何方法与研究(第2卷)	2015—06	18.00	472
平面解析几何方法与研究(第3卷)	2015—07	18.00	473
解析几何研究	2015—01	38.00	425
解析几何学教程.上	2016—01	38.00	574
解析几何学教程.下	2016—01	38.00	575
几何学基础	2016—01	58.00	581
初等几何研究	2015—02	58.00	444
十九和二十世纪欧氏几何学中的片段	2017—01	58.00	696
平面几何中考.高考.奥数一本通	2017—07	28.00	820
几何学简史	2017—08	28.00	833
四面体	2018—01	48.00	880
平面几何证明方法思路	2018—12	68.00	913

刘培杰数学工作室
已出版(即将出版)图书目录——初等数学

书　名	出版时间	定　价	编号
平面几何图形特性新析.上篇	2019—01	68.00	911
平面几何图形特性新析.下篇	2018—06	88.00	912
平面几何范例多解探究.上篇	2018—04	48.00	910
平面几何范例多解探究.下篇	2018—12	68.00	914
从分析解题过程学解题:竞赛中的几何问题研究	2018—07	68.00	946
从分析解题过程学解题:竞赛中的向量几何与不等式研究(全2册)	2019—06	138.00	1090
从分析解题过程学解题:竞赛中的不等式问题	2021—01	48.00	1249
二维、三维欧氏几何的对偶原理	2018—12	38.00	990
星形大观及闭折线论	2019—03	68.00	1020
立体几何的问题和方法	2019—11	58.00	1127
三角代换论	2021—05	58.00	1313
俄罗斯平面几何问题集	2009—08	88.00	55
俄罗斯立体几何问题集	2014—03	58.00	283
俄罗斯几何大师——沙雷金论数学及其他	2014—01	48.00	271
来自俄罗斯的5000道几何习题及解答	2011—03	58.00	89
俄罗斯初等数学问题集	2012—05	38.00	177
俄罗斯函数问题集	2011—03	38.00	103
俄罗斯组合分析问题集	2011—01	48.00	79
俄罗斯初等数学万题选——三角卷	2012—11	38.00	222
俄罗斯初等数学万题选——代数卷	2013—08	68.00	225
俄罗斯初等数学万题选——几何卷	2014—01	68.00	226
俄罗斯《量子》杂志数学征解问题100题选	2018—08	48.00	969
俄罗斯《量子》杂志数学征解问题又100题选	2018—08	48.00	970
俄罗斯《量子》杂志数学征解问题	2020—05	48.00	1138
463个俄罗斯几何老问题	2012—01	28.00	152
《量子》数学短文精粹	2018—09	38.00	972
用三角、解析几何等计算解来自俄罗斯的几何题	2019—11	88.00	1119
基谢廖夫平面几何	2022—01	48.00	1461
数学:代数、数学分析和几何(10—11年级)	2021—01	48.00	1250
立体几何.10—11年级	2022—01	58.00	1472
谈谈素数	2011—03	18.00	91
平方和	2011—03	18.00	92
整数论	2011—05	38.00	120
从整数谈起	2015—10	28.00	538
数与多项式	2016—01	38.00	558
谈谈不定方程	2011—05	28.00	119
解析不等式新论	2009—06	68.00	48
建立不等式的方法	2011—03	98.00	104
数学奥林匹克不等式研究(第2版)	2020—07	68.00	1181
不等式研究(第二辑)	2012—02	68.00	153
不等式的秘密(第一卷)(第2版)	2014—02	38.00	286
不等式的秘密(第二卷)	2014—01	38.00	268
初等不等式的证明方法	2010—06	38.00	123
初等不等式的证明方法(第二版)	2014—11	38.00	407
不等式·理论·方法(基础卷)	2015—07	38.00	496
不等式·理论·方法(经典不等式卷)	2015—07	38.00	497
不等式·理论·方法(特殊类型不等式卷)	2015—07	48.00	498
不等式探究	2016—03	38.00	582
不等式探秘	2017—01	88.00	689
四面体不等式	2017—01	68.00	715
数学奥林匹克中常见重要不等式	2017—09	38.00	845

刘培杰数学工作室
已出版(即将出版)图书目录——初等数学

书　名	出版时间	定　价	编号
三正弦不等式	2018—09	98.00	974
函数方程与不等式:解法与稳定性结果	2019—04	68.00	1058
数学不等式.第1卷,对称多项式不等式	2022—01	78.00	1455
数学不等式.第2卷,对称有理不等式与对称无理不等式	2022—01	88.00	1456
数学不等式.第3卷,循环不等式与非循环不等式	2022—01	88.00	1457
数学不等式.第4卷,Jensen不等式的扩展与加细	即将出版	88.00	1458
数学不等式.第5卷,创建不等式与解不等式的其他方法	即将出版	88.00	1459
同余理论	2012—05	38.00	163
[x]与{x}	2015—04	48.00	476
极值与最值.上卷	2015—06	28.00	486
极值与最值.中卷	2015—06	38.00	487
极值与最值.下卷	2015—06	28.00	488
整数的性质	2012—11	38.00	192
完全平方数及其应用	2015—08	78.00	506
多项式理论	2015—10	88.00	541
奇数、偶数、奇偶分析法	2018—01	98.00	876
不定方程及其应用.上	2018—12	58.00	992
不定方程及其应用.中	2019—01	78.00	993
不定方程及其应用.下	2019—02	98.00	994
历届美国中学生数学竞赛试题及解答(第一卷)1950—1954	2014—07	18.00	277
历届美国中学生数学竞赛试题及解答(第二卷)1955—1959	2014—04	18.00	278
历届美国中学生数学竞赛试题及解答(第三卷)1960—1964	2014—06	18.00	279
历届美国中学生数学竞赛试题及解答(第四卷)1965—1969	2014—04	28.00	280
历届美国中学生数学竞赛试题及解答(第五卷)1970—1972	2014—06	18.00	281
历届美国中学生数学竞赛试题及解答(第六卷)1973—1980	2017—07	18.00	768
历届美国中学生数学竞赛试题及解答(第七卷)1981—1986	2015—01	18.00	424
历届美国中学生数学竞赛试题及解答(第八卷)1987—1990	2017—05	18.00	769
历届中国数学奥林匹克试题集(第3版)	2021—10	58.00	1440
历届加拿大数学奥林匹克试题集	2012—08	38.00	215
历届美国数学奥林匹克试题集:1972~2019	2020—04	88.00	1135
历届波兰数学竞赛试题集.第1卷,1949~1963	2015—03	18.00	453
历届波兰数学竞赛试题集.第2卷,1964~1976	2015—03	18.00	454
历届巴尔干数学奥林匹克试题集	2015—05	38.00	466
保加利亚数学奥林匹克	2014—10	38.00	393
圣彼得堡数学奥林匹克试题集	2015—01	38.00	429
匈牙利奥林匹克数学竞赛题解.第1卷	2016—05	28.00	593
匈牙利奥林匹克数学竞赛题解.第2卷	2016—05	28.00	594
历届美国数学邀请赛试题集(第2版)	2017—10	78.00	851
普林斯顿大学数学竞赛	2016—06	38.00	669
亚太地区数学奥林匹克竞赛题	2015—07	18.00	492
日本历届(初级)广中杯数学竞赛试题及解答.第1卷(2000~2007)	2016—05	28.00	641
日本历届(初级)广中杯数学竞赛试题及解答.第2卷(2008~2015)	2016—05	38.00	642
越南数学奥林匹克题选:1962—2009	2021—07	48.00	1370
360个数学竞赛问题	2016—08	58.00	677
奥数最佳实战题.上卷	2017—06	38.00	760
奥数最佳实战题.下卷	2017—06	58.00	761
哈尔滨市早期中学数学竞赛试题汇编	2016—07	28.00	672
全国高中数学联赛试题及解答:1981—2019(第4版)	2020—07	138.00	1176
2021年全国高中数学联合竞赛模拟题集	2021—04	30.00	1302
20世纪50年代全国部分城市数学竞赛试题汇编	2017—07	28.00	797

刘培杰数学工作室
已出版(即将出版)图书目录——初等数学

书　名	出版时间	定　价	编号
国内外数学竞赛题及精解:2018～2019	2020—08	45.00	1192
国内外数学竞赛题及精解:2019～2020	2021—11	58.00	1439
许康华竞赛优学精选集.第一辑	2018—08	68.00	949
天问叶班数学问题征解100题.Ⅰ,2016—2018	2019—05	88.00	1075
天问叶班数学问题征解100题.Ⅱ,2017—2019	2020—07	98.00	1177
美国初中数学竞赛:AMC8准备(共6卷)	2019—07	138.00	1089
美国高中数学竞赛:AMC10准备(共6卷)	2019—08	158.00	1105
王连笑教你怎样学数学:高考选择题解题策略与客观题实用训练	2014—01	48.00	262
王连笑教你学数学:高考数学高层次讲座	2015—02	48.00	432
高考数学的理论与实践	2009—08	38.00	53
高考数学核心题型解题方法与技巧	2010—01	28.00	86
高考思维新平台	2014—03	38.00	259
高考数学压轴题解题诀窍(上)(第2版)	2018—01	58.00	874
高考数学压轴题解题诀窍(下)(第2版)	2018—01	48.00	875
北京市五区文科数学三年高考模拟题详解:2013～2015	2015—08	48.00	500
北京市五区理科数学三年高考模拟题详解:2013～2015	2015—09	68.00	505
向量法巧解数学高考题	2009—08	28.00	54
高中数学课堂教学的实践与反思	2021—11	48.00	791
数学高考参考	2016—01	78.00	589
新课程标准高考数学解答题各种题型解法指导	2020—08	78.00	1196
全国及各省市高考数学试题审题要津与解法研究	2015—02	48.00	450
高中数学章节起始课的教学研究与案例设计	2019—05	28.00	1064
新课标高考数学——五年试题分章详解(2007～2011)(上、下)	2011—10	78.00	140,141
全国中考数学压轴题审题要津与解法研究	2013—04	78.00	248
新编全国及各省市中考数学压轴题审题要津与解法研究	2014—05	58.00	342
全国及各省市5年中考数学压轴题审题要津与解法研究(2015版)	2015—04	58.00	462
中考数学专题总复习	2007—04	28.00	6
中考数学较难题常考题型解题方法与技巧	2016—09	48.00	681
中考数学难题常考题型解题方法与技巧	2016—09	48.00	682
中考数学中档题常考题型解题方法与技巧	2017—08	68.00	835
中考数学选择填空压轴好题妙解365	2017—05	38.00	759
中考数学:三类重点考题的解法例析与习题	2020—04	48.00	1140
中小学数学的历史文化	2019—11	48.00	1124
初中平面几何百题多思创新解	2020—01	58.00	1125
初中数学中考备考	2020—01	58.00	1126
高考数学之九章演义	2019—08	68.00	1044
化学可以这样学:高中化学知识方法智慧感悟疑难辨析	2019—07	58.00	1103
如何成为学习高手	2019—09	58.00	1107
高考数学:经典真题分类解析	2020—04	78.00	1134
高考数学解答题破解策略	2020—11	58.00	1221
从分析解题过程学解题:高考压轴题与竞赛题之关系探究	2020—08	88.00	1179
教学新思考:单元整体视角下的初中数学教学设计	2021—03	58.00	1278
思维再拓展:2020年经典几何题的多解探究与思考	即将出版		1279
中考数学小压轴汇编初讲	2017—01	48.00	788
中考数学大压轴专题微言	2017—09	48.00	846
怎么解中考平面几何探索题	2019—06	48.00	1093
北京中考数学压轴题解题方法突破(第7版)	2021—11	68.00	1442
助你高考成功的数学解题智慧:知识是智慧的基础	2016—01	58.00	596
助你高考成功的数学解题智慧:错误是智慧的试金石	2016—04	58.00	643
助你高考成功的数学解题智慧:方法是智慧的推手	2016—04	68.00	657
高考数学奇思妙解	2016—04	38.00	610
高考数学解题策略	2016—05	48.00	670
数学解题泄天机(第2版)	2017—10	48.00	850

刘培杰数学工作室
已出版(即将出版)图书目录——初等数学

书　　名	出版时间	定　价	编号
高考物理压轴题全解	2017—04	58.00	746
高中物理经典问题25讲	2017—05	28.00	764
高中物理教学讲义	2018—01	48.00	871
高中物理答疑解惑65篇	2021—11	48.00	1462
中学物理基础问题解析	2020—08	48.00	1183
2016年高考文科数学真题研究	2017—04	58.00	754
2016年高考理科数学真题研究	2017—04	78.00	755
2017年高考理科数学真题研究	2018—01	58.00	867
2017年高考文科数学真题研究	2018—01	48.00	868
初中数学、高中数学脱节知识补缺教材	2017—06	48.00	766
高考数学小题抢分必练	2017—10	48.00	834
高考数学核心素养解读	2017—09	38.00	839
高考数学客观题解题方法和技巧	2017—10	38.00	847
十年高考数学精品试题审题要津与解法研究	2021—10	98.00	1427
中国历届高考数学试题及解答.1949—1979	2018—01	38.00	877
历届中国高考数学试题及解答.第二卷,1980—1989	2018—10	28.00	975
历届中国高考数学试题及解答.第三卷,1990—1999	2018—10	48.00	976
数学文化与高考研究	2018—03	48.00	882
跟我学解高中数学题	2018—07	58.00	926
中学数学研究的方法及案例	2018—05	58.00	869
高考数学抢分技能	2018—07	68.00	934
高一新生常用数学方法和重要数学思想提升教材	2018—06	38.00	921
2018年高考数学真题研究	2019—01	68.00	1000
2019年高考数学真题研究	2020—05	88.00	1137
高考数学全国卷六道解答题常考题型解题诀窍:理科(全2册)	2019—07	78.00	1101
高考数学全国卷16道选择、填空题常考题型解题诀窍.理科	2018—09	88.00	971
高考数学全国卷16道选择、填空题常考题型解题诀窍.文科	2020—01	88.00	1123
新课程标准高中数学各种题型解法大全.必修一分册	2021—06	58.00	1315
高中数学一题多解	2019—06	58.00	1087
历届中国高考数学试题及解答:1917—1999	2021—08	98.00	1371
突破高原:高中数学解题思维探究	2021—08	48.00	1375
高考数学中的"取值范围"	2021—10	48.00	1429
新课程标准高中数学各种题型解法大全.必修二分册	2022—01	68.00	1471
新编640个世界著名数学智力趣题	2014—01	88.00	242
500个最新世界著名数学智力趣题	2008—06	48.00	3
400个最新世界著名数学最值问题	2008—09	48.00	36
500个世界著名数学征解问题	2009—06	48.00	52
400个中国最佳初等数学征解老问题	2010—01	48.00	60
500个俄罗斯数学经典老题	2011—01	28.00	81
1000个国外中学物理好题	2012—04	48.00	174
300个日本高考数学题	2012—05	38.00	142
700个早期日本高考数学试题	2017—02	88.00	752
500个前苏联早期高考数学试题及解答	2012—05	28.00	185
546个早期俄罗斯大学生数学竞赛题	2014—03	38.00	285
548个来自美苏的数学好问题	2014—11	28.00	396
20所苏联著名大学早期入学试题	2015—02	18.00	452
161道德国工科大学生必做的微分方程习题	2015—05	28.00	469
500个德国工科大学生必做的高数习题	2015—06	28.00	478
360个数学竞赛问题	2016—08	58.00	677
200个趣味数学故事	2018—02	48.00	857
470个数学奥林匹克中的最值问题	2018—10	88.00	985
德国讲义日本考题.微积分卷	2015—04	48.00	456
德国讲义日本考题.微分方程卷	2015—04	38.00	457
二十世纪中叶中、英、美、日、法、俄高考数学试题精选	2017—06	38.00	783

刘培杰数学工作室
已出版(即将出版)图书目录——初等数学

书　　名	出版时间	定　价	编号
中国初等数学研究　2009卷(第1辑)	2009—05	20.00	45
中国初等数学研究　2010卷(第2辑)	2010—05	30.00	68
中国初等数学研究　2011卷(第3辑)	2011—07	60.00	127
中国初等数学研究　2012卷(第4辑)	2012—07	48.00	190
中国初等数学研究　2014卷(第5辑)	2014—02	48.00	288
中国初等数学研究　2015卷(第6辑)	2015—06	68.00	493
中国初等数学研究　2016卷(第7辑)	2016—04	68.00	609
中国初等数学研究　2017卷(第8辑)	2017—01	98.00	712
初等数学研究在中国.第1辑	2019—03	158.00	1024
初等数学研究在中国.第2辑	2019—10	158.00	1116
初等数学研究在中国.第3辑	2021—05	158.00	1306
几何变换(Ⅰ)	2014—07	28.00	353
几何变换(Ⅱ)	2015—06	28.00	354
几何变换(Ⅲ)	2015—01	38.00	355
几何变换(Ⅳ)	2015—12	38.00	356
初等数论难题集(第一卷)	2009—05	68.00	44
初等数论难题集(第二卷)(上、下)	2011—02	128.00	82,83
数论概貌	2011—03	18.00	93
代数数论(第二版)	2013—08	58.00	94
代数多项式	2014—06	38.00	289
初等数论的知识与问题	2011—02	28.00	95
超越数论基础	2011—03	28.00	96
数论初等教程	2011—03	28.00	97
数论基础	2011—03	18.00	98
数论基础与维诺格拉多夫	2014—03	18.00	292
解析数论基础	2012—08	28.00	216
解析数论基础(第二版)	2014—01	48.00	287
解析数论问题集(第二版)(原版引进)	2014—05	88.00	343
解析数论问题集(第二版)(中译本)	2016—04	88.00	607
解析数论基础(潘承洞,潘承彪著)	2016—07	98.00	673
解析数论导引	2016—07	58.00	674
数论入门	2011—03	38.00	99
代数数论入门	2015—03	38.00	448
数论开篇	2012—07	28.00	194
解析数论引论	2011—03	48.00	100
Barban Davenport Halberstam均值和	2009—01	40.00	33
基础数论	2011—03	28.00	101
初等数论100例	2011—05	18.00	122
初等数论经典例题	2012—07	18.00	204
最新世界各国数学奥林匹克中的初等数论试题(上、下)	2012—01	138.00	144,145
初等数论(Ⅰ)	2012—01	18.00	156
初等数论(Ⅱ)	2012—01	18.00	157
初等数论(Ⅲ)	2012—01	28.00	158

刘培杰数学工作室
已出版(即将出版)图书目录——初等数学

书　名	出版时间	定　价	编号
平面几何与数论中未解决的新老问题	2013—01	68.00	229
代数数论简史	2014—11	28.00	408
代数数论	2015—09	88.00	532
代数、数论及分析习题集	2016—11	98.00	695
数论导引提要及习题解答	2016—01	48.00	559
素数定理的初等证明.第2版	2016—09	48.00	686
数论中的模函数与狄利克雷级数(第二版)	2017—11	78.00	837
数论:数学导引	2018—01	68.00	849
范氏大代数	2019—02	98.00	1016
解析数学讲义.第一卷,导来式及微分、积分、级数	2019—04	88.00	1021
解析数学讲义.第二卷,关于几何的应用	2019—04	68.00	1022
解析数学讲义.第三卷,解析函数论	2019—04	78.00	1023
分析•组合•数论纵横谈	2019—04	58.00	1039
Hall 代数:民国时期的中学数学课本:英文	2019—08	88.00	1106
数学精神巡礼	2019—01	58.00	731
数学眼光透视(第2版)	2017—06	78.00	732
数学思想领悟(第2版)	2018—01	68.00	733
数学方法溯源(第2版)	2018—08	68.00	734
数学解题引论	2017—05	58.00	735
数学史话览胜(第2版)	2017—01	48.00	736
数学应用展观(第2版)	2017—08	68.00	737
数学建模尝试	2018—04	48.00	738
数学竞赛采风	2018—01	68.00	739
数学测评探营	2019—05	58.00	740
数学技能操握	2018—03	48.00	741
数学欣赏拾趣	2018—02	48.00	742
从毕达哥拉斯到怀尔斯	2007—10	48.00	9
从迪利克雷到维斯卡尔迪	2008—01	48.00	21
从哥德巴赫到陈景润	2008—05	98.00	35
从庞加莱到佩雷尔曼	2011—08	138.00	136
博弈论精粹	2008—03	58.00	30
博弈论精粹.第二版(精装)	2015—01	88.00	461
数学 我爱你	2008—01	28.00	20
精神的圣徒　别样的人生——60位中国数学家成长的历程	2008—09	48.00	39
数学史概论	2009—06	78.00	50
数学史概论(精装)	2013—03	158.00	272
数学史选讲	2016—01	48.00	544
斐波那契数列	2010—02	28.00	65
数学拼盘和斐波那契魔方	2010—07	38.00	72
斐波那契数列欣赏(第2版)	2018—08	58.00	948
Fibonacci 数列中的明珠	2018—06	58.00	928
数学的创造	2011—02	48.00	85
数学美与创造力	2016—01	48.00	595
数海拾贝	2016—01	48.00	590
数学中的美(第2版)	2019—04	68.00	1057
数论中的美学	2014—12	38.00	351

— 8 —

刘培杰数学工作室
已出版(即将出版)图书目录——初等数学

书　　名	出版时间	定　价	编号
数学王者　科学巨人——高斯	2015—01	28.00	428
振兴祖国数学的圆梦之旅:中国初等数学研究史话	2015—06	98.00	490
二十世纪中国数学史料研究	2015—10	48.00	536
数字谜、数阵图与棋盘覆盖	2016—01	58.00	298
时间的形状	2016—01	38.00	556
数学发现的艺术:数学探索中的合情推理	2016—07	58.00	671
活跃在数学中的参数	2016—07	48.00	675
数海趣史	2021—05	98.00	1314
数学解题——靠数学思想给力(上)	2011—07	38.00	131
数学解题——靠数学思想给力(中)	2011—07	48.00	132
数学解题——靠数学思想给力(下)	2011—07	38.00	133
我怎样解题	2013—01	48.00	227
数学解题中的物理方法	2011—06	28.00	114
数学解题的特殊方法	2011—06	48.00	115
中学数学计算技巧(第2版)	2020—10	48.00	1220
中学数学证明方法	2012—01	58.00	117
数学趣题巧解	2012—03	28.00	128
高中数学教学通鉴	2015—05	58.00	479
和高中生漫谈:数学与哲学的故事	2014—08	28.00	369
算术问题集	2017—03	38.00	789
张教授讲数学	2018—07	38.00	933
陈永明实话实说数学教学	2020—04	68.00	1132
中学数学学科知识与教学能力	2020—06	58.00	1155
自主招生考试中的参数方程问题	2015—01	28.00	435
自主招生考试中的极坐标问题	2015—04	28.00	463
近年全国重点大学自主招生数学试题全解及研究.华约卷	2015—02	38.00	441
近年全国重点大学自主招生数学试题全解及研究.北约卷	2016—05	38.00	619
自主招生数学解证宝典	2015—09	48.00	535
格点和面积	2012—07	18.00	191
射影几何趣谈	2012—04	28.00	175
斯潘纳尔引理——从一道加拿大数学奥林匹克试题谈起	2014—01	28.00	228
李普希兹条件——从几道近年高考数学试题谈起	2012—10	18.00	221
拉格朗日中值定理——从一道北京高考试题的解法谈起	2015—10	18.00	197
闵科夫斯基定理——从一道清华大学自主招生试题谈起	2014—01	28.00	198
哈尔测度——从一道冬令营试题的背景谈起	2012—08	28.00	202
切比雪夫逼近问题——从一道中国台北数学奥林匹克试题谈起	2013—04	38.00	238
伯恩斯坦多项式与贝齐尔曲面——从一道全国高中数学联赛试题谈起	2013—03	38.00	236
卡塔兰猜想——从一道普特南竞赛试题谈起	2013—06	18.00	256
麦卡锡函数和阿克曼函数——从一道前南斯拉夫数学奥林匹克试题谈起	2012—08	18.00	201
贝蒂定理与拉姆贝克莫斯尔定理——从一个拣石子游戏谈起	2012—08	18.00	217
皮亚诺曲线和豪斯道夫分球定理——从无限集谈起	2012—08	18.00	211
平面凸图形与凸多面体	2012—10	28.00	218
斯坦因豪斯问题——从一道二十五省市自治区中学数学竞赛试题谈起	2012—07	18.00	196

刘培杰数学工作室
已出版(即将出版)图书目录——初等数学

书　名	出版时间	定　价	编号
纽结理论中的亚历山大多项式与琼斯多项式——从一道北京市高一数学竞赛试题谈起	2012—07	28.00	195
原则与策略——从波利亚"解题表"谈起	2013—04	38.00	244
转化与化归——从三大尺规作图不能问题谈起	2012—08	28.00	214
代数几何中的贝祖定理(第一版)——从一道IMO试题的解法谈起	2013—08	18.00	193
成功连贯理论与约当块理论——从一道比利时数学竞赛试题谈起	2012—04	18.00	180
素数判定与大数分解	2014—08	18.00	199
置换多项式及其应用	2012—10	18.00	220
椭圆函数与模函数——从一道美国加州大学洛杉矶分校(UCLA)博士资格考题谈起	2012—10	28.00	219
差分方程的拉格朗日方法——从一道2011年全国高考理科试题的解法谈起	2012—08	28.00	200
力学在几何中的一些应用	2013—01	38.00	240
从根式解到伽罗华理论	2020—01	48.00	1121
康托洛维奇不等式——从一道全国高中联赛试题谈起	2013—03	28.00	337
西格尔引理——从一道第18届IMO试题的解法谈起	即将出版		
罗斯定理——从一道前苏联数学竞赛试题谈起	即将出版		
拉克斯定理和阿廷定理——从一道IMO试题的解法谈起	2014—01	58.00	246
毕卡大定理——从一道美国大学数学竞赛试题谈起	2014—07	18.00	350
贝齐尔曲线——从一道全国高中联赛试题谈起	即将出版		
拉格朗日乘子定理——从一道2005年全国高中联赛试题的高等数学解法谈起	2015—05	28.00	480
雅可比定理——从一道日本数学奥林匹克试题谈起	2013—04	48.00	249
李天岩—约克定理——从一道波兰数学竞赛试题谈起	2014—06	28.00	349
整系数多项式因式分解的一般方法——从克朗耐克算法谈起	即将出版		
布劳维不动点定理——从一道前苏联数学奥林匹克试题谈起	2014—01	38.00	273
伯恩赛德定理——从一道英国数学奥林匹克试题谈起	即将出版		
布查特—莫斯特定理——从一道上海市初中竞赛试题谈起	即将出版		
数论中的同余数问题——从一道普林斯顿竞赛试题谈起	即将出版		
范·德蒙行列式——从一道美国数学奥林匹克试题谈起	即将出版		
中国剩余定理:总数法构建中国历史年表	2015—01	28.00	430
牛顿程序与方程求根——从一道全国高考试题解法谈起	即将出版		
库默尔定理——从一道IMO预选试题谈起	即将出版		
卢丁定理——从一道冬令营试题的解法谈起	即将出版		
沃斯滕霍姆定理——从一道IMO预选试题谈起	即将出版		
卡尔松不等式——从一道莫斯科数学奥林匹克试题谈起	即将出版		
信息论中的香农熵——从一道近年高考压轴题谈起	即将出版		
约当不等式——从一道希望杯竞赛试题谈起	即将出版		
拉比诺维奇定理	即将出版		
刘维尔定理——从一道《美国数学月刊》征解问题的解法谈起	即将出版		
卡塔兰恒等式与级数求和——从一道IMO试题的解法谈起	即将出版		
勒让德猜想与素数分布——从一道爱尔兰竞赛试题谈起	即将出版		
天平称重与信息论——从一道基辅市数学奥林匹克试题谈起	即将出版		
哈密尔顿—凯莱定理:从一道高中数学联赛试题的解法谈起	2014—09	18.00	376
艾思特曼定理——从一道CMO试题的解法谈起	即将出版		

刘培杰数学工作室
已出版(即将出版)图书目录——初等数学

书　　名	出版时间	定　价	编号
阿贝尔恒等式与经典不等式及应用	2018—06	98.00	923
迪利克雷除数问题	2018—07	48.00	930
幻方、幻立方与拉丁方	2019—08	48.00	1092
帕斯卡三角形	2014—03	18.00	294
蒲丰投针问题——从2009年清华大学的一道自主招生试题谈起	2014—01	38.00	295
斯图姆定理——从一道"华约"自主招生试题的解法谈起	2014—01	18.00	296
许瓦兹引理——从一道加利福尼亚大学伯克利分校数学系博士生试题谈起	2014—08	18.00	297
拉姆塞定理——从王诗宬院士的一个问题谈起	2016—04	48.00	299
坐标法	2013—12	28.00	332
数论三角形	2014—04	38.00	341
毕克定理	2014—07	18.00	352
数林掠影	2014—09	48.00	389
我们周围的概率	2014—10	38.00	390
凸函数最值定理:从一道华约自主招生题的解法谈起	2014—10	28.00	391
易学与数学奥林匹克	2014—10	38.00	392
生物数学趣谈	2015—01	18.00	409
反演	2015—01	28.00	420
因式分解与圆锥曲线	2015—01	18.00	426
轨迹	2015—01	28.00	427
面积原理:从常庚哲命的一道CMO试题的积分解法谈起	2015—01	48.00	431
形形色色的不动点定理:从一道28届IMO试题谈起	2015—01	38.00	439
柯西函数方程:从一道上海交大自主招生的试题谈起	2015—02	28.00	440
三角恒等式	2015—02	28.00	442
无理性判定:从一道2014年"北约"自主招生试题谈起	2015—01	38.00	443
数学归纳法	2015—03	18.00	451
极端原理与解题	2015—04	28.00	464
法雷级数	2014—08	18.00	367
摆线族	2015—01	38.00	438
函数方程及其解法	2015—05	38.00	470
含参数的方程和不等式	2012—09	28.00	213
希尔伯特第十问题	2016—01	38.00	543
无穷小量的求和	2016—01	28.00	545
切比雪夫多项式:从一道清华大学金秋营试题谈起	2016—01	38.00	583
泽肯多夫定理	2016—03	38.00	599
代数等式证题法	2016—01	28.00	600
三角等式证题法	2016—01	28.00	601
吴大任教授藏书中的一个因式分解公式:从一道美国数学邀请赛试题的解法谈起	2016—06	28.00	656
易卦——类万物的数学模型	2017—08	68.00	838
"不可思议"的数与数系可持续发展	2018—01	38.00	878
最短线	2018—01	38.00	879
幻方和魔方(第一卷)	2012—05	68.00	173
尘封的经典——初等数学经典文献选读(第一卷)	2012—07	48.00	205
尘封的经典——初等数学经典文献选读(第二卷)	2012—07	38.00	206
初级方程式论	2011—03	28.00	106
初等数学研究(Ⅰ)	2008—09	68.00	37
初等数学研究(Ⅱ)(上、下)	2009—05	118.00	46,47

刘培杰数学工作室
已出版(即将出版)图书目录——初等数学

书 名	出版时间	定 价	编号
趣味初等方程妙题集锦	2014—09	48.00	388
趣味初等数论选美与欣赏	2015—02	48.00	445
耕读笔记(上卷):一位农民数学爱好者的初数探索	2015—04	28.00	459
耕读笔记(中卷):一位农民数学爱好者的初数探索	2015—05	28.00	483
耕读笔记(下卷):一位农民数学爱好者的初数探索	2015—05	28.00	484
几何不等式研究与欣赏.上卷	2016—01	88.00	547
几何不等式研究与欣赏.下卷	2016—01	48.00	552
初等数列研究与欣赏·上	2016—01	48.00	570
初等数列研究与欣赏·下	2016—01	48.00	571
趣味初等函数研究与欣赏.上	2016—09	48.00	684
趣味初等函数研究与欣赏.下	2018—09	48.00	685
三角不等式研究与欣赏	2020—10	68.00	1197
新编平面解析几何解题方法研究与欣赏	2021—10	78.00	1426
火柴游戏	2016—05	38.00	612
智力解谜.第1卷	2017—07	38.00	613
智力解谜.第2卷	2017—07	38.00	614
故事智力	2016—07	48.00	615
名人们喜欢的智力问题	2020—01	48.00	616
数学大师的发现、创造与失误	2018—01	48.00	617
异曲同工	2018—09	48.00	618
数学的味道	2018—01	58.00	798
数学千字文	2018—10	68.00	977
数贝偶拾——高考数学题研究	2014—04	28.00	274
数贝偶拾——初等数学研究	2014—04	38.00	275
数贝偶拾——奥数题研究	2014—04	48.00	276
钱昌本教你快乐学数学(上)	2011—12	48.00	155
钱昌本教你快乐学数学(下)	2012—03	58.00	171
集合、函数与方程	2014—01	28.00	300
数列与不等式	2014—01	38.00	301
三角与平面向量	2014—01	28.00	302
平面解析几何	2014—01	38.00	303
立体几何与组合	2014—01	28.00	304
极限与导数、数学归纳法	2014—01	38.00	305
趣味数学	2014—03	28.00	306
教材教法	2014—04	68.00	307
自主招生	2014—05	58.00	308
高考压轴题(上)	2015—01	48.00	309
高考压轴题(下)	2014—10	68.00	310
从费马到怀尔斯——费马大定理的历史	2013—10	198.00	I
从庞加莱到佩雷尔曼——庞加莱猜想的历史	2013—10	298.00	II
从切比雪夫到爱尔特希(上)——素数定理的初等证明	2013—07	48.00	III
从切比雪夫到爱尔特希(下)——素数定理100年	2012—12	98.00	III
从高斯到盖尔方特——二次域的高斯猜想	2013—10	198.00	IV
从库默尔到朗兰兹——朗兰兹猜想的历史	2014—01	98.00	V
从比勃巴赫到德布朗斯——比勃巴赫猜想的历史	2014—02	298.00	VI
从麦比乌斯到陈省身——麦比乌斯变换与麦比乌斯带	2014—02	298.00	VII
从布尔到豪斯道夫——布尔方程与格论漫谈	2013—10	198.00	VIII
从开普勒到阿诺德——三体问题的历史	2014—05	298.00	IX
从华林到华罗庚——华林问题的历史	2013—10	298.00	X

刘培杰数学工作室
已出版(即将出版)图书目录——初等数学

书　名	出版时间	定　价	编号
美国高中数学竞赛五十讲.第1卷(英文)	2014—08	28.00	357
美国高中数学竞赛五十讲.第2卷(英文)	2014—08	28.00	358
美国高中数学竞赛五十讲.第3卷(英文)	2014—09	28.00	359
美国高中数学竞赛五十讲.第4卷(英文)	2014—09	28.00	360
美国高中数学竞赛五十讲.第5卷(英文)	2014—10	28.00	361
美国高中数学竞赛五十讲.第6卷(英文)	2014—11	28.00	362
美国高中数学竞赛五十讲.第7卷(英文)	2014—12	28.00	363
美国高中数学竞赛五十讲.第8卷(英文)	2015—01	28.00	364
美国高中数学竞赛五十讲.第9卷(英文)	2015—01	28.00	365
美国高中数学竞赛五十讲.第10卷(英文)	2015—02	38.00	366
三角函数(第2版)	2017—04	38.00	626
不等式	2014—01	38.00	312
数列	2014—01	38.00	313
方程(第2版)	2017—04	38.00	624
排列和组合	2014—01	28.00	315
极限与导数(第2版)	2016—04	38.00	635
向量(第2版)	2018—08	58.00	627
复数及其应用	2014—08	28.00	318
函数	2014—01	38.00	319
集合	2020—01	48.00	320
直线与平面	2014—01	28.00	321
立体几何(第2版)	2016—04	38.00	629
解三角形	即将出版		323
直线与圆(第2版)	2016—11	38.00	631
圆锥曲线(第2版)	2016—09	48.00	632
解题通法(一)	2014—07	38.00	326
解题通法(二)	2014—07	38.00	327
解题通法(三)	2014—05	38.00	328
概率与统计	2014—01	28.00	329
信息迁移与算法	即将出版		330
IMO 50年.第1卷(1959—1963)	2014—11	28.00	377
IMO 50年.第2卷(1964—1968)	2014—11	28.00	378
IMO 50年.第3卷(1969—1973)	2014—09	28.00	379
IMO 50年.第4卷(1974—1978)	2016—04	38.00	380
IMO 50年.第5卷(1979—1984)	2015—04	38.00	381
IMO 50年.第6卷(1985—1989)	2015—04	58.00	382
IMO 50年.第7卷(1990—1994)	2016—01	48.00	383
IMO 50年.第8卷(1995—1999)	2016—06	38.00	384
IMO 50年.第9卷(2000—2004)	2015—04	58.00	385
IMO 50年.第10卷(2005—2009)	2016—01	48.00	386
IMO 50年.第11卷(2010—2015)	2017—03	48.00	646

刘培杰数学工作室
已出版(即将出版)图书目录——初等数学

书　名	出版时间	定　价	编号
数学反思(2006—2007)	2020—09	88.00	915
数学反思(2008—2009)	2019—01	68.00	917
数学反思(2010—2011)	2018—05	58.00	916
数学反思(2012—2013)	2019—01	58.00	918
数学反思(2014—2015)	2019—03	78.00	919
数学反思(2016—2017)	2021—03	58.00	1286
历届美国大学生数学竞赛试题集.第一卷(1938—1949)	2015—01	28.00	397
历届美国大学生数学竞赛试题集.第二卷(1950—1959)	2015—01	28.00	398
历届美国大学生数学竞赛试题集.第三卷(1960—1969)	2015—01	28.00	399
历届美国大学生数学竞赛试题集.第四卷(1970—1979)	2015—01	18.00	400
历届美国大学生数学竞赛试题集.第五卷(1980—1989)	2015—01	28.00	401
历届美国大学生数学竞赛试题集.第六卷(1990—1999)	2015—01	28.00	402
历届美国大学生数学竞赛试题集.第七卷(2000—2009)	2015—08	18.00	403
历届美国大学生数学竞赛试题集.第八卷(2010—2012)	2015—01	18.00	404
新课标高考数学创新题解题诀窍:总论	2014—09	28.00	372
新课标高考数学创新题解题诀窍:必修 1~5 分册	2014—08	38.00	373
新课标高考数学创新题解题诀窍:选修 2—1,2—2,1—1,1—2 分册	2014—09	38.00	374
新课标高考数学创新题解题诀窍:选修 2—3,4—4,4—5 分册	2014—09	18.00	375
全国重点大学自主招生英文数学试题全攻略:词汇卷	2015—07	48.00	410
全国重点大学自主招生英文数学试题全攻略:概念卷	2015—01	28.00	411
全国重点大学自主招生英文数学试题全攻略:文章选读卷(上)	2016—09	38.00	412
全国重点大学自主招生英文数学试题全攻略:文章选读卷(下)	2017—01	58.00	413
全国重点大学自主招生英文数学试题全攻略:试题卷	2015—07	38.00	414
全国重点大学自主招生英文数学试题全攻略:名著欣赏卷	2017—03	48.00	415
劳埃德数学趣题大全.题目卷.1:英文	2016—01	18.00	516
劳埃德数学趣题大全.题目卷.2:英文	2016—01	18.00	517
劳埃德数学趣题大全.题目卷.3:英文	2016—01	18.00	518
劳埃德数学趣题大全.题目卷.4:英文	2016—01	18.00	519
劳埃德数学趣题大全.题目卷.5:英文	2016—01	18.00	520
劳埃德数学趣题大全.答案卷:英文	2016—01	18.00	521
李成章教练奥数笔记.第 1 卷	2016—01	48.00	522
李成章教练奥数笔记.第 2 卷	2016—01	48.00	523
李成章教练奥数笔记.第 3 卷	2016—01	38.00	524
李成章教练奥数笔记.第 4 卷	2016—01	38.00	525
李成章教练奥数笔记.第 5 卷	2016—01	38.00	526
李成章教练奥数笔记.第 6 卷	2016—01	38.00	527
李成章教练奥数笔记.第 7 卷	2016—01	38.00	528
李成章教练奥数笔记.第 8 卷	2016—01	48.00	529
李成章教练奥数笔记.第 9 卷	2016—01	28.00	530

刘培杰数学工作室
已出版（即将出版）图书目录——初等数学

书　　名	出版时间	定　价	编号
第19~23届"希望杯"全国数学邀请赛试题审题要津详细评注(初一版)	2014—03	28.00	333
第19~23届"希望杯"全国数学邀请赛试题审题要津详细评注(初二、初三版)	2014—03	38.00	334
第19~23届"希望杯"全国数学邀请赛试题审题要津详细评注(高一版)	2014—03	28.00	335
第19~23届"希望杯"全国数学邀请赛试题审题要津详细评注(高二版)	2014—03	38.00	336
第19~25届"希望杯"全国数学邀请赛试题审题要津详细评注(初一版)	2015—01	38.00	416
第19~25届"希望杯"全国数学邀请赛试题审题要津详细评注(初二、初三版)	2015—01	58.00	417
第19~25届"希望杯"全国数学邀请赛试题审题要津详细评注(高一版)	2015—01	48.00	418
第19~25届"希望杯"全国数学邀请赛试题审题要津详细评注(高二版)	2015—01	48.00	419
物理奥林匹克竞赛大题典——力学卷	2014—11	48.00	405
物理奥林匹克竞赛大题典——热学卷	2014—04	28.00	339
物理奥林匹克竞赛大题典——电磁学卷	2015—07	48.00	406
物理奥林匹克竞赛大题典——光学与近代物理卷	2014—06	28.00	345
历届中国东南地区数学奥林匹克试题集(2004~2012)	2014—06	18.00	346
历届中国西部地区数学奥林匹克试题集(2001~2012)	2014—07	18.00	347
历届中国女子数学奥林匹克试题集(2002~2012)	2014—08	18.00	348
数学奥林匹克在中国	2014—06	98.00	344
数学奥林匹克问题集	2014—01	38.00	267
数学奥林匹克不等式散论	2010—06	38.00	124
数学奥林匹克不等式欣赏	2011—09	38.00	138
数学奥林匹克超级题库(初中卷上)	2010—01	58.00	66
数学奥林匹克不等式证明方法和技巧(上、下)	2011—08	158.00	134,135
他们学什么：原民主德国中学数学课本	2016—09	38.00	658
他们学什么：英国中学数学课本	2016—09	38.00	659
他们学什么：法国中学数学课本.1	2016—09	38.00	660
他们学什么：法国中学数学课本.2	2016—09	28.00	661
他们学什么：法国中学数学课本.3	2016—09	38.00	662
他们学什么：苏联中学数学课本	2016—09	28.00	679
高中数学题典——集合与简易逻辑·函数	2016—07	48.00	647
高中数学题典——导数	2016—07	48.00	648
高中数学题典——三角函数·平面向量	2016—07	48.00	649
高中数学题典——数列	2016—07	58.00	650
高中数学题典——不等式·推理与证明	2016—07	38.00	651
高中数学题典——立体几何	2016—07	48.00	652
高中数学题典——平面解析几何	2016—07	78.00	653
高中数学题典——计数原理·统计·概率·复数	2016—07	48.00	654
高中数学题典——算法·平面几何·初等数论·组合数学·其他	2016—07	68.00	655

刘培杰数学工作室
已出版(即将出版)图书目录——初等数学

书　名	出版时间	定　价	编号
台湾地区奥林匹克数学竞赛试题.小学一年级	2017—03	38.00	722
台湾地区奥林匹克数学竞赛试题.小学二年级	2017—03	38.00	723
台湾地区奥林匹克数学竞赛试题.小学三年级	2017—03	38.00	724
台湾地区奥林匹克数学竞赛试题.小学四年级	2017—03	38.00	725
台湾地区奥林匹克数学竞赛试题.小学五年级	2017—03	38.00	726
台湾地区奥林匹克数学竞赛试题.小学六年级	2017—03	38.00	727
台湾地区奥林匹克数学竞赛试题.初中一年级	2017—03	38.00	728
台湾地区奥林匹克数学竞赛试题.初中二年级	2017—03	38.00	729
台湾地区奥林匹克数学竞赛试题.初中三年级	2017—03	28.00	730
不等式证题法	2017—04	28.00	747
平面几何培优教程	2019—08	88.00	748
奥数鼎级培优教程.高一分册	2018—09	88.00	749
奥数鼎级培优教程.高二分册.上	2018—04	68.00	750
奥数鼎级培优教程.高二分册.下	2018—04	68.00	751
高中数学竞赛冲刺宝典	2019—04	68.00	883
初中尖子生数学超级题典.实数	2017—07	58.00	792
初中尖子生数学超级题典.式、方程与不等式	2017—08	58.00	793
初中尖子生数学超级题典.圆、面积	2017—08	38.00	794
初中尖子生数学超级题典.函数、逻辑推理	2017—08	48.00	795
初中尖子生数学超级题典.角、线段、三角形与多边形	2017—07	58.00	796
数学王子——高斯	2018—01	48.00	858
坎坷奇星——阿贝尔	2018—01	48.00	859
闪烁奇星——伽罗瓦	2018—01	58.00	860
无穷统帅——康托尔	2018—01	48.00	861
科学公主——柯瓦列夫斯卡娅	2018—01	48.00	862
抽象代数之母——埃米·诺特	2018—01	48.00	863
电脑先驱——图灵	2018—01	58.00	864
昔日神童——维纳	2018—01	48.00	865
数坛怪侠——爱尔特希	2018—01	68.00	866
传奇数学家徐利治	2019—09	88.00	1110
当代世界中的数学.数学思想与数学基础	2019—01	38.00	892
当代世界中的数学.数学问题	2019—01	38.00	893
当代世界中的数学.应用数学与数学应用	2019—01	38.00	894
当代世界中的数学.数学王国的新疆域(一)	2019—01	38.00	895
当代世界中的数学.数学王国的新疆域(二)	2019—01	38.00	896
当代世界中的数学.数林撷英(一)	2019—01	38.00	897
当代世界中的数学.数林撷英(二)	2019—01	48.00	898
当代世界中的数学.数学之路	2019—01	38.00	899

刘培杰数学工作室
已出版(即将出版)图书目录——初等数学

书　名	出版时间	定　价	编号
105个代数问题:来自AwesomeMath夏季课程	2019—02	58.00	956
106个几何问题:来自AwesomeMath夏季课程	2020—07	58.00	957
107个几何问题:来自AwesomeMath全年课程	2020—07	58.00	958
108个代数问题:来自AwesomeMath全年课程	2019—01	68.00	959
109个不等式:来自AwesomeMath夏季课程	2019—04	58.00	960
国际数学奥林匹克中的110个几何问题	即将出版		961
111个代数和数论问题	2019—05	58.00	962
112个组合问题:来自AwesomeMath夏季课程	2019—05	58.00	963
113个几何不等式:来自AwesomeMath夏季课程	2020—08	58.00	964
114个指数和对数问题:来自AwesomeMath夏季课程	2019—09	48.00	965
115个三角问题:来自AwesomeMath夏季课程	2019—09	58.00	966
116个代数不等式:来自AwesomeMath全年课程	2019—04	58.00	967
117个多项式问题:来自AwesomeMath夏季课程	2021—09	58.00	1409
紫色彗星国际数学竞赛试题	2019—02	58.00	999
数学竞赛中的数学:为数学爱好者、父母、教师和教练准备的丰富资源.第一部	2020—04	58.00	1141
数学竞赛中的数学:为数学爱好者、父母、教师和教练准备的丰富资源.第二部	2020—07	48.00	1142
和与积	2020—10	38.00	1219
数论:概念和问题	2020—12	68.00	1257
初等数学问题研究	2021—03	48.00	1270
数学奥林匹克中的欧几里得几何	2021—10	68.00	1413
数学奥林匹克题解新编	2022—01	58.00	1430
澳大利亚中学数学竞赛试题及解答(初级卷)1978～1984	2019—02	28.00	1002
澳大利亚中学数学竞赛试题及解答(初级卷)1985～1991	2019—02	28.00	1003
澳大利亚中学数学竞赛试题及解答(初级卷)1992～1998	2019—02	28.00	1004
澳大利亚中学数学竞赛试题及解答(初级卷)1999～2005	2019—02	28.00	1005
澳大利亚中学数学竞赛试题及解答(中级卷)1978～1984	2019—03	28.00	1006
澳大利亚中学数学竞赛试题及解答(中级卷)1985～1991	2019—03	28.00	1007
澳大利亚中学数学竞赛试题及解答(中级卷)1992～1998	2019—03	28.00	1008
澳大利亚中学数学竞赛试题及解答(中级卷)1999～2005	2019—03	28.00	1009
澳大利亚中学数学竞赛试题及解答(高级卷)1978～1984	2019—05	28.00	1010
澳大利亚中学数学竞赛试题及解答(高级卷)1985～1991	2019—05	28.00	1011
澳大利亚中学数学竞赛试题及解答(高级卷)1992～1998	2019—05	28.00	1012
澳大利亚中学数学竞赛试题及解答(高级卷)1999～2005	2019—05	28.00	1013
天才中小学生智力测验题.第一卷	2019—03	38.00	1026
天才中小学生智力测验题.第二卷	2019—03	38.00	1027
天才中小学生智力测验题.第三卷	2019—03	38.00	1028
天才中小学生智力测验题.第四卷	2019—03	38.00	1029
天才中小学生智力测验题.第五卷	2019—03	38.00	1030
天才中小学生智力测验题.第六卷	2019—03	38.00	1031
天才中小学生智力测验题.第七卷	2019—03	38.00	1032
天才中小学生智力测验题.第八卷	2019—03	38.00	1033
天才中小学生智力测验题.第九卷	2019—03	38.00	1034
天才中小学生智力测验题.第十卷	2019—03	38.00	1035
天才中小学生智力测验题.第十一卷	2019—03	38.00	1036
天才中小学生智力测验题.第十二卷	2019—03	38.00	1037
天才中小学生智力测验题.第十三卷	2019—03	38.00	1038

刘培杰数学工作室
已出版(即将出版)图书目录——初等数学

书　　名	出版时间	定　价	编号
重点大学自主招生数学备考全书:函数	2020—05	48.00	1047
重点大学自主招生数学备考全书:导数	2020—08	48.00	1048
重点大学自主招生数学备考全书:数列与不等式	2019—10	78.00	1049
重点大学自主招生数学备考全书:三角函数与平面向量	2020—08	68.00	1050
重点大学自主招生数学备考全书:平面解析几何	2020—07	58.00	1051
重点大学自主招生数学备考全书:立体几何与平面几何	2019—08	48.00	1052
重点大学自主招生数学备考全书:排列组合·概率统计·复数	2019—09	48.00	1053
重点大学自主招生数学备考全书:初等数论与组合数学	2019—08	48.00	1054
重点大学自主招生数学备考全书:重点大学自主招生真题.上	2019—04	68.00	1055
重点大学自主招生数学备考全书:重点大学自主招生真题.下	2019—04	58.00	1056
高中数学竞赛培训教程:平面几何问题的求解方法与策略.上	2018—05	68.00	906
高中数学竞赛培训教程:平面几何问题的求解方法与策略.下	2018—06	78.00	907
高中数学竞赛培训教程:整除与同余以及不定方程	2018—01	88.00	908
高中数学竞赛培训教程:组合计数与组合极值	2018—04	48.00	909
高中数学竞赛培训教程:初等代数	2019—04	78.00	1042
高中数学讲座:数学竞赛基础教程(第一册)	2019—06	48.00	1094
高中数学讲座:数学竞赛基础教程(第二册)	即将出版		1095
高中数学讲座:数学竞赛基础教程(第三册)	即将出版		1096
高中数学讲座:数学竞赛基础教程(第四册)	即将出版		1097
新编中学数学解题方法1000招丛书.实数(初中版)	即将出版		1291
新编中学数学解题方法1000招丛书.式(初中版)	即将出版		1292
新编中学数学解题方法1000招丛书.方程与不等式(初中版)	2021—04	58.00	1293
新编中学数学解题方法1000招丛书.函数(初中版)	即将出版		1294
新编中学数学解题方法1000招丛书.角(初中版)	即将出版		1295
新编中学数学解题方法1000招丛书.线段(初中版)	即将出版		1296
新编中学数学解题方法1000招丛书.三角形与多边形(初中版)	2021—04	48.00	1297
新编中学数学解题方法1000招丛书.圆(初中版)	即将出版		1298
新编中学数学解题方法1000招丛书.面积(初中版)	2021—07	28.00	1299
高中数学题典精编.第一辑.函数	2022—01	58.00	1444
高中数学题典精编.第一辑.导数	2022—01	68.00	1445
高中数学题典精编.第一辑.三角函数·平面向量	2022—01	68.00	1446
高中数学题典精编.第一辑.数列	2022—01	58.00	1447
高中数学题典精编.第一辑.不等式·推理与证明	2022—01	58.00	1448
高中数学题典精编.第一辑.立体几何	2022—01	58.00	1449
高中数学题典精编.第一辑.平面解析几何	2022—01	68.00	1450
高中数学题典精编.第一辑.统计·概率·平面几何	2022—01	58.00	1451
高中数学题典精编.第一辑.初等数论·组合数学·数学文化·解题方法	2022—01	58.00	1452

联系地址:哈尔滨市南岗区复华四道街10号　哈尔滨工业大学出版社刘培杰数学工作室
网　　址:http://lpj.hit.edu.cn/
邮　　编:150006
联系电话:0451—86281378　　13904613167
E-mail:lpj1378@163.com